# 农作物病虫害
# 绿色防控实践与探索

◎肖晓华　主编

中国农业科学技术出版社

图书在版编目(CIP)数据

农作物病虫害绿色防控实践与探索 / 肖晓华主编．--北京：中国农业科学技术出版社，2023.5

ISBN 978-7-5116-6245-3

Ⅰ.①农… Ⅱ.①肖… Ⅲ.①作物-病虫害防治-无污染技术 Ⅳ.①S435

中国国家版本馆 CIP 数据核字(2023)第 054007 号

责任编辑 李冠桥
责任校对 王 彦
责任印制 姜义伟 王思文

出 版 者 中国农业科学技术出版社
北京市中关村南大街 12 号 邮编：100081
电 话 (010) 82109705 (编辑室) (010) 82109702 (发行部)
(010) 82109709 (读者服务部)
网 址 https://castp.caas.cn
经 销 者 各地新华书店
印 刷 者 北京建宏印刷有限公司
开 本 185 mm×260 mm 1/16
印 张 22
字 数 494 千字
版 次 2023 年 5 月第 1 版 2023 年 5 月第 1 次印刷
定 价 130.00 元

# 《农作物病虫害绿色防控实践与探索》

## 编　委　会

主　编：肖晓华

编　委：肖晓华　肖　璐　牛贤蒙　郭　伦
王泽乐　牛小慧　刘建兴　郭文明
田茂忠　吴　刚　彭宽明　张宇飞
杨洪松　杨昌洪　王　凤　吴　柳
杨　杰　黄秀平

# 前　言

秀山土家族苗族自治县（以下简称秀山县）位于重庆市东南部，地处武陵山区腹地，土地总面积 2 463.61 $km^2$，农业用地 21.06 万 $hm^2$，年均气温 16.5 ℃，年均降水量为 1 336.2 mm。四季分明、热量丰富、降水充沛、日照偏少、无霜期长，光、热、水与农作物生长基本同季，有效性好，适宜多种农作物生长。高温高湿的气候特点导致秀山县农作物病虫害种类多、发生期长、发生普遍、为害较重。编者长期从事基层农作物病虫害监测预警、农药减量与绿色防控、植保新技术研究推广等工作，在日常工作中，注重业务技能提高，刻苦钻研基础理论，在学术上获得较大成绩。在农作物重大病虫害测报、农药减量与农作物病虫害绿色防控、病虫害统防统治、植保新技术试验示范等方面成绩突出。本书收集了编者近 10 年撰写的学术论文 50 余篇，内容包括农药减量与绿色防控、专业化统防统治、农作物病虫害测报与防治、新技术试验示范等方面，以期为广大植保科技工作者开展农药减量、绿色防控、统防统治、病虫害监测预警研究和推广应用提供参考和借鉴。

由于农作物病虫害发生范围广、发生面积大、动态变化较快，而且病虫害监测预警和防控技术也在不断发展，同时编者实践经验和技术水平有限，书中难免有不妥和疏漏之处，恳请同行专家和读者批评指正。

# 目 录

## 农药减量与绿色防控



## 专业化统防统治

## 农作物病虫害测报与防治



## 新技术试验示范

## 杂　草



## 其　他

# 农药减量与绿色防控

# 水稻二化螟绿色防控技术探讨

肖晓华
（重庆市秀山县植保植检站，秀山　409900）

**摘　要**：介绍了近年来秀山县开展的“生物导弹”、性诱剂、绿僵菌、灯诱、稻田养鸭、农药减量助剂等二化螟绿色防控技术试验示范情况，探讨二化螟绿色防控技术措施，总结二化螟绿色防控技术经验，对减少化学农药使用、提高二化螟的防控效果具有现实指导意义。

**关键词**：二化螟；绿色防控；技术模式；效果；秀山县

秀山县位于重庆市东南部、武陵山区腹地，秀山县水稻种植面积 2.0 万 $hm^2$，是主要粮食作物。水稻二化螟是秀山县水稻生产上的主要害虫之一，常年发生普遍，危害较重。近年来，秀山县植保植检站积极引进、试验、示范二化螟绿色防控技术，取得了成功经验，部分成熟适用的技术得到了推广普及。探讨二化螟绿色防控技术措施，总结二化螟绿色防控技术经验，对减少农药使用，提高二化螟的防控效果具有现实指导意义。

## 1　水稻二化螟绿色防控技术及效果

### 1.1　“生物导弹”防治水稻二化螟

“生物导弹”是利用卵寄生蜂（赤眼蜂）将经过高新技术处理过的强毒力剂（病毒）传递到害虫卵块表面，使初孵幼虫感病死亡，达到控制目标害虫危害的目的。因其寄生蜂寄生的靶性极度强，又携带病毒传播，故称为“生物导弹”。

秀山县从 2015 年开始，进行“生物导弹”防治水稻二化螟试验及示范，效果明显。“生物导弹”防治水稻二化螟完全不用化学农药，操作简单、投放方便、效果好。2017 年，按照农业部、重庆市农药使用量零增长行动总体要求，结合“水稻病虫害专业化统防统治与绿色防控融合示范项目”“农药减量控害增效示范项目”实施，秀山县继续开展“生物导弹”防治水稻二化螟示范。2017 年，采购 2 种类型“生物导弹”，即普通型“生物导弹”和水稻型“生物导弹”。普通型“生物导弹”为松毛虫赤眼蜂，携带甘蓝夜蛾核型多角体病毒。水稻型“生物导弹”为螟黄（或稻螟）赤眼蜂，携带甘蓝夜蛾核型多角体病毒。产品由湖北百米生物实业有限公司生产、提供。

2017 年，秀山县共采购“生物导弹”14 400枚，示范面积为 33.3 $hm^2$。按照 4~5 卡（即 8~10 枚）/亩*标准，根据寄生蜂出蜂特点，于 5 月 10 日、5 月 17 日、5 月 23

* 1 亩约为 667 $m^2$，全书同。

日，在相同区域进行投放。“生物导弹”均间隔7 d左右投放1次，田间能保持20 d以上的出蜂时间，确保二化螟防治取得实效。

6月5日调查，普通型“生物导弹”示范区，枯鞘株率平均为1.9%，最高为6.2%；枯鞘丛率平均为1.5%，最高为3.0%；枯心株率平均为0.1%，最高为0.5%；枯心丛率平均为0.2%，最高为1.0%。水稻型“生物导弹”示范区，枯鞘株率平均为2.6%，最高为6.5%；枯鞘丛率平均为3.0%，最高为6.0%；稻田未见枯心现象。对照区枯鞘株率为37.0%，枯鞘丛率45.0%，枯心株率4.3%，枯心丛率2.0%。普通型“生物导弹”示范区防治效果94.8%，水稻型“生物导弹”示范区防治效果93.0%，两种类型导弹防治效果均十分显著，两种类型导弹之间的差异不明显。

针对稻田生态环境及田间管理需要，秀山县在“生物导弹”投放方式上进行积极探索。从以前的竹签、竹筷、木条，改为塑料吸管。减少竹签、竹筷在稻田对管理人员的潜在威胁以及木条的回收等问题，并且操作更简便、功效更高，相同面积的稻田投放任务，用工量从以前的4~5个，减少为2个。

“生物导弹”防治水稻二化螟，优点是不用化学农药，生态环保，投放方便，功效高；缺点是“生物导弹”属于生物活体，保存不便，投放次数较多，成本较高（60~150元/亩）。

### 1.2 性诱剂防治水稻二化螟

性诱剂诱杀是利用昆虫求爱过程中释放性信息素这一规律，从雌虫身上提取、分离或人工合成性信息素，以引诱雄蛾，并用诱捕器或水盆杀灭，使雌蛾不能正常交配产卵，从而影响其生殖，抑制其种群增长，降低种群数量，控制危害，达到防治的目的。

性诱剂防治水稻二化螟是一项成熟的二化螟绿色防控技术措施，在秀山县已连续示范、推广使用4年。2017年，按照农业部、重庆市农药使用量零增长行动方案总体要求，结合“水稻病虫害专业化统防统治与绿色防控融合示范项目”“农药减量控害增效示范项目”的实施，秀山县继续开展性诱剂防治水稻二化螟示范。示范区设立在清溪场镇东林居委会，示范面积6.7 $hm^2$。二化螟诱芯及屋式诱捕器为北京依科曼生物技术有限公司生产。

5月9日，在二化螟发蛾始盛期，按照5套/亩标准，安放屋式诱捕器500套。6月5日调查，屋式诱捕器有虫率100%，平均诱蛾量16.8头/个，最高34头/个，折亩量平均为84.0头/亩，诱集效果好于上一年。

6月5日，二化螟为害稳定期普查，性诱剂示范区枯鞘株率平均2.3%，最高为6.7%；枯鞘丛率平均为4.3%，最高为14.0%；枯心株率平均为0.1%，最高为0.7%；枯心丛率平均为0.2%，最高为1.0%。农民自防区枯鞘株率平均7.1%，最高为20.5%；枯鞘丛率平均为13.5%，最高为43.0%；枯心株率平均为0.1%，最高为1.4%；枯心丛率平均为0.2%，最高为1.0%。对照区枯鞘株率为37.0%，枯鞘丛率45.0%，枯心株率4.3%，枯心丛率2.0%。性诱剂示范区防治效果为93.8%，比农民自防区（80.8%）增加13.0个百分点。

近年来，秀山县试验示范表明，性诱剂防治水稻二化螟防效可达90%左右，完全可以取代化学防治，减少施药1~2次，减少农药使用量100 mL/亩以上。性诱剂防治水稻二化螟，优点是不用化学农药，生态环保，诱捕器安放一次可以防治一代二化螟。缺点是诱捕器安装较为麻烦，二化螟为害定型后还需要回收插在田间的木条或竹竿，以免影响田间管理特别是水稻机收，且防治成本较高（50元/亩左右）。

### 1.3 生物农药绿僵菌的试验示范

金龟子绿僵菌（*Metarhizium anisopliae*）属于子囊菌门、肉座菌目、麦角菌科、绿僵菌属，是一种广谱性的杀虫真菌。在自然界中主要进行无性繁殖，由昆虫体壁进行主动入侵而感染不同昆虫，在昆虫血腔中可进行酵母状繁殖，产生大量虫菌体，同时可产生破坏素（destuxin，非核糖体多肽类毒素）等杀虫毒素，抑制昆虫免疫、加速杀虫。由于其寄主范围广、致病力强，对人、畜、农作物无害，容易进行大规模生产，以及能够产生持续控制效果等，具有广阔的害虫生物防治应用前景。

近年来，秀山县连续开展由重庆聚立信生物工程有限公司生产的80亿孢子/g金龟子绿僵菌可分散粉剂防治水稻二化螟、稻纵卷叶螟、稻飞虱试验及示范。小区试验及大区示范结果表明，绿僵菌对二化螟防治效果为65.0%~71.0%，略低于化学防治的效果。在中等或偏轻发生的年份，只要掌握适宜的施药时期及方法，绿僵菌能够控制二化螟等害虫为害。

绿僵菌是生物农药，优点是绿色环保、对水稻及操作人员安全。绿僵菌的缺点也很明显。一是在田间自然条件下，药效期只有7 d左右，药效期偏短，而二化螟为害期则较长（前后达30 d）。二是绿僵菌不能与其他杀菌剂混用，且与其他杀虫剂兼容性不明，在使用上受到限制。三是在剂型上，目前的可分散粉剂或可分散油悬浮剂溶解性明显不如可湿性粉剂或水分散粒剂。

### 1.4 灯诱

近年来，秀山县在水稻病虫害专业化统防统治与绿色防控融合示范区安装太阳能杀虫灯150余盏，由深圳市富巍盛科技有限公司、鹤壁佳多科工贸有限责任公司生产，控害面积400 $hm^2$左右。太阳能杀虫灯利用害虫趋光、趋波等特性，采取对害虫有极强诱杀作用的光源，有效引诱和触杀害虫，能降低田间害虫基数，并对天敌伤害较小，可有效减少农药用量，经济效益显著。杀虫灯诱杀的害虫种类多、数量大，可以诱杀田间多种害虫，是一种较为理想的物理杀虫工具。符合农产品安全生产的需要，特别适宜于绿色食品、有机食品生产基地大面积推广使用。在秀山县，杀虫灯一般4月1日开灯，8月31日停止调查。选择其中3盏太阳能杀虫灯作系统调查灯具，定灯、定时、定人，每5 d调查1次。调查时，把太阳能杀虫灯接虫瓶内所有虫种倒入白瓷盘，用镊子分类，按虫种分别记载。以3盏灯诱集虫量的平均值进行统计，已经腐烂或无法辨认的虫种，则不作记录。近年来调查表明，4—8月水稻生长期，太阳能杀虫灯诱杀二化螟成虫20.6~50.1头/盏。灯控区二化螟危害明显轻于对照区，危害程度下降1个级别以上。

太阳能杀虫灯诱杀二化螟成虫，属于一种辅助性的绿色防控技术措施，不能完全取代化学防治。优点是绿色环保、简单方便。缺点是安装较为复杂，检修不便，寿命较短（3~5年）。

### 1.5 稻田养鸭

秀山县水稻种植面积大，水源条件良好，农民历来有稻田养鸭的习惯及传统。一般插秧后1~2周，秧苗成活后，在水稻分蘖盛期，将1~2周龄的雏鸭按照每亩12~15只放入稻田，水稻破口前收鸭，以免水稻抽穗后鸭子吃稻穗。在稻田放养雏鸭，利用雏鸭旺盛的杂食性，吃掉稻田内的杂草和害虫，可减轻二化螟、纹枯病、稻飞虱和杂草等发生为害；利用鸭不间断活动产生中耕浑水效果，刺激水稻生长，同时鸭的粪便可作为肥料。

2016—2017年，在水稻病虫害专业化统防统治与绿色防控融合示范区调查，养鸭示范区螟害率、枯鞘株率分别为4.5%、6.1%，化学防治区分别为2.9%、3.0%，对照区分别为25.2%、37.0%。养鸭区防效虽然低于化学防治区，但明显轻于对照区。示范结果表明，稻田养鸭对二化螟有一定的防控作用，能有效减轻二化螟为害，但在二化螟重发区域，还是不能取代化学防治。

稻田养鸭除了对二化螟等病虫害有减轻作用，经济效益也十分明显。据秀山县植保植检站2015—2016年连续两年大户型（1 000只以上）调查，每只鸭子利润为11.2~13.6元。2017年，进行小户型调查，每只利润为10.1~15.2元，与2015—2016年大户调查经济效益大体相当。2017年，秀山县大面积推广稻田养鸭，面积达0.47万 $hm^2$ 以上，到2020年可望达到0.67万 $hm^2$ 以上。

### 1.6 农药减量增效助剂的示范推广

近年来，农药减量增效助剂激健在秀山县农作物病虫害防治上得到良好应用。激健由四川蜀峰化工有限公司生产，重庆植丰生物科技有限公司提供。激健主要成分为非离子表面活性剂、油酸甲酯、玉米胚芽油、油茶籽油、大豆油等。激健的作用机理是与农药混用，增加农药的渗透力和传导率，减少农药有效成分在体表、体壁停留量，增加从体表进入体壁、从体壁进入体内的量，增加进入靶标的量；在植物体内农药向上传导提高，缩短作物中残留农药的半衰期，进一步降低残留。

2016年，秀山县先后在油菜病害、水稻病虫害、灭荒除草等方面进行试验示范。小区试验及大区示范结果表明，在农药减量30%的剂量下，每亩用激健15 mL，防治效果与化学农药相当。2017年，秀山县在部级项目“水稻病虫害专业化统防统治与绿色防控融合示范”区，推广激健防治水稻病虫害160 $hm^2$，农药减量增效示范区用药量为207.2 g/亩，农药减量增效示范区用药量比常规防治区减少292.8 g/亩，比融合示范区减少88.8 g/亩。二化螟等病虫害防治效果与化学防治差异不显著。

## 2 建议与探讨

（1）二化螟绿色防控技术多样化，结合秀山县实际，选择适宜的技术，对指导本地二化螟绿色防控具有现实意义。从目前的技术发展水平看，性诱、寄生、灯诱、生物农药、稻田养鸭、新型减量助剂等技术措施都切实可行，今后在推广普及以上技术的基础上，也要积极引进、试验示范新型绿色防控技术，如香根草引诱技术、性信息素迷向技术等。

（2）“生物导弹”防治二化螟效果明显，但缺点也较为突出。秀山县二化螟发育不整齐，成虫羽化期长达 30 d，相应地，二化螟诱虫为害期也在 30 d 左右。寄生蜂出蜂时间一般 7 d 左右，一代次二化螟需要投放 3 次“生物导弹”才能得到有效控制。“生物导弹”今后研发重点应该是寄生蜂出蜂的缓释技术、储运及包装改进等方面，向“傻瓜式”一次性投放方向发展。

（3）性诱剂防治二化螟同样效果明显，今后应该在诱捕器类型及诱芯选择上进行筛选，选择投放方便、可回收并多次利用的诱捕器。同时，建议厂家在诱芯的组合化方面进行探讨，如二化螟诱芯+稻纵卷叶螟诱芯等，进行组合化使用，一次投放，防治多种害虫。

（4）灯诱技术作为一项辅助性的绿色防控技术，在水稻害虫防治上也有一定效果。目前，主要是成本较高、寿命较短、维护不便。今后，灯诱技术应该向高性能储电技术、有针对性地光谱筛选、自动清洗等方向发展。

（5）生物农药防治二化螟，如短稳杆菌、苏云金杆菌、绿僵菌、阿维菌素等，目前普遍反映的效果较差、药效期短。从减少农药使用量角度看，立足现有生物农药品种，一方面应该在生物农药与其他高效长效低用量农药品种搭配使用上进行探讨；另一方面，生物农药使用技术也有待提高，如适当提早施药时期、增加施药次数，也能控制二化螟为害。

**原文发表**　农业科技通讯，2018（4）：205－207，208，获重庆市植物保护学会 2018 年学术年会优秀论文奖

# 推广农作物病虫害绿色防控技术，助推农产品质量安全

肖晓华[1]，肖　璐[2]
（1. 重庆市秀山县植保植检站，秀山　409900；
2. 重庆工程学院电子信息学院，巴南　401320）

秀山县地处重庆市东南部、武陵山区腹地，辖区面积 2 463. 61 $km^2$，总人口 65 万。秀山县是传统农业大县，秀山县农业用地 21. 06 万 $hm^2$，占土地总面积的 85. 5%，海拔 245～1 631 m，大部分属于中低山区，年均气温 16. 5 ℃，年均降水量 1 336 mm。县域内四季分明，热量丰富，降水充沛，无霜期长，光、热、水与农作物生长基本同季，农业自然条件相对较好。2017 年，秀山县粮食作物播种面积为 5. 52 万 $hm^2$，经济作物面积为 5. 34 万 $hm^2$，秀山县粮经作物种植比例为 5. 08 : 5. 00。

随着社会的发展，人们的安全、环保、生态意识逐步增强。饮食需求已经从“吃饱”向“吃好”转变。从农作物病虫害防治角度分析，不用药、少用药、用好药、会用药，就成为农作物病虫害防控的现实需求，而农作物病虫害绿色防控就是切实减少农药使用，减轻农药污染，提高农产品质量的重要措施。

## 1　秀山县示范推广的绿色防控技术种类

绿色防控是指以确保农业生产、农产品质量和生态环境安全为目标，以减少化学农药使用为目的，优先采取生态控制、生物防治、物理防治和科学用药等环境友好型技术措施控制农作物病虫害为害的行为。

近年来，秀山县引进并开展试验示范及推广的绿色防控技术主要有灯光诱杀技术、性引诱剂诱杀技术、食物诱杀技术、色板诱杀技术、寄生蜂寄生杀虫技术、稻鸭共育技术、生物农药推广、农药减量增效助剂使用、厚型塑料袋处理蛆果等物理防治技术以及运用高效植保机械，选用高效低毒低残留化学农药开展大规模专业化统防统治等技术。2017 年，秀山县绿色防控技术推广面积 89. 56 万亩次，绿色防控覆盖率达 29. 7%。2018 年，秀山县绿色防控技术推广面积预计 100 万亩次，绿色防控覆盖率达 30. 0% 以上。

## 2　绿色防控技术应用及成效

### 2. 1　灯光诱杀技术

灯光诱杀技术利用害虫趋光、趋波等特性，采取对害虫有极强诱杀作用的光源，有效引诱和触杀害虫，能降低田间害虫基数，并对天敌伤害较小，可有效减少农药用量，

经济效益显著。杀虫灯诱杀的害虫种类多、数量大，可以诱杀田间多种害虫，是一种较为理想的物理杀虫工具，符合农产品安全生产的需要，特别适宜于绿色食品、有机食品生产基地大面积推广使用。近年来，太阳能杀虫灯在秀山县粮油、蔬菜、水果、茶叶等作物上得到大量应用，试验示范表明，太阳能杀虫灯可诱杀 7 个目、50 余种害虫，可以有效减轻示范区虫害发生程度，减少农药施药次数及用药数量。

2018 年，秀山县在水果基地、茶叶基地、蔬菜基地新增太阳能杀虫灯 100 盏。截至 2018 年 8 月，秀山县累计应用太阳能杀虫灯 500 余盏，控害面积 2.0 万亩以上。

### 2.2 性引诱剂诱杀技术

性引诱剂诱杀是利用昆虫求爱过程中释放性信息素这一规律，从雌蛾身上提取、分离或人工合成性信息素，以引诱雄蛾，并用诱捕器或水盆杀灭，使雌蛾不能正常交配产卵，从而影响其生殖，抑制其种群增长，降低种群数量，控制危害，达到防治的目的。

性引诱剂防治水稻二化螟是一项成熟的二化螟绿色防控技术措施，在秀山县已连续示范推广使用多年。2018 年，秀山县在清溪场镇东林居委会（重庆天人农业股份合作社连片稻田），开展性引诱剂防治水稻二化螟示范，示范面积 400 亩，示范区减少施药 1 次以上，取代化学农药 100 g/亩以上。

### 2.3 食物诱杀技术

（1）柑橘大实蝇食物诱剂诱杀技术。这项技术是根据大实蝇产卵前需要补充食物的特点，用具有引诱作用的蛋白类引诱剂和具有胃毒作用的阿维菌素杀虫剂组合而成的诱杀剂诱杀成虫，达到控害目的。这项技术在秀山县连续推广了 5 年，效果明显，可以有效减轻柑橘大实蝇危害。2018 年，秀山县推广面积5 000亩。

（2）柑橘大实蝇球形诱捕器诱杀技术。这是近年来试验示范及推广的柑橘大实蝇绿色防控新技术，该技术是根据大实蝇生物学特点，人为模仿柑橘青果，在仿果球外表涂抹强力粘胶，粘胶内加蛋白质，引诱大实蝇取食，用粘胶物理黏附大实蝇，是一种不用化学农药的物理防控技术，由于这项技术操作简单、诱杀效果较好，诱虫直观，受广大柑橘种植业主及果农青睐。2017 年，秀山县推广面积 2.0 万亩。2018 年，预计推广面积 3.0 万亩以上。

### 2.4 色板诱杀技术

色板诱杀，主要是根据害虫成虫的趋光、趋色特性，用粘虫胶进行诱杀。诱虫板使用简单方便，打开即可使用，利用特殊的色谱，进行双面诱捕，防虫效果更显著。

2018 年，秀山县在茶叶、果树、蔬菜等作物上，推广色板（包含黄板、蓝板、粉红板、绿板）100 万张，应用面积 5 万亩。

### 2.5 寄生蜂寄生杀虫技术

寄生蜂寄生杀虫是利用卵寄生蜂（赤眼蜂）将经过高新技术处理过的强毒力剂（病毒）传递到害虫卵块表面，使初孵幼虫感病死亡，达到控制目标害虫危害的目的。因其寄生蜂寄生的靶性极度强，又携带病毒传播，故称为“生物导弹”。2018 年，秀山县在玉米螟、水稻二化螟防治上进行示范，效果明显。

（1）“生物导弹”防治玉米螟示范。2018 年，秀山县在官庄街道新庄村 7 组，开展“生物导弹”防治玉米螟示范。示范面积 100 亩，结果表明，示范区与常规防治区防治效果相当。“生物导弹”防治玉米螟完全可以取代化学农药，且安全、环保、投放简便、功效高，可以大面积推广。

（2）“生物导弹”防治水稻二化螟示范。2018 年，秀山县在清溪场镇开展“生物导弹”防治水稻二化螟示范，示范面积 150 亩。结果表明，示范区与常规防治区防治效果相当，与近年来示范结果吻合。“生物导弹”在防治二化螟方面完全可以取代化学农药，可以大面积推广。

## 2.6 稻鸭共育技术

在水稻插秧后 1~2 周，秧苗成活后，在水稻分蘖盛期，将 1~2 周龄的雏鸭按照每亩 12~15 只放入稻田，水稻破口前收鸭，以免水稻抽穗后鸭子吃稻穗。在稻田放养雏鸭，利用雏鸭旺盛的杂食性，吃掉稻田内的杂草和害虫，可减轻二化螟、纹枯病、稻飞虱和杂草等发生为害；利用鸭不间断活动产生中耕浑水效果，刺激水稻生长，同时鸭的粪便可作为肥料。近年来示范结果表明，稻田养鸭虽不能取代化学防治，但对二化螟、稻纵卷叶螟、稻飞虱等有一定的防控作用。同时，稻田养鸭经济效益也十分明显。调查表明，每只鸭子利润为 10.1~15.2 元。

秀山县水稻种植面积大，水源条件良好，农民历来有稻田养鸭的习惯及传统。2017 年，秀山县大面积推广稻田养鸭，面积达 7 万亩，2018 年，预计达 8.0 万亩以上。

## 2.7 生物农药推广

生物农药是指利用生物活体（真菌、细菌、昆虫病毒、转基因生物、天敌等）或其代谢产物针对农业有害生物进行杀灭或抑制的农药制剂。生物农药的突出优点是选择性强，对人畜安全，对自然生态环境安全、无污染。生物农药的推广应用，是切实减少化学农药使用、深入推进农药使用量零增长行动的重要措施。

2018 年，秀山县大量示范推广的生物农药有：阿维菌素、井冈霉素、春雷霉素、枯草芽孢杆菌、印楝素、乙基多杀菌素、短稳杆菌、甘蓝夜蛾核型多角体病毒、绿僵菌等，推广面积 50 万亩以上。

## 2.8 农药减量增效助剂使用

近年来，农药减量增效助剂激健在秀山县农作物病虫害防治上得到良好应用。激健主要成分为非离子表面活性剂、油酸甲酯、玉米胚芽油、油茶籽油、大豆油等。激健的作用机理是与农药混用，增加农药的渗透力和传导率，减少农药有效成分在体表、体壁停留量，增加从体表进入体壁、从体壁进入体内的量，增加进入靶标的量；在植物体内农药向上传导提高，缩短作物中残留农药的半衰期，进一步降低残留。

2016 年以来，秀山县先后在油菜病害、水稻病虫害、蔬菜病害、灭荒除草等方面进行试验示范。结果表明，在农药减量 30%的剂量下，每亩用激健 15 mL，防治效果与化学农药相当，不影响对病虫害防控的效果。2018 年，秀山县推广面积达 5 万亩以上，该项技术可直接减少农药使用量 1 500 kg以上。

## 2.9 厚型塑料袋处理蛆果

柑橘大实蝇是秀山县柑橘生产上的主要害虫。根据大实蝇生物学特点，组织人员，每年的9—11月，每2~3 d捡拾1次，把柑橘类水果的所有落地果，装入10 mm厚型塑料口袋进行密封处理，达到灭杀大实蝇幼虫的目的。

这项措施简单实用，效果明显，在秀山县柑橘主产区基本普及。2017年，秀山县蛆果处理面积8万亩次以上，2018年，农业部门已经采购10 mm厚型塑料口袋8 000条，用于示范区蛆果处理，秀山县预计处理面积8.5万亩。

### 2.10 农作物病虫害专业化统防统治

农作物病虫害专业化统防统治，简单讲就是专业化的服务组织，使用专业化装备，开展专业化统防统治服务。多年实践证明，它具有功效高、效果好、应急防控能力强的突出优势，同时又能减少农药使用20%左右，病虫害防治效果提高5.0个百分点以上，减轻环境污染，提高农产品品质，专业化统防统治是适应农业发展需要的病虫害防控的高效形式。截至2018年8月，秀山县共有专业化统防统治组织134家，其中在工商部门注册、在植保部门备案的有93家。2018年，秀山县新增规模化专业化统防统治组织5家。秀山县专业化统防统治组织共拥有机动喷雾器684台、中型装备2台、无人机3架，从业人员1 259人次，日作业能力2.7万亩。专业化统防统治组织对秀山县农作物病虫害防治发挥了重要作用。

2017年，秀山县完成专业化统防统治作业覆盖面积35万亩，实施病虫害专业化统防统治施药面积累计为88.2万亩次，统防统治覆盖率为33.1%。2018年，秀山县预计完成专业化统防统治施药100亩次以上，统防统治覆盖率35%以上。

## 3 绿色防控集成推广案例分析

### 3.1 李子病虫害全程绿色防控试点

2018年，秀山县在官庄镇大杉村大坟山组开展李子病虫害全程绿色防控试点，面积240亩，试点区内全部推广绿色防控技术，安装太阳能杀虫灯10盏，推广降解黄板2 500张，推广生物农药100余千克，全面取缔了化学农药。结果表明，试点区比对照区增收23 500.00元/亩以上，价格是市场价格的2倍以上。绿色防控是2018年试点区李子高价位销售的前提及基础，同时有利于今后李子品牌打造。

### 3.2 茶叶病虫害绿色防控示范

2018年，秀山县茶叶病虫害绿色防控示范地点为峨溶镇峨溶居委会，示范面积700亩。示范区推广技术模式为“太阳能杀虫灯+生物农药+降解黄板”。示范区免费发放绿僵菌1 000瓶、降解黄板12 500张，检修太阳能杀虫灯10盏。示范结果表明，茶园推广绿色防控技术，可以大幅度减少化学农药使用（减少50%以上），提高茶叶品质，促进品牌创建。

### 3.3 柑橘病虫害绿色防控示范

2018年，秀山县柑橘病虫害绿色防控示范地点为雅江镇桂平村，示范面积为350亩。示范区推广技术模式为“实蝇食物诱剂+新型球形诱捕器+厚型塑料口袋+低毒农药”。发放示范区低毒高效农药（20%除虫脲悬浮剂）330 kg、新型球形诱捕器6 160个、

0.1%阿维菌素浓饵剂（实蝇食物诱剂）202.5 kg，4—8月，示范区已经完成4次专业化统防统治。6—7月，全面应用“新型球形诱捕器+实蝇食物诱剂”。9—11月，计划用厚型塑料口袋处理蛆果。示范区预计可减少化学农药300 g/亩以上，减少施药次数2次以上。

### 3.4 部级水稻病虫害专业化统防统治与绿色防控推进项目

2018年，秀山县继续承担农业农村部部级示范项目，即水稻病虫害专业化统防统治与绿色防控推进项目，示范地点位于清溪场镇茫洞村、东林居委会、南丘村、溪西村、长岗村等地，面积1万亩。推广技术模式为“带药移栽+稻田养鸭+杀虫灯诱杀害虫+性诱剂诱杀害虫+生物农药+高效低毒低残留化学农药+农药减量助剂”。5—7月，示范区开展了2次专业化统防统治。项目区减少农药施用2次，农药使用量减少200 g/亩以上。

### 3.5 水稻病虫害防治农药减量控害示范项目

2018年，秀山县在清溪场镇开展水稻病虫害防治农药减量控害示范，示范面积2 000亩。在减量控害示范区，推广生物农药、高效低毒低残留农药及农药减量助剂，每亩减少化学农药使用量30%以上。同时，2018年安排了一个生物农药防治稻纵卷叶螟的大区示范，即甘蓝夜蛾核型多角体病毒、短稳杆菌、乙基多杀菌素、甲维·虱螨脲（低毒高效长效药剂）进行对比，为今后大面积推广提供理论依据。

## 4 做法及经验

### 4.1 加强组织领导

2018年，秀山县印发了8个相关文件，同时，与乡镇（街道）签订了农药零增长行动目标责任书，明确了秀山县2018年农药零增长行动目标任务、技术途径、工作措施，农药零增长行动从上年农委行文，提升为政府行文，且把农药零增长工作内容正式纳入政府工作报告，县政府督查室也把农药零增长纳入政府督查范围，2018年秀山县农药零增长行动，工作提档升级，为有序推进秀山县农药零增长行动打好政策性基础。

### 4.2 加强农作物病虫害监测预警工作

病虫害监测预警是植保工作的前提和基础。按照农作物病虫害测报技术规程，秀山县按时开展病虫害系统调查及普查工作，2018年，发布植保情报25期，病虫害监测预警准确率保持在85%以上。

### 4.3 组织召开专题会议

2018年2月27日，秀山县召开秀山县2018年农药零增长推进暨植物检疫培训会议。各乡镇（街道）农业分管领导、农业（社区）服务中心负责人、全体农技人员、100亩以上水果、茶叶、蔬菜基地（业主、种植大户）负责人、50亩以上种粮大户、农药经销商、开展农作物病虫害统防统治工作的农民专业合作社负责人等共计170余人参加会议。这次会议是秀山县农委2018年第一个大型会议，对推进秀山县农药零增长行动具有现实指导意义。

2018 年 3 月 22 日，在茶叶基地组织召开农药科学安全使用技术培训会，40 余人参加了会议。会议培训了茶叶病虫害绿色防控技术，对蛇床子素、枯草芽孢杆菌、绿僵菌等生物农药及降解黄板的使用技术进行培训。秀山县四季堡粮油专业合作社组织机防手、无人机操控手进行机动喷雾器、无人机施药现场演示。整个培训及施药演示过程，重庆村头科技有限公司进行了现场直播。

2018 年 6 月 28 日，秀山县组织召开 2018 年农药减量控害行动推进暨水稻病虫害绿色防控现场会。各乡镇（街道）农业（社区）服务中心负责人、秀山县农技人员、50 亩以上种粮大户、开展农作物病虫害统防统治工作的农民专业合作社负责人共 100 余人参加了会议。

## 4.4 加大宣传力度

2018 年，秀山县开展农药减量（农药零增长）工作电视宣传 5 次，报纸宣传 2 次，报送市级以上网络媒体相关信息 87 余条，发表学术论文 4 篇。

## 4.5 规范资金使用

从源头把好关口，严格按照项目资金使用方案及财务规定，规范使用各项目资金，做到资金使用安全、人员安全。

## 4.6 促进品牌创建

位于秀山县清溪场镇的部级、市级水稻（油菜）专业化统防统治与绿色防控融合示范区（水稻、油菜农药减量控害增效示范区），连续多年的专业化统防统治及绿色防控示范，推动农产品品牌创建。示范区内的重庆天人农业股份合作社，生产的“天人丰”牌大米被评为 2017 年度重庆名牌农产品，其“天人丰”品牌在全国优质品牌调研推广活动中，获得中国著名品牌荣誉称号。

2018 年，秀山县茶叶绿色防控示范区位于峨溶镇的秀山县皇茗苑农业综合开发有限公司茶叶基地，绿色防控技术推动了茶叶品牌创建。2018 年 5 月 12 日，公司生产的“皇茗苑牌 · 边城秀芽”，在重庆市首届斗茶大赛中，被重庆市农业委员会评为“重庆市十佳茶叶产品”。

结合秀山县创建国家级食品安全示范城市活动，秀山县进一步推进名优农产品品牌创建活动，品牌创建将切实帮助合作社把产品推向更广阔的市场，进一步提升秀山农产品知名度和品牌形象。

**原文发表** 农业科技通讯，2018（2）：206-209

# 秀山县2018年茶树病虫害绿色防控示范成效与经验总结

肖晓华
（重庆市秀山县植保植检站，秀山　409900）

**摘　要：**为切实减少农药使用，提高科学用药水平，重庆市秀山县开展茶树病虫害绿色防控示范。示范区采用“生物农药+高效低毒低残留化学农药”“太阳能杀虫灯+黄板诱杀”等绿色防控措施。结果表明，示范区每亩用药量425 g，比常规防治区每亩减少75 g，其中，化学农药每亩减少270 g；示范区每亩产量315 kg，比常规防治区增加8.0 kg，示范区每亩产值5 700元，比常规防治区每亩增加390元；扣除成本，每亩收益增加309.9元。示范区大量使用生物农药及绿色防控产品，保护和利用天敌，对环境更加友好，提高了茶叶品质，助推了品牌创建。

**关键词：**茶树病虫害；绿色防控；技术措施；示范效果；重庆市秀山县

为切实减少农药使用，提高科学用药水平，深入推进农药减量使用行动，根据重庆市农业委员会办公室《关于印发2018年重庆市农药减量使用行动工作要点的通知》、重庆市植保植检站《关于印发2018年农药减量控害工作计划的通知》、秀山县农业委员会、秀山县财政局《关于印发〈秀山县2018年农作物病虫害防治资金使用方案〉的通知》等文件精神及重庆市2017年农作物病虫害绿色防控会议要求，2018年，秀山县开展茶树病虫害绿色防控示范，成效明显。

## 1　示范区概况

示范区安排在秀山县峨溶镇峨溶居委会，示范面积46.7 $hm^2$，在临近区域设置常规防治区，面积0.67 $hm^2$。示范茶园距县城32 km，远离工矿区，无污染，水资源丰富，生态环境良好。土壤为黄壤，肥力中等，设立绿色防控示范区标牌地点的方位为东经109°17′0″，北纬28°33′28″，海拔316 m。茶园2009年11月栽植，目前管理模式为茶农分户管理，公司统一技术指导、统一回收加工及销售。

2018年，茶叶病虫害绿色防控示范承办单位——秀山县皇茗苑农业综合开发有限公司，成立于2013年4月，注册资金666.8万元。公司主要从事茶叶种植、生产加工、销售及开发，公司目前注册茶叶商标3个，即“边城秀芽”“平马贡茶”“翠滴茗峰”。其中，“皇茗苑牌·边城秀芽”2016年6月荣获重庆市第11届“三峡杯”名优茶评比大宗茶类特等奖、名茶类金奖。

## 2 2018年示范目标任务

综合应用病虫害绿色防控技术，绿色防控覆盖率100%，统防统治覆盖率100%，化学农药施用量减少50%以上，病虫害危害损失率5%以下，农药残留控制在国家允许范围内。

## 3 示范区应用的技术措施

依托病虫害专业化统防统治组织（秀山县皇茗苑农业综合开发有限公司），集成应用以下技术。

### 3.1 农业防治技术

通过修剪、翻耕除草、科学肥水管理等，增强树势和抗病虫害能力。

### 3.2 诱杀技术

使用太阳能杀虫灯、降解诱虫板诱杀害虫。

### 3.3 生物防治技术

使用生物农药防治病虫害。

### 3.4 生态防治技术

控制茶园环境污染，化学农药选用低毒低残留低用量高效药剂，保护天敌，促进茶园生态系统良性循环。

## 4 示范工作推进情况

2018年3月8日，秀山县植保植检站在示范区设立大型绿色防控示范区标牌，正式启动示范工作。3月19日，免费发放秀山县皇茗苑农业综合开发有限公司生物农药——绿僵菌1 000瓶（40 kg），降解黄板12 500张。3月22日，召开技术培训会。

3月22日在示范区调查，茶芽枯病病田率20%左右，病芽（嫩叶）率0.5%～5.5%，部分田块达到8%以上，总体表现为局部性、零散性分布。炭疽病、轮纹病等病害零星发生，总体发生程度轻。根腐病仅1块田发生，发生面积1.2 $m^2$，发病区域症状表现为茶树整株死亡，根系腐烂。

3月22日，发布植保情报《茶芽枯病的发生及防治》（秀山植物病虫害情报2018年第5期），3月23—25日，选用1 000亿孢子/g枯草芽孢杆菌可湿性粉剂（每亩约50 g）、1%蛇床子素水乳剂（每亩约100 mL）防治茶芽枯病，防治面积2.67 $hm^2$。3月30日调查，茶芽枯病防治效果85.2%，随着气温回升，嫩芽采摘，茶芽枯病得到控制。

3月29—30日，与鹤壁佳多科工贸有限公司合作，检修太阳能杀虫灯10盏。

4月16—20日，清明茶采摘完毕后，按照每亩悬挂20张左右的标准，悬挂25 cm×30 cm降解黄板12 500张。5月3日，调查降解黄板诱集茶小绿叶蝉效果，每张黄板诱虫量（双面）平均23.8头，最高58头（其中，单面最高虫量为51头）。白粉虱零星可见，最高7头/张，苍蝇220头/张。黄板上诱集的其他害虫有瓢虫类、长翅土白蚁、灯蛾类、甲壳虫类、蚊类等。益虫主要种类是蜜蜂、瓢虫。由于黄板诱虫效果直观，茶农十分喜欢。

4 月 20—22 日，示范区每亩施用 80 亿孢子/mL 金龟子绿僵菌可分散油悬浮剂 80 mL防治茶毛虫、尺蠖、红褐斑腿蝗、茶小绿叶蝉等。5 月 3 日调查，茶园部分田块零星可见红褐斑腿蝗、茶小绿叶蝉，“太阳能杀虫灯+降解黄板+绿僵菌”对茶毛虫、尺蠖、茶小绿叶蝉等常见害虫防治效果均在 85%以上。

4—5 月茶园病虫害防控表现出的问题，主要是秀山县皇茗苑农业综合开发有限公司未统一购买、配发杀菌剂，部分田块茶圆赤星病、炭疽病等发生较重。其中，茶圆赤星病病田率 20%，病田病叶率平均 0.5%，最高 2.6%，部分叶片出现密集穿孔现象。5 月 4 日，发布植保情报 13 期《秀山县茶圆赤星病发生及防治预报》（秀山植物病虫害情报 2018 年第 13 期）。

5 月 10 日，示范区用生物农药——春雷霉素，开展一次专业化统防统治，防治茶圆赤星病。5 月下旬至 9 月，示范区选用高效低毒低残留农药开展专业化统防统治 3 次，主要防治炭疽病、螨类害虫、茶毛虫等。

## 5 示范效果

### 5.1 防治成本核算

示范区用药：每亩用药量 425 g，其中，生物农药 295 g，高效低毒低残留化学农药 130 g（表 1）。

常规区用药：每亩用药量 500 g，其中，生物农药 100 g，化学农药 400 g。示范区比常规防治区每亩用药量减少 75 g，其中，化学农药每亩减少 270 g。

**表 1 重庆市秀山县 2018 年茶树病虫害绿色防控防治每亩成本统计** 单位：元

| 处理 | 用药种类及数量 | 药剂成本 | 黄板成本 | 杀虫灯成本 | 人工费 | 防治成本 |
|---|---|---|---|---|---|---|
| 示范区 | 绿僵菌 80 g、春雷霉素 100 g、阿维菌素 100 g、甲维·茚虫威 30 g、高效氯氟氰菊酯 100 g、枯草芽孢杆菌 5 g、蛇床子素 10 g，合计 425 g | 61.0 | 32.4 | 14.7 | 80 | 188.1 |
| 常规防治区 | 甲基硫菌灵 100 g、甲氰菊酯 100 g、阿维菌素 100 g、高氯·甲维 100 g、高效氯氟氰菊酯 100 g，合计 500 g | 33.0 | 0 | 0 | 75 | 108 |

注：太阳能杀虫灯按照 33.3 $hm^2$ 安装 10 盏，使用寿命按照 3 年计；每亩人工施药费用 15 元计；悬挂黄板人工费每亩按照 5 元计。前期防治芽枯病面积少，按照示范面积折亩计入示范用药。

### 5.2 产量指标

示范区每亩产量 315 kg，比常规防治区（每亩产量 307 kg）增加 8.0 kg（表 2），由于常规防治区前期不敢施药防治，示范区明前茶、清明茶增产明显。示范区每亩产值5 700元，比常规防治区每亩增加390元。扣除成本，每亩收益增加309.9元。

表2　重庆市秀山县2018年茶树病虫害绿色防控示范经济效益统计

| 处理 | 明前茶 | | | 清明茶 | | | 夏秋茶 | | | 合计/元 |
|---|---|---|---|---|---|---|---|---|---|---|
| | 每亩产量/kg | 单价/（元/kg） | 每亩收益/元 | 每亩产量/kg | 单价/（元/kg） | 每亩收益/元 | 每亩产量/kg | 单价/（元/kg） | 每亩收益/元 | |
| 示范区 | 15 | 80 | 1 200 | 75 | 30 | 2 250 | 225 | 10 | 2 250 | 5 700 |
| 常规防治区 | 12 | 80 | 960 | 70 | 30 | 2 100 | 225 | 10 | 2 250 | 5 310 |

注：鲜茶叶单价，明前茶70~90元/kg，清明茶20~80元/kg，夏秋茶5~10元/kg。

### 5.3　社会效益及生态效益

示范区大量使用生物农药及绿色防控产品，保护和利用天敌，对环境更加友好，提高了茶叶品质。同时，示范区在前期也用生物农药防治，解决了以前无法防治的难题，提高了茶农的防治技术水平。

## 6　2018年示范工作成效

（1）探索绿色防控技术措施。如采摘期的茶芽枯病以前根本没有办法防治，现在可以选用生物农药防治。

（2）推广生物农药，大幅度取代化学农药。推广生物农药绿僵菌、枯草芽孢杆菌、蛇床子素、阿维菌素等，取代以前的甲氰菊酯、高效氯氰菊酯、吡虫啉等。生物农药防效为78.5%~85.2%，在病虫害非暴发年份，完全可以取代化学农药。

（3）推广降解黄板、太阳能杀虫灯诱杀害虫，减少农药使用，减轻环境污染。

（4）助推品牌建设。2018年，示范区秀山县皇茗苑农业综合开发有限公司的“皇茗苑牌·边城秀芽”品牌，2018年5月12日，在重庆市首届斗茶大赛中，被重庆市农业委员会评为“重庆市十佳茶叶产品”。2018年9月，“边城秀芽”绿茶在2018年澳大利亚国际茶博会上获铜奖。

## 7　做法及经验

### 7.1　加强组织领导

秀山县农业技术服务中心成立领导小组，加强统筹协调，明确责任分工。示范工作开展期间，秀山县农委、峨溶镇等单位领导多次现场检查及调研。

### 7.2　合理选择示范园

2018年开展的茶叶病虫害绿色防控示范，其区域全部是秀山县皇茗苑农业综合开发有限公司规模化基地。基地管理采取“公司+基地+农户”模式，统一技术培训、统一技术指导、分户管理、统一收购。示范区在一个业主范围内，推广绿色防控技术整合度高、效果好。

### 7.3 加强病虫害监测预报

病虫害监测预警是防治工作的前提和基础。2018 年，秀山县按照农作物病虫害测报技术规程，开展病虫害系统调查及普查工作，及时预报，指导防治工作。

### 7.4 加强宣传培训

示范区设立专门的大型绿色防控示范区标牌一张。3 月 22 日，秀山县农业技术服务中心在示范区组织召开农药科学安全使用技术培训会，秀山县农业技术服务中心领导及植保植检站负责人、秀山县农委科教信息科负责人、峨溶镇农业分管领导及农业服务中心技术人员、秀山县皇茗苑农业综合开发有限公司领导及技术人员、重庆村头科技有限公司（电商平台）技术人员、当地茶农等共 40 余人参加了会议。会议培训了茶叶病虫害绿色防控技术，对蛇床子素、枯草芽孢杆菌、绿僵菌等生物农药及降解黄板的使用技术进行培训。秀山县四季堡粮油专业合作社组织机防手、无人机操控手进行机动喷雾器、无人机施药现场演示。整个培训及施药演示过程，重庆村头科技有限公司进行了现场直播。这种送技术下乡的模式，在基地组织召开技术培训会，由于是现场识别病虫害、现场开药方、现场演示，农民感受直观，反响良好。

2018 年，示范区电视开展宣传 2 次，市级以上网络宣传 7 次。2018 年茶叶示范宣传工作的亮点是手机直播宣传。重庆村头科技有限公司是一家电商平台，在召开培训会议时，公司技术人员进行现场直播，节目现录现播，“互联网+”的宣传模式，提高了示范区茶叶的知名度，促进了基地茶叶销售。

### 7.5 加强与科研院校、农药厂家的联系，不断总结“基地+公司+技术+院校+企业”的合作模式

2018 年，为推进示范工作，秀山县与西南大学植物保护学院、重庆市植物保护学会、重庆大学生命科学学院、重庆聚立信生物工程有限公司、四川瑞进特科技有限公司、鹤壁佳多科工贸有限公司等单位合作，根据工作进展的情况，及时沟通，不断优化技术方案，互联互动，形成合力。

### 7.6 重抓品牌创建

2018 年，示范区承办单位——秀山县皇茗苑农业综合开发有限公司积极开展品牌创建，适应市场变化，不断改进生产工艺，提高茶叶品质。并多次参与国内国外展销会、茶博会，取得多项奖励。

**原文发表** 南方农业，2018，12（34）：75-77，86

# 秀山县李子病虫害全程绿色防控试点做法及成效

肖晓华[1]，吴金钟[2]，刘　春[1]，杨昌洪[1]
（1. 重庆市秀山县植保植检站，秀山　409900；2. 重庆市种子管理站，渝北　401121）

**摘　要**：重庆市秀山县按照“降解诱虫板诱杀害虫+太阳能杀虫灯诱杀害虫+生物农药防治病虫害”的技术模式，开展李子病虫害全程绿色防控试点。结果表明，试点区全部使用生物农药及绿色防控产品，防治效果明显。试点区单产比常规防治区偏低，但效益增加，试点区比常规防治区增收1 344.00元/亩。

**关键词**：李子病虫害；全程绿色防控；技术模式；效益分析；秀山县

随着社会的发展，人们的绿色、环保、安全意识逐步提高，“少用药、用好药、会用药”就成为了农作物病虫害防控的总体要求。大力推广农作物病虫害绿色防控技术，切实推进农药减量控害行动，是社会发展的必然要求，而病虫害全程绿色防控，则是绿色防控技术的集成和升级，是农作物病虫害防控的发展趋势。

根据重庆市农业委员会办公室《关于印发2018年重庆市农药减量使用行动工作要点的通知》、重庆市植保植检站《关于印发2018年农药减量控害工作计划的通知》、秀山县农业委员会、秀山县财政局《关于印发秀山县2018年农作物病虫害防治资金使用方案的通知》等文件精神以及全市农作物病虫害绿色防控会议要求，2018年，秀山县与重庆市植物保护学会、成都绿金生物科技营销有限责任公司、四川瑞进特科技有限公司等单位合作，开展了李子病虫害全程绿色防控试点。

## 1　试点工作技术模式及目标

2018年，秀山县李子病虫害全程绿色防控试点技术模式为：“降解诱虫板诱杀害虫+太阳能杀虫灯诱杀害虫+生物农药防治病虫害”。试点目标是减少化学农药施药次数3次以上，减少化学农药使用300 mL/亩以上，统防统治覆盖率100%、绿色防控覆盖率100%。

## 2　试点工作开展及成效

### 2.1　试点区域概况

2018年，李子病虫害全程绿色防控试点区设立在秀山县官庄镇大杉村大坟山组，秀山县罗成水果专业合作社成片种植的李子园。李子园距秀山县城14 km，面积16 $hm^2$，土地流转期限为15年，果园李子树2014年栽植，品名为空心李，该品种3月中旬开花，7月中旬成熟。基地李子苗是2014年从贵州省沿河县沙子镇购买的两年生幼苗，密度约为50株/亩。当地土壤为沙质土壤，肥力中等，坡（台）地貌，交通方便，水源良好。安装试点标牌地点的方位为东经109°4′16″，北纬28°29′34″，海拔479 m。

试点工作具体承办单位为秀山县罗成水果专业合作社，该合作社成立于2015年8月，注册资本120万元，现有常年性管理人员3名。

## 2.2 秀山县李子病虫害常年防治概况

秀山县李子主要病虫害有蚜虫、食心虫、细菌性穿孔病、裂果病、病毒病、流胶病、红点病等。其中，蚜虫、食心虫、细菌性穿孔病、裂果病是主要病虫害。根据秀山李子病虫害发生特点，李子病虫害防治年历如下。

1月，果树处于休眠期，结合修剪、施肥，使用生物农药清园。

3月，果树处于开花展叶期，谢花期施用保花保果剂，同时防治蚜虫、细菌性穿孔病、缩叶病等。3月下旬，完成太阳能杀虫灯检修，及早投入使用。3月下旬，施用保花保果剂。

4月上旬，物候期属于幼果期，防治蚜虫、食心虫、细菌性穿孔病、病毒病等。

5月上旬，果实膨大、新梢生长期，防治蚜虫、食心虫、细菌性穿孔病、病毒病、流胶病等。

5月下旬，防治食心虫、细菌性穿孔病、李红点病、病毒病、流胶病等，同时，配合使用多元微肥预防裂果病。

6月上旬，花芽分化期，防治食心虫、细菌性穿孔病、李红点病、流胶病等，同时，配合使用多元微肥预防裂果病。

6月中旬，重点防治食心虫、细菌性穿孔病、李红点病、流胶病等，同时，配合使用多元微肥预防裂果病。

6月下旬不再施药，7月中旬李子成熟，确保农药安全间隔期20 d以上。

8—9月，树体恢复、秋梢生长、花芽分化期，修剪果树残枝、病虫害枝，防治毛虫、毒蛾等，喷施叶面肥，防止叶片早落，增强树势，促进花芽分化。

10—12月，果树处于秋梢老熟、花芽分化后期，逐渐进入落叶休眠期。结合清园、施肥，开展树干刷白，刷白乳剂配置时加入少量农药，增强杀虫灭病效果。

## 2.3 试点设置

2018年，李子病虫害全程绿色防控试点设置3种处理，即试点区、常规防治区、对照区，大区示范，不设重复。试点区面积16 $hm^2$，同区域内设置常规防治区，面积1 334 $m^2$，空白对照区，面积333.5 $m^2$。3种处理土坎隔离，同一业主管理，果园管理水平基本一致。

## 2.4 材料及方法

（1）试点区农药及绿色防控产品。80%木醋液水剂，郑州好田农业科技有限公司生产，秀山县植保植检站提供；2%春雷霉素水剂，河南省尉氏县农药总厂生产，秀山县植保植检站提供；1 000亿孢子/g枯草芽孢杆菌可湿性粉剂，成都绿金生物科技营销有限责任公司生产，秀山县植保植检站提供；0.3%印楝素乳油，成都绿金生物科技营销有限责任公司生产，秀山县植保植检站提供；100 亿孢子/mL 短稳杆菌悬浮剂，镇江市润宇生物科技开发有限公司生产，秀山县植保植检站提供；30%甲维·毒死蜱乳油，通州正大农药化工有限公司生产，秀山县植保植检站提供；70%吡虫啉水分散粒剂，江苏健神生物农化有限公司生产，秀山县植保植检站提供；72%农用链霉素可溶性粉剂，重庆丰化科技有限公司生产，秀山县植保植检站提供；10%甲维·茚虫威乳油，哈尔滨火龙神农业生物化工有限公司生产，秀山县植保技术服务部提供；10%苯醚·甲环唑水分散粒剂，浙江世佳科技有限公司生产，秀山县植保技术服务部提供。

降解黄板、蓝板、粉红板，四川瑞进特科技有限公司生产，秀山县植保植检站提供；RJT-L/T 太阳能杀虫灯，四川瑞进特科技有限公司生产，秀山县植保植检站提供；施药器械为 3WZ-6 背负式动力喷雾机，山东华盛农业药械有限责任公司生产，秀山县罗成水果专业合作社提供及操作。

（2）施药及绿色防控产品使用时间及方法。

1 月 20—22 日，用 80%木醋液水剂 500 倍液，开展果园冬季清园。施药方法为机动喷雾，用水量为 40 kg/亩。

3 月 22 日，谢花期施用保花保果剂（微肥），施药方法为机动喷雾，用水量为 40 kg/亩。

4 月 2—3 日，第一次施药，防治蚜虫、细菌性穿孔病、病毒病、流胶病等。试点区药剂配方及亩用量为 0.3%印楝素乳油 100 mL+2%春雷霉素水剂 100 mL。常规防治药剂配方及每亩用量为：30%甲维·毒死蜱乳油 100 mL+70%吡虫啉水分散粒剂 4 g+72%农用链霉素可溶性粉剂 36 g。施药方法均为机动喷雾，用水量为 40 kg/亩。

4 月 4—5 日，悬挂降解黄板，密度为 20~25 张/亩；5 月 5 日，悬挂蓝板、粉红板，密度为 20~25 张/亩。

4 月 23—24 日，安装太阳能杀虫灯 10 盏，单灯控害面积约 1.7 $hm^2$。

5 月 8—9 日，第二次施药，防治蚜虫、食心虫、细菌性穿孔病、病毒病、流胶病等。试点区药剂配方及每亩用量为 0.3%印楝素乳油 100 mL+2%春雷霉素水剂 100 mL。常规防治药剂配方及每亩用量为：30%甲维·毒死蜱乳油 100 mL+70%吡虫啉水分散粒剂4 g+72%农用链霉素可溶性粉剂 36 g。施药方法均为机动喷雾，用水量为 40 kg/亩。

6 月 6—7 日，第三次施药，防治细菌性穿孔病、小食心虫、裂果病等。试点区药剂配方及亩用量为 100 亿孢子/mL 短稳杆菌悬浮剂 100 mL+ 1 000亿孢子/g 枯草芽孢杆菌可湿性粉剂 50 g+叶面肥 100 mL。常规防治区药剂配方及每亩用量为 10%甲维·茚虫威乳油 100 mL+10%苯醚·甲环唑水分散粒剂 30 g+叶面肥 100 mL。施药方法均为机动喷雾，用水量为 40 kg/亩。

（3）调查方法。

蚜虫：每个处理调查 5 株树，每株树按照东、南、西、北、中 5 个方位，每个方位调查 20 张叶片，检查每张叶片蚜虫数量，计算百叶蚜量，以平均值计算防治效果。

细菌性穿孔病：每个处理调查 5 株树，每株树按照东、南、西、北、中 5 个方位，每个方位调查 50 张叶片，检查每张叶片穿孔情况，统计病叶率，计算病情指数，以平均值计算防治效果。

细菌性穿孔病分级标准（自定）：1级为叶片上穿孔数量≤3个；2级为叶片上穿孔数量4~6个；3级为叶片上穿孔数量7~9个；4级为叶片上穿孔数量≥10个。

小食心虫：每个处理调查5株树，每株树按照东、南、西、北、中5个方位，每个方位调查50个果子，检查每个果子受害情况，剥查小食心虫进行确认，统计虫果数，计算虫果率，以平均值计算防治效果。

裂果病：每个处理调查5株树，每株树按照东、南、西、北、中5个方位，每个方位调查50个果子，检查每个果子受害情况，统计病果数，计算病果率，以平均值计算防治效果。

太阳能杀虫灯，害虫高峰期调查2次，分别统计害虫、益虫数量（无法辨识的全部归为其他类）。

降解诱虫板，由于诱集的虫种较多，数量较大，但李子上的目标对象较少，未作专项调查。

(4) 计算公式。

病叶率（%）=病叶数/调查总叶数×100；

虫果率（%）=虫果数/调查总果数×100；

细菌性穿孔病防治效果（%）=（对照区病情指数-处理区病情指数）/对照区病情指数×100；

病情指数=∑（各级病叶数×各级代表值）/（调查总叶数×最高级代表值）；

蚜虫防治效果（%）=（对照区百叶虫量-处理区百叶虫量）/处理区百叶虫量×100；

小食心虫防治效果（%）=（对照区虫果数-处理区虫果数）/对照区虫果数×100；

裂果病防治效果（%）=（对照区病果数-处理区病果数）/对照区病果数×100。

## 2.5 试点结果

(1) 病虫害调查。4月24日调查，试点区（黄板+印楝素）蚜虫防治效果为88.3%，常规防治区防效为92.2%。试点区细菌性穿孔病病叶防治效果75.6%，病果防治效果80.2%，常规防治区分别为74.8%、77.9%。试点区及常规防治区穿孔病差异不明显，总体发生较轻，病叶率均在3%以内，病果率在2%以内。

5月17日调查，细菌性穿孔病发生较重。试点区病株率90%，病叶率平均17.5%，最高22.1%，病情指数平均为2.35，最高为3.65，其中，老叶病叶率最高为27.8%，病情指数6.68。常规防治区病株率92%，病叶率平均15.5%，最高21.9%，病情指数平均为2.15，最高为3.54，其中，老叶病叶率最高为29.8%，病情指数6.23。对照区病株率100%，病叶率平均55.2%，最高71.1%，病情指数6.65，最高7.50，其中，老叶病叶率最高85%，病果率3.2%。试点区细菌性穿孔病病叶防治效果64.7%，未见病果；常规防治区防治效果为67.7%，未见病果。试点区蚜虫防治效果85.1%，常规防治区防效为90.8%。总体上，试点区推广“太阳能杀虫灯+黄板+印楝素”杀虫模式，对虫害控害效果均在85%以上。调查零星发现李红点病，未见小食心虫。

5月17日、6月15日，分别调查太阳能杀虫灯诱虫效果，总体诱虫量较大（表1、表2）。

6月15日调查，试点区域李小食心虫虫果率平均为0.2%，最高为0.8%；常规防治区虫果率平均为0.1%，最高为0.5%；对照区虫果率平均为1.3%，最高为2.5%。试点区李小食心虫防治效果平均为84.6%，常规防治区平均为92.3%。试点区域细菌性穿孔病病叶率平均为32.5%，最高为58.0%，病情指数平均为12.25，最高15.87；常规防治区病叶率平均为33.9%，最高为62.1%，病情指数平均为11.05，最高为15.25；对照区病叶率95.6%，病情指数31.58。试点区细菌性穿孔病防治效果61.2%，常规防治区为65.0%。6月中旬，细菌性穿孔病发生较为严重，主要是由于5月下旬至6月初，连续阴雨天气，无法开展药剂防治，施药时间偏迟导致的。

**表1 秀山县2018年李子园太阳能杀虫灯诱虫调查** 单位：头

| 虫种 | 第一盏 | 第二盏 | 第三盏 | 平均值 |
|---|---|---|---|---|
| 蟒象类 | 22 | 23 | 51 | 32 |
| 天蛾类 | 6 | 7 | 9 | 7.3 |
| 金龟类 | 18 | 26 | 45 | 29.7 |
| 夜蛾类 | 25 | 11 | 30 | 22 |
| 象甲类 | 5 | 2 | 4 | 3.7 |
| 龙虱 | 4 | 12 | 2 | 6 |
| 蝼蛄 | 3 | 0 | 2 | 1.7 |
| 蟪蛄 | 2 | 5 | 8 | 5 |
| 叶甲类 | 57 | 55 | 70 | 60.7 |
| 地老虎 | 8 | 5 | 9 | 7.3 |
| 苍蝇 | 2 | 1 | 0 | 1 |
| 灯蛾 | 27 | 22 | 35 | 28 |
| 小食心虫 | 5 | 7 | 9 | 7 |
| 土白蚁 | 0 | 3 | 0 | 1 |
| 绿尾大蚕蛾 | 0 | 2 | 1 | 1 |
| 蟋蟀 | 2 | 0 | 1 | 1 |
| 瓢虫类* | 2 | 1 | 1 | 1.3 |
| 隐翅虫* | 0 | 2 | 1 | 1 |
| 食蚜蝇* | 7 | 9 | 11 | 9 |
| 步甲类* | 20 | 26 | 34 | 26.7 |
| 其他（含无法辨识及不明虫种） | 3 200 | 2 800 | 3 500 | 3 166.7 |
| 合计 | 3 415 | 3 019 | 3 823 | 3 419 |

注：智能LED单波太阳能杀虫灯由四川瑞进特科技有限公司生产，型号为RJT-L/T，4月23日安装使用。调查时间为2018年5月17日。表中带*的为益虫。

表 2 秀山县 2018 年李子园太阳能杀虫灯诱虫调查 单位：头

| 虫种 | 第一盏 | 第二盏 | 第三盏 | 平均值 |
|---|---|---|---|---|
| 蟏象类 | 32 | 30 | 21 | 27.7 |
| 天蛾类 | 11 | 20 | 9 | 13.3 |
| 金龟类 | 25 | 35 | 40 | 33.3 |
| 夜蛾类 | 20 | 24 | 18 | 20.7 |
| 菜青虫 | 5 | 2 | 0 | 2.3 |
| 象甲类 | 15 | 10 | 18 | 14.3 |
| 龙虱 | 3 | 1 | 0 | 1.3 |
| 蝼蛄 | 2 | 0 | 1 | 1.0 |
| 叶甲类 | 20 | 30 | 23 | 24.3 |
| 地老虎 | 3 | 5 | 1 | 3.0 |
| 灯蛾 | 22 | 30 | 15 | 22.3 |
| 小食心虫 | 11 | 2 | 8 | 7.0 |
| 土白蚁 | 2 | 0 | 0 | 0.7 |
| 蟋蟀 | 2 | 0 | 0 | 0.7 |
| 隐翅虫* | 2 | 5 | 7 | 4.7 |
| 食蚜蝇* | 2 | 0 | 1 | 1.0 |
| 步甲类* | 8 | 10 | 9 | 9.0 |
| 其他（含无法辨识及不明虫种） | 850 | 900 | 800 | 850.0 |
| 合计 | 1 035 | 1 104 | 971 | 1 036.7 |

注：调查时间为 2018 年 6 月 15 日。表中带 * 的为益虫。

7 月 11 日，李子成熟期调查，主要病虫害为裂果病、李小食心虫。试点区李小食心虫、裂果病防效分别为 63.8%、70.7%，常规防治区分别为 72.6%、77.0%（表 3）。

表 3 秀山县 2018 年李子病虫害全程绿色防控试点成熟期调查 单位：%

| 处理 | 虫果率 | 病果率 | 虫害防效 | 病害防效 |
|---|---|---|---|---|
| 试点区 | 15.85 | 5.28 | 63.8 | 70.7 |
| 常规防治区 | 11.98 | 4.13 | 72.6 | 77.0 |
| 对照区 | 43.79 | 17.99 | | |

（2）产量调查。7 月 11 日测产验收，每个处理按照结果的好、中、差情况，每个处理抽样调查 3 株树，摘下所有果子，分别统计总果数、病果数、虫果数，以平均值计

算虫果率、病果率，并分别称重，计算每个处理的平均重量，按照50株/亩折算产量。由于李子在采收中有损耗，畸形果及部分小型果又无经济价值，统计时按照10%损耗计算。

产量调查结果为：对照区产量为255 kg/亩，10%损耗后统计产量为229.5 kg/亩；全程绿色防控试点区产量为380 kg/亩，10%损耗后统计产量为342.0 kg/亩；常规防治区产量为405 kg/亩，10%损耗后统计产量为364.5 kg/亩。

（3）效益分析。试点对照区，李子按照市场价格10元/kg计算，收益为2 550.00元/亩。常规防治区，李子按照市场价格10元/kg，扣除成本84.00元/亩（表4），收益为3 561.00元/亩。全程绿色防控试点区，李子按照15元/kg单价计算（2018年实际销售均价），扣除成本225.00元/亩（表5），收益为4 905.00元/亩。

**表4　2018年李子病虫害全程绿色防控试点常规防治区成本统计**　　单位：元/亩

| 日期 | 农药及绿色防控产品数量 | 农药成本 | 人工费用 |
|---|---|---|---|
| 1月20日 | 80%木醋液100 mL | 3.00 | 10.00 |
| 4月2—3日 | 30%甲维·毒死蜱100 mL+70%吡虫啉4g+72%农用链霉素36g | 12.00 | 10.00 |
| 5月8—9日 | 30%甲维·毒死蜱100 mL+70%吡虫啉4g+72%农用链霉素36g | 12.00 | 10.00 |
| 6月6—7日 | 10%甲维·茚虫威100 mL+10%苯醚甲环唑水分散粒剂30g+叶面肥100mL | 17.00 | 10.00 |
| 合计 | | 44.00 | 40.00 |

**表5　2018年李子病虫害全程绿色防控试点区防治成本统计**　　单位：元/亩

| 日期 | 农药及绿色防控产品数量 | 物资成本 | 人工费用 |
|---|---|---|---|
| 1月20日 | 80%木醋液100 mL | 3.00 | 10.00 |
| 4月2—3日 | 0.3%印楝素100 mL+2%春雷霉素100 mL | 27.00 | 10.00 |
| 4月4—5日 | 降解黄板25张 | 45.00 | 5.00 |
| 4月23—24日 | 太阳能杀虫灯（10盏/16 $hm^2$） | 38.00 | 10.00 |
| 5月8—9日 | 0.3%印楝素100 mL+2%春雷霉素100 mL | 27.00 | 10.00 |
| 6月6—7日 | 100亿孢子/mL短稳杆菌悬浮剂100 mL+1 000亿孢子/g枯草芽孢杆菌可湿性粉剂50 g+叶面肥100 mL | 30.00 | 10.00 |
| 合计 | | 170.0 | 55.00 |

注：太阳能杀虫灯，使用寿命按照3年计。

试点区比对照区增收23 500.00元/亩，比常规防治区增收1 344.00元/亩，常规防治区比对照区增收1 011.00元/亩（表6）。

**表6　秀山县2018年李子病虫害全程绿色防控试点测产及效益分析**

| 处理 | 产量/（kg/亩） | 10%损耗后的产量/（kg/亩） | 单价/（元/kg） | 收入/（元/亩） | 病虫害防治成本/（元/亩） | 纯收入/（元/亩） |
|---|---|---|---|---|---|---|
| 试点区 | 380.0 | 342.0 | 15.0 | 5 130.0 | 225.00 | 4 905.00 |
| 常规防治区 | 405.0 | 364.5 | 10.0 | 3 645.0 | 84.00 | 3 561.00 |
| 对照区 | 255.0 | 229.5 | 10.0 | 2 550.0 | | |

总体看，全程绿色防控试点区物资成本比常规化学防治偏高，防治效果偏低，但绿色、生态、环保，就是2018年李子的最大卖点，是高价位销售的前提和基础，同时，绿色防控也提高了业主意识水平，有利于今后李子品牌打造。

## 3　工作措施

（1）加强组织领导。秀山县农业技术服务中心成立领导小组，加强统筹协调，明确责任分工。试点工作开展期间，县农委、县科协、县供销联社、官庄街道等单位领导多次现场检查及调研。

（2）加强病虫害监测。病虫害监测预警是防治工作的前提和基础。2018年，秀山县按照农作物病虫害测报技术规程，开展病虫害系统调查及普查工作，及时预报，指导防治工作。

（3）及早落实经费。2018年初，秀山县及时印发2018年农业生产救灾资金（农作物病虫害防治资金）使用方案，落实了试点工作经费。2018年试点工作，财政资金共计支持专项经费5.69万元，其中，采购太阳能杀虫灯10盏，金额为2.85万元；采购降解黄板3 000张，金额为0.54万元；采购印楝素800瓶，金额为1.84万元；采购枯草芽孢杆菌200包，金额为0.46万元。其他药剂由业主自行购买。

（4）规范资金使用。从源头把好关口，严格按照项目资金使用方案及财务规定，规范使用各项目资金，做到资金使用安全、人员安全。

（5）加强横向合作，优化技术方案。2018年，秀山县植保部门加强与重庆市植物保护学会、成都绿金生物科技营销有限责任公司、四川瑞进特科技有限公司合作力度，根据试点工作的情况，及时沟通，不断优化技术方案。

（6）加大宣传力度。充分利用广播、电视、报刊、互联网等媒体，大力宣传农作物病虫害防控，以及好经验、好措施、好典型，为示范工作营造良好的舆论氛围，努力形成社会各界关心、支持的工作环境。同时，加强信息报送，做到对上有信息、对外有声音、对下有通报，确保融合推进示范工作信息畅通。2018年，试点工作电视宣传3次，报纸宣传1次，报送市级以上网络相关信息6条，其中，中国农业信息网转发1条。

## 4 问题及建议

（1）生物农药防治病害效果相对较差，防治效果一般在60%~80%，低于常规化学农药。在主要病虫害危害期，建议生物农药与化学农药交替使用，确保防治效果。

（2）2018年试点，最后一次施药，与采收期相隔30 d以上，间隔时间过长，导致李子成熟期病虫害综合防效较差。根据秀山县李子病虫害发生特点，建议最后一次施药掌握在6月中下旬，安全间隔期20 d左右即可。同时，尽量选用高效、长效药剂，确保防治效果。

（3）2018年试点，生物农药品种选择上比较单一，施药次数偏少，应该配合使用高效、长效的乙基多杀菌素等其他生物农药品种。

（4）2018年试点，太阳能杀虫灯采购、安装时间偏迟，建议下年度4月初就开始使用。

（5）适当加大降解黄板悬挂密度，建议每亩悬挂30张，进一步提高诱虫效果。

（6）结合绿色防控工作开展，注重品牌打造，积极申报名优农产品、绿色食品等，进一步体现绿色防控的经济效益。

**原文发表** 农业科技通讯，2019（3）：159-164

# 重庆市秀山县农药使用量零增长措施及成效

肖晓华
（重庆市秀山县植保植检站，秀山　409900）

**摘　要：**本文分析了重庆市秀山县农药使用存在的问题，介绍当地农药使用量零增长工作措施，总结专业化统防统治、绿色防控、生物农药及低剂量农药推广使用等减量控害技术及成效，对农药使用量零增长发展趋势进行展望。

**关键词：**农药；使用量零增长；技术措施；工作成效

# Measures and Achievements of Pesticide Application Zero Growthin Xiushan Chongqing

Xiao Xiaohua
（Chongqing Xiushan County Station of Plant Protection and Quarantine，Xiushan 409900，China）

**Abstract：** This paperanalyzedthe isues of pesticides applicationin Xiushan county，introduced the measures taking for pesticide zero growth，summarized up the technologies and achievements on professional pest controlsystem for large-scale pest prevention，green preventionand and control，bio-pesticides and low-doses pesticides promotion，and provided an outlook of the future of pesticide application zero growth.

**Key words：** pesticides；application zero growth；technical measures；achievement

农药是农业生产中不可或缺的生产资料，是农业生产增产、稳产的前提及基础要素。随着社会的发展，人们生活水平提高，对农产品的“绿色、安全、环保”越来越重视，农药使用量零增长行动势在必行。可以预见，农药使用量零增长是近期植保工作的主线。

## 1　当前农药使用存在的问题

### 1.1　农药使用总量较大

秀山县耕地面积 3.23 万 $hm^2$，常年农药销售数量 150 t（商品量）以上，农药主要用于水稻病虫害、蔬菜病虫害、水果病虫害及农田杂草等的防治。

### 1.2 常规农药使用比例较高

秀山县农药供货渠道多，常规药剂种类繁多，假冒伪劣产品不同程度存在，农药监管难度大，部分零售商及农民缺乏识别能力，容易上当受骗。不少农民不根据病虫害草鼠害发生情况盲目施药，既浪费农药，又污染环境，还对作物不安全；不了解农药成分功能，随意混用，造成用量加大且效果不好；发现效果好的农药，就长期单一使用，造成抗药性快速上升。

### 1.3 农药用量偏高

据调查，农民施用农药采用常量喷雾的占75%，用超低容量喷雾的仅占10%；只有50%的农民能根据防治对象、药剂特点、作物生育期等条件，合理选用灌根、涂抹、撒施、浸种、拌种、毒土等其他方法；配兑农药时，用量具的只占20%，随意倒的占30%，用瓶盖量的占50%，用量常偏高1倍以上。

### 1.4 农药残留、污染较严重

大多数农民对防治适期确定困难，部分农民凭经验防治，基本不懂防和治的关系，经常是“不见病虫害不施药”“别人防治我防治”，3~5 d施1次“放心药”。不注意安全间隔期和环境安全，随意清洗喷药器械，乱丢空瓶，跑冒滴漏情况时有发生。

## 2 农药使用量零增长措施及成效

### 2.1 农作物病虫害专业化统防统治成效显著

#### 2.1.1 专业化统防统治组织发展迅速

截至2015年12月，秀山县共组建专业化统防统治组织104个，较上年（86个）增加18个，其中在县工商部门登记注册、县植保植检站备案的组织有61个，比上年（44个）增加17个。秀山县专业化统防统治组织拥有机动喷雾器561台（套），比上年（508台）增加53台，专业化统防统治组织年作业能力达6.7万$hm^2$以上，加之秀山县个体户有250余户，秀山县共拥有机动喷雾器800余台（套），机防能力达10万$hm^2$以上。对秀山县农作物病虫害防治发挥了重要作用。

#### 2.1.2 专业化统防统治工作成效显著

2015年，秀山县牢固树立“公共植保”“绿色植保”“科学植保”理念，贯彻“预防为主、综合防治”的植保方针，以“政府扶持、部门引导、农民自愿、市场运作”为原则，以减少用药、提高防效、保护环境、保障丰收为目标，以增强专业化防治组织的服务能力为重点，以集约项目、整合资源、优化技术、创新服务、规范管理为抓手，按照“服务组织注册登记，服务人员持证上岗，服务方式合同承包，服务内容档案登记，服务质量全程监管”的要求，大力开展规模化的专业化防治服务。2015年，秀山县在清溪场镇、官庄镇、石堤镇、龙池镇、石耶镇、溶溪镇等地，以水稻、油菜、柑橘、马铃薯、大蒜、百合等作物重大病虫害为主，开展专业化统防统治示范28.2万亩次，比上年（25.0万亩次）增加3.2万亩次（表1）。

表 1 秀山县 2015 年农作物病虫害专业化统防统治情况统计 单位：万 $hm^2$

| 作　物 | 全年统防服务面积 | 全年统防作业面积 | 其中全程承包统防服务面积 | 全程承包统防服务作业面积 |
|---|---|---|---|---|
| 水　稻 | 0.53 | 1.00 | 0.27 | 0.67 |
| 马铃薯 | 0.07 | 0.14 | 0.03 | 0.03 |
| 油　菜 | 0.13 | 0.13 | 0.07 | 0.07 |
| 玉　米 | 0.01 | 0.01 | 0.01 | 0.01 |
| 果　树 | 0.13 | 0.26 | 0.13 | 0.13 |
| 蔬　菜 | 0.07 | 0.14 | 0.07 | 0.07 |
| 中药材 | 0.10 | 0.20 | 0.10 | 0.10 |
| 合　计 | 1.04 | 1.88 | 0.68 | 1.08 |

注：服务面积指防治的耕地面积；作业面积指一年内累计施药的面积。

2.1.2.1 大蒜病害专业化统防统治

秀山县石耶镇青龙村大蒜基地是秀山县大蒜生产集中度最高、规模最大、种植水平最高的基地。2015 年，该基地大蒜集中成片种植 500 余亩，采取“公司+基地+农户”管理模式，以秀山县杨祝食品有限公司为龙头，石耶镇青龙大蒜专业合作社为纽带，以成片基地内蒜农为载体，以县农业技术服务中心为支撑，“生产+收购+加工+销售”一条龙服务，蒜农及公司经济效益十分明显。2 月以来，针对大蒜病毒病、大蒜叶枯病等病害发生普遍的现状。2—3 月，县植保植检站指导秀山县杨祝食品有限公司开展大蒜基地病害统防统治 2 次，完成基地 100 $hm^2$ 大蒜病害统防统治施药工作，统防统治比农民习惯防治减少用药 1 次以上，每亩减少用药量 50 g 以上。调查表明，统防统治条件下大蒜主要病害防治效果 85%以上。

2.1.2.2 油菜病虫害专业化统防统治

2015 年，秀山县首次引进无人机防治油菜病虫害。在清溪场镇万亩油菜高产创建示范片区核心区，引进重庆寰泰航空植保科技有限公司，按照 20 元/亩价格，签约承包作业的方式，开展无人机防治油菜病虫害，3 月 1—4 日完成施药示范 200 $hm^2$。5 月 4—5 日调查表明，无人机综合防效 54.7%，比常规机动喷雾器防效（47.5%）增加 7.2 个百分点。无人机防治区防效最高达 65.2%。在油菜菌核病重发年份，达到预期目标。5 月上旬测产验收：秀山县大面积理论产量平均为 135.0 kg/亩，油菜无人机防治示范区平均产量为 158.1 kg/亩，最高为 240.2 kg/亩。油菜菌核病无人机统防统治示范区比大面积增产 23.1 kg/亩，增产 17.1%，增产效果显著。2015 年秀山县无人机防治表现出作业能力强、功效高、减少农药使用（节约用药 20%~30%）、防效高的优势。

2.1.2.3 百合病虫害专业化统防统治

近年来，秀山县百合种植面积均达 134 $hm^2$ 以上。为抓好百合病虫害防治，秀山县加强病虫害监测，以专业合作社为龙头，以成片种植的百合基地为载体，开展专业化病虫害统防统治示范，以点带面，示范推广，带动大面积防治工作。4—5 月，秀山县宏瑞百合种植股份合作社、官庄镇百合种植基地等组织开展百合病虫害专业化统防统治3~4次，面积334 $hm^2$，统防统治减少用药2次，每亩减少用药量100 g以上，防治效果80%左右，增产20%以上。

2.1.2.4 金银花病虫害统防统治

秀山县金银花种植面积2.0万$hm^2$，大户多、农民合作社多、基地面积大。2015年，以秀山县20余家金银花农民专业合作社为龙头，开展金银花病虫害统防统治1~2次，面积1 333.3万$hm^2$。金银花病虫害统防统治已常态化，效果好。

2.1.2.5 柑橘病虫害统防统治

为抓好2016年柑橘大实蝇防控工作，推广绿色防控技术，2015年，秀山县推广柑橘大实蝇食物诱剂防治大实蝇。安排7个柑橘主产乡镇开展技术示范，以片带面，辐射推广，以带动秀山县柑橘病虫害大面积防治工作。10月9—15日调查，秀山县虫果率平均为3.2%，比对照区平均值（23.6%）降低20.4个百分点；百果虫量平均为322.2头，是对照区（680.0头）的0.47倍。防治效果十分显著。食物诱剂每亩用量为1 080 g，比常规糖酒醋液、敌百虫，用量减少一半以上，且绿色、环保、高效。

2.1.2.6 马铃薯病虫害专业化统防统治

2015年，秀山县马铃薯种植面积0.67万$hm^2$。5月中旬，在马铃薯高产创建示范片核心区域开展马铃薯病虫害专业化统防统治示范66.7 $hm^2$，由家庭农场、种植大户操作完成。药剂由县农业技术服务中心提供，其他费用由家庭农场、种植大户自行解决。以片带面，辐射推广，带动马铃薯病虫害大面积防治工作。5—6月专业化统防统治面积累计达1 333.3 $hm^2$，总体上，防效70%以上，增产20%以上。

2.1.2.7 水稻病虫害专业化统防统治

2015年，秀山县成功引进无人机防治水稻病虫害，与重庆寰泰航空植保科技有限公司合作，选择清溪场镇两家大型水稻种植业主，采取承包防治方式，7月6—10日施药133.3 $hm^2$。2015年7月，秀山县四季堡粮油专业合作社购买无人机2架，经过培训后，在清溪场镇南丘村、太平村，该合作社集中流转种植的80 $hm^2$水稻上开展统防统治2次，无人机统防统治200 $hm^2$。2015年，秀山县完成无人机统防统治水稻病虫害333.3 $hm^2$。2015年，全面推广生物农药、低毒低残留农药，水稻病虫害统防统治1.5万$hm^2$。施药防治后7 d调查，统防区白背飞虱防效为94.5%，稻纵卷叶螟防效为90.2%。药后14 d调查。统防区白背飞虱防效平均为94.8%，稻纵卷叶螟防效为87.2%。稻纹枯病为害定型后调查，统防区防治效果为85.8%。9月6日测产验收，统防区、常规区、对照区单产分别为615.0 kg、589.8 kg、485.1 kg，统防区比对照区增产26.8%，比常规区增产4.3%，常规区比对照区增产21.6%。

2.1.2.8 竹林害虫统防统治

2015年7月，秀山县中平乡竹林害虫竹毒蛾发生严重，当地农民反映强烈。8月3日，县植保植检站联系秀山四季堡粮油专业合作社，经与中平乡政府协商，达成专业化统防统治协议。此次防治采取承包防治方式，秀山四季堡粮油专业合作社组织无人机2台，按照3 500元/d标准组织统防统治。药剂由县植保植检站解决部分、政府购买部分，技术负责由植保植检站把关，工作经费由林业局解决部分，政府自筹部分。8月

4—10 日进行作业，施药面积 133.3 $hm^2$。组织无人机开展竹林害虫专业化统防统治在秀山县属于首次。为今后农林病虫害统防统治积累经验。

## 2.2 农作物病虫害绿色防控亮点纷呈

2015 年，秀山县在清溪场镇沙南村、东林居委会、茫洞村南丘村等地建立水稻病虫害专业化统防统治与绿色防控融合示范基地，示范面积 666.7 $hm^2$，辐射带动周边及秀山县 0.67 万 $hm^2$。融合示范区采用农业、物理、生物防治措施，安全、科学、合理使用化学农药等绿色防控措施，大力推广水稻病虫害专业化统防统治。示范区减少农药用量 20%以上，生态环境及生物多样性有所改善。

### 2.2.1 种子处理和秧田阻隔预防病虫害

结合“更多水稻”示范，拌种处理 200 kg，面积 13.3 $hm^2$。5 月 10 日，秧苗调查，示范区、常规用药区、对照区秧苗根重分别为 0.29 g、0.22 g、0.21 g；秧苗株高分别为 13.5 cm、12.7 cm、12.5 cm；秧苗鲜重分别为 0.58 g、0.50 g、0.51 g。种子处理技术减少秧田用药 1 次以上，对稻蓟马防效高达 89.1%。

### 2.2.2 稻鸭共育控制病、虫、草害

2015 年，秀山县稻鸭共育控制病、虫、草示范面积 66.7 $hm^2$，全部选择融合示范区内的水稻种植业主实施。4 月，落实秀山县盛耀农机服务有限公司、重庆天人农业股份合作社、秀山县四季堡粮油专业合作社，每家养鸭 1 000只，项目先建后补，水稻成熟后，每家补助鸭苗、饲料经费 1 万元。8 月 21 日，实地检查验收，情况良好。实践证明，在条件良好的地方，稻田养鸭是一项切实可行的绿色防控措施及农民增收措施，不仅对稻飞虱、稻纵卷叶螟等害虫均有一定的控制作用，减少用药次数 1~2 次，杂草防除效果可达 80%以上，经济效益也明显。

### 2.2.3 灯光诱杀害虫

2015 年，秀山县清溪场镇水稻示范区新安装、检修太阳能杀虫灯 50 盏，融合示范区太阳能杀虫灯累计安装 150 盏，控害面积 400 $hm^2$ 左右。4—9 月聘请专人及时清理、维护。2013 年以来，水稻示范区太阳能杀虫灯运行、管理规范有序。调查表明，太阳能杀虫灯在水稻基地能诱杀 7 个目、50 余种（类）害虫，对蝼蛄、大猿叶虫、小猿叶虫、金龟类、灯蛾类、二化螟等害虫效果明显。灯控区平均减少用药 1~2 次。

### 2.2.4 昆虫性引诱剂诱杀害虫

2015 年，在清溪场镇东林居委会开展性诱剂防治水稻二化螟示范 6.7 $hm^2$。6 月 15 日调查表明，性诱剂示范区平均为 95.0%，比常规防治区（71.0%）增加 24.0 个百分点，效果显著。

### 2.2.5 “生物导弹”防治玉米螟

“生物导弹”是利用卵寄生蜂（赤眼蜂）将经过高新技术处理过的强毒力剂（病毒）传递到玉米螟卵块表面，使初孵幼虫感病死亡，达到控制目标害虫危害的目的。因其寄生蜂寄生的靶性极度强，又携带病毒传播，故称为“生物导弹”。2015 年，秀山县在官庄镇新庄村开展“生物导弹”防治玉米螟示范 26.7 $hm^2$。结果表明，示范区平均防治效果为 76.8%，比上年（82.4%）降低 5.6 个百分点，比常规防治区防效

（49.5%）增加27.3个百分点。“生物导弹”防治玉米螟示范，直接减少农药防治次数3次，直接减少农药300 g/亩以上。

2.2.6 “生物导弹”防治二化螟

2015年，秀山县首次开展“生物导弹”防治二化螟示范，取得初步成果。6月15日二化螟为害定型后调查，“生物导弹”示范区平均为82.6%，比常规防治区（71.0%）增加11.6个百分点。“生物导弹”防治二化螟示范，直接减少农药防治次数1次，直接减少农药100 g/亩以上。

2.2.7 生物农药及低剂量农药控制病虫害

结合2015年农作物重大病虫害防治补助项目、水稻全程社会化服务试点项目实施，病虫害统防统治示范区全部选用生物农药或高效低毒低残留农药或低剂量高效农药控制病虫害。通过项目示范带动，2015年，秀山县推广面积达6.7万 $hm^2$，机动喷雾器施药防治面积5.4万 $hm^2$，其中专业化统防统治1.88万 $hm^2$，无人机防治333.4 $hm^2$，均取得明显成效。调查表明，用药上，统防统治示范区平均用药量169 g/亩，是农民习惯防治区（476 g/亩）的0.36倍，而效果却增加5.0个百分点以上。统防统治示范区节约用药307 g/亩。2015年实践证明，无人机施药比机动喷雾器又节约用药20%~30%，农药减用量更明显。

2.2.8 农药减量控害示范

秀山水稻病虫害以两迁害虫、二化螟、稻纹枯病、稻瘟病为主，稻赤斑黑沫蝉、稻蝗、稻秆潜蝇、稻曲病在局部地方发生较重。近年来试验、示范表明，强化病虫害监测，加强田间管理，抓住关键时期，选准适宜药剂，及时开展化学防治，完全能够控制水稻病虫害的危害。制定稻飞虱防治策略时，适当放宽防治指标，推广低毒、高效、长效药剂，减少防治次数，在稻飞虱中等及中等偏重发生年份，充分发挥天敌自然控制作用，能够控制稻飞虱危害，对水稻产量影响较小。在白背飞虱大发生、褐飞虱偏重发生年份，一般用药2次，能够保证水稻常年产量水平。在“两迁害虫”大发生年份，建议开展3次药剂防治，即5月下旬至6月上旬防治一代二化螟。6月下旬至7月上旬防治白背飞虱、稻纵卷叶螟，兼治稻瘟病、稻纹枯病等。8月上中旬防治褐飞虱、稻瘟病，兼治二代二化螟、稻纹枯病等。避免连续多次用药，打保险药，适当减少用药次数，降低防治成本，减少天敌损伤，减轻环境污染。据调查，秀山县农民用药偏多，一般用药4次以上，每亩成本60元以上。按照科学的防治方法，选择高效、长效药剂，加强田间管理，控制用药次数，一般用药2~3次，每亩成本40元左右，防治效果与农民自防多次的田块差异不显著，水稻产量与防治3~5次的也无明显差异。

## 3 农药使用量零增长行动展望

农药使用量零增长是社会发展的必然要求，是农药使用方向的大势所趋。通过科学用药、统防统治、绿色防控、减量控害等技术推广普及，农药使用量必将负增长。

### 3.1 准确预报，科学用药宣传，减少农药使用是前提

通过提升病虫害测报技术手段，丰富、完善测报信息发布方式，不断强化病虫害监

测预警，开展广泛性的宣传活动，提高植保信息入户率和到位率，指导农民科学用药。

### 3.2　提高专业化统防统治覆盖率是基础

专业化统防统治组织不断规范化、规模化、专业化、常态化，到2020年，秀山县专业化统防统治覆盖率可望达到30%以上。

### 3.3　升级更新专业化统防统治设备是抓手

2015年，秀山县引进、购买无人机防治病虫害，静电机动喷雾器等高效施药设备不断涌现，效果明显优于常规器械。可以预见，专业化统防统治设备，包括无人机、直升机、固定翼飞机、动力伞等先进施药设备，以超出人们想象的速度不断升级更新，不断提高病虫害防治总体水平。

### 3.4　推广多样化的绿色防控技术是主线

近年来试验示范表明，杀虫灯、性诱、食诱、“生物导弹”、稻田养鸭等绿色防控技术，可以大量减少农药使用次数和用量。今后在粮油、蔬菜、水果等作物上可以大量推广使用，2020年，秀山县绿色防控面积10万 $hm^2$ 以上，占秀山县农作物主要病虫害发生总面积20万 $hm^2$ 的一半以上。

### 3.5　推广低毒低残留农药、低剂量高效农药是方向

随着国家政策出台，高度农药退市，农药品种不断升级换代。结合农药减量控害新型助剂的广泛使用，生物农药、低毒低残留农药、低剂量高效农药必将大量推广使用，农药使用量零目标增长完全能实现。

## 参考文献

肖晓华，杨昌洪，2012. 秀山县农药械市场调查与分析［J］. 南方农业，6（11）：14-16.

肖晓华．刘春，等，2014. 秀山县农作物病虫害绿色防控技术应用［J］. 植物医生，27（2）：38-39.

**原文发表**　农药科学与管理，2016，37（4）：1-6，被农业部农药检定所和《农药科学与管理》编辑部评为2016年度优秀论文

# 农药利用率的影响因子及应对措施

肖晓华
（重庆市秀山县植保植检站，秀山　409900）

**摘　要：**分析农药利用率的影响因子，主要有施药机械种类、不同施药机械比例、统防统治标准化作业面积的比例、叶面积指数等。有针对性地提出提高农药利用率应对措施，包括：促进植保机械更新换代，逐步淘汰老式落后的手动喷雾器；开展专业化统防统治；普及科学的施药方法；推广绿色防控技术，抓好农药替代产品应用；加强病虫害监测预警，提高测报准确率；加强宣传培训，提高农民用药水平等措施，以指导农药使用量零增长行动推进工作。

**关键词：**农药利用率；影响因子；计算模型；应对措施

农药是十分重要的农业生产资料，对保证农作物稳产增产发挥着重要作用，农药施用是农业生产基础性、保障性的生产措施。随着社会的发展、人民生活水平的提高，食品安全、环境安全、生产安全越来越受到各方的关注及重视。党和国家高度重视生态环境问题，将农药作为影响生态环境的重要因素之一实施控制，农业部从 2014 年 9 月开始在全国范围内开展调研农药使用现状，2015 年 2 月 17 日发布了《到 2020 年农药使用量零增长行动方案》，在全国范围内开展农药使用量零增长行动。全面推进农药减量控害，已经成为我国推进生态文明建设的重大举措，已经从农业部的项目，上升为国家环保重要战略。

## 1　农药利用率概述

从农药使用量零增长行动内涵分析，农药使用量零增长包含 2 个方面的内容，一是农药使用总量下降，二是农药利用率提高。这 2 个方面的内容密切相关，一方面，在农药使用总量下降的基础上，要确保农作物病虫害草害防治效果，确保产量，必须提高农药利用率；另一方面，农药利用率提高了，也能有效减少农药使用的次数及农作物单位面积的用药量，相应地也促进农药使用总量下降。

分析农药利用率的影响因子，因地制宜，有针对性地采取应对措施，提高农药利用率，对推进农药使用量零增长行动具有重要的促进作用。

## 2　农药利用率的影响因子

影响农药利用率影响因子很多。从作物本身分析，主要是茎叶覆盖率（叶面积系数）、作物叶片构造特点、作物叶片上附着物的多少或有无等；从农药方面分析，主要有农药溶解性、农药剂型、药液本身的黏附力、农药药效的持续时间等；从施药器械分析，主要有施药器械的种类（雾滴大小、雾滴黏附方式、施药过程的自然损耗）、施药方式（喷雾、烟雾、浸种、毒土、撒施、诱杀等）、药液漂移等方面。本文分析农药常见施药方式下，农药利用率的影响因子及应对措施。

农药利用率是指喷洒后沉积在作物上的农药量与施药总量的比值。即：

$$农药利用率（\%）=\frac{沉积在作物上的农药量}{施药总量}\times 100$$

据中国农业科学院植物保护研究所袁会珠等研究，农药药液在从药液箱向作物叶片表面沉积的过程中，喷雾机具的性能、操作条件、气象条件、株冠层结构、叶片表面特性等都对其有影响；在这个过程中，会发生药液滴漏、雾滴飘移、雾滴弹跳、雾滴聚并流失等现象，农药损失严重，只有一部分的农药能够沉积到农作物叶片表面，更少的药剂才能沉积到目标害虫或进入植物体内，真正到达有害生物作用靶标的药剂量微乎其微。

农药总有效利用率计算模型为（多种作物）：

$$PE(\%)=\sum_{1}^{j}(C\times PE_j)$$

式中，$PE$ 为农药总利用率；$C$ 为某种作物防治面积占总防治面积的百分比；$PE_j$ 为某种作物农药利用率；$j$ 为作物种类。

其中：

$$PE_j(\%)=r\times\sum_{1}^{x}\left(\frac{Si}{S}\times\frac{\sum_{n}^{n}Dn}{n}\right)\times\left(\frac{\sum_{1}^{m}LAIm}{m}\div\frac{\sum_{1}^{n}LAIn}{n}\right)$$

式中，$R$ 为操作水平权重，即农药使用操作水平因子，如组织模式、喷药规范等。

$$r=\frac{A_1}{A}\times 100\%+\sum_{1}^{k}\frac{A_{2k}}{A}\times(0-80\%)$$

式中，$A_1$ 为统防统治标准化作业面积；$A_{2k}$ 为农民自防面积；$A$ 为防治总面积。

计算时把统防统治作业的系数设定为100%，农户自防作业的系数根据农户受教育培训、操作规范等给予系数赋值，范围为0%～80%，不用、滥用、乱用农药赋值为0。

$\sum_{1}^{x}$ 为植保机械个数；$x$ 为施药机械种类，无人机、机动喷雾器、喷杆喷雾机、手动喷雾器等；$\frac{Si}{S}$ 为植保机械权重；$Si$ 为某种施药器械在某种作物上的防治面积；$S$ 为某种作物化学防治总面积；$\frac{\sum_{1}^{n}Dn}{n}$ 为实测利用率；$\frac{\sum_{1}^{m}LAIm}{m}$ 为平均叶面积指数；$\frac{\sum_{1}^{n}LAIn}{n}$ 为实测叶面积指数；$n$ 为农药利用率测试次数。

为便于利用及理解，农药利用率计算公式可简化为：

$$PE_j(\%)=\gamma\times\sum_{1}^{x}\left(\frac{Si}{S}\times D\times K\right)$$

$$D=\frac{\sum_{1}^{n}D_n}{n}\qquad K=\frac{\dfrac{\sum_{1}^{m}LAI_m}{m}}{\dfrac{\sum_{1}^{n}LAI_n}{n}}$$

式中，$D$ 为施药机械农药利用率实测值，取不同施药机械多次农药利用率实测值的算术平均数；$K$ 为叶面积系数参数，采用某种作物整个生育期各次喷药时的叶面积指数平均值与该作物农药利用率实测时的叶面积指数平均数的比值表示。

通过以上农药利用率计算模型分析表明，对农药利用率影响较大的因子有施药机械种类、不同施药机械比例、统防统治标准化作业面积的比例、叶面积指数等。

## 3 提高农药利用率的措施

### 3.1 抓好植保机械更新换代，逐步淘汰老式落后的施药器械

施药机械的种类及新型机械所占的比例，直接影响农药利用率。实践证明，越先进的植保器械，施药质量越高，效果越好。如 2015 年，秀山县植保植检站开展植保器械雾滴试验，结果表明，“无人机施药+助剂”的处理优于无人机施药，无人机优于静电机动喷雾器，静电机动喷雾器优于机动喷雾器，机动喷雾器优于手动喷雾器。2015—2016 年，秀山县植保植检站大面积示范表明，无人机、静电机动喷雾器、机动喷雾器、手动喷雾器总体防治效果与 2015 年试验结果完全吻合。从实践看，无人机、机动喷雾器、担架式喷雾机等施药机械，作业能力强，功效高，效果好。近年来，秀山县机动喷雾器拥有量逐年提高，无人机防治面积逐年扩大，高效的植保机械对秀山县农作物重大病虫害防控发挥了重要作用。抓好植保机械更新换代，推广应用无人机、静电机动喷雾器、担架式喷雾机、自走式喷杆喷雾机等新型高效机械，逐步淘汰老式落后的手动喷雾器是提高农药利用率的重要途径。

### 3.2 大力开展专业化统防统治

专业化统防统治是农作物病虫害防治的有效途径。多年来实践证明，专业化统防统治比常规防治农药使用减少 20%左右，防治效果提高 5.0 个百分点以上。如 2016 年，秀山县农作物病虫害专业化统防统治面积达 2.0 万 $hm^2$，全年专业化统防统治比常规防治减少用药量 6.0 t 以上。

以扩大服务范围、提高服务质量为重点，大力推进病虫害专业化统防统治。

（1）提升装备水平。发挥农作物重大病虫害统防统治补助、农机购置补贴等项目的引导作用，装备现代植保机械，扶持发展一批装备精良、服务高效、规模适度的病虫害防治专业化服务组织。

（2）提升技术水平。推进专业化统防统治与绿色防控融合，集成示范综合配套的技术服务模式，逐步实现农作物病虫害全程绿色防控的规模化实施、规范化作业。

（3）提升服务水平。加强对防治组织的指导服务，及时提供病虫害测报信息与防治技术。引导防治组织加强内部管理，规范服务行为。以种植大户或农民合作社为抓

手，以成片的农作物示范基地为载体，大面积开展专业化统防统治，是提高农药利用率的主要措施。

### 3.3 普及科学的施药方法

施药方法与农药利用率呈正相关。

（1）根据叶面积指数越大，农药利用率越高的原理，大力开展秧田期施药，推广带药移栽技术，可显著提高农药利用率。

（2）药剂浸种可以预防多种病虫害，大面积推广种子处理技术，可以大大提高农药利用率，减少农药使用量。

（3）农药助剂的使用，也可以提高农药利用率。如2016年，秀山县植保植检站试验、示范结果表明，每亩用激健（主要成分为非离子表面活性剂、油酸甲酯、玉米胚芽油、油茶籽油、大豆油等）15 mL，油菜菌核病防治用药量可减少40%，白背飞虱防治用药量可减少40%，稻纵卷叶螟防治用药可减量20%，稻纹枯病防治用药可减量30%，而对防治效果无明显影响。激健、有机硅等农药助剂的使用，是有效地减少农药使用量，提高农药利用率的有效手段。

生产实践中，根据不同的作物种类、不同的生育期、不同的病虫害防治对象，选择适宜对路农药及剂型，采取科学使用方法，既可以减少农药使用的次数，也可以减少农药的使用量。

### 3.4 推广绿色防控技术，抓好农药替代产品应用

随着社会的发展，人们生活水平的提高，绿色防控技术日益得到重视。近年来，性诱、色诱、食诱、灯诱、“生物导弹”等技术模式日益成熟，绿色防控技术手段越来越多样化，应用范围越来越广泛。绿色防控及其与专业化统防统治融合技术的发展，是减少农药使用、提高农药利用率的重要途径。

### 3.5 加强病虫害监测预警，提高测报准确率

应通过提升病虫害测报技术手段，不断强化病虫害监测预警，提高测报准确率，不断丰富、完善测报防治信息发布方式，开展广泛性的宣传活动，提高植保信息入户率和到位率，指导农民科学用药。准确预测预报是提高农药利用率的基础及前提。

### 3.6 加强宣传培训，提高农民用药水平

农药利用率的提高，不单是农业部门的事，也不单是业主或农民的事，农药使用最终落脚点还是农民合作社、承包业主和农民。充分利用报刊、广播、电视、网络、微信、微博、客户端等各种媒体和传播手段，通过群众喜闻乐见、易于接受的方式，加大科学用药的宣传培训力度，让以种植大户为代表的农民接受科学用药的意识和技术，成为社会公众的自觉行动。

（1）推广高效低毒低残留农药。扩大低毒生物农药补贴项目实施范围，加快高效低毒低残留农药品种的筛选、登记和推广应用，推进小宗作物用药试验、登记，逐步淘汰高毒农药。科学采用种子、土壤、秧苗处理等预防措施，减少中后期农药施用次数。对症选药，合理添加喷雾助剂，促进农药减量增效，提高防治效果。

（2）推广新型高效植保机械，提高农药利用率。

（3）普及科学用药知识。以新型农业经营主体及病虫害防治专业化服务组织为重点，培养一批科学用药技术骨干，辐射带动农民正确选购农药、科学使用农药。提高社会各界对农药的认识水平，提高农民科学用药水平，切实减少农药使用量，提高农药利用率，是农药零增长行动的根本目的。

## 参考文献

肖晓华，刘春，杨昌洪，等，2016. 油菜菌核病防治减量用药控害增效示范效果分析［J］. 南方农业，10（16）：41-43.

杨昌洪，肖晓华，刘春，等，2017. 激健在防治水稻主要病虫害中农药减量控害增效初探［J］. 南方农业，11（1）：36-38.

**原文发表**　南方农业，2017，11（7）：5-7

# 以农药品种升级换代促进农药使用量零增长行动

肖晓华

（重庆市秀山县植保植检站，秀山 409900）

**摘 要：**近年来，秀山县农药使用呈现品种多样化、防治效果高效化、农药使用组合化、使用数量减少化趋势，本文分析当前农药升级换代存在的问题，提出专业化统防统治、推广使用生物农药、仿生农药及植物源农药、抓好农药替代产品应用等对策建议。

**关键词：**农药升级换代；农药使用量；措施；效果；对策

重庆市秀山县位于重庆市东南部，秀山县辖区面积2 449 $km^2$，人口65万，秀山县农业用地21.06万$hm^2$，占土地总面积的85.5%，年平均气温16.5 ℃，年平均降水量为1 336.2 mm。秀山县四季分明，热量丰富，降水充沛，日照偏少，无霜期长，光、热、水与农作物生长基本同季，适宜多种农作物生长，属于传统的农业大县。由于秀山县特殊的地理位置，明显的立体气候，复杂的栽培制度及生态条件，为多种病虫害提供了适宜的环境，导致本地农作物存在病虫害种类多、发生为害重，农药使用量较大等问题。

2014年底，国家领导人在谈及“三农”工作时，提出“控药”问题。这是对我国农业生产发展新阶段关于农药管理的特殊提法，非常必要和及时，且针对性强，其真正含义在于有效发挥农药的正作用，大幅减少农药的负效应。2015年，农业部提出2020年实现农药用量零增长的目标。农药使用量零增长行动措施很多，大面积推广使用不断升级换代的低剂量、高效、长效药剂及生物农药是其中的重要内容之一。

## 1 当前秀山县农药使用现状

2016年，秀山县植保植检站在秀山县范围抽样调查，水稻病虫害草害平均防治4~5次，用药量（商品量，下同）280 g/亩；玉米病虫害草害平均防治3次，用药量180 g/亩；油菜病虫害草害平均防治2次，用药量150 g/亩；柑橘病虫害草害平均防治5~6次，用药量880 g/亩；蔬菜病虫害草害平均防治5~7次，设施蔬菜及露地蔬菜用药量分别为1 050 g/亩、1 250 g/亩。近年来，秀山县农药使用总体表现为总量逐年下降，农民用药技术水平不断提高，但也存在防治次数较多、用药量较大、常规药剂比例较大等问题。

## 2 农药品种升级换代发展现状

### 2.1 农药品种多样化

农药专营制度取消以后，农药品种增加较快，不论是杀虫剂、杀菌剂、杀鼠剂还是除草剂，品种呈现多样化趋势。2014—2016 年调查，秀山县市场上常见农药品种达 240 种以上，且继续保持不断增加的态势。

## 2.2 防治效果高效化

近年来，秀山县农药新品种推广力度较大，植保部门每年组织政府采购农药 60 万~80 万元，重点采购生物农药、低用量农药、高效长效农药品种，以政府采购药剂为引导，确保农药减量增效。加之每年 2~3 次的农药技术宣传培训，经营者、使用者意识逐步增强，农药防治效果高效化趋势逐年明显。

## 2.3 农药使用组合化

农药组合化使用有别于以前的农药混用，农药混用是使用者人为混合 2 种以上农药进行施用，组合化使用则是生产厂商已经做好包装，把几个产品包装在一起，或者混合在一起进行施用，以达到提高防效的目的。近年来，组合化农药品种在杀虫剂、杀菌剂、除草剂等品种上均大量出现，特别是除草剂组合化使用更加普遍，如玉米地除草，以前的单剂往往被 2 联装（2 种除草剂）、3 联装（3 种除草剂）取代。2016 年，市场上开始出现了 4 联装玉米除草剂。荒地灭生性除草剂也向多样化方向发展，目前，2 联装、3 联装除草剂已较为普遍。2016 年，市场上也出现了 4 联装灭荒除草剂品种。

## 2.4 农药使用数量减少化

秀山县农药使用量总体上呈下降趋势。按照植保专业统计，2013—2016 年，秀山县农药使用量商品量分别为 195.64 t、177.66 t、160.58 t、156.50 t、折百量分别为 58.81 t、51.68 t、48.52 t、44.38 t。近年来，秀山县连续多年承担农药使用情况调查课题，以秀山县水稻、蔬菜、水果（柑橘为主）等病虫害草害防治药剂及除草剂品种变化为例，对目前本地市场上常见、使用量较大的农药品种进行调查统计。调查表明，总体上，低用量、高效、长效农药品种逐年增加、使用范围逐步扩大，新产品升级换代速度加快，农药使用总量呈下降趋势（表 1、表 2、表 3）（注：使用数量为当地农民习惯用量）。

**表 1 秀山县水稻病虫害防治药剂升级换代情况登记**

| 病虫害种类 | 原用药剂及每亩用量 | 现用药剂及每亩用量 |
|---|---|---|
| 水稻螟虫、稻纵卷叶螟 | 18%杀虫双水剂 200~300 mL | 30%茚虫威 30 mL |
| | 40%毒死蜱乳油 100 mL | 25%甲维·茚虫威 10 g |
| | 30%唑磷·毒乳油 100 mL | 20%氟苯虫酰胺水分散粒剂 9 g |
| | 30%甲维·毒乳油 100 mL | 40%氯虫·噻虫嗪水分散粒剂 10 g |
| | 90%杀虫单可溶粉剂 100 g | 10%阿维·氟酰胺悬浮剂 30 mL |
| | | 短稳杆菌（生物农药）100 mL |

（续表）

| 病虫害种类 | 原用药剂及每亩用量 | 现用药剂及每亩用量 |
| --- | --- | --- |
| 稻飞虱 | 25%噻嗪酮可湿性粉剂 70~80 g<br>80%敌敌畏 100~150 mL<br>25%噻嗪·异丙威可湿性粉剂 100 g | 25%噻虫嗪水分散粒剂 16 g<br>25%吡蚜酮可湿性粉剂 16 g<br>80%噻嗪酮可湿性粉剂 16 g<br>50%吡蚜·噻虫胺可湿性粉剂 16 g<br>80%烯啶·吡蚜酮水分散粒剂 10 g<br>40%氯虫·噻虫嗪水分散粒剂 10 g<br>40%啶虫脒水分散粒剂 8 g<br>70%吡虫啉水分散粒剂 3~4 g |
| 纹枯病、稻曲病 | 70%甲基硫菌灵可湿性粉剂 100 g<br>20%井冈霉素可溶性粉剂 60 g | 50%已唑醇水分散粒剂 9 g<br>枯草芽孢杆菌（生物农药）30 g<br>3%井冈·嘧苷素水剂（生物农药）50 mL<br>30%苯甲·丙环唑乳油 30 mL |
| 稻瘟病 | 30%稻瘟灵乳油 100~150 mL<br>40%稻瘟灵乳油 80~100 mL<br>20%三环唑可湿性粉剂 100 g | 75%三环唑可湿性粉剂 20~30 g<br>40%稻瘟灵乳油 100 mL<br>4%春雷霉素可湿性粉剂（生物农药）40~60 g<br>40%春雷·噻唑锌悬浮剂 40 mL |

**表 2　秀山县蔬菜病虫害防治药剂升级换代情况登记**

| 病虫害种类 | 原用药剂及每亩用量 | 现用药剂及每亩用量 |
| --- | --- | --- |
| 疫病类 | 75%百菌清可湿性粉剂 100~150 g<br>70%、80%代森锰锌可湿性粉剂 100~150 g<br>50%多菌灵可湿性粉剂 100~150 g<br>65%代森锌可湿性粉剂 100 g<br>70%丙森锌可湿性粉剂 150 g | 75%肟菌·戊唑醇水分散粒剂 24 g<br>687.5 g/L 氟菌·霜霉威悬浮剂 75 mL<br>250 g/L 双炔酰菌胺悬浮剂 30~40 mL<br>72%霜脲·锰锌可湿性粉剂 100 g |
| 霜霉病 | 69%烯酰·锰锌可湿性粉剂 100 g<br>70%乙膦铝锰锌可湿性粉剂 150 g<br>70%丙森锌可湿性粉剂 150 g<br>58%甲霜灵锰锌可湿性粉剂 100 g | 80%烯酰吗啉水分散粒剂 10 g<br>250 g/L 双炔酰菌胺悬浮剂 30~40 mL<br>72%霜脲·锰锌可湿性粉剂 100 g<br>250 g/L 嘧菌酯悬浮剂 50 mL |

（续表）

| 病虫害种类 | 原用药剂及每亩用量 | 现用药剂及每亩用量 |
| --- | --- | --- |
| 灰霉病 | 20%嘧霉胺可湿性粉剂 100 g<br>50%腐霉利可湿性粉剂 100 g<br>70%甲基硫菌灵可湿性粉剂 100 g | 80%嘧菌·啶酰胺水分散粒剂 30 g<br>687.5 g/L 氟菌·霜霉威悬浮剂 75 mL<br>50%异菌脲可湿性粉剂 50~100 mL |
| 白粉病、锈病 | 25%三唑酮可湿性粉剂 100~150 g<br>70%甲基硫菌灵可湿性粉剂 100 g | 4%四氟醚唑水乳剂 40~60 mL<br>（30%醚菌脂悬浮剂+250 g/L 戊唑醇水乳剂）60 mL<br>30%醚菌脂可湿性粉剂 24 g<br>250 g/L 嘧菌酯悬浮剂 50 mL<br>75%肟菌·戊唑醇水分散粒剂 24 g |
| 菜青虫、小菜蛾 | 30%甲维·毒乳油 100 mL<br>40%氧乐果 100 mL<br>80%敌敌畏乳油 100 mL<br>40%毒死蜱乳油 100 mL | 15%高效氯氟氰菊酯微乳剂 20 mL<br>30%茚虫威 30 mL<br>10%阿维·氟酰胺悬浮剂 30 mL<br>5.7%甲氨基阿维菌素苯甲酸盐水分散粒剂 10 g<br>20%甲氰菊酯乳油 20~30 mL<br>20.2%甲维·丙溴磷乳油 30 mL |
| 烟青虫、棉铃虫、豆野螟 | 30%甲维·毒乳油 100 mL<br>40%毒死蜱乳油 100 mL | 25%甲维·茚虫威 10 g<br>10.5%甲维·虫酰肼乳油 40 mL<br>菊酯类农药 20~30 mL<br>20.2%甲维·丙溴磷乳油 30 mL<br>10%阿维·氟酰胺悬浮剂 30 mL |
| 蚜虫 | 40%氧乐果 100 mL<br>80%敌敌畏乳油 100 mL<br>10%吡虫啉可湿性粉剂 30 g | 70%吡虫啉水分散粒剂 3~4 g<br>25%吡蚜酮可湿性粉剂 16 g<br>40%啶虫脒水分散粒剂 8 g |

**表 3　秀山县水果病虫害防治药剂升级换代情况登记**

| 病虫害种类 | 原用药剂及每亩用量 | 现用药剂及每亩用量 |
| --- | --- | --- |
| 大实蝇 | 90%敌百虫原药 150~200 g<br>糖酒醋液 1 000 g 以上<br>40%毒死蜱乳油 150 mL<br>5%毒死蜱颗粒剂 2 000 g | 食物诱剂 0.1%阿维菌素浓饵剂（生物农药）1 080 mL<br>15%高效氯氟氰菊酯微乳剂 20~30 mL<br>25%甲维·茚虫威 10~15 g<br>3%甲维·虱螨脲悬浮剂 100 mL |

（续表）

| 病虫害种类 | 原用药剂及每亩用量 | 现用药剂及每亩用量 |
|---|---|---|
| 溃疡病 | 72%农用链霉素 200 g | 85%乙酸·春雷水剂 150 mL（生物农药） |
| | （农用链霉素+春雷霉素）350~400 g | 47%春雷王铜可湿性粉剂 100 g |
| 夜蛾类、潜叶蛾、花蕾蛆 | 40%氧乐果 150 mL | 4%高氯·甲维盐微乳剂 100 mL |
| | 30%唑磷·毒死蜱乳油 150 mL | 4.8%甲维·高氯氟乳油 100 mL |
| | 40%毒死蜱乳油 150 mL | 15%高效氯氟氰菊酯微乳剂 20 mL |
| | 30%甲维·毒死蜱乳油 150 mL | 2.5%、5%高效氯氟氰菊酯水乳剂 60~90 mL |
| 炭疽病 | 70%甲基硫菌灵可湿性粉剂 150 g | 50%苯嘧·酰胺可湿性粉剂 90 g |
| | 70%、80%代森锰锌可湿性粉剂 150 g | 25%咪鲜胺可湿性粉剂 100 g |
| 红蜘蛛 | 40%水胺硫磷乳油 150 mL | 20%哒螨灵可湿性粉剂 30~40 g |
| | 20%三氯杀螨醇乳油 150 mL | 73%炔螨特乳油 30 mL |
| 蚜虫 | 40%氧乐果 150 mL | 25%吡蚜酮可湿性粉剂 24 g |
| | 10%吡虫啉可湿性粉剂 30~40 g | 70%吡虫啉水分散粒剂 6 g |
| | | 40%啶虫脒水分散粒剂 12 g |
| 介壳虫 | 25%噻嗪酮可湿性粉剂 100~120 g | 40%杀扑磷乳油 100 mL |

近年来，随着农村劳动力大量转移，加之农业效益低下，农作物田间管理越来越粗放，除草剂使用范围越来越广，品种进一步多样化，除草剂总的使用量增长较快。除草剂品种升级换代速度也快，单位面积使用数量减少趋势不明显（已淘汰的使用量较大的老品种除外）（表4）。

**表4 秀山县除草剂升级换代情况登记**

| 类型田 | 原用药剂及每亩用量 | 现用药剂及每亩用量 |
|---|---|---|
| 荒地 | 10%草甘膦水剂 600~900 mL | 41%草甘膦钾盐水剂 200~300 mL |
| | 30%草甘膦水剂 200~300 mL | （88.8%草甘膦铵盐可溶粒剂+10%精喹禾灵乳油+10%乙羧氟草醚微乳剂）套装 160~240 g |
| | 41%草甘膦水剂 150~200 mL | （88.8%草甘膦铵盐可溶粒剂+10%精喹禾灵乳油+56%二甲四氯钠可溶粉剂）套装 180~270 g |
| | 20%百草枯水剂 300~400 mL | 288 g/L 氯氟吡氧乙酸异辛酯乳油 50~60 mL |
| | （草甘膦+百草枯）混用 250~300 mL | 40%氧氟·草甘膦可湿性粉剂 160~240 g |
| | | 46%二甲·草甘膦可溶粉剂 200~250 g |
| | | 44%滴酸·草甘膦异丙铵盐 300~450 mL |
| | | 200 g/L 草甘膦水剂 300~350 mL |
| | | 20%敌草快水剂 270~360 g |

（续表）

| 类型田 | 原用药剂及每亩用量 | 现用药剂及每亩用量 |
|---|---|---|
| 油菜田 | 17.5%精喹·草除灵乳油 150 mL | 120 g/L 烯草酮乳油 30~40 mL |
| | 50%乙草胺微乳剂 140~210 mL | （240 g/L 烯草酮乳油+10%异丙酯草醚乳油+助剂）套装 70~105 mL |
| 花生、大豆 | 50 g/L 精喹禾灵乳油 65~80 mL | （250 g/L 氟磺胺草醚水剂+50 g/L 精喹禾灵乳油）套装 48~72 mL |
| | 50%乙草胺微乳剂 140~210 mL | （10.8%精喹禾灵乳油+20%乙羧氟草醚乳油）套装 40~60 mL |
| 玉米田 | 40 g/L 烟嘧磺隆可分散油悬浮剂 70~100 mL | （38%锈去津悬浮剂+40 g/L 烟嘧磺隆可分散油悬浮剂+288 g/L 氯氟吡氧乙酸异辛酯乳油）套装 200~300 mL |
| | 20%烟嘧·锈去津油悬浮剂 80~100 mL | （10%烟嘧磺隆可分散油悬浮剂+200 g/L 氯氟吡氧乙酸异辛酯乳油+20%硝磺草酮可分散油悬浮剂）套装 90~135 mL |
| | 50%锈去津可湿性粉剂 150~200 mL | 56%二甲四氯钠可溶粉剂 40~50 g |
| 水稻田 | 25%卞·甲磺·乙可湿性粉剂（撒施）30 g | （10%双草醚悬浮剂+10%吡嘧磺隆可湿性粉剂+助剂）喷施套装 80 g |
| | 10%吡嘧磺隆可湿性粉剂（撒施）20 g | 2.5%吡嘧磺隆泡腾片剂（撒施）50~80 g |
| | 30%苄嘧磺隆可湿性粉剂（撒施）20 g | 36%卞嘧·扑草净可湿性粉剂（撒施）30 g |
| | 25%卞乙可湿性粉剂 25 g | 20%双草醚可湿性粉剂（喷施）20 g |

## 3　当前农药品种升级换代存在的问题

### 3.1　高效长效的农药新产品比较缺乏

目前总体看，不论杀虫剂、杀菌剂还是除草剂，品种繁多，但在重大病虫害如“两迁”害虫、稻瘟病、菌核病、晚疫病、霜霉病等病虫害防治上，低用量、高效及长效药剂品种偏少。如秀山县褐飞虱年年均有不同程度“通火团”出现，这与防治褐飞虱的高效长效药剂缺乏直接相关。

### 3.2　农药品种升级换代进展较慢

传统的农药经营方式，松散的农村组织化管理模式，造成秀山县农药品种升级换代进展总体较慢，不能满足现代社会对现代农业生产的要求。

### 3.3　农药使用者对质优价高品种接受较为困难

秀山地处武陵山区，经济发展落后，农民防治上的惜本思想严重，也制约农药升级换代。

## 4 对策建议

### 4.1 开展专业化统防统治

农作物病虫害专业化统防统治是病虫害防治的有效途径，多年来的实践证明，专业化统防统治比常规防治农药使用减少20%左右，防效提高5.0%以上。2016年，秀山县农作物病虫害专业化统防统治面积达2.0万$hm^2$，全年专业化统防统治可减少用药量6.0 t以上。以种植大户或农民合作社为抓手，以成片的农作物示范基地为载体，大面积开展专业化统防统治，是农药品种升级换代的主要措施。

### 4.2 推广使用生物农药、仿生农药及植物源农药

2016年，秀山县开展生物农药——100亿孢子/mL短稳杆菌悬浮剂防治水稻二化螟、稻纵卷叶螟试验，防效分别达83%、85%，与化学农药防效差异不明显，完全可以代替化学农药大面积推广使用。

近年来，阿维菌素、井冈霉素、井冈·嘧苷素、苏云金杆菌、春雷霉素、春雷·乙蒜素、枯草芽孢杆菌、噬菌核霉、绿僵菌、鱼藤酮、苦参碱等农药品种使用量逐年增加，约占农药市场20%，到2020年，生物农药、仿生农药及植物源农药比例可望达到30%以上。生物农药、仿生农药及植物源农药大面积推广使用，逐步减少化学农药使用，是农药升级换代的重要发展方向。

### 4.3 加大农药新品种试验示范及推广力度

2016年，秀山县开展的3%甲维·虱螨脲悬浮剂防治稻纵卷叶螟试验，14 d后的防效仍在90%以上，这类型的高效、长效药剂，既保证了防治效果，又能减少施药防治次数，达到减少农药使用的目的。

近年来，秀山县大力示范、推广甲维·茚虫威、茚虫威、福戈、稻腾、艾美乐、烯啶·吡蚜酮、噻虫嗪等一大批低用量、高效、长效农药，取得良好效果。积极开展农药新品种的引进、试验示范及推广，是促进农药升级换代的重要措施。

### 4.4 推广绿色防控技术，抓好农药替代产品应用

近年来应用表明，太阳能杀虫灯在秀山县能诱杀7个目、50余种（类）以上的害虫，对蝼蛄、大猿叶虫、小猿叶虫、金龟类、灯蛾类、二化螟等害虫效果明显，太阳能杀虫灯示范区可减少农药使用次数1~2次，属于一项重要的绿色防控措施。

2014—2016年，秀山县开展“生物导弹”防治玉米螟示范，防效达76.8%~82.4%，比常规防治提高10%以上。连续3年示范结果表明，“生物导弹”防治玉米螟，完全可以代替化学防治。2016年，2种类型“生物导弹”防治二化螟试验示范，防效分别为79.1%、80.3%，与化学农药相当，可以代替化学防治。“生物导弹”的使用，每亩减少用药量100 mL以上。

2013—2016年，秀山县连续多年进行性引诱剂防治二化螟试验及示范，防治效果85%~90%，减少化学防治1~2次，每亩减少用药量100 mL以上。

食物引诱剂主要在柑橘大实蝇防治上应用广泛，2014—2016年，秀山县在柑橘主

产乡镇开展食物引诱剂示范及推广。结果表明，食物引诱剂防治柑橘大实蝇，蛆果率3.2%~4.6%，2016年食物引诱剂示范区增产达24%。实践证明，食物引诱剂防治柑橘大实蝇蛆果率完全可以控制在5%以下。

随着社会的发展，人们生活水平的提高，绿色防控日益得到重视。绿色防控技术手段越来越多样化，应用范围越来越广泛。绿色防控及其与专业化统防统治融合技术的发展，是农药升级换代的重要途径。

### 4.5 推广农药减量增效助剂

2016年，秀山县开展农药减量增效助剂激健防治油菜、水稻病虫害示范。结果表明，每亩用激健15 mL，油菜菌核病防治用药量可减少40%，白背飞虱防治用药量可减少40%，稻纵卷叶螟防治用药可减量20%，纹枯病防治用药可减量30%。

农药助剂的使用，有效地减少农药使用量，是农药升级换代的有效手段。

### 4.6 发展电子商务，探索农药配送制

随着农村土地规模化转移，秀山县出现的大型农产品种植基地逐年增多。目前，秀山县有农业龙头企业116家，有专业化统防统治组织113家。种植大户或承包业主的大量产生，为发展电子商务，探索升级换代的农药新产品配送制搭建了良好的平台。完善农药销售渠道，发展电子商务是一种有益的尝试。

## 参考文献

肖晓华，2016. 重庆市秀山县农药使用量零增长措施及成效［J］. 农药科学与管理，37（4）：1-6.

**原文发表** 农业与技术，2017，37（6）：70-73

# 秀山县农药使用量零增长行动目标及其实现途径

肖晓华
（重庆市秀山县植保植检站，秀山　409900）

**摘　要**：到2020年，重庆市秀山县农药使用量零增长行动的具体目标是：秀山县农药使用量（商品量）155 t以下，比2015年减少5.0 t以上；农药使用量（折百量）44 t以下，比2015年减少5.0 t以上；绿色防控技术覆盖率32%以上，比全市平均值高2.0个百分点以上；专业化统防统治覆盖率40%以上，与全市平均值相当；农药利用率达42%以上，比全市平均值增2.0个百分点以上。提出以下实现途径：一是强化病虫害预测预报。二是推广应用高效低毒低残留农药；推广应用新型高效植保机械，提高农药利用率；推广应用农药减量增效助剂；普及科学用药知识。三是加快绿色防控技术推广应用（稻田养鸭、灯光诱杀害虫、性诱剂防治水稻二化螟、"生物导弹"防治水稻二化螟、柑橘大实蝇食物诱剂推广、蔬菜性诱及食诱技术推广等）。四是继续推进和扩大统防统治。最后，简述了保障措施。

**关键词**：农药使用量零增长行动；目标任务；实现途径；保障措施；重庆市秀山县

秀山县地处重庆市东南部、武陵山区腹地，总面积2 463.61 km$^2$，农业用地21.06万hm$^2$，占土地总面积的85.5%，年平均气温16.5 ℃，年平均降水量为1 336.2 mm。秀山县四季分明，热量丰富，降水充沛，日照偏少，无霜期长，光、热、水与农作物生长基本同季，有效性好，适宜多种农作物生长。秀山县全年粮油作物播种面积6.0万hm$^2$左右。秀山县的地形地貌、农作物栽培管理制度、气候条件、农民用药水平及习惯，在武陵山区具有较强代表性。根据秀山县的实际情况，突出地方特色，发挥本地优势，探讨农药使用量零增长行动（简称农药零增长行动）目标实现途径，对农药零增长行动推进具有现实指导意义。

## 1　概况

农药是重要的农业生产资料，施用农药是防病治虫的重要措施。由于秀山县大部分农民文化水平较低、科学用药意识不强、施药器械较落后、农民社会化组织程度不高等原因，导致农药过量使用现象较为严重，带来农业生产成本增加、农产品残留超标、作物药害、环境污染等问题。随着社会的发展，人民生活水平的提高，民众的健康意识、环保意识逐步增强，绿色、环保问题越来越受到社会各界的关注。

党和国家高度重视生态环境问题。农药是影响生态环境的重要因素之一，农业部从2014年9月开始在全国范围内开展调研农药使用现状，于2015年2月17日发布了

《到2020年农药使用量零增长行动方案》。在该方案出台后，重庆市农委高度重视，于2015年5月26日印发了《重庆市到2020年农药使用量零增长实施方案》，要求全市各区县深入开展农药零增长行动。2015年6月5日，秀山县农业技术服务中心及时转发了《重庆市到2020年农药使用量零增长实施方案》。2015年以来，秀山县农药零增长行动推进顺利，工作成效明显。

## 2 思路和措施

### 2.1 总体思路

坚持“预防为主、综合防治”的方针，树立“科学植保、公共植保、绿色植保”的理念，依靠科技进步，依托新型农业经营主体及病虫害防治专业化服务组织，通过大力推进药械换代、精准施药、绿色防控、统防统治，加快转变病虫害防控方式。着力构建资源节约型、环境友好型的病虫害可持续治理技术体系，实现农药减量控害，保障农业生产安全、农产品质量安全和生态安全。

### 2.2 基本原则

（1）坚持减量与保产并举。在减少化学农药使用量的同时，建立病虫害综合防治技术体系，做到病虫害防治效果不降低，促进粮食和重要农产品生产稳定发展，保障有效供给。

（2）坚持数量与质量并重。在保障农业生产安全的同时，更加注重农产品质量的提升，推进绿色防控技术和科学用药，保障农产品质量安全。

（3）坚持生产与生态统筹。在保障粮食和农业生产稳定发展的同时，统筹考虑生态环境安全，减少农药面源污染，保护生物多样性，促进生态文明建设。

（4）坚持节本与增效兼顾。在减少化学农药使用量的同时，大力推广新药剂、新药械、新技术，做到保产增效、提质增效，促进农业增产、农民增收。

### 2.3 目标任务

总体目标：到2020年，初步建立资源节约型、环境友好型病虫害可持续治理技术体系，科学用药水平明显提升，单位防治面积农药使用量控制在近3年平均水平以下，力争实现农药使用总量零增长。

具体指标如下。一是绿色防控。主要农作物病虫害绿色防控覆盖率达到30%以上，蔬菜基地、园艺作物标准园全覆盖。二是统防统治。主要农作物病虫害专业化统防统治覆盖率达到40%以上，粮油作物高产创建示范片、蔬菜基地、园艺作物标准园全覆盖。三是科学用药。主要农作物农药利用率达到40%以上，高效低毒低残留农药比例明显提高。

### 2.4 技术路径

根据农作物病虫害发生危害的特点和预防控制的实际，坚持综合治理、标本兼治，重点在“控、替、精、统”四个字上下功夫。“控”，即是控制病虫害发生危害。应用农业防治、生物防治、物理防治等绿色防控技术，创建有利于作物生长、天敌保护而不利于病虫害发生的环境条件，预防控制病虫害发生，从而达到少用药的目的。“替”，即是高效低毒低残留农药替代高毒高残留农药、大中型高效药械替代小型低效药械。大力推广应用生物农药、高效低毒低残留农药，替代高毒高残留农药。开发应用现代植保机械，替代跑冒滴漏落后机械，减少农药流失和浪费。“精”，即是推行精准科学施药。重点是对症适时适量施药。在准确诊断病虫害并明确其抗药性水平的基础上，配方选药，对症用药，避免乱用药。根据病虫害监测预报，坚持达标防治，适期用药。按照农药使用说明要求的剂量和次数施药，避免盲目加大施用剂量、增加使用次数。“统”，即是推行病虫害统防统治。扶持病虫害防治专业化服务组织、新型农业经营主体，大规模开展专业化统防统治，推行植保机械与农艺配套，提高防治效率、效果和效益，解决一家一户“打药难”“乱打药”等问题。

## 3 目标

根据重庆市农药零增长行动总体目标，结合秀山县实际，经调查研究论证，秀山县农药零增长目标为：到2020年，秀山县农药使用量（商品量）155 t以下，比2015年减少5.0 t以上；农药使用量（折百量）44 t以下，比2015年减少5.0 t以上；绿色防控技术覆盖率32%以上，比全市平均值增加2.0个百分点以上；专业化统防统治覆盖率40%以上，与全市平均值相当；农药利用率达42%以上，比全市平均值增加2.0个百分点以上（表1）。

**表1　秀山县农药零增长行动目标**

| 年份 | 农药使用量（商品量）/t | 农药使用量（折百量）/t | 绿色防控技术覆盖率/% | 专业化统防统治覆盖率/% | 农药利用率/% |
|---|---|---|---|---|---|
| 2015 | 160 | 49 | 26 | 27 | 36 |
| 2016 | 159 | 48 | 28 | 30 | 37 |
| 2017 | 158 | 47 | 29 | 33 | 38 |
| 2018 | 157 | 46 | 30 | 35 | 39 |
| 2019 | 156 | 45 | 31 | 38 | 40 |
| 2020 | 155 | 44 | 32 | 40 | 42 |

## 4 实现途径

农业部提出的农药零增长行动“控、替、精、统”四大技术路径和构建监测预警体系、推进绿色防控、专业化统防统治、科学用药四大工作任务。这些任务都是针对当前施肥用药中存在的问题、直接威胁生态安全的突出问题提出的，需要结合本地实际，通过新技术、新农药及药械的推广应用，以及专业化统防统治和绿色防控技术覆盖率的提高等多种途径来实现。

## 4.1 强化病虫害预测预报

准确预报，科学用药宣传，减少农药使用是农药零增长目标实现的前提及基础。通过提升病虫害测报技术手段，丰富、完善测报信息发布方式，不断强化病虫害监测预警，开展广泛性的宣传活动，提高植保信息入户率和到位率，指导农民科学用药。

秀山县植保植检站是全国农作物病虫害测报标准化区域站，技术实力雄厚，常年对20多种重大病虫害进行系统监测，常年发布植保情报20期以上，重大病虫害预报准确率长期保持90%以上。近年来，秀山积极开展人才引进，延伸测报网络，丰富预报发布方式，不断提高测报准确率及知晓率。

## 4.2 推进科学用药

### 4.2.1 推广高效低毒低残留农药

选用生物农药或高效低毒低残留农药及低用量农药控制病虫害，以农药品种升级换代及提高科学用药水平，是促进农药零增长目标实现的重要途径。扩大低毒高效、低用量农药及生物农药的应用范围，加快高效低毒低残留农药品种的试验、示范筛选和推广应用，淘汰高毒农药。科学采用种子、土壤、秧苗处理等预防措施，减少中后期农药施用次数。对症选药，合理添加喷雾助剂，促进农药减量增效，提高防治效果。如选用甲维·虱螨脲、甲维·茚虫威、茚虫威、阿维·氟酰胺（稻腾）、氯虫·噻虫嗪（福戈）、氰虫·毒等药剂防治稻纵卷叶螟、二化螟，选用吡蚜·噻虫胺、烯啶·吡蚜酮、艾美乐、噻嗪酮、噻虫嗪等药剂防治稻飞虱，选用井冈·嘧苷素、春雷·噻唑锌、井冈·蜡蚜菌、井冈·丙环唑、肟菌·戊唑醇（拿敌稳）等防治水稻纹枯病，选用三环唑、肟菌·戊唑醇（拿敌稳）、春雷霉素防治稻瘟病等。如秀山县2016年首次引进并示范推广50%吡蚜·噻虫胺、80%烯啶·吡蚜酮防治稻飞虱，3%甲维·虱螨脲防治稻纵卷叶螟，井冈·嘧苷素防治水稻纹枯病等效果均十分显著，深受业主及农民欢迎。

2016年，秀山县推广生物农药、高效低毒低残留农药及低用量农药50 t（商品量），防治面积1.5万$hm^2$以上。其中，在岑溪、兰桥、平凯等猕猴桃基地，大面积推广生物农药防治猕猴桃病虫害，如春雷霉素、宁南霉素、阿维菌素等生物农药，生物农药推广面积0.2万$hm^2$，全部由农民合作社或农业公司操作管理，专业化统防统治覆盖率达100%，群众反映良好。

### 4.2.2 推广新型高效植保机械，提高农药利用率

截至2016年，秀山县共拥有机动喷雾器800余台，机防能力达1.5万$hm^2$以上。秀山县拥有无人机2架，病虫害防控年作业能力0.2万$hm^2$。专业化统防统治对秀山县农作物病虫害防治发挥了重要作用。随着国家农业投入的不断增加，秀山县每年新增机动喷雾器50台以上，到2020年，秀山县机动喷雾器以上植保机械可达1 000台以上。新型的大中型植保机械如无人机、自走式喷杆喷雾机等，逐步引进、示范及推广。植保机械的更新换代，是农药零增长目标实现的重要抓手。

### 4.2.3 推广农药减量增效助剂

近年来，农药助剂在秀山县得到大量应用推广，对减少农药使用数量，提高病虫害防治效果作用明显。如2016年，秀山县在油菜菌核病、水稻稻飞虱、稻纵卷叶螟、稻

纹枯病防治上，开展农药减量控害示范，结论为每亩用农药减量增效助剂激健15 mL，在保证防治效果的前提下，油菜菌核病防治用药可减量 40%，白背飞虱防治用药可减量 40%，稻纵卷叶螟防治用药可减量 20%，纹枯病防治用药可减量 30%。2017 年，秀山县农药助剂推广面积666.7 $hm^2$ 以上，预计到2020 年，推广面积可达2 000 $hm^2$以上，可直接减少农药使用量 1 t 以上。

#### 4.2.4 普及科学用药知识

培养一批科学用药技术骨干，以新型农业经营主体及病虫害防治专业化服务组织为重点，辐射带动农民正确选购农药、科学使用农药。秀山县每年召开病虫害防治或绿色防控培训会议 2~3 次，年培训人员 300 人次以上。特别是每年年初召开的技术培训会，均聘请市内高校或市级专家授课，秀山县所有农业技术人员、种植业主、承包大户、农民合作社负责人全部参加会议，一般均有 120~160 人到会，影响很大，反映很好，在全市同行业中也起到良好的示范带头效应。

### 4.3 加快绿色防控技术推广应用

近年来，秀山县开展大量的试验示范。灯诱、性诱、食诱、色诱、“生物导弹”、稻田养鸭等绿色防控技术均取得成功经验。绿色防控可以大量减少农药使用次数和用药量。今后在粮油、蔬菜、水果等作物上可以大量推广使用。

#### 4.3.1 稻田养鸭

秀山县水稻面积较大，水源良好，农民有稻田养鸭的习惯及传统。2016 年，仅在水稻病虫害专业化统防统治与绿色防控融合项目区，指导、推广稻鸭共育控制病虫害草技术 133.3 $hm^2$，其中，饲养规模 300 只以上的有 50 余户，500 只以上的有 30 余户，1 000只以上的 5 户，2 000只以上的 3 户。据 2015—2016 年连续两年调查，每只鸭子利润为 11.20~13.60 元。2016 年，秀山县稻田养鸭面积 0.33 万 $hm^2$。实践证明，在秀山县条件良好的地方，稻田养鸭是一项切实可行的农民增收措施，也是水稻虫害草害的绿色防控措施。预计到 2020 年，秀山县稻田养鸭面积可达 0.67 万 $hm^2$。

#### 4.3.2 灯光诱杀害虫

2015—2016 年调查表明，太阳能杀虫灯能诱杀 7 个目、50 余种（类）害虫。太阳能杀虫灯诱杀害虫属于一项辅助性的绿色防控措施。截至 2016 年，秀山县在粮油、水果、蔬菜、茶叶、猕猴桃基地安装太阳能杀虫灯 300 余盏，控害面积 0.1 万 $hm^2$。预计到 2020 年，秀山县太阳能杀虫灯可达 600 盏以上，控害面积 0.2 万 $hm^2$ 以上。

#### 4.3.3 性诱剂防治水稻二化螟

2015—2016 年，秀山县开展性诱剂防治水稻二化螟示范，防治效果均达 82%以上。近 2 年试验示范结果表明，性诱剂防治水稻二化螟效果明显，与化学防治差异不大，完全可以代替化学防治，平均每亩可减少农药使用量 100 mL 以上。预计到 2020 年，性诱剂防治水稻二化螟示范面积可达 100 $hm^2$ 以上。

#### 4.3.4 “生物导弹”防治水稻二化螟

2015—2016 年试验示范结果表明，“生物导弹”防治水稻二化螟效果明显，与化学防治差异不大，完全可以代替化学防治，平均每亩可减少农药使用量 100 mL 以上。

2017 年，示范面积达 53.3 $hm^2$，预计到 2020 年，“生物导弹”防治水稻二化螟示范面积可达 100 $hm^2$ 以上。

#### 4.3.5 柑橘大实蝇食物诱剂推广

2016 年，秀山县在石堤片区 2 个乡镇、洪安片区 3 个乡镇推广柑橘大实蝇食物诱剂防治大实蝇 0.1 万 $hm^2$，示范区点喷食物诱剂 6 次，取代大实蝇化学防治 6 次以上，每亩用药减少 300 g 以上。调查结果表明，示范区蛆果率均控制在 4%以下，比常规防治减少 10 个百分点以上。预计到 2020 年，柑橘大实蝇食物诱剂推广面积可达 0.5 万 $hm^2$以上。

#### 4.3.6 蔬菜性诱及食诱技术推广

2016 年，秀山县在平凯护国、乌杨郭园、流秀桥村、官庄新庄、清溪三合等蔬菜基地，推广蔬菜实蝇类性诱剂防治示范 133.3 $hm^2$，减少化学防治次数 2 次以上，每亩减少农药使用量 200 g 以上。预计到 2020 年，蔬菜性诱及食诱技术推广面积可达 666.7 $hm^2$以上。

### 4.4 继续推进和扩大统防统治

统防统治是农作物病虫害防治的有效途径，以扩大服务范围、提高服务质量为重点，大力推进病虫害专业化统防统治是农药零增长目标实现的主要措施。专业化统防统治是秀山病虫害防治的一大优势，是当地病虫害防治工作的重点。

今后的发展方向如下。一是提升装备水平。发挥农作物重大病虫害统防统治补助、农机购置补贴等项目的引导作用，装备现代植保机械，扶持发展一批装备精良、服务高效、规模适度的病虫害防治专业化服务组织。二是提升技术水平。推进专业化统防统治与绿色防控融合，集成示范综合配套的技术服务模式，逐步实现农作物病虫害全程绿色防控的规模化实施、规范化作业。三是提升服务水平。加强对防治组织的指导服务，及时提供病虫害测报信息与防治技术。引导防治组织加强内部管理，规范服务行为。

截至 2016 年，秀山县共组建、完善专业化统防统治组织 114 个，比上年增加 10 个，其中在县工商部门登记注册、县植保植检站备案的组织有 71 个，比上年增加 10 个。近年来，秀山县每年新增专业化统防统治组织 8~10 家，重点培育 3~5 家，预计到 2020 年，秀山县专业化统防统治组织可达 150 家以上。

2016 年，秀山县在清溪场镇、官庄镇、石堤镇、龙池镇、石耶镇、溶溪镇等地，以水稻、油菜、柑橘、马铃薯、金银花、猕猴桃、大蒜、百合等作物重大病虫害为主，开展专业化统防统治示范 2.0 万 $hm^2$，比上年增加 0.12 万 $hm^2$。专业化统防统治平均减少用药量 20%左右，防效提高 5.0 个百分点以上，全年专业化统防统治比常规防治减少用药量 6.0 t 以上。预计到 2020 年，秀山县专业化统防统治面积可达 3.3 万 $hm^2$ 以上。

## 5 农药零增长目标实现的保障措施

### 5.1 提高认识，加强领导

全面推进农药减量控害，已经成为我国推进生态文明建设的重大举措，已经从农业部的项目，上升为国家环保重要战略。重庆市已经把农药零增长纳入了每年政府的目标管理绩效考核，每两年一次的国家环保督察内容中，农药零增长是重点关注的事项。秀山县各级各部门，要深刻认识全面推进农药零增长行动的重要性和紧迫性，切实增强使命意识、大局意识和责任意识，切实加强组织领导，全力推进农药零增长各项工作。

### 5.2 组织开展植保新技术攻关

农药零增长行动内涵丰富，技术手段多样。近年来，秀山县加强与西南大学、重庆大学等高校及研究机构的合作或协作，每年开展5~8项植保新药剂、新技术试验示范，开展大量调查研究，抓好农药零增长行动理论研究。对农药零增长行动相关的重大技术、重大项目，秀山县组织技术力量，积极开展技术攻关，力争在全市同行业中继续保持领先水平。

### 5.3 加大宣传培训力度

社会公众广泛参与是保障农药零增长有效实施的关键所在。各地要切实抓好舆论宣传引导工作，提高全社会的责任意识和参与意识。充分利用报刊、广播、电视、网络、微信、微博、客户端等各种媒体和传播手段，通过群众喜闻乐见、易于接受的方式，加大科学用药的宣传力度，让以种植大户为代表的农民接受科学用药的意识和技术，成为社会公众的自觉行动，营造全社会关爱环境、珍惜环境、保护环境的良好风尚。

### 5.4 强化监督检查

定期或不定期监督检查各级农药零增长行动的组织领导，人员、责任、机构、经费落实情况，主要工作，特别是各项指标的完成情况，确保农药减量控害工作不走样、不流于形式，并通过各种媒体向社会公告农药零增长的工作目标、工作措施，公布监督电话，接受社会和群众监督。

## 参考文献

肖晓华，2016. 重庆市秀山县农药使用量零增长措施及成效［J］. 农药科学与管理，37（4）：1-6.

肖晓华，刘春，杨昌洪，等，2016. 油菜菌核病防治减量用药控害增效示范效果分析［J］. 南方农业，10（16）：41-43.

**原文发表** 南方农业，2017，11（16）：29-33

# 秀山县农药使用量零增长行动新进展探析

肖晓华

（重庆市秀山县植保植检站，秀山　409900）

**摘　要**：介绍了重庆市秀山县农药零增长行动的技术路径，从农作物病虫害专业化统防统治、绿色防控技术示范推广、生物农药使用等方面总结了秀山县2017年农药零增长行动的做法及成效。

**关键词**：农药；使用量；零增长；重庆市秀山县

农药使用量零增长是农业产业健康发展、农业生态环保的现实需求。随着社会的发展和人们生活水平的提高，民众的健康意识、环保意识逐步增强，绿色、环保问题越来越受到社会各界的关注。2015 年 2 月 17 日，农业部发布了《到 2020 年农药使用量零增长行动方案》，在全国范围开展农药使用量零增长行动（以下简称农药零增长行动）。2015 年以来，秀山县农药零增长行动推进顺利，成效明显。

2017 年，秀山县牢固树立“科学植保、公共植保、绿色植保”理念，以农药零增长行动为植保工作主线，按照“少用药、用好药、会用药”的总体要求，围绕“控、替、精、统”四字技术路线方针，不断夯实农作物病虫害监测预警这一植保工作基础，推进以专业化统防统治为重点的农作物重大病虫害综合防控，大力推广绿色防控新技术，积极开展植保新技术、新药械试验示范，大面积推广生物农药、高效长效低毒低残留农药及低用量农药，扎实推进农药零增长行动。

## 1　技术路径

农药零增长行动的技术路径，就是“控、替、精、统”4 个字。

“控”，即是控制病虫害发生为害，其内涵包括 3 个方面。一是单位面积用药数量上要控，如每亩用 100 mL 不能随意用 150 mL 或 200 mL。二是施药次数上要控，1 次用药即可控制病虫害为害，就不要用药 2 次或 3 次。三是施用农药的种类上要控，农药混用可以提高防效，用 2~3 种农药即可，就不要用 4~5 种农药。

“替”包含 4 个方面内容。一是用高效低毒低残留农药替代高毒高残留农药。二是用大中型高效药械替代小型低效药械。三是用生物农药替代化学农药。四是用非化学防治技术替代化学农药，如“生物导弹”、捕食螨、色诱、性诱、灯诱、生态调控技术等。

“精”可以理解为“精准”，即是推行精准科学施药，重点是对症适时适量施药。一是病虫害识别要准，在准确诊断病虫害并明确其抗药性水平的基础上，配方选药，对症用药，避免乱用药。二是施药时期要准，根据病虫害监测预报，坚持达标防治，适期用药。三是施药方法要准，包含使用高效的施药器械和正确的施药方法。按照农药使用说明要求的剂量和次数施药，避免盲目加大施用剂量、增加使用次数。

“统”，即是推行病虫害统防统治。扶持病虫害防治专业化服务组织，以“专防”带动“群防”，以成片统防统治取代零星分散防治，解决一家一户“打药难”“乱打药”等问题。

## 2 完成情况

根据农业农村部、重庆市农药零增长行动总体目标，结合秀山县实际，经调查研究论证，秀山县农药零增长目标如下。到2020年，秀山县农药使用量（商品量）155 t以下，比2015年减少5.0 t以上；农药使用量（折百量）44 t以下，比2015年减少5.0 t以上；绿色防控技术覆盖率32%以上，比重庆市平均值增2.0个百分点以上；专业化统防统治覆盖率40%以上，与重庆市平均值相当；农药利用率达42%以上，比重庆市平均值增2.0个百分点以上。

2017年，秀山县农用使用量156.0 t，比上年减少0.5 t、折百量44.0 t，比上年减少0.14 t；主要粮食作物（按照水稻、玉米、小麦统一的统计口径）统防统治覆盖面积4.50万$hm^2$次，比上年分别增加0.13万$hm^2$次、统防统治覆盖率33.1%，比上年（33.0%）增加0.1个百分点；主要农作物（按照水稻、玉米、蔬菜、水果、茶叶5种作物统一的统计口径）绿色防控实施面积5.97万$hm^2$次，比上年增加0.10万$hm^2$次，绿色防控覆盖率29.7%，比上年（28.1%）增加1.6个百分点。2017年，秀山县农药零增长行动年度目标完成情况良好。

## 3 主要做法

近年来，秀山县积极开展农药零增长行动技术途径探索。不断进行性诱、色诱、灯诱、食诱、农药减量助剂、生物农药、低用量高效长效农药、新型植保机械等技术试验示范及推广。结合秀山县实际，2017年重点抓好了以下工作。

### 3.1 加强统防统治，抓好示范带动

2017年，秀山县以“政府扶持、部门引导、农民自愿、市场运作”为原则，以减少用药、提高防效、保护环境、保障丰收为目标，以增强专业化防治组织的服务能力为重点，以“水稻病虫害专业化统防统治与绿色防控融合项目”“水稻病虫害统防统治项目”及“农药减量控害增效示范项目”等项目为抓手，以政府采购药剂为引导、以高产示范基地为载体、以农民专业合作社为龙头，在清溪场、溶溪、雅江、石堤等乡镇，组织水稻、油菜、柑橘、莲藕、大蒜、百合等作物重大病虫害大面积多方式的病虫害专业化统防统治示范，以片带面，辐射推广，带动秀山县大面积病虫害防治工作。全年完成专业化统防统治示范面积2.33万$hm^2$（按作物覆盖面积统计），实施病虫害专业化统防统治施药面积累计为5.88万$hm^2$（按病虫害防治面积统计），其中，粮食作物统防统治施药面积累计为4.5万$hm^2$，统防统治覆盖率为33.1%。统防统治示范区主要病虫害防治效果提高5.0个百分点以上，减少施药次数1~2次，每亩减少用药量20%以上。

2017 年，秀山县统防统治比常规防治直接减少用药 6.0 t 以上。

（1）水稻病虫害专业化统防统治。2017 年，秀山县免费发放农药 2 600 kg（可防治面积 733.3 $hm^2$），组织、指导秀山县 100 余家农民合作组织或机防队，出动无人机 2 台、担架式喷雾机 2 台、机动喷雾器 600 余台，组织开展大面积水稻病虫害专业化统防统治。其中，部级万亩水稻病虫害专业化统防统治与绿色防控示范区（包含农药减量增效示范区），完成了 2 次统防统治，面积 1 333.3 $hm^2$。2017 年，秀山县完成水稻专业化统防统治 4.07 万 $hm^2$（其中，大户或农民合作社承包防治 0.4 万 $hm^2$，代防代治 3.67 万 $hm^2$），比上年增加 0.2 万 $hm^2$，占水稻病虫害累计防治总面积的 35.8%。

（2）玉米病虫害专业化统防统治。2017 年，秀山县完成玉米病虫害专业化统防统治 0.43 万 $hm^2$（其中承包防治 0.13 万 $hm^2$，代防代治 0.30 万 $hm^2$）。近年来，秀山县部分养殖大户（养牛、喂猪等）大面积种植玉米作为饲料使用，组织开展玉米病虫害专业化统防统治，这是近年来秀山县玉米病虫害专业化统防统治的新变化。

（3）蔬菜病虫害专业化统防统治。2017 年，秀山县以成片的蔬菜基地为载体，以农民合作社或农业公司等业主为龙头，以大蒜、莲藕、大宗蔬菜为重点，开展蔬菜病虫害专业化统防统治示范 0.44 万 $hm^2$。

（4）油菜病虫害专业化统防统治。2017 年 2—3 月，秀山县以油菜高产示范基地为载体、以农民专业合作社为龙头、以片带面，辐射推广，带动秀山县油菜病虫害防治工作。2017 年，秀山县开展大面积专业化统防统治示范 0.2 万 $hm^2$。

（5）中药材病虫害专业化统防统治。近年来，秀山县中药材种植面积逐年增加。2017 年，秀山县以金银花、百合、白术、南苍术、茅瓜、黄精、银杏等药材为主，开展中药材病虫害专业化病虫害统防统治 0.27 万 $hm^2$。

（6）柑橘病虫害专业化统防统治。2017 年，秀山县在石堤、洪安、雅江等柑橘主产乡镇组织开展柑橘病虫害专业化统防统治 0.4 万 $hm^2$，其中，大户型及农民合作社承包防治 0.27 万 $hm^2$。

（7）其他作物统防统治 0.07 万 $hm^2$。其中，西瓜 0.013 万 $hm^2$、葡萄 0.02 万 $hm^2$、草莓 0.007 万 $hm^2$、马铃薯 0.013 万 $hm^2$、李子梨子桃子共 0.02 万 $hm^2$，以上经济作物统防统治全部由家庭农场、种植大户（农业公司）操作完成。

### 3.2 加强绿色防控，抓好新技术推广

2017 年，秀山县推广“生物导弹”、性诱剂等绿色防控面积 6.44 万 $hm^2$，绿色防控覆盖率达 29.7%。

（1）“生物导弹”防治二化螟示范。2017 年，秀山县共采购“生物导弹”14 400 枚，在清溪场镇沙南、南丘村示范 33.33 $hm^2$。6 月 5 日调查，玉米型“生物导弹”示范区防治效果 94.8%，水稻型“生物导弹”示范区防治效果 93.0%，两种类型导弹防治效果均十分显著，两种类型导弹之间的差异不明显。近 2 年试验示范情况表明，“生物导弹”防治水稻二化螟防效可达 90%左右，完全可以取代化学防治，减少防治 1~2 次，每亩减少农药使用 100 mL 以上。

（2）性诱剂防治二化螟示范。2017 年，秀山县在清溪场镇东林居委会开展性诱剂

防治水稻二化螟示范6.67 $hm^2$。6月5日普查，性诱剂示范区防治效果为93.8%，比农民自防区（80.8%）增加13.0个百分点。试验示范表明，性诱剂防治水稻二化螟防效可达90%左右，完全可以取代化学防治，减少防治1~2次，每亩减少农药使用100 mL以上。

（3）农药减量控害技术示范推广。2017年，秀山县大力推广农药减量助剂使用。推广农药减量增效助剂激健386.7 $hm^2$，其中油菜160 $hm^2$、水稻160 $hm^2$、除草66.7 $hm^2$，每亩减少农药使用量30%左右，效果良好。

2017年，秀山县推广水稻带药移栽1.0万 $hm^2$，约占水稻种植面积的52%。推广蔬菜带药移栽0.33万 $hm^2$，中药材带药移栽0.13万 $hm^2$。

药剂拌种技术方面，秀山县在玉米、水稻上基本普及。玉米种全部为包衣种，面积1.2万 $hm^2$，水稻种包衣种占70%以上，面积1.33万 $hm^2$。其中，秀山县承担的万亩部级水稻病虫害专业化统防统治示范区，药剂拌种处理（吡虫啉等）100%。秀山县蔬菜药剂拌种技术推广0.07万 $hm^2$、花生0.07万 $hm^2$、马铃薯0.07万 $hm^2$、中药材0.07万 $hm^2$。

（4）稻田养鸭。为进一步推广稻田养鸭这一项绿色防控技术，减少化学农药使用次数及用药量，推进农药零增长行动，2017年，秀山县大面积推广稻田养鸭，面积0.47万 $hm^2$，其中，水稻病虫害专业化统防统治与绿色防控融合项目区推广稻田养鸭技术200 $hm^2$。为抓好稻田养鸭经济效益分析，在前两年大户型调查基础上，2017年，秀山县确定小型基点户，进行详细记载及核算。

调查基点户2017年4月17日购买鸭苗200只，品种为四眼花和北京鸭，单价3.00元/只，鸭苗成本600元；购买后10 d防疫1次，花费100元；鸭苗购买前15~20 d买饲料120 kg（40 kg×3包），单价140元/包，饲料成本420元；4—6月，喂养稻谷125 kg，单价2.6元/kg，玉米1 000 kg，单价2.00元/kg，粮食费用合计2 325元；2个月出售（注：6月20日前分批销售完毕，鸭子1.5~2.0 kg以后生长慢，食量大，肉鸭一般2个月左右必须销售，产蛋鸭除外），出栏180只，成活率达90%，高于上年度调查的大户水平，平均每只重量为1.9~2.0 kg，肉鸭销售单价16~18元/kg，销售价格30.4~36.0元/只，出栏180只，销售收入合计5 472~6 480元。不计人工成本，防疫费+饲料+粮食=3 445元，每只商品鸭利润折10.1~15.2元，与2015—2016年大户调查经济效益大体相当。

产蛋鸭效益分析：2016年，为验证速生鸭（四眼花及北京鸭等生长快的品种）产蛋情况，该基点户留产蛋鸭11只，购买6个月后开始产蛋，即4月下旬购买，10月后开始产蛋，母鸭产蛋量为120~150个/（只·年），鸭蛋单价为0.80元/个，鸭蛋销售效益96~120元/（只·年）。5—9月，由于田间可觅食，投放粮食较少，每只母鸭成本，即防疫费+饲料+粮食，约为40元，母鸭年利润折合56~80元/（只·年）（不计3~5年后老鸭子销售收入）。2017年，该基点户留产蛋鸭60只，预计蛋鸭的年收益为3 360~4 800元。秀山县的稻田养鸭经济效益调查方法及效益分析，得到上级部门高度认可。

2017年，稻田养鸭示范区调查表明，融合示范区除草效果85%以上，虫害发生为害程度降低1个级别以上，虫情为害明显偏轻。

（5）柑橘大实蝇绿色防控技术。柑橘大实蝇是秀山县柑橘生产上的主要害虫，柑橘大实蝇绿色防控技术主要有3项。

①仿柑橘青果天然绿色球形诱捕器推广。仿柑橘青果天然绿色球形诱捕器，即仿果球诱捕器是近年来试验示范的柑橘大实蝇绿色防控技术。这项技术是根据大实蝇生物学特点，人为模仿柑橘青果，在仿果球外表涂抹强力粘胶，粘胶内加蛋白质，引诱大实蝇取食，用粘胶物理黏附大实蝇，是一种不用化学农药的物理防控技术，由于这项技术操作简单、诱杀效果直观，业主及果农十分喜欢。2017年，秀山县石堤片区、洪安片区柑橘主产乡镇，30%以上的业主及果农推广使用仿果球诱捕器。秀山县推广面积达0.13万 $hm^2$（其中6.67 $hm^2$ 以上的大户、农民合作社有6家，面积133.33 $hm^2$）。果园每亩悬挂仿果球20个，6—7月使用，更换1次，仿果球单价2~3元/个。据秀山县植保植检站在雅江镇调查，仿果球大实蝇诱集率85%以上，平均诱杀大实蝇12.5头/个，最多35余头。

②柑橘大实蝇食物诱剂推广。这项技术在秀山县连续推广了5年，效果明显。2017年，大实蝇食物诱剂全部以业主大户模式推广66.67 $hm^2$，6—7月施药6次，共施药400 $hm^2$。据调查，示范区蛆果率均控制在5.0%以内。

③推广厚型塑料口袋处理蛆果。9—11月，每2~3 d捡拾1次，把柑橘类水果的所有落地果，装入0.1 mm厚型塑料口袋密封处理。这项措施简单实用，效果明显，在秀山县柑橘主产区基本普及，秀山县蛆果处理面积0.53万 $hm^2$ 以上。

（6）灯诱。2017年，秀山指导业主自行购买杀虫灯20盏、太阳能杀虫灯30盏。近5年来，秀山县在粮油基地、蔬菜基地、茶叶基地、标准果园，共计采购安装太阳能杀虫灯300余盏。控害面积0.1万 $hm^2$。据调查，太阳能杀虫灯可诱集昆虫8个目、60余种（类），能有效减轻虫害发生及为害程度，减少防治施药的次数。

### 3.3 生物农药及低毒低残留高效长效药剂推广

通过宣传培训，结合秀山县植保项目实施引导，秀山县生物农药及高效低毒低残留农药及低用量农药得到大面积推广应用。如选用甲维·虱螨脲、甲维·茚虫威、茚虫威、阿维·氟酰胺（稻腾）、氯虫·噻虫嗪（福戈）、氰虫·毒等药剂防治稻纵卷叶螟、二化螟，选用吡蚜·噻虫胺、烯啶·吡蚜酮、艾美乐、噻嗪酮、噻虫嗪等药剂防治稻飞虱，选用井冈·嘧苷素、春雷·噻唑锌、井冈·蜡蚜菌、井冈·丙环唑、肟菌·戊唑醇（拿敌稳）等防治水稻纹枯病，选用三环唑、肟菌·戊唑醇（拿敌稳）、春雷霉素防治稻瘟病等。秀山县积极开展农药新品种的引进、试验示范及推广，促进农药升级换代。2017年，秀山县推广生物农药、高效低毒低残留农药及低用量农药105.1 t（商品量），占秀山县农药总量的67.4%，农药品种的升级换代逐年加快。

## 4 主要经验

### 4.1 提高认识，加强领导

全面推进农药减量控害，已经成为我国推进生态文明建设的重大举措，已经从农业部的项目，上升为国家环保重要战略。重庆市已经把农药零增长纳入了每年政府的目标管理绩效考核，每两年一次的国家环保督察内容中，农药零增长是重点关注的事项。2017 年，秀山县农委下发《关于下达农药使用量零增长行动推进计划的通知》《关于召开 2017 年农药零增长行动推进暨绿色防控培训会议的通知》《关于印发〈重庆市农作物病虫害绿色防控主推技术〉技术方案的通知》、秀山县农技中心下发《关于召开秀山县农药零增长暨水稻病虫害防控现场会的通知》，对秀山县农药零增长行动进行安排部署。

### 4.2 加强病虫害监测，抓好预警信息发布

2017 年，秀山县对水稻、玉米、油菜、蔬菜、柑橘等作物的 20 多种主要病虫害进行监测，其中，“两迁害虫”系统监测任务重、时间长、水平高、成果多，在全国同行业中享有盛誉。全年发布植保情报 20 期，并与全国 20 多家植保同行开展情报交流。2017 年，秀山县农作物病虫害长期预测预报准确率保持在 90%以上，短期预报准确率达 95%以上，“两迁”害虫预报准确率 100%，秀山县的农作物病虫害监测预警工作在重庆市继续保持领先水平。

### 4.3 发展及扶持统防统治组织

2017 年，秀山县新增规模化、专业化统防统治组织 3 家，即秀山县老营盘农业开发有限公司、秀山县保家楼农业股份合作社、秀山县永平农业专业合作社。目前，秀山县共有植保专业化统防统治组织 120 家（其中在工商部门、在植保部门备案的有 76 家、未登记的 44 家），比上年增加 6 家。新投放机动喷雾器 28 台，秀山县目前共拥有机动喷雾器 637 台，秀山县共拥有机动喷雾器 800 余台，机防能力达 10 万 $hm^2$ 以上。秀山县拥有无人机 2 架，病虫害防控年作业能力 0.2 万 $hm^2$。专业化统防统治组织对秀山县农作物病虫害防治发挥了重要作用。

### 4.4 组织开展植保新技术攻关

农药零增长行动内涵丰富，技术手段多样。近年来，秀山县加强与西南大学、重庆大学等高校及研究机构的合作或协作，每年开展 5~8 项植保新药剂、新技术试验示范，开展大量调查研究，抓好农药零增长行动理论研究。对农药零增长行动相关的重大技术、重大项目，秀山县组织技术力量，积极开展技术攻关，力争在重庆市同行业中继续保持领先水平。2017 年，秀山县植保植检站肖晓华研究员已经发表了农药零增长相关学术论文 4 篇，其中国家级刊物 2 篇，在重庆市同行业中处于领先水平，对推进、指导秀山县，甚至重庆市的农药零增长行动具有现实指导意义。

### 4.5 加大宣传培训力度

社会公众广泛参与是保障农药零增长有效实施的关键所在。各地要切实抓好舆论宣传引导工作，提高全社会的责任意识和参与意识。充分利用报刊、广播、电视、网络、微信、微博、客户端等各种媒体和传播手段，通过群众喜闻乐见、易于接受的方式，加大科学用药的宣传力度，让以种植大户为代表的农民接受科学用药的意识和技术，成为社会公众的自觉行动，营造全社会关爱环境、珍惜环境、保护环境的良好风尚。1—7 月，秀山县植保植检站出动宣传车 1 台，走乡串户宣传 10 d，发放宣传资料 3 万份，报

市级以上并被采用植保信息共80余条（其中，中国农业信息网转载20条），发布手机短信预报2万余条，电视新闻2期。秀山县的信息报道，在重庆市同行业处于领先水平，得到市级业务主管部门高度肯定和认可。

2月23日，秀山县组织召开秀山县2017年农药零增长推进暨绿色防控培训会议，这是秀山县农委2017年第一个大会，各乡镇（街道）农业分管领导，农业（社区）服务中心负责人，全体农技人员，6.67 $hm^2$ 以上柑橘、茶叶、猕猴桃基地（业主、种植大户）负责人，3.33 $hm^2$ 以上种粮大户，开展农作物病虫害统防统治工作的农民专业合作社负责人，共计160余人参加会议，反响良好。

7月5日，秀山县组织召开了秀山县农药零增长推进暨水稻病虫害防控现场会。各街道、乡镇农业（社区）服务中心负责人或负责病虫害防治工作的技术人员、开展水稻病虫害统防统治的农民合作社负责人、3.33 $hm^2$ 以上水稻种植业主或大户（乡镇、街道负责通知）60余人参加了会议。会议总结了2017年上半年农药零增长推进工作，并安排部署下阶段农药零增长工作。介绍了2017年水稻中后期病虫害发生趋势，并培训防治技术。秀山县四季堡粮油专业合作社、秀山县惠农农机专业合作社组织开展了无人机及机动喷雾器防治水稻病虫害现场演示。

### 4.6 强化监督检查

秀山县农委、秀山县农技中心定期或不定期监督检查各级农药零增长行动的组织领导，人员、责任、机构、经费落实情况，特别是各项指标的完成情况，确保化农药减量控害工作不走样、不流于形式，并通过各种媒体向社会公告农药零增长的工作目标、工作措施，公布监督电话，接受社会和群众监督。

## 参考文献

肖晓华，2017. 秀山县农药使用量零增长行动目标及其实现途径［J］. 南方农业，11（16）：29-33.

**原文发表** 南方农业，2018，12（10）：39-43

# 秀山县 2018 年水稻病虫害农药减量控害增效示范成效*

肖晓华[1]，刘映红[2]，刘　春[1]，杨昌洪[1]
（1. 重庆市秀山县植保植检站，秀山　409900；2. 西南大学，重庆北碚　400715）

**摘　要**：秀山县在水稻病虫害农药减量增效示范区全面推行“带药移栽、生物农药+高效低毒低残留化学农药+农药减量助剂、统防统治的技术模式”。结果表明，示范区施药次数减少 1 次，农药使用量减少 134 g/亩，用药量减少 26.9%，纯收入增加 63.06 元/亩，示范区经济效益、社会效益及生态效益明显。

**关键词**：水稻病虫害；技术模式；农药减量施用；效益分析；秀山县

农药减量控害增效，是切实减少化学农药使用量，深入推进农药使用量零增长行动的有效途径。根据重庆市农业委员会、重庆市财政局《关于做好 2018 年农业资源与生态保护等项目管理工作的通知》，重庆市农业委员会办公室《关于印发 2018 年重庆市农药减量使用行动工作要点的通知》，重庆市植保植检站《关于印发 2018 年农药减量控害工作计划的通知》等文件精神，2018 年，秀山县在农业农村部部级万亩水稻专业化统防统治与绿色防控融合推进基地开展水稻病虫害农药减量控害增效示范，成效明显。

## 1　目标任务

按照《关于做好 2018 年农业资源与生态保护等项目管理工作的通知》文件要求，秀山县在清溪场镇粮油基地建设水稻病虫害农药减量控害增效示范区 3 000亩，涉及东林居委会、沙南村、茫洞村、南丘村等 4 个村（居）。示范区全面推行灯诱、性诱、稻鸭共育、“生物导弹”等绿色防控技术，示范区水稻重大病虫害长、中、短期预报准确率分别达 85%、90%、95%以上，统防统治覆盖率达到 100%，绿色防控覆盖率达到 30%以上，农药用量减少 20%以上，稻谷质量符合食品安全国家标准，生态环境及生物多样性有所改善。

## 2　技术模式

示范区全面推行“带药移栽、生物农药+高效低毒低残留化学农药+农药减量助剂、统防统治的技术模式”。

* 基金项目：四川高原成都平原稻区特色农药化肥减施增效技术集成与示范（编号：2018YFD02-00307）。

## 3 示范工作开展及完成情况

示范区设立在秀山县水稻高产示范基地，面积3 000亩，示范区地势平坦、水源良好、管理一致。主要由重庆天人农业股份合作社、秀山县惠农农机专业合作社、秀山县茫洞水稻股份合作社、秀山县四季堡粮油专业合作社承包种植及管理。

为了便于比较分析，在示范区设立空白对照区（水稻病虫害预测圃），面积 1.0 亩，全程不开展病虫害防治。在示范区外临近的三合村，设立常规防治区，与示范区由村寨学校自然隔离，土壤、管理水平、海拔基本一致，常规防治区面积 10 亩，县植保植检站负责技术指导，在防治适期上进行把关，农药品种由农民自行选择。

示范区 5 月 20—22 日、6 月 20—22 日、7 月 9—13 日分别组织开展统防统治施药 3 次，其中，第一次防治全部使用生物农药防治二化螟，配合使用高效低毒低残留化学农药防治白背飞虱。推广的生物农药有 3 种，即甘蓝夜蛾核型多角体病毒 100 kg，面积 1 000亩；短稳杆菌 100 kg，面积1 000亩；乙基多杀菌素 30 kg，面积1 000亩。第二次、第三次施药，选用高效低毒低残留化学农药+农药助剂激健，每次施药面积均为3 000亩。示范区所用生物农药、农药助剂全部由秀山县农业技术服务中心免费提供，化学农药则由县农业技术服务中心提供一部分，业主自行购买一部分。

（1）示范区 3 次施药药剂配方如下（亩用量）。

①30 亿 PIB/mL 甘蓝夜蛾核型多角体病毒悬浮剂 100 g（或 100 亿孢子/mL 短稳杆菌悬浮剂 100 mL 或 60 g/L 乙基多杀菌素悬浮剂 30 mL）+20%噻虫胺悬浮剂 40 mL。亩用农药 70~140 g。防治对象为二化螟、白背飞虱等。

②福戈 10 g+30%吡蚜·噻虫胺悬浮剂 30 mL+25%嘧菌脂悬浮剂 30 mL+激健 15 mL。亩用农药 70 g。防治对象为稻纵卷叶螟、白背飞虱、纹枯病等。

③3%甲维·虱螨脲悬浮剂 100 g+20%呋虫胺悬浮剂 14 g+2%井冈蜡芽菌悬浮剂 40 g+激健 15 mL。亩用农药 154 g。防治对象为二化螟、稻纵卷叶螟、褐飞虱、纹枯病等。

3 次统防统治，共计使用农药 364 g。

（2）常规防治区施药4 次，前3 次施药时间与示范区基本一致，最后一次是8 月上旬防治褐飞虱。4 次施药配方如下（亩用量）。

①5%甲维·高氯 100 mL+25%噻虫嗪 16 g，亩用 116 g。

②30%茚虫威 30 mL+25%噻嗪酮 70 g+20%井冈霉素 50 g，亩用 150 g。

③30%甲维·毒死蜱 100 mL+80%噻嗪酮 16 g+20%井冈霉素 50 g，亩用 166 g。

④25%噻虫嗪 16 g+77.5%敌敌畏 50 mL，亩用 66 g。

4 次防治，共计使用农药 498 g。

示范区全部开展统防统治，常规区由农民自行防治。药后 10 d 调查，示范区主要虫害防效均在 90%以上，病害防效 85%以上，均比常规区高 2~5 个百分点。示范区减少施药次数 1 次，其中，重庆天人农业股份合作社、秀山县四季堡粮油专业合作社 2 家业主开展无人机施药 2 次，示范区内作业面积2 000亩。

## 4 示范效益分析

8月31日，项目区测产验收，示范区、常规防治区、对照区亩产（折实产）分别为639.0 kg、599.2 kg、456.1 kg（表1）。

**表1 秀山县2018年水稻病虫害减量控害增效示范区产量产值统计**

| 理论产量/（kg/亩） | | | 折实际产量/（kg/亩） | | | 产值/（元/亩） | | |
|---|---|---|---|---|---|---|---|---|
| 示范区 | 常规防治区 | 对照区 | 示范区 | 常规防治区 | 对照区 | 示范区 | 常规防治区 | 对照区 |
| 710.0 | 665.8 | 506.8 | 639.0 | 599.2 | 456.1 | 1 750.86 | 1 641.81 | 1 249.71 |

注：实际产量按照理论产量的90%折算，稻谷单价按照国家收购价2.74元/kg计算。

### 4.1 经济效益

示范区比常规防治区增产6.6%，比空白对照区增产40.1%，常规防治区比空白对照区增产31.4%。示范区产值比常规防治区增加109.05元，对照区增加501.15元（表1）。扣除成本（表2），示范区纯收入比常规防治区增加63.06元，比对照区增加354.15元（表3）。

**表2 秀山县2018年水稻病虫害减量增效示范区用药及防治成本统计**

| 处理 | 农药种类及数量/（g/亩） | 防治次数 | 药剂成本/（元/亩） | 人工成本/（元/亩） | 防治总成本/（元/亩） |
|---|---|---|---|---|---|
| 示范区 | ①甘蓝夜蛾核型多角体病毒100 g（或短稳杆菌100 mL或乙基多杀菌素悬浮剂30 mL）+噻虫胺40 mL；②福戈10 g+吡蚜·噻虫胺30 mL+嘧菌脂30 mL+激健15 mL；③甲维·虱螨脲100 g+呋虫胺14 g+井冈·蜡芽菌40 g+激健15 mL。合计364 g | 3 | 102 | 45 | 147 |
| 常规防治区 | ①5%甲维·高氯100 mL+25%噻虫嗪16 g；②30%茚虫威30 mL+25%噻嗪酮70 g+20%井冈霉素50 g；③30%甲维·毒死蜱100 mL+80%噻嗪酮16 g+20%井冈霉素50 g；④25%噻虫嗪16 g+77.5%敌敌畏50 mL。合计498 g | 4 | 41 | 60 | 101 |
| 对照区 | 0 | 0 | 0 | 0 | 0 |

注：农药价格按照市场价计算，农药每毫升折算1 g，农药助剂激健不计数量（计入成本）。

表 3　秀山县 2018 年水稻病虫害减量增效示范区效益分析　　单位：元/亩

| 处理 | 产值 | 防治成本 | 纯收入 |
|---|---|---|---|
| 示范区 | 1 750.86 | 147 | 1 603.86 |
| 常规防治区 | 1 641.81 | 101 | 1 540.81 |
| 对照区 | 1 249.71 | 0 | 1 249.71 |

### 4.2　社会效益

项目实施提高了项目区水稻种植业主的病虫害防控能力，促进了项目区专业化统防统治组织发展，辐射带动效应明显，促进秀山县农作物病虫害防控水平的整体提高。同时，项目实施促进秀山县农产品品牌创建。项目区内的重庆天人农业股份合作社，生产的“天人丰”牌大米被评为 2017 年度重庆名牌农产品，其“天人丰”品牌在全国优质品牌调研推广活动中，获得中国著名品牌荣誉称号。

### 4.3　生态效益

示范区推广使用的农药品种，多数为生物农药、高效长效低毒低剂量农药（生物农药占 38.5%），对防治操作人员更安全，对天敌生物及水稻品质影响更小，对环境更友好。示范区施药次数减少 1 次，农药使用量（364 g）比常规防治区（498 g）减少 134 g/亩，减少用药量 26.9%（表 2）。

## 5　工作保障措施

### 5.1　强化责任落实

秀山县农业技术服务中心成立领导小组，张宇飞主任任组长，许洪富副主任任副组长，县植保植检站、县农技中心办公室、清溪场镇及梅江镇农业服务中心负责人为成员，加强统筹协调，明确责任分工，整合项目资金和技术力量，确保融合示范工作有力有序推进。

### 5.2　强化政策扶持

积极争取当地政府重视和有关部门支持，整合项目资金、物资供应、人才资源和技术力量，不断推进融合示范扩大规模、提升水平。2018 年，示范区使用的经费主要从 2018 年粮油绿色生产及化肥农药减量增效项目中列支。部分药剂是用 2018 年农业生产救灾资金采购。

### 5.3　强化服务指导

示范区明确 1 名责任人和 1 名植保技术指导专家，具体负责方案制定和组织实施，确保工作措施和技术措施落实到位。同时，通过举办专题培训、组织现场观摩、深入生产一线指导等多种形式，普及病虫害绿色防控技术，推进专业化统防统治，让广大生产者实实在在看到融合效果，增强自觉应用意识。

### 5.4 强化病虫害监测预警

一是搞好病虫害监测。进一步完善监测预警设施，合理设置监测网点，安排专业测报人员，认真搞好水稻主要病虫害的调查监测。4—10 月每日进行测报灯监测和每周进行一次水稻主要病虫害田间定点、定田系统调查及大面积普查。二是准确及时发布农作物病虫害情（警）报。要根据病虫害监测结果和天气预报等因素综合分析，科学准确及时地发布病虫害情（警）报。2018 年，秀山县中长期预报准确率达 85%以上，短期预报准确率达 95%以上。

### 5.5 积极开展试验示范

2018 年，在示范区，开展性诱剂防治二化螟示范、“生物导弹” 防治二化螟示范、生物农药大区示范等试验示范，取得积极成效。

### 5.6 强化宣传培训

示范区设立大型标志牌一张，结合项目实施，广泛开展宣传活动。充分利用广播、电视、报刊、互联网等媒体，大力宣传专业化统防统治和绿色防控融合示范成效，以及好经验、好措施、好典型，为示范工作营造良好的舆论氛围，努力形成社会各界关心、支持的工作环境。同时，加强信息报送，做到对上有信息、对外有声音、对下有通报，确保融合推进示范工作信息畅通。2018 年，秀山县召开农药减量推进（现场会）会议 3 次，报送减量增效相关信息 50 余条，发表相关学术论文 3 篇。

## 6 问题与建议

（1）受项目资金整合进度影响，项目启动时间偏迟，工作较为被动。

（2）秀山县植保专业技术人员严重不足，县植保植检站仅有 3 人，平均年龄 51 岁。乡镇无植保专业人员，人员不足，导致项目实施与管理较为粗放。

（3）示范区所在清溪场镇，无植保专业技术人员，示范区技术指导、协调较为困难，配合不力。

（4）建议项目配套必要的工作经费，保证示范工作顺利推进。

**原文发表** 农业科技通讯，2019（5）：193-196

# 秀山县2019年油菜农药减量增效示范工作及成效

肖晓华[1]，杨昌洪[1]，刘　春[1]，牛小慧[2]，王　涛[2]
（1. 重庆市秀山县植保植检站，秀山　409900；
2. 重庆市种子管理站，重庆　401121）

**摘　要**：重庆市秀山县油菜菌核病是本地油菜生产上的第一大病害，常年发生，为害严重。2019年，秀山县开展以油菜菌核病为主的油菜农药减量增效示范，示范面积200 $hm^2$，由示范结果来看，示范区防治效果为63.5%，比常规防治区增加3.5%；并且，示范区比常规防治区增产9.1%，每亩增加纯收入84.02元，本研究为今后进一步开展农药减量增效工作奠定了基础。

**关键词**：秀山县；油菜菌核病；减量增效；防治效果；效益分析

秀山县位于重庆市东南部，是全市油菜生产大县。2018—2019年度，秀山县油菜种植面积1.33万 $hm^2$。油菜菌核病是本地油菜生产上的第一大病害，常年发生早、发生普遍、为害较重。按照秀山县农药使用量零增长（农药减量使用）行动总体规划部署，以及重庆市农业农村委员会办公室《关于印发〈2019年农药减量使用行动工作要点〉的通知》、秀山土家族苗族自治县农业委员会《关于印发〈秀山自治县2019年农药减量使用行动实施方案〉的通知》等文件精神，2019年，秀山县植保植检站在油菜主产地清溪场镇实施以菌核病为主的油菜农药减量增效示范，示范面积200 $hm^2$，示范成效显著，达到了预期效果。

## 1　材料及方法

### 1.1　示范区基本信息

2019年，油菜农药减量增效示范区（简称示范区）设置在清溪场镇油菜主产区域，涉及清溪场镇东林居委会、茫洞村、溪西村、沙南村、长岗村、新华居委会、永进村等7村（居），示范面积200 $hm^2$。当地油菜种植习惯为常年性“稻—油”轮作区。示范区地势平坦，交通便利，海拔370～380 m，土壤为水稻土，肥力中等。示范区油菜2018年9月中旬播种，90%以上为育苗移栽，10%左右为机器直播。2019年5月上旬收割。油菜品种为庆油1号、庆油2号、庆油3号、渝油28、川油36、油研57和油研817，全部属于甘蓝型杂交油菜。

示范设计3种处理，即减量示范区、常规防治区与对照区，其中常规防治区设立在相邻的清溪场镇三合村，面积1.3 $hm^2$，对照区面积3 335 $m^2$（当地农民对油菜病虫害无防治习惯），减量示范区与常规防治区有河流与村庄自然隔离，总体上油菜管理水平、品种、土壤等条件基本一致。

### 1.2 示范区使用的药剂及助剂

示范区统防统治药剂由秀山县植保植检站统一采购，药剂如下。

（1）40%菌核净可湿性粉剂，山东恒利达生物科技有限公司生产，重庆金典农药有限公司提供。

（2）70%吡虫啉可湿性粉剂，山东省淄博绿晶农药有限公司生产，重庆金典农药有限公司提供。

（3）1.8%阿维菌素乳油，陕西恒田生物农业有限公司生产，重庆金典农药有限公司提供。

（4）纯硼（B）≥130 g/L液态醇硼，山东嘉丰海洋生物科技有限公司生产，重庆金典农药有限公司提供。

（5）激健，四川蜀峰化工有限公司生产，重庆植丰生物科技有限公司提供。激健主要成分为非离子表面活性剂、油酸甲酯、玉米胚芽油、油茶籽油、大豆油等。激健的作用机理是与农药混用，增加农药的渗透力和传导率，减少农药有效成分在体表、体壁停留量，增加从体表进入体壁、从体壁进入体内的量，增加进入靶标的量；在植物体内农药向上传导提高，缩短作物中残留农药的半衰期，进一步降低残留。

### 1.3 施药器械

多旋翼农用无人机，重庆星环航空科技有限公司生产，重庆天人农业股份合作社机防手操作。

3WZ-6背负式喷雾喷粉机，山东华盛农业药械有限责任公司生产，秀山县茫洞水稻股份合作社提供，由秀山县植保植检站指派专门的机防手负责操作。

### 1.4 药剂用量及施用方式

示范区药剂按照常规防治区减量30%进行配方，由重庆天人农业股份合作社统一开展无人机施药，药剂配方及每亩用量为：40%菌核净70 g+70%吡虫啉6 g+1.8%阿维菌素50 mL+醇硼（液态）40 mL+激健22.5 mL。

常规防治区用机动喷雾器施药，药剂品种一致，常规防治区药剂配方及每亩用量为：40%菌核净100 g+70%吡虫啉9 g+1.8%阿维菌素70 mL+醇硼（液态）40 mL。

### 1.5 施药时间

受1—2月持续低温影响，油菜生育期较常年偏迟7 d左右，3月6—15日，秀山县植保植检站指导重庆天人农业股份合作社用无人机进行施药防治，统一施药方式，抢晴施药，示范区专业化统防统治作业率达100%。

### 1.6 调查方法

由于本地油菜菌核病才是油菜生产上的主要病害，其他病虫害相对较轻，蚜虫等药剂防治效果特别明显，本文仅分析油菜菌核病防治效果。

按照油菜菌核病调查规范，依照病情发生轻重，按照“重、中、轻”发病程度，示范区调查3个村，每个村调查9块田，每块田5点取样，每个点调查100株，调查茎发病病株率，按照菌核病 3 级分级标准，计算病情指数，以病情指数平均值计算防治效果。常规防治区与对照区按照上述方法各调查 9 块田。

按照油菜菌核病严重度分级标准为 3 级。

1 级：1/3 以下分枝数发病或主茎病斑不超过 3 cm。

2 级：1/3~2/3 分枝数发病或发病分枝数在 1/3 以下及主茎病斑超过 3 cm。

3 级：2/3 以上分枝数发病或发病分枝数在 2/3 以下及主茎中下部病斑 3 cm 以上。

### 1.7 防效计算

$$(\text{茎发病})\ \text{防治效果}(\%) = \frac{\text{对照区病情指数} - \text{处理区病情指数}}{\text{对照区病情指数}} \times 100$$

## 2 结果与分析

### 2.1 病情调查

在油菜成熟期（2019 年 5 月 5 日），油菜菌核病病情稳定后，对示范区的菌核病发病进行了调查。从大田整体情况看，示范效果显著。具体来说，示范区防治效果为 63.5%，比常规防治区（60.0%）增加 3.5 个百分点（表 1），示范区病株率、病情指数明显低于常规防治区。

表 1 秀山县油菜菌核病防治效果调查

| 处理 | 病株率/% | | 病情指数 | | 防治效果/% |
|---|---|---|---|---|---|
| | 平均值 | 最高值 | 平均值 | 最高值 | |
| 示范区 | 17.0 | 28.0 | 12.84 | 24.00 | 63.5 |
| 常规防治区 | 24.0 | 45.0 | 14.08 | 37.33 | 60.0 |
| 对照区 | 47.8 | 59.0 | 35.22 | 43.33 | |

注：油菜成熟期，2019 年 5 月 5 日。

### 2.2 经济效益分析

按照 2019 年市场价格计算，示范区药剂（含助剂、硼肥）每亩成本为 20.90 元，常规防治区药剂成本 21.00 元，两个处理成本相差不大。据 2019 年 5 月 6—7 日测产，示范区、常规防治区、对照区，理论产量分别为 150.5 kg、138.0 kg、91.5 kg，示范区比常规防治区增产 9.1%。将上述理论产量折 90%作油菜实际产量，示范区施药每亩成本为 9.83 元（2.95 万元采购价折算），常规防治区按照当地常年施药单价每亩为 15.00 计算，油菜籽市场价按照 7.00 元/kg 计算，示范区每亩纯收入为 917.42 元，比常规防治区增加纯收入 84.02 元（表 2）。

表 2　秀山县油菜农药减量示范区每亩综合效益分析表

| 处理 | 理论产量/kg | 折合实际产量/kg | 总收益/元 | 农药成本/元 | 施药成本/元 | 纯收入/元 |
|---|---|---|---|---|---|---|
| 示范区 | 150.5 | 135.45 | 948.15 | 20.90 | 9.83 | 917.42 |
| 常规防治区 | 138.0 | 124.20 | 869.40 | 21.00 | 15.00 | 833.40 |
| 对照区 | 91.5 | 82.35 | 576.45 | 0 | 0 | 576.45 |

## 3　讨论

秀山县是重庆市重要的油菜种植区域，油菜菌核病是由核盘菌（*Sclerotinia sclerotiorum*）引起的，该病是秀山县油菜生产上的第一大病害，常年发生，且为害严重。2019 年，秀山县开展了以油菜菌核病为主的油菜农药减量增效示范，取得了较好的效果。

从示范区的病害调查结果看，示范区的防治效果较常规防治区增加 3.5 个百分点，从经济效益来看，示范区油菜的纯收入则较常规防治区每亩增加 84.02 元。此外，示范区也取得了一定的生态效益和社会效益，一方面，示范区减少农药用量，有效降低了农药残留，减轻了农田环境污染。同时，农药使用量的减少，在一定程度上减轻了对蜜蜂等有益昆虫的毒杀作用，保护了天敌及授粉昆虫。另一方面，农药减量增效示范，提高了示范区业主与农民油菜病虫害防治意识及防治技术水平，辐射带动周边 3 000余公顷油菜病虫害防控工作，切实推进了秀山县农药减量使用行动。

本次示范区主要采用无人机进行统一施药，并且配合使用农药助剂。示范结果表明，在减少农药用量 30%的情况下，可以达到增产增效的目的。农业部门采购服务，无人机统一作业，是秀山县在专业化统防统治方面的有益探索，这种模式减轻了施药的劳动强度，提高了防治施药的功效，同时也提高了防治效果。实践证明，无人机在农药减量增效示范中优势特别明显。2019 年，由于示范区面积较大，承担施药的统防统治组织只有一台无人机，作业能力有限，加之 3 月上中旬，油菜初花期秀山县阴雨天气多，导致示范区施药时间延续较长，从始花期一直延续到盛花期。不同施药时间，对油菜菌核病防效有一定影响。

由专业化统防统治组织统一施药，优点是药剂统一、规模化标准化施药，可以提高防效。缺点是监管压力大，县植保部门及示范区所处的镇农业服务中心负责全程监管，工作压力大。另外，受现行管理制度影响，2019 年的示范区在经费、技术及规模方面受限，宣传培训力度也有待加强。

对于油菜菌核病，预防药剂较为缺乏，结合近年来的示范效果来看，菌核净、甲基硫菌灵及多菌灵等药剂，预防效果均在 80%以下，并且单一药剂不能长期使用，应注意多种药剂的交替使用。在药剂筛选方面，要加强与农药研发单位及生产厂家的合作，积极引进、示范和推广新型药剂，特别是生物农药示范及推广，进一步筛选适宜高效的农药品种。

本次示范区的成效是农药使用量零增长（农药减量使用）行动的一部分，为今后农业的绿色可持续发展提供了一定支撑，为进一步开展农药减量增效工作奠定了基础。

**原文发表** 植物医生，2019，32（4）：67-70

# 秀山县水稻化肥农药“双减”示范工作的做法及成效*

肖晓华[1]，刘映红[2]，杨昌洪[1]，吴金钟[3]，王泽乐[3]
（1. 重庆市秀山县植保植检站，秀山 409900；2. 西南大学，重庆 400715；
3. 重庆市种子管理站，重庆 401121）

水稻是秀山县主要粮食作物，常年种植面积 28 万亩左右。按照“四川高原成都平原稻区特色农药化肥减施增效技术集成与示范”项目组的统一安排，2019 年，秀山县承担水稻农药与化肥“双减”示范子课题。

## 1 水稻农药与化肥“双减”示范目的及技术模式

以增产不增肥、减肥不减产，水稻病虫害绿色防控降低农药用量获得最佳经济效益为目标；以控氮稳磷补钾配微、减工降本一次性施用为基本原则；以延长肥效时间、减少径流挥发损失、提高化肥、农药利用率为核心；以优化肥料配方、生物性农药、完善配套施用技术为突破口，实现水稻化肥减施增效。

2019 年，秀山县水稻农药与化肥“双减”示范区采取“生物农药+高效低毒低残留低用量化学农药，全程专业化统防统治”的农药减量施用技术模式+高效长效专用肥减量施用技术模式。

## 2 示范区概况

示范地点选择在秀山县清溪场镇沙南村，肥力中等，示范水稻品种为晶两优华占，水稻全程常年施药 3~4 次。

## 3 示范区设计与管理

### 3.1 示范区设计

示范区共设 4 个处理。

（1）“双减”示范区，面积 30 亩，其中，包含 1 个 1 亩的大区肥料试验，按照“双减”技术方案进行管理，即每亩施用水稻配方肥 25 kg+优化硅 5 kg 作底肥，栽秧后 7~10 d 结合除草追肥 10 kg 水稻配方肥。

（2）常规管理示范区，面积 10 亩，其中，包含 1 个 1 亩的大区肥料试验，按照当

* 项目名称及编号：四川高原成都平原稻区特色农药化肥减施增效技术集成与示范（编号：2018YFD0200307）。

地农民（业主）常规施药、施肥方式进行管理。

（3）农药空白对照区（不施药区），面积1亩，全程不开展病虫害防控，仅施用肥料，按照水稻病虫害监测预测圃模式管理。

（4）肥料空白对照区（不施肥区），不施用任何肥料，与“双减”示范区相同的方法开展病虫害防治，面积0.5亩。

“双减”示范区大区肥料试验、常规区大区肥料试验、肥料空白对照区，3个处理安排在同一田块，用塑料膜筑埂包裹，单灌单排。试验肥料选择施用台沃科技集团股份有限公司水稻配方肥。

### 3.2 示范区农药与肥料

农药类：70%吡虫啉可湿性粉剂，重庆金典农药有限公司提供；60 g/L乙基多杀菌素悬浮剂，重庆卓豪农业开发有限公司提供；25%甲维·茚虫威水分散粒剂、22%卞·乙、25%噻嗪酮可湿性粉剂、50%烯啶·噻虫嗪水分散粒剂、36%丙环·咪鲜胺悬浮剂、6%井冈·嘧苷素水剂、3%甲维·虱螨脲悬浮剂、25%甲维·茚虫威水分散粒剂、20%呋虫胺可溶粒剂、250 g/L嘧菌酯悬浮剂等，由秀山县植保植检站提供。

肥料类：水稻育秧肥、总养分≥45%水稻优化配方肥、有效硅≥29.2%优化硅由四川台沃农业科技股份有限公司生产提供。总养分≥45%复合肥、总氮≥46%尿素由秀山县惠农农机专业合作社提供。

### 3.3 计算公式

#### 3.3.1 稻纵卷叶螟防效

卷叶率（%）=调查卷叶数/调查总叶数×100

防治效果（%）=（对照区卷叶率-处理区卷叶率）/对照区卷叶率×100

#### 3.3.2 稻飞虱防效

虫口减退率（%）=（处理前总虫量-处理后总虫量）/处理前总虫量×100

校正防效（%）=（处理区虫口减退率-空白对照区虫口减退率）/（1-空白对照区虫口减退率）×100

#### 3.3.3 二化螟防效

防治效果（%）=（对照区枯鞘株率-处理区枯鞘株率）/对照区枯鞘株率×100

#### 3.3.4 稻纹枯病防效

防治效果（%）=（对照区病情指数-处理区病情指数）/对照区病情指数×100

### 3.4 评价指标

通过田间示范，综合比较农药与肥料投入、作物产量、经济效益、农药与肥料利用率等指标，客观评价减肥增效效益。

增产率（%）=（示范区产量-常规区产量）/常规区产量×100

增收（元/亩）=（示范区产量-常规区产量）×稻谷价格-（示范区肥料成本-常规区施肥成本）-施药施肥人工成本

## 4 示范区做法及成效

3月上旬购买水稻种子，品种为晶两优华占，湖南隆平种业有限公司生产，亩用种量1 kg，共计40 kg。

3月29日播种，播种当天气候良好，多云间晴。育秧采用水育秧方式，2.0 m开箱启垄，塑料软盘机器播种，水育小苗机插。育秧肥使用台沃科技集团股份有限公司生产育秧肥，每亩40 kg作底肥，直接用稀泥装盘，再用播种机播种。每千克水稻种子使用16张塑料育秧软盘，合计650张育秧盘。

4月16日，秧苗2叶期，40 kg水稻种子640张育秧盘用0.2 kg育秧肥兑水40 kg叶面喷施，施后立即清水洗苗。

4月25日，秧床施药1次，配方为70%吡虫啉水分散粒剂3 g+25%甲维·茚虫威水分散粒剂5 g。按照示范区总面积分摊折算，按0.2 g/亩用药量计入大田用量。

4月26日，试验区、示范区施用肥料。其中，农药化肥“双减”示范区与台沃水稻配方肥试验区，每亩施用台沃水稻配方肥25 kg+优化硅5 kg，常规管理示范区与常规肥料试验区，每亩施用45%复合肥40 kg，农药空白对照区，每亩施用45%复合肥40 kg，肥料示范空白对照区不施肥。

5月3—4日，整个示范区全部进行水稻机插，栽插密度1.1万窝/亩，密度基本一致。

5月14日，试验区、示范区、常规管理区，结合撒施除草剂野老（22%卞乙可湿性粉剂），“双减”示范区与台沃水稻配方肥试验区，每亩施台沃水稻配方肥10 kg+野老40 g；常规管理区、常规肥料试验区与农药示范空白对照区，每亩施用尿素10 kg+野老40 g。

5月15—16日，“双减”示范区开展第一次统防统治施药，防治对象为水稻二化螟，药剂为100亿孢子/mL短稳杆菌悬浮剂，每亩用量为100 mL。常规管理区每亩用10%甲维·茚虫威乳油50 mL。

为减少施药误差，2019年，示范区统防统治施药，抽穗前全部由秀山县茳洞水稻专业合作社操作手吴国均统一操作，抽穗后用无人机施药。

为提高预测圃诱虫能力，6月5日，农药示范空白对照区（预测圃）增加施用尿素5 kg。

6月11日，二化螟危害定型期调查，“双减”示范区、常规管理区二化螟防效分别为93.99%、85.42%。

6月11日，“双减”示范区开展第二次统防统治施药，防治白背飞虱、稻纵卷叶螟，“双减”示范区每亩用20%呋虫胺可溶性粒剂15 g+60 g/L乙基多杀菌素悬浮剂30 g。常规管理区每亩用25%噻嗪酮可湿性粉剂40 g+30%唑磷·毒死蜱乳油70 g。

6月17日调查，“双减”示范区、常规管理区三（2）代白背飞虱防治效果分别为97.20%、94.65%，三（2）代稻纵卷叶螟防治效果分别为85.81%、84.78%。

7月10—11日，“双减”示范区开展第三次统防统治施药，防治主害代白背飞虱、稻纵卷叶螟及稻纹枯病，“双减”示范区每亩用50%烯啶·噻虫嗪水分散粒剂10 g+

60 g/L乙基多杀菌素悬浮剂 30 g+ 36%丙环·咪鲜胺悬浮剂 45 mL。常规管理区每亩用25%噻虫嗪水分散粒剂 20 g+3%甲维·虱螨脲悬浮剂 100 g+6%井冈·嘧苷素水剂100 g。

7 月 16 日调查，“双减”示范区、常规管理区四（3）代白背飞虱防治效果分别为99. 33%、99. 03%，四（3）代稻纵卷叶螟防治效果分别为 89. 91%、89. 04%。

8 月 1 日，“双减”示范区开展第四次统防统治施药，防治主害代褐飞虱、二代二化螟及稻纹枯病。“双减”示范区每亩用 20%呋虫胺可溶粒剂 15 g+25%甲维·茚虫威水分散粒剂 15 g+250 g/L 嘧菌酯悬浮剂 30 mL。常规管理区用药与示范区用药一致。

8 月 10 日调查，“双减”示范区、常规管理区褐飞虱防治效果分别为 90. 18%、88. 77%，两个处理差异不大，褐飞虱田间虫口密度均得到有效控制。

8 月 26 日，水稻蜡熟期，稻纹枯病危害定型期调查，“双减”示范区、常规管理区防治效果分别为 88. 72%、87. 78%，两个处理间无显著差异。

## 5 示范结果

### 5. 1 产量指标

2019 年 9 月 2 日测产验收，“双减”示范区产量为 566. 7 kg/亩，比常规管理区增加 47. 3 kg，增产 9. 1%。从肥料试验看，台沃肥试验区产量为 578. 5 kg/亩，比常规肥料试验区增加 53. 2 kg，增产 10. 1%；台沃肥试验区比不施肥区增加 206. 6 kg，增产55. 6%。常规肥料试验区比不施肥区增加 153. 4 kg，增产 41. 2%（表 1）。

**表 1 秀山县 2019 年水稻农药化肥“双减”示范测产考种统计**

| 处理 | 株高/cm | 穗长/cm | 穗粒数/粒 | 千粒重/g | 空壳率/% | 实测产量/(kg/亩) | 干湿系数 | 折实际产量/(kg/亩) |
|---|---|---|---|---|---|---|---|---|
| “双减”示范区 | 108. 65 | 24. 3 | 146. 0 | 23. 7 | 6. 9 | 640. 32 | 0. 885 | 566. 68 |
| 常规管理区 | 113. 60 | 24. 1 | 142. 0 | | 7. 1 | 586. 90 | | 519. 41 |
| 不施药区 | 103. 79 | 23. 5 | 140. 2 | | 8. 5 | 446. 89 | | 395. 50 |
| 台沃肥试验区 | 110. 39 | 24. 5 | 149. 0 | | 6. 8 | 653. 66 | | 578. 49 |
| 常规肥试验区 | 109. 07 | 24. 2 | 148. 0 | | 7. 0 | 593. 63 | | 525. 36 |
| 不施肥区 | 96. 33 | 23. 1 | 134. 0 | | 7. 5 | 420. 20 | | 371. 88 |

### 5. 2 肥料减量

“双减”示范区肥料用量为 40 kg，常规管理区肥料用量为 50 kg，“双减”示范区比常规管理区肥料总量减少 10 kg，减少用肥 20%。

从 N、$P_2O_5$、$K_2O$ 分析，“双减”示范区肥料用量分别为 8. 75 kg、2. 8 kg、4. 2 kg；常规管理区肥料用量分别为：10. 6 kg、6 kg、6 kg。“双减”示范区 N、$P_2O_5$、$K_2O$ 用量比常规防治区分别减少 17. 45%、53. 33%、30. 0%。

示范过程中，“双减”示范区所选用的台沃科技集团股份有限公司生产的总养分≥45%复合肥，在8月上旬（水稻齐穗期）植株有较明显的褪绿黄化现象。

## 5.3 农药减量

“双减”示范区，不计秧田施药及稻田化学除草，本田施药4次，每亩累计施药量330.2 g，常规防治区不计秧田施药及稻田化学除草，本田施药4次，累计施药量480.2 g，“双减”示范区比常规管理区用药量减少150 g，减少用药31.2%（表2）。在整个生长季节，施药对植株未产生任何负面影响，对施药人员也十分安全。

**表2 秀山县2019年水稻农药化肥减量增效示范农药使用量统计**

| 处理 | 施药日期 | 药剂配方 | 农药使用量/（g/亩） | 农药成本/（元/亩） |
|---|---|---|---|---|
| 示范区 | 4月25日 | 70%吡虫啉+25%甲维·茚虫威 | 0.2 | 0.2 |
| | 5月14日 | 22%卞乙 | 40 | 4 |
| | 5月15日 | 100亿/mL短稳杆菌 | 100 | 14 |
| | 6月11日 | 20%呋虫胺可溶粒剂+60 g/L乙基多杀菌素悬浮剂 | 45 | 26 |
| | 7月11日 | 50%烯啶·噻虫嗪水分散粒剂+60 g/L乙基多杀菌素悬浮剂+36%丙环·咪鲜胺悬浮剂45 mL | 85 | 28 |
| | 8月1日 | 20%呋虫胺可溶粒剂+25%甲维·茚虫威水分散粒剂+250 g/L嘧菌酯悬浮剂 | 60 | 26 |
| | | 合计 | 330.2 | 98.2 |
| 常规管理区 | 4月25日 | 70%吡虫啉+25%甲维·茚虫威 | 0.2 | 0.2 |
| | 5月14日 | 22%卞乙 | 40 | 4 |
| | 5月15日 | 10%甲维·茚虫威 | 50 | 8 |
| | 6月11日 | 25%噻嗪酮可湿性粉剂+30%唑磷·毒死蜱乳油 | 110 | 14 |
| | 7月11日 | 25%噻虫嗪水分散粒剂+3%甲维·虱螨脲悬浮剂+6%井冈·嘧苷素水剂 | 220 | 26 |
| | 8月1日 | 20%呋虫胺可溶粒剂+25%甲维·茚虫威水分散粒剂+250 g/L嘧菌酯悬浮剂 | 60 | 26 |
| | | 合计 | 480.2 | 78.2 |

注：农药每毫升按照1 g计算，价格为市场价。

## 5.4 效益分析

经济效益分析：示范结果表明，扣除农药、肥料及施用药肥的人工成本，“双减”示范区每亩纯收益为1 152.67元，常规管理区为1 073.27元，“双减”示范区比常规管理区增收79.40元/亩（表3）。

试验结果表明，扣除农药、肥料及施用药肥的人工成本，台沃肥试验区每亩纯收益

1 183. 37元，常规肥料试验区为1 068. 74元，台沃肥试验区比常规肥料试验区增收114. 63元。台沃肥试验区比不施肥区增收374. 68元，常规肥料试验区比不施肥区增收260. 05元。由于试验田管理较为精细，灌溉上做到单排单灌，试验田块产量比示范区偏高，属于正常现象。

表3　秀山县2019年水稻农药化肥“双减”示范效益分析表

| 处理 | 农药成本/（元/亩） | 肥料成本/（元/亩） | 药肥人工成本/（元/亩） | 产量/（kg/亩） | 稻谷单价/（元/kg） | 收益/（元/亩） | 纯收益/（元/亩） |
|---|---|---|---|---|---|---|---|
| “双减”示范区 | 98. 20 | 152. 5 | 70 | 566. 68 | 2. 60 | 1 473. 37 | 1 152. 67 |
| 常规管理区 | 78. 20 | 129. 0 | 70 | 519. 41 | 2. 60 | 1 350. 47 | 1 073. 27 |
| 不施药区 | 0 | 141. 5 | 10 | 395. 50 | 2. 60 | 1 028. 30 | 876. 80 |
| 台沃肥试验区 | 98. 20 | 152. 5 | 70 | 578. 49 | 2. 60 | 1 504. 07 | 1 183. 37 |
| 常规肥试验区 | 98. 20 | 129. 0 | 70 | 525. 36 | 2. 60 | 1 365. 94 | 1 068. 74 |
| 不施肥区 | 98. 20 | 0 | 60 | 371. 88 | 2. 60 | 966. 89 | 808. 69 |

注：施药人工费用每亩按照15元、施肥按照5元计算，除草剂人工费用撒施计入施肥中。

社会效益分析：通过示范，提高了业主病虫害识别能力及防控技术水平，辐射带动周边农民500户以上，1 000亩以上。示范区总结的成功技术模式，对秀山县今后大面积推广具有现实指导意义。

生态效益：水稻“双减”示范区大量使用生物农药及低用量高效化学农药，全程开展病虫害专业化统防统治，提高了农药利用率。同时减少化肥用量，减轻了农药与化肥对农田的污染，对环境更加友好，更好地保护和利用了天敌，提高了稻米品质。

## 6　问题与建议

（1）不断优化方案，合理调整项目（课题）目标值，建议农药减量目标调整到20%以上，增产5%以上。水稻农药与化肥“双减”示范，既要达到农药与化肥“双减”的目的，还要实现增产增收。如果选择的生物农药、性诱剂、毒·蜂杀虫卡等绿色防控产品，配套组合不合适，有可能导致成本过高，达不到增产增效的目的。

（2）根据各地示范情况，合理设置示范区。建议在有条件的区县，进一步开展生物农药及高效低用量农药筛选试验，或农药减量20%、30%等梯度试验示范。

（3）水稻农药与化肥“双减”全程示范，任务要求高，工作量大，用工多，建议适当增加课题经费，提高参与示范的专业技术人员工作积极性与主动性。

**原文出版**　减量控害安全发展. 北京：中国农业出版社，2019

# 农药减量使用技术模式及应用效果

肖晓华[1]，杨昌洪[1]，牛小慧[2]，王　涛[2]
（1. 重庆市秀山县植保植检站，秀山　409900；2. 重庆市种子管理站，重庆　401121）

**摘　要**：不科学使用农药诱发的农药残留、环境污染以及食品安全等问题一直被人们所诟病，然而农药作为农业生产的重要资料，一直是保护农作物健康和稳定持续生产不可或缺的技术手段，如何进行农药的科学使用，保障作物安全生产是植保工作者面临的重要挑战。近年来，笔者在重庆市秀山县进行了多年的农药减量使用技术的试验示范，针对不同作物形成了不同的农药减量使用技术模式，并分析了不同技术模式的运行方式以及存在的问题，最终提出了示范推广的对策建议。

**关键词**：农药减量使用；技术模式；应用效果；对策建议

随着社会的发展，人民生活水平的提高，人们的绿色、安全、环保、生态意识逐步增强，而农药的不科学使用产生了诸多的生态环境、食品安全等问题，农药也逐渐被诟病，成为公众口诛笔伐的对象，然而使用农药作为重要的病虫害防治手段，为农作物生产保驾护航，在当前和今后相当长的时间是不可替代的。2019 年，贵州大学宋宝安院士在中央电视台 7 套对农药进行了系统阐述与正名，说明了农药的重要性与不可或缺性，合理使用农药是提高药效、降低污染的重要保障。针对农药的使用技术，西南大学丁伟教授提出了“三标六定”的农药应用理论，并构建了农药精准减量技术体系，为农药今后的使用指明了方向。

秀山县是重庆市农业生产的重要地区，栽培作物种类丰富，使用农药防控病虫害是当地作物安全生产的重要保障之一。近些年，秀山县牢固树立“科学植保、公共植保、绿色植保”理念，以农药减量使用行动为植保工作主线，按照“少用药、用好药、会用药”的总体要求，围绕“控、替、精、统”四字技术方针，积极引进、试验、示范和推广主要农作物的农药减量使用技术，探索适宜当地的技术模式，推广应用成熟的技术模式，对推进秀山县农药减量使用行动提供了有力的技术支撑。

## 1　不同作物农药减量使用技术模式及应用效果

### 1.1　水稻农药减量使用技术模式

#### 1.1.1　“生物农药+化学农药+农药助剂，全程专业化统防统治”模式

2018 年，秀山县在清溪场镇水稻病虫害农药减量增效示范区全面推行这一技术模式，示范面积 200 $hm^2$。示范区选用生物农药品种为甘蓝夜蛾核型多角体病毒、短稳杆菌、乙基多杀菌素、井冈·蜡芽菌；化学农药品种为噻虫胺、福戈、吡蚜·噻虫胺、嘧

菌脂、甲维·虱螨脲、呋虫胺；农药减量增效助剂为激健。示范区药剂成本为102元，比常规区增加61元。示范区专业化统防统治施药3次，施药次数减少1次。结果表明，示范区农药使用量每亩减少0.13 kg，用药量减少26.9%；示范区产量比常规防治区增产6.6%，扣除防治成本，每亩纯收入增加63.06元，示范区经济效益、社会效益及生态效益十分明显。

1.1.2 “生物农药+化学农药减量使用，全程专业化统防统治”模式

2019年，按照“四川高原成都平原稻区特色农药化肥减施增效技术集成与示范”课题组的统一安排，秀山县承担水稻农药与化肥“双减”示范子课题。示范区病虫害防治采取“生物农药+高效低毒低残留低用量化学农药，全程专业化统防统治”的减量施药技术模式。示范面积2 $hm^2$。全程专业化统防统治施药4次。示范结果表明，“双减”示范区产量为566.7 kg/亩，比常规管理区增加47.3 kg，增产9.1%。“双减”示范区肥料用量为40 kg，较常规管理区肥料减少10 kg，减少用肥20%。“双减”示范区比常规管理区用药量减少150 g，减少用药31.2%。“双减”示范区药剂成本为98.2元/亩，比常规防治区增加20元/亩。扣除防治成本，“双减”示范区每亩纯收益增加79.40元。

## 1.2 柑橘农药减量使用技术模式

柑橘农药减量使用技术模式为“灯诱+食物诱剂+生物农药+化学农药，全程专业化统防统治，配合使用厚型塑料袋处理未熟先黄的蛆果及落地果”。

2018年，秀山县在雅江镇桂平村开展柑橘农药减量增效示范，示范面积23.3 $hm^2$。3—11月，示范区专业化统防统治施药8次，食物诱剂点喷6次，球形诱捕器悬挂2次。常规区施药10次；示范区物资成本为209元/亩，比常规区增加89元；示范区农药用量为1 548 g（其中生物农药1 080 g），比常规区1 880 g减少332 g，减少17.66%；示范区产量比常规防治区增加267.7 kg/亩，增产15.3%，扣除防治成本，每亩纯收入比常规防治区增加744.1元。

## 1.3 茶叶农药减量使用技术模式

茶叶农药减量使用技术模式为“灯诱+诱虫板+毒·蜂杀虫卡+生物农药+化学农药，全程专业化统防统治”。

2018年，秀山县在峨溶镇峨溶居委会开展农药减量使用示范，示范面积46.7 $hm^2$。3—10月，茶园统防统治施药共计6次。生物农药选用绿僵菌、蛇床子素、春雷霉素、枯草芽孢杆菌、印楝素。示范区用药量425 g/亩，其中生物农药295 g，高效低毒低残留化学农药130 g。常规区用药量500 g/亩，其中生物农药100 g，化学农药400 g。示范区比常规防治区用药量减少75 g，其中，化学农药减少270 g/亩。示范区产量315 kg/亩，比常规防治区增加8 kg。示范区产值5 700元/亩，比常规防治区增加390元/亩，扣除成本，收益增加309.9元/亩。

2019年，秀山县在洪安镇溜沙村河边组开展茶叶农药减量增效示范，示范面积28 $hm^2$，3—10月，茶园统防统治施药共计7次。生物农药选用绿僵菌、蛇床子素、短稳杆菌、乙基多杀菌素、印楝素。示范区比常规防治区用药次数减少1次，用药总量减

少28.4%。示范区茶叶产量为476 kg/亩，比常规防治区增加60 kg，增产幅度为14.4%。示范区产值5 215元/亩，比常规防治区增加500元。扣除成本，每亩增加收益235.7元。示范区使用生物农药及绿色防控产品，保护和利用天敌，对环境更加友好，提高了茶叶品质。

连续2年的示范结果表明，"灯诱+诱虫板+寄生杀虫+生物农药，配合部分高效低用量化学农药，全程专业化统防统治"的技术模式，在茶叶生产上完全可以大面积推广应用。

### 1.4 李子农药减量使用技术模式

李子农药减量使用技术模式："诱虫板+太阳能杀虫灯+生物农药（配合少量高效低毒低用量化学农药），全程统防统治防治病虫害"。

2018—2019年，秀山县在官庄街道大杉村连续两年开展农药减量示范，示范面积16 $hm^2$，从花期到果实膨大期，共统防统治施药5~6次。

2018年，示范区物资成本为170元/亩，比常规区增加126元/亩。3—7月，示范区全程施药5次，比常规区减少施药1次，示范区未使用化学农药。生物农药用量为650 g，生物农药种类有木醋液、印楝素、春雷霉素、短稳杆菌、枯草芽孢杆菌。常规防治区施用化学农药510 g/亩。示范区物资成本为170元/亩，比常规区增加126元/亩。示范结果表明，示范区比对常规防治区产量略低，但示范区全程未使用化学农药，示范区李子价格是常规区的1.5倍，扣除成本，示范区增收1 344元/亩，增收37.7%。

2019年，示范区选用生物农药种类有木醋液、绿僵菌、短稳杆菌、乙基多杀菌素等。示范区全程专业化统防统治施药5次，减少施药1次。示范区物资成本为233元/亩，比常规区增加121元/亩。农药使用量减少271 g/亩，减少29.3%。示范区比对常规防治区增产5.7%，扣除成本，示范区增收226元/亩，增收3.9%。

### 1.5 油菜农药减量使用技术模式

油菜农药减量技术主要围绕油菜菌核病防控开展，油菜菌核病农药减量技术有以下2种模式。

一是用生物农药2亿/g小盾壳霉CGMCC8325可湿性粉剂100~150 g/亩，在油菜移栽前或移栽期喷施土表，取代油菜初花期化学防治农药——菌核净，或多菌灵，或甲基硫菌灵等，每亩减少（取代）化学农药100 g左右，药剂成本15元，比化学农药增加5元左右。2015年，秀山县在清溪场镇油菜示范区开展2亿/g小盾壳霉CGMCC8325可湿性粉剂预防油菜菌核病示范，示范面积15 $hm^2$，防效平均为67.3%，比化学农药菌核净防效增加2.9个百分点，油菜单产增产14.0%，扣除防治成本，收益增加65.5元/亩。

二是推广使用农药减量增效助剂，直接减少化学农药使用。2019年，秀山县在清溪场镇开展油菜病虫害综合示范，示范面积200 $hm^2$。施药时期为油菜初花期，示范区药剂按照常规防治区减量30%进行配方，药剂配方及亩用量：40%菌核净70 g+70%吡虫啉6 g+1.8%阿维菌素50 mL+醇硼（液态）40 mL+激健22.5 mL。常规防治区药剂品种一致，常规防治区药剂配方及亩用量：40%菌核净100 g+70%吡虫啉9 g+1.8%阿维菌素 70 mL+醇硼（液态）40 mL。按照 2019 年市场价格计算，示范区药剂（含助剂、硼肥）成本为 20.90 元/亩，常规防治区药剂成本 21.00 元/亩，两个处理成本相差不大。结果表明，示范区减少化学农药 30%，防治效果为 63.5%，比常规防治区（60.0%）增加 3.5 个百分点，示范区产量增加 9.1%，扣除成本，示范区增加纯收入 84.02 元/亩。

### 1.6 玉米农药减量使用技术模式

玉米病虫害防治用药较少，农药减量技术主要针对玉米螟防治，采用毒·蜂杀虫卡（俗称“生物导弹”）防治玉米螟。2018 年，秀山县在官庄街道新庄村开展“生物导弹”防治玉米螟示范，示范面积 6.7 $hm^2$，从玉米苗期到抽雄期，间隔 7~10 d，连续投放 3 次，减少化学农药 100 g 以上。防治成本，示范区为 45 元，常规区 8~10 元。示范表明：“生物导弹”示范区玉米螟防治效果为 80.9%，常规防治区玉米螟防治效果为 81.8%，示范区与常规防治区防治效果相当。毒·蜂杀虫卡防治玉米螟完全可以取代化学农药，且安全、环保、投放简便、功效高，可以大面积推广。

## 2 存在的问题

### 2.1 对农药减量使用技术模式推广重视不够

植保技术是农业生产的基础性保障措施，农业行政主管部门，一般重视规划、种植、加工及销售问题，对具体的农作物病虫害防控技术重视不够。农药减量使用技术模式，是植保技术人员积极探索总结出来的技术成果，部分分管农业的领导、农业种植业主及农民重视程度不够，思想陈旧，接受新技术较为困难。

### 2.2 农药减量使用技术成本较高

生物农药由于研发成本较高、周期较长，加之生产与运输环节的影响，其价格普遍偏高。农药减量技术依赖的生物农药及绿色防控产品（包含施药器械），价格比普通药剂及普通器械要高，如有的生物农药品种，价格是普通农药的 2~3 倍。静电喷雾器价格也是普通喷雾器的 2 倍以上。农药减量使用技术配套推广的技术模式，防治成本偏高，这是这些技术模式推广较为困难的主要原因。

### 2.3 农药减量使用技术防治效果偏低

生物农药由于其固有特性，其防治效果一般不如化学农药。部分品种还存在使用受限的问题，如有的不能与杀菌剂混用，有的需要提前使用，有的需要多次使用才有效果。杀虫灯与诱虫板等产品，又不能代替化学防治，同时，不分害虫与益虫通杀，部分影响农田生物多样性环境。

### 2.4 农药减量使用技术模式与化肥减量使用、简便栽培技术组合推广不力

农药减量使用行动是植保部门的工作主线。目前，农药减量使用技术模式、肥料减量使用技术模式、简便栽培模式都很多，但存在农技、植保、土肥、农环等部门各自为战的现象。上述技术模式组合推广不力，综合技术优势不能得到很好发挥。

### 2.5 农药减量使用技术模式推广投入不足

农药减量使用技术，投入较高，有的产品周期较长，需要持续不断的经费投入。目前，农药减量使用技术投入，多为农业部门示范性投入，业主及农民投入较少。同时，农药减量使用技术，配合专业化统防统治技术，需要植保部门积极试验示范，不断优化技术模式，也需要争取投入。投入不足，是当前农药减量使用技术推广的现实问题。

## 3 意见及建议

### 3.1 加强组织领导，提高认识水平

农药减量使用技术模式，就是农药减量使用集成技术配套措施的综合运用。农药减量使用技术推广是农药减量使用行动的核心内容，是关系农业安全生产、农业产业健康发展的重要举措。各级各部门要从讲政治的高度来认识这项工作，自觉把农药减量使用行动作为农业生产的重要保障措施。各级植保部门，更是要把农药减量使用作为植保工作的主线，把农药减量使用技术模式的试验、示范和推广，作为植保工作的核心内容。

### 3.2 加大投入，扩大示范推广面积，提高示范推广的辐射带动效应

农药减量使用技术，特别是太阳能杀虫灯、高效施药器械、生物农药等，成本较高，前期投入大。各级农业部门要加大投入，进一步扩大成熟技术模式示范推广面积。同时，要积极引导社会资本投入，多方引导农民、家庭农场、种植业主、农业公司等资本投入，探讨农药减量使用财政补贴制度，提高财政资金使用效果，进一步扩大示范推广的辐射带动效应，扩大社会影响。

### 3.3 加强合作，积极开展新技术引进，不断优化技术方案

目前，部分重大病虫害如水稻稻飞虱、稻瘟病、柑橘溃疡病、蔬菜疫病等没有相应的高效的生物农药品种，因此，筛选高效低毒低残留低用量的化学农药，也还是农药减量使用行动的重要内容之一。充分发挥秀山县植保植检站技术优势，不断加强与科研院校、农药与绿色防控产品研发机构的横向合作，积极引进植保新技术、新产品和新器械，开展试验示范，同时，对已有的技术进一步优化升级，不断优化技术方案，进一步抓好技术储备。

### 3.4 规划、种植与管理相结合，组合推广成熟的技术模式

在条件适宜区域，规划综合示范区，农药与化肥减量使用技术与作物简便栽培技术组合示范推广。近年来，秀山县的直播稻、直播油菜栽培模式，与农药化肥减量使用技术组合推广，效果明显。今后应该积极摸索其他作物的组合推广模式，向用工少、功效高、效果好方向发展。

### 3.5 开展多种方式的宣传培训活动，提高农民技术水平

充分利用各种会议、培训班、院坝会、座谈会、手机、报纸、杂志、网络、专栏、标语等媒介，开展多样化的宣传培训活动，提高农药减量使用技术社会知晓度，解决技术入户“最后一公里”问题。特别是积极探索 LED 显示屏远程控制滚动播放、手机短信、微信公众号等新型宣传方式的应用。

## 参考文献


肖晓华，刘映红，刘春，等，2019. 秀山县 2018 年水稻病虫害农药减量控害增效示范成效［J］. 农业科技通讯，569（5）：193-196.

肖晓华，2018. 秀山县 2018 年茶树病虫害绿色防控示范成效与经验总结［J］. 南方农业，34（12）：75-77，86.

肖晓华，吴金钟，刘春，等，2019. 秀山县李子病虫害全程绿色防控试点做法及成效［J］. 农业科技通讯，567（3）：159-164.

肖晓华，杨昌洪，刘春，等，2019. 秀山县 2019 年油菜农药减量增效示范工作及成效［J］. 植物医生，32（4）：67-70.


**原文发表** 植物医生，2020，33（1）：65-68

# 秀山县农药减量控害问卷调查分析

肖晓华
（重庆市秀山县植保植检站，重庆秀山 409900）

**摘 要**：为了摸清近年来重庆市秀山县农药减量控害工作推进的实际情况及效果，2020 年，秀山县组织开展了大范围农药减量控害问卷调查。结果表明，66.77%的调查对象认为农药使用量总体上是减少了，农作物病虫害绿色防控知晓度为 93.33%，农作物病虫害专业化统防统治知晓度为 94.83%，93.24%的调查对象对秀山县农药减量控害工作表示满意及基本满意。

**关键词**：农药使用；减量控害；问卷调查；重庆市秀山县

随着社会的发展与进步，人们的绿色、安全、环保意识逐步增强，农业生产“不用药、少用药、用好药”成为社会大众的普遍要求，农药减量控害也成为植保行业的工作主线。自从 2015 年农业部提出“农药使用量零增长行动”以来，全国植保系统围绕“控、替、精、统”技术路线，开展大量农药减量控害方面的试验示范及推广工作，切实减少了农药使用量，提高了农药利用率，有力地促进了乡村振兴战略的实施，推动了农业面源污染治理，提高了农产品质量。按照重庆市农业农村委员会的统一安排部署，2017 年重庆市适时提出“农药减量使用行动”，进一步升级农药零增长行动的内涵和工作要求。为了摸清近年来秀山县农药减量控害工作推进的实际情况及效果，秀山县组织开展了大范围农药减量控害问卷调查。

## 1 调查目的

以绿色防控、专业化统防统治为重点，按照秀山县近年来农药减量控害相关的试验示范及推广的重点技术，调查秀山县农药减量控害技术知晓度与满意度，以及相关技术的总体应用情况，摸清近年来秀山县农药减量控害工作推进的实际效果，为下一阶段制定农药减量使用行动工作规划提供参考。

## 2 调查对象及方法

调查问卷不记名，调查对象为本辖区内的农业从业人员、农业管理人员、农业技术人员、涉农部门工作人员、农药经营人员、农业执法人员等，通过各乡镇（街道）农业服务中心、农药经销商、农业种植大户或农民合作组织、各地场镇现场调查（咨询）等途径，发放调查问卷1 500份，收回1 005份，回收率为 67.0%。回收的调查问卷由秀山县植物保护检疫站统一汇总。调查问卷发放及回收的范围涵盖秀山县 27 个乡镇

（街道）各类涉农人员，样本代表性强，能够反映秀山县农药减量控害工作总体状况。

## 3 调查结果

### 3.1 调查对象的身份状况

调查对象中，农业从业人员占39.5%，农业管理人员占5.67%，农业技术人员占10.25%，涉农部门工作人员占15.52%，农药经营人员占5.07%，农业执法人员占2.49%，其他人员占21.50%。

### 3.2 调查对象的年龄结构

调查对象年龄结构，30岁以下人员的占15.72%，31~50岁的人员占40.40%，51~60岁的人员占33.63%，61岁以上的人员占10.25%。

### 3.3 调查对象的学历状况

调查对象的学历，初中以下占16.42%，初中占24.78%，高中占24.08%，大专及大专以上占34.72%。

### 3.4 当前秀山县农药使用量与2015年以前的比较

66.77%的调查对象认为当前农药使用量总体上是减少了，26.07%的调查对象认为基本相当，仅7.16%的调查对象认为总体增加了（含少量未作答题的调查对象）。

### 3.5 对于“农药使用量零增长行动”“农药减量使用行动”的了解情况

55.82%的调查对象能够说出农业农村部提出的“农药使用量零增长行动”年份，只有29.05%的对象能够说出重庆市农业农村委员会提出的“农药减量使用行动”年份。从结果分析，国家级的“农药使用量零增长行动”比市级的“农药减量使用行动”知晓度要高，主要是由于农药使用量零增长行动提出较早，宣传范围更广，特别是国家级媒体宣传力度更大。

### 3.6 农药减量控害的主要内容

农药减量控害的主要内容，按照得分高低排列，分别为绿色防控（灯诱、色诱、食诱、性诱、生物农药等）（76.12%）、专业化统防统治（64.48%）、生态调控（稻田养鸭、果园养鸡等）（48.26%）、选用高效植保器械（47.16%）、推广使用低用量的高效化学农药（46.77%）、农作物病虫害准确预报（45.87%）、推广种植抗性品种（43.28%）、其他措施（6.97%）。换言之，农药减量控害具体技术措施中，绿色防控与专业化统防统治知晓率最高，推广种植抗性品种认可度最低。

### 3.7 农作物病虫害绿色防控的信息来源

对于农作物病虫害绿色防控的信息来源，个人使用或参与指导过绿色防控技术的调查对象占20.8%，会议及培训占37.51%，媒体与网络宣传占18.41%，听别人说过占16.62%，没听说过及未作答题的占6.67%。总体看，农作物病虫害绿色防控知晓度为93.33%。

### 3.8 绿色防控工作的主要功效

72.24%的调查对象认为绿色防控可以减少农药使用，78.21%的调查对象认为可以减轻环境污染，65.17%的调查对象认为可以减少农产品农药残留，47.26%的调查对象认为可以提高防治效果，37.01%的调查对象认为绿色防控增添了病虫害防控措施。

### 3.9 农作物病虫害专业化统防统治的信息来源

对于农作物病虫害专业化统防统治的信息来源，个人开展或参与指导过统防统治的人员占20.80%，会议及培训占29.65%，媒体与网络宣传占24.88%，听别人说过占19.50%，没听说过及未作答题的占5.17%。总体看，农作物病虫害专业化统防统治知晓度为94.83%，略高于绿色防控知晓度。

### 3.10 农作物病虫害统防统治的主要功效

对于统防统治的主要功效，71.84%的调查对象认为可以减少农药使用，74.13%的调查对象认为可以提高防治效率，62.89%的调查对象认为可以提高防治效果，46.87%的调查对象认为可以提高农作物病虫害应急防控能力。

### 3.11 引进及推广绿色防控技术或产品重点

对于秀山县绿色防控技术或产品引进及推广，68.66%的调查对象认可植保无人机及高效施药器械，65.47%的调查对象认可生物农药，43.18%的调查对象认可食物诱剂，56.02%的调查对象认可杀虫灯，43.08%的调查对象认可诱虫板（粘虫板），32.04%的调查对象认可性引诱剂，28.86%的调查对象认可昆虫迷向技术，51.34%的调查对象认可稻田养鸭或果园养鸡，其他为5.97%。由于秀山县有稻田养鸭的习惯及传统，一半以上的调查对象认为秀山县可以推广稻田养鸭或果园养鸡。

### 3.12 开展病虫害专业化统防统治的形式

对秀山县开展农作物病虫害专业化统防统治的主要形式，71.24%的调查对象认为是发展专业化统防统治组织，57.81%的调查对象认为是扶持种植大户，57.91%的调查对象认为是发展统防统治专业服务机构，11.24%的调查对象认为还有其他组织形式。

### 3.13 秀山县农药减量控害工作满意度

对秀山县农药减量控害工作满意度，64.58%的调查对象表示满意，28.66%的调查对象表示基本满意，不满意及未作答题的调查对象仅占6.76%。

### 3.14 对秀山县农药减量控害的建议

一是加大资金投入，推动技术普及；二是加大试验示范力度，推广实用技术；三是加大宣传培训力度，进一步提高知晓度和满意度；四是结合“秀山土鸡”“秀山皮蛋”品牌建设，大面积推广林下养殖及稻田养鸭。

## 4 建议与意见

（1）农药减量控害问卷调查是根据农药减量控害工作效果评价的需要，由秀山县植保部门首次开展的专项调查工作，在调查内容上存在不足，建议在下次调查时进一步完善，同时减少部分相关性不大的调查项。

（2）随着农业结构调整及农村人口流动性加大，现代的农民对农业生产不一定熟悉，调查要围绕农业生产实际从业者进行，现在农村的务工农民或者土地流转到农民合作社或种植大户的农民，根本不从事或很少从事具体的农业生产，对农药减量控害知晓度不高。

（3）秀山县农业生产条件不一致，农药减量控害技术试验示范及推广的程度及效果不同，调查结果差异较大。为掌握总体情况，调查要在更大的范围展开，增强调查样本的代表性。

（4）问卷调查汇总工作量特别大，建议有条件的地方，或省级以上植保部门统一设计安排，参考学生考试试卷的设计，回收的调查问卷用电脑进行自动统计，提高调查问卷汇总的效率及准确性。

**原文发表** 南方农业，2021，15（1）：49-51

# 秀山县水稻农药与化肥减施增效技术综合试验示范的做法及成效

肖晓华[1]，刘映红[2]，吴金钟[3]，杨昌洪[1]，黄秀平[1]
（1. 重庆市秀山县植保植检站，秀山 409900；2. 西南大学，重庆 400715；
3. 重庆市植物保护站，重庆 401121）

**摘　要**：2020 年，秀山县水稻农药与化肥减施增效技术综合试验示范区病虫害防治采取“纳米定制农药+化学除草+全程专业化统防统治”的减量施药技术模式，肥料示范采取高效长效专用配方肥减量施肥技术模式，以调查两种模式下水稻的生产成效。结果表明，示范区农药减量 49. 4 g/亩，减少 31. 99%；示范区肥料减少 10 kg/亩，减少 18. 18%；示范区每亩增产 82. 71 kg，增产率为 13. 44%，扣除成本，每亩增加收入 209. 81 元。

**关键词**：农药与化肥减施增效技术；纳米农药；技术模式；防治效果；增产效益

随着社会的发展和人民生活水平提高，人们的安全意识、绿色环保意识不断增强，水稻生产中农药与化肥等投入品的减量与优化，也就成为水稻生产的必然要求和发展趋势。按照“国家重点研发计划项目——四川高原成都平原稻区特色农药化肥减施增效技术集成与示范”项目组的统一安排，2020 年，秀山县实施“水稻农药与化肥减施增效技术综合试验示范”子课题。

## 1　水稻农药与化肥减施增效技术综合试验示范的目的与意义

水稻农药与化肥减施增效技术综合试验示范以增产不增肥、减肥不减产，水稻病虫害绿色防控降低农药用量获得最佳经济效益为目标；以控氮稳磷补钾配微、减工降本一次性施用为基本原则；以延长肥效时间、减少径流挥发损失、提高化肥、农药利用率为核心；以四川台沃水稻专用肥、水稻病虫害绿色防控、完善配套施用技术为突破口，实现水稻农药、化肥减施增效。

2020 年，综合试验示范目标：农药减量 30%，化肥减量 17%以上，水稻增产 5%以上。绿色防控覆盖率与专业化统防统治覆盖率 100%。

## 2　水稻农药与化肥“双减”示范技术模式

2020 年，秀山县水稻农药与化肥减施增效技术综合试验示范区病虫害防治采取“纳米定制农药+化学除草+全程专业化统防统治”的减量施药技术模式；肥料示范采取高效长效专用配方肥减量施肥技术模式。

## 3 水稻农药与化肥“双减”示范区概况

示范地点选择在秀山县清溪场镇沙南村观音阁组（秀山县惠农农机专业合作社承包地内，安排有专人进行田间管理，管理水平基本一致），示范区域与上年大致相同，面积由 3.33 $hm^2$ 扩大到 6.67 $hm^2$。示范区海拔 382 m 左右。示范区为一季中稻种植区域，地势平坦，灌溉方便，土壤为水稻土，肥力中等，肥力基本一致，前茬为水稻，冬季空闲。

2020 年，示范水稻品种为晶两优 534，属于中熟水稻组合，是湖南隆平种业有限公司生产、重庆市水稻主推品种之一。种植方式全部为直播水稻，每亩用种量 1.5 kg，示范区水稻连片种植。4 月上旬直播，9 月上旬成熟。当地大面积生产上，水稻一般 4 月初播种，5 月上旬移栽，9 月上旬成熟。水稻全程常年施药 3~4 次。

## 4 示范设计与管理

### 4.1 示范设计

2020 年，水稻农药与化肥减施增效技术综合试验示范设立 6 个处理，试验田面积 6.67 $hm^2$，大区试验示范，不设重复。具体设置如下。

（1）配方肥无人机减量施药区，面积 3.33 $hm^2$，肥料选择专用配方肥，农药选择纳米定制农药，施药方式为无人机施药（方块田机耕道隔离）。

（2）配方肥无人机常规施药区，面积 2.00 $hm^2$，肥料选择专用配方肥，农药选择常规农药，施药方式为无人机施药（方块田机耕道隔离）。

（3）常规肥机动喷雾减量施药区，面积 0.60 $hm^2$，肥料选择常规肥料（复合肥+尿素），农药选择纳米定制农药，施药方式为机动喷雾施药。

（4）常规肥机动喷雾常规施药区，面积 0.6 $hm^2$，肥料选择常规肥料（复合肥+尿素），农药选择常规农药，施药方式为机动喷雾施药。

（5）不施肥机动喷雾减量施药区，面积 1 亩，不施肥料，农药选择纳米定制农药，施药方式为机动喷雾施药。

（6）配方肥不施药区，面积 1 亩，肥料选择专用配方肥，水稻全程不施农药。

其中，不施肥机动喷雾减量施药区、配方肥不施药区处理安排在同一田块，筑埂包裹，单灌单排，防止窜水窜肥。

### 4.2 示范区病虫害调查

以上 6 个处理分别开展病虫害系统调查及农药防效调查。

### 4.3 农药、化肥与施药器械

#### 4.3.1 农药类

纳米定制农药，共计施药 4 次，南京善思生态科技有限公司生产并提供；3%苄嘧·丙草胺颗粒剂与 26%氰氟·氯氟吡乳油，浙江天丰生物科学有限公司生产，秀山县惠农农机专业合作社提供；3%甲维·虱螨脲悬浮剂，浙江世佳科技股份有限公司生产，秀山县植保植检站提供；25%噻嗪酮可湿性粉剂，江苏安邦电化有限公司生产，秀山县植保植检站提供；6%井冈·嘧苷素水剂，浙江省桐庐汇丰生物科技有限公司生产，秀山县植保植检站提供；10%甲维·虫螨腈悬浮剂，山东中新科农生物科技有限公司生产，秀山县植保植检站提供；80%烯啶·吡蚜酮水分散粒剂，山西奇星农药有限公司生产，秀山县植保植检站提供；25%嘧菌酯悬浮剂，河北威远生化农药有限公司生产，秀山县植保植检站提供；“30%茚虫威水分散粒剂+5%甲氨基阿维菌素苯甲酸盐水分散粒剂”组合，山西奇星农药有限公司生产，秀山县植保植检站提供；30%吡蚜·噻虫胺悬浮剂，浙江省桐庐汇丰生物科技有限公司生产，秀山县植保植检站提供；30%稻瘟酰胺·丙环唑悬浮剂，山东一览科技有限公司生产，秀山县植保植检站提供；10%四氯虫酰胺悬浮剂，沈阳科创化学品有限公司生产，秀山县植保植检站提供；50%呋虫胺可溶粒剂，陕西美邦药业集团股份有限公司生产，秀山县植保植检站提供；25%噻虫嗪水分散粒剂，河南瀚斯作物保护有限公司生产，秀山县植保植检站提供；30%丙草胺乳油与60%苄嘧磺隆水分散粒剂，江苏省激素研究所股份有限公司生产，秀山县惠农农机专业合作社提供（表1、表2）。

**表1　水稻农药与化肥减施增效技术综合试验示范纳米农药与除草剂用药统计**

| 序号 | 施药期 | 防治对象 | 农药类别 | 有效成分 | 有效成分含量/（g/亩） | 商品用量/（g/亩） | 价格/（元/亩） | 用药日期 |
|---|---|---|---|---|---|---|---|---|
| 1 | 分蘖期（5月下旬） | 二化螟 | 杀虫剂 | 甲氨基阿维菌素 | 1.0 | 100 | 80 | 5月31日 |
| | | 二化螟 | 杀虫剂 | 茚虫威 | 2.0 | | | |
| | | 白背飞虱 | 杀虫剂 | 噻虫嗪 | 2.0 | | | |
| 2 | 分蘖末期（6月中旬） | 纹枯病 | 杀菌剂 | 苯醚甲环唑 | 3.0 | 200 | | 6月16日 |
| | | 纹枯病 | 杀菌剂 | 丙环唑 | 3.0 | | | |
| | | 稻纵卷叶螟、二化螟 | 杀虫剂 | 甲氨基阿维菌素 | 1.0 | | | |
| | | 稻纵卷叶螟、二化螟 | 杀虫剂 | 茚虫威 | 2.0 | | | |
| 3 | 拔节孕穗期（7月上中旬） | 白背飞虱 | 杀虫剂 | 烯啶虫胺 | 4.0 | 200 | | 7月12—13日 |
| | | 纹枯病 | 杀菌剂 | 戊唑醇 | 5.0 | | | |
| | | 纹枯病 | 杀菌剂 | 肟菌酯 | 2.5 | | | |
| | | 稻纵卷叶螟 | 杀虫剂 | 甲氨基阿维菌素 | 1.0 | | | |
| | | 稻纵卷叶螟 | 杀虫剂 | 茚虫威 | 2.0 | | | |
| | | 白背飞虱 | 杀虫剂 | 噻虫嗪 | 1.5 | | | |
| | | 白背飞虱 | 杀虫剂 | 烯啶虫胺 | 2.0 | | | |
| 4 | 破口期（8月上旬） | 营养补给 | 生长调节剂 | 芸薹素内酯 | 0.000 5 | 200 | | 8月13日 |
| | | 纹枯病、稻曲病 | 杀菌剂 | 苯醚甲环唑 | 3.0 | | | |
| | | 纹枯病、稻曲病 | 杀菌剂 | 丙环唑 | 3.0 | | | |
| | | 二化螟 | 杀虫剂 | 甲氨基阿维菌素 | 1.0 | | | |
| | | 二化螟 | 杀虫剂 | 虱螨脲 | 2.0 | | | |
| | | 褐飞虱 | 杀虫剂 | 烯啶虫胺 | 2.0 | | | |
| | | 褐飞虱 | 杀虫剂 | 呋虫胺 | 6.0 | | | |
| | | 营养补给 | 生长调节剂 | 芸薹素内酯 | 0.000 5 | | | |

（续表）

| 序号 | 施药期 | 防治对象 | 农药类别 | 有效成分 | 有效成分含量/（g/亩） | 商品用量/（g/亩） | 价格/（元/亩） | 用药日期 |
|---|---|---|---|---|---|---|---|---|
| 5 | 播种后封闭、分蘖期 | 稻田杂草 | 除草剂 | 3%苄嘧·丙草胺 | 30.0 | 1 000 | 15 | 4月16日 |
| | | 稻田杂草 | 除草剂 | 26%氰氟·氯氟吡 | 26.0 | 100 | 15 | 5月17日 |
| 合计 | | | | | 105.001 0 | 1 800 | 110 | |

**表2　水稻农药与化肥减施增效技术综合试验示范常规用药统计**

| 序号 | 施药期 | 防治对象 | 农药类别 | 有效成分 | 有效成分含量/（g/亩） | 商品用量/（g/亩） | 价格/（元/亩） | 用药日期 |
|---|---|---|---|---|---|---|---|---|
| 1 | 分蘖期（5月下旬） | 二化螟 | 杀虫剂 | 3%甲维·虱螨脲 | 3.0 | 100 | 10 | 6月1日 |
| | | 白背飞虱 | 杀虫剂 | 25%噻嗪酮 | 12.5 | 50 | 2 | |
| 2 | 分蘖末期（6月中旬） | 纹枯病 | 杀菌剂 | 6%井冈·嘧苷素 | 6.0 | 100 | 4 | 6月16日 |
| | | 稻纵卷叶螟、二化螟 | 杀虫剂 | 10%甲维·虫螨腈 | 9.0 | 90 | 15 | |
| | | 白背飞虱 | 杀虫剂 | 80%烯啶·吡蚜酮 | 12.0 | 15 | 4 | |
| 3 | 拔节孕穗期（7月上中旬） | 纹枯病 | 杀菌剂 | 25%嘧菌酯 | 7.5 | 30 | 9 | 7月12—13日 |
| | | 稻纵卷叶螟 | 杀虫剂 | 30%茚虫威 | 2.4 | 8 | 10 | |
| | | 稻纵卷叶螟 | 杀虫剂 | 5%甲氨基阿维菌素苯甲酸盐 | 0.5 | 10 | | |
| | | 白背飞虱 | 杀虫剂 | 30%吡蚜·噻虫胺 | 9.0 | 30 | 6 | |
| 4 | 破口期（8月上旬） | 纹枯病、稻曲病 | 杀菌剂 | 30%稻瘟酰胺·丙环唑 | 15.0 | 50 | 8 | 8月13日 |
| | | 二化螟 | 杀虫剂 | 10%四氯虫酰胺 | 6.0 | 60 | 15 | |
| | | 褐飞虱 | 杀虫剂 | 50%呋虫胺 | 7.5 | 15 | 9 | |
| | | 褐飞虱 | 杀虫剂 | 25%噻虫嗪 | 5.0 | 20 | 4 | |
| 5 | 播种后封闭、分蘖期 | 稻田杂草 | 除草剂 | 60%苄嘧磺隆 | 3.0 | 5 | 3 | 4月16日 |
| | | 稻田杂草 | 除草剂 | 30%丙草胺 | 30.0 | 100 | 15 | |
| | | 稻田杂草 | 除草剂 | 26%氰氟·氯氟吡 | 26.0 | 100 | 15 | 5月17日 |
| 合计 | | | | | 154.4 | 815 | 129 | |

注：农药数量规格按照 1 mL＝1 g 计算。

#### 4.3.2　肥料类

总养分≥45%水稻优化配方肥（N、$P_2O_5$、$K_2O$ 分别占 25%、8%、12%），台沃科技集团股份有限公司生产提供；总养分≥45%复合肥（N、$P_2O_5$、$K_2O$ 分别占 15%、

15%、15%)，湖北神农峰化工有限责任公司生产，秀山县惠农农机专业合作社提供；总氮≥46%尿素，内蒙古鄂尔多斯化学工业有限公司生产，秀山县惠农农机专业合作社提供；有效硅≥29.2%优化硅，四川台沃农业科技股份有限公司生产提供。

4.3.3 施药器械

大疆 MG-1P 农业植保机，深圳市大疆创新科技有限公司生产，秀山县惠农农机专业合作社提供并操作。

3WF-18 背负式喷雾喷粉机，山东华盛中天机械集团股份有限公司生产，秀山县惠农农机专业合作社提供并操作。

## 4.4 计算公式

4.4.1 稻纵卷叶螟防效

卷叶率（%）= 调查卷叶数/调查总叶数×100

防治效果（%）=（对照区卷叶率-处理区卷叶率）/对照区卷叶率×100

4.4.2 稻飞虱防效

虫口减退率（%）=（处理前总虫量-处理后总虫量）/处理前总虫量×100

校正防效（%）=（处理区虫口减退率-空白对照区虫口减退率）/（1-空白对照区虫口减退率）×100

4.4.3 二化螟防效

防治效果（%）=（对照区枯心率-处理区枯心率）/对照区枯心率×100

4.4.4 稻纹枯病防效

防治效果（%）=（对照区病情指数-处理区病情指数）/对照区病情指数×100

# 5 试验示范推进及完成情况

## 5.1 推进情况

3月2日，取土样送西南大学测定。

3月下旬至4月上旬开始犁地，4月13日施用底肥。配方肥示范区，主推配方肥 30 kg/亩作底肥施用（其中，播前结合整地施用 15 kg，播种时混合种子用播种期施用 15 kg）。常规施肥区按照常规复合肥 40 kg/亩作底肥（其中，播前结合整地施用 25 kg，播种时混合种子用播种期施用 15 kg）。

4月16—18日，减量施药示范区每亩用3%苄嘧·丙草胺颗粒剂 1 kg，于最后一次整地后均匀撒施进行封闭除草；常规施药示范区每亩用 60%苄嘧磺隆水分散粒剂 5 g+30%丙草胺乳油 100 mL，播种后喷雾封闭除草。

4月18—20日，示范区播种，各处理均为直播，用种量 1.5 kg/亩。

5月17—18日，示范区每亩用26%氰氟·氯氟吡乳油 100 mL 喷雾除草。

5月25—26日，配方肥示范区，每亩用配方肥 10 kg+优化硅 5 kg 施追肥。常规施肥区，每亩用尿素 15 kg 施追肥。

5月31日至6月1日，示范区第一次统防统治施药（配方及用量见表1、表2），以二化螟、稻飞虱为防治重点，施药当日天气晴好。

6 月 16 日，示范区第二次统防统治施药，以稻纵卷叶螟、纹枯病稻飞虱为重点，施药当日天气晴好。

## 5.2 完成情况

6 月 19 日，二化螟危害定型期，调查二化螟及稻飞虱防治效果，总体看，各处理二化螟均得到控制，特别是无人机施药区，肉眼很难发现枯心苗。前期稻飞虱密度较低，防治效果均在 80%以上，无人机施药区，防效最高（表 3、表 4）。

**表 3 水稻农药与化肥减施增效技术综合试验示范区二化螟防治效果调查整理**

| 处理 | 枯心率/% | 活虫数/头 | 防治效果/% |
|---|---|---|---|
| 配方肥无人机减量施药区 | 1.30 | 1.5 | 93.20 |
| 配方肥无人机常规施药区 | 2.00 | 1.5 | 89.54 |
| 常规肥机动喷雾减量施药区 | 3.49 | 2.0 | 81.75 |
| 常规肥机动喷雾常规施药区 | 3.57 | 2.0 | 81.33 |
| 不施肥机动喷雾减量施药区 | 4.00 | 2.0 | 79.08 |
| 配方肥不施药区 | 19.12 | 11.0 | |

**表 4 水稻农药与化肥减施增效技术综合试验示范区稻飞虱防治效果调查整理**

| 处理 | 药前百丛虫量/头 | 药后百丛虫量/头 | 防治效果/% |
|---|---|---|---|
| 配方肥无人机减量施药区 | 650.0 | 15.0 | 98.19 |
| 配方肥无人机常规施药区 | 180.0 | 25.0 | 84.42 |
| 常规肥机动喷雾减量施药区 | 910.0 | 50.0 | 92.65 |
| 常规肥机动喷雾常规施药区 | 1 150.0 | 90.0 | 90.37 |
| 不施肥机动喷雾减量施药区 | 595.0 | 95.0 | 82.39 |
| 配方肥不施药区 | 2 069.0 | 2 120.0 | |

注：调查对象为白背飞虱，褐飞虱未见。

总体看，纳米农药防效均优于常规农药，无人机施药效果优于机动喷雾器效果。

6 月 29 日，三（2）代稻纵卷叶螟危害定型期，调查稻纵卷叶螟防治效果（表 5）。

**表 5 水稻农药与化肥减施增效技术综合试验示范区稻纵卷叶螟防治效果调查**

| 处理 | 百丛虫量/头 | 卷叶率/% | 防治效果/% |
|---|---|---|---|
| 配方肥无人机减量施药区 | 0 | 3.21 | 90.83 |
| 配方肥无人机常规施药区 | 10 | 4.08 | 88.34 |
| 常规肥机动喷雾减量施药区 | 0 | 5.15 | 85.29 |
| 常规肥机动喷雾常规施药区 | 0 | 6.94 | 85.17 |

（续表）

| 处理 | 百丛虫量/头 | 卷叶率/% | 防治效果/% |
| --- | --- | --- | --- |
| 不施肥机动喷雾减量施药区 | 10 | 4.52 | 87.09 |
| 配方肥不施药区 | 70 | 35.0 | |

7月12—13日，示范区第三次统防统治施药，这次是关键时期施药，用药种类多，用药量较大。天气阴有间歇性小雨，药后5 h未降雨。7月20日，调查防治效果，防效85.80%~98.10%（表6）。

**表6 水稻农药与化肥减施增效技术综合试验示范区稻飞虱防治效果调查整理**

| 处理 | 药前百丛虫量/头 | 药后百丛虫量/头 | 防治效果/% |
| --- | --- | --- | --- |
| 配方肥无人机减量施药区 | 925.0 | 10.0 | 98.10 |
| 配方肥无人机常规施药区 | 550.0 | 25.0 | 92.00 |
| 常规肥机动喷雾减量施药区 | 450.0 | 30.0 | 88.30 |
| 常规肥机动喷雾常规施药区 | 555.0 | 15.0 | 95.30 |
| 不施肥机动喷雾减量施药区 | 495.0 | 40.0 | 85.80 |
| 配方肥不施药区 | 1055.0 | 605.0 | |

7月30日，调查四（3）代稻纵卷叶螟防治效果，防效95.42%~97.02%，各处理间差异不明显，防效均达显著水平（表7）。

**表7 水稻农药与化肥减施增效技术综合试验示范区稻纵卷叶螟防治效果调查**

| 处理 | 百丛虫量/头 | 卷叶率/% | 防治效果/% |
| --- | --- | --- | --- |
| 配方肥无人机减量施药区 | 0 | 0.93 | 97.02 |
| 配方肥无人机常规施药区 | 0 | 1.43 | 95.42 |
| 常规肥机动喷雾减量施药区 | 0 | 1.10 | 96.48 |
| 常规肥机动喷雾常规施药区 | 0 | 1.15 | 96.32 |
| 不施肥机动喷雾减量施药区 | 0 | 1.09 | 96.51 |
| 配方肥不施药区 | 110 | 31.25 | |

8月13日，第四次统防统治施药，以褐飞虱、纹枯病为主，兼职二代二化螟、稻曲病等。当日，天气阴转多云，无烈日、无降雨，天气状况有利于施药。

8月21日，水稻纹枯病病情稳定期，调查纹枯病防治效果。结果表明，示范区各处理稻纹枯病防治效果均十分明显，在水稻直播植株高密度下，稻株基部很少发现纹枯病病斑，基部总体上表现为干爽而清亮。而不施药对照区则随处可见纹枯病发生，稻株基部表现为明显的烂叶与枯鞘症状（表8）。

**表8 水稻农药与化肥减施增效技术综合试验示范区稻纹枯病防效调查**

| 处理 | 病株率/% | 病丛率/% | 病情指数 | 防治效果/% |
|---|---|---|---|---|
| 配方肥无人机减量施药区 | 5.77 | 4.0 | 1.15 | 89.16 |
| 配方肥无人机常规施药区 | 7.22 | 6.0 | 1.20 | 88.69 |
| 常规肥机动喷雾减量施药区 | 6.25 | 6.0 | 1.25 | 88.22 |
| 常规肥机动喷雾常规施药区 | 7.84 | 5.0 | 1.57 | 85.20 |
| 不施肥机动喷雾减量施药区 | 6.58 | 5.0 | 1.32 | 87.56 |
| 配方肥不施药区 | 39.39 | 36.0 | 10.61 | |

8月下旬，各处理间直观稻田杂草控制效果，个别田块零星可见稗草、千金子、鸭舌草、空心莲子草等，草害总体防控效果85%以上，是近3年来控草效果最好的一年。

8月31日，水稻成熟期，各处理测产考种，各处理理论产量参照重庆市农技推广总站相关文件要求，统一按照15%的取样误差折算。

9月7日，天气晴朗，水稻各处理产量实产验收333.3 $m^2$，人工脱粒，称重，并称取稻谷样本，晒干后计算稻谷干湿系数，折算各处理水稻实产。9月14日，完成所有处理稻谷干湿系数、千粒重称重。

## 6 试验示范效果

### 6.1 产量指标

2020年水稻农药与化肥减施增效技术综合试验示范，各处理均按照水稻实际产量分析示范效果。

配方肥无人机减量施药区水稻产量698.14 kg/亩，比常规肥机动喷雾减量施药区产量（615.43 kg/亩）增产81.71 kg，增产率13.44%。

配方肥无人机常规施药区产量689.07 kg/亩，比常规肥机动喷雾常规施药区产量（609.24 kg/亩）增产79.83 kg，增产率13.10%。

单纯以肥料论，配方肥示范区产量平均为693.61 kg/亩，比常规肥示范区平均产量（612.34 kg/亩）增产81.27 kg，增产率为13.27%。

常规肥机动喷雾减量施药区产量为615.43 kg/亩，比常规肥机动喷雾常规施药区产量（609.24 kg/亩）增产6.19 kg，增产率1.02%。这是药剂配方上的差异导致的结果，特别是减量用药配方（纳米农药）中，配合有生长调节剂（芸薹素），有一定增产效应。

不施肥机动喷雾减量施药区产量为386.85 kg/亩，配方肥不施药区产量为395.91 kg/亩。结果表明，在水稻病虫害发生一般年份，不施肥对水稻产量的影响，总体上大于不施药的影响，产量变化趋势与上年示范结果一致。

试验示范结果表明，不同施药器械，产量指标略有差异，总体上无人机施药优于机动喷雾器施药，但达不到差异显著水平（表9）。

**表9　水稻农药与化肥减施增效技术综合试验示范产量指标统计**

| 处理 | 有效穗数/（穗/亩） | 株高/cm | 穗长/cm | 穗粒数/粒 | 实粒数/粒 | 结实率/% | 空壳率/% | 千粒重/g | 理论产量/（kg/亩） | 实测产量/（kg/亩） | 干湿系数 | 实际产量/（kg/亩） |
|---|---|---|---|---|---|---|---|---|---|---|---|---|
| 配方肥无人机减量施药区 | 204 001.02 | 105.40 | 25.30 | 163.39 | 158.13 | 96.78 | 3.22 | 26.8 | 734.85 | 855.56 | 0.816 | 698.14 |
| 配方肥无人机常规施药区 | 201 001.01 | 104.10 | 24.70 | 154.11 | 148.04 | 96.06 | 3.94 | 26.8 | 677.84 | 844.45 | 0.816 | 689.07 |
| 常规肥机动喷雾减量施药区 | 200 001.00 | 104.90 | 24.10 | 146.30 | 140.51 | 96.04 | 3.96 | 26.8 | 640.15 | 737.04 | 0.835 | 615.43 |
| 常规肥机动喷雾常规施药区 | 197 334.32 | 103.60 | 24.20 | 144.59 | 138.59 | 95.85 | 4.15 | 26.8 | 623.00 | 729.63 | 0.835 | 609.24 |
| 不施肥机动喷雾减量施药区 | 164 667.49 | 94.30 | 22.80 | 120.21 | 113.05 | 94.04 | 5.96 | 26.8 | 424.05 | 474.08 | 0.816 | 386.85 |
| 配方肥不施药区 | 170 000.85 | 96.30 | 23.30 | 122.06 | 115.29 | 94.45 | 5.55 | 26.8 | 446.46 | 485.18 | 0.816 | 395.91 |

## 6.2　农药减量指标

由于纳米农药稀释倍数较低，商品量每亩用药量100~200 mL，加之施用低含量除草剂颗粒，本文统一按照农药折百量进行分析（表1、表2）。

农药减量示范区，每亩使用农药105 g，比常规农药示范区（154.4 g/亩）减少49.4 g，农药使用量减少了31.99%。

在整个生长季节，施药对植株未产生任何负面影响，对施药人员也十分安全。

## 6.3　化肥减量指标

配方肥示范区，每亩施用配方肥40 kg+优化硅5 kg，合计45 kg/亩，比常规施肥示范区每亩施肥量（复合肥40 kg+尿素15 kg）减少10 kg，化肥使用量减少18.18%。

从N、$P_2O_5$、$K_2O$分析，配方肥示范区肥料每亩用量分别为10.0 kg、3.2 kg、4.8 kg；常规肥示范区肥料每亩用量分别为12.9 kg、6.0 kg、6.0 kg。配方肥示范区N、$P_2O_5$、$K_2O$用量比常规肥示范区分别减少2.9 kg、2.8 kg、1.2 kg，减少幅度分别为22.48%、46.67%、20.0%。

试验示范结果表明，施用四川台沃科技集团股份有限公司生产的总养分≥45%水稻优化配方肥，配合施用有效硅≥29.2%的优化硅，在氮磷钾主要养分全面减少（18.18%）的基础上，能够提高水稻产量（13.10%~13.44%）。

## 6.4 效益指标

### 6.4.1 经济效益

经济指标：配方肥无人机减量施药区、配方肥无人机常规施药区、常规肥机动喷雾减量施药区、常规肥机动喷雾常规施药区、不施肥机动喷雾减量施药区、配方肥不施药区每亩水稻产量分别为 698.14 kg、689.07 kg、615.43 kg、609.24 kg、386.85 kg、395.91 kg。按照目前稻谷收购价格 2.84 元/kg，产值分别为 1 884.98元、1 860.49元、1 661.66元、1 644.95元、1 044.50元、1 068.96元。

成本指标：2020 年稻谷国家收购价 2.84 元/kg，配方肥价格为 3 400元/t，优化硅 6 000元/t，复合肥 2 800元/t，尿素 2 200元/t，人工施肥 10 元/亩，机动喷雾与无人机施药 15 元/亩。各处理成本统计如下（表 10）。

**表 10　水稻农药与化肥减施增效技术综合试验示范成本统计**

| 处理 | 产量/(kg/亩) | 单价/(元/kg) | 总收益/(元/亩) | 农药成本/(元/亩) | 肥料成本/(元/亩) | 施药成本/(元/亩) | 施肥成本/(元/亩) | 纯收益/(元/亩) |
|---|---|---|---|---|---|---|---|---|
| 配方肥无人机减量施药区 | 698.14 | 2.84 | 1 982.72 | 110 | 166 | 90 | 10 | 1 606.72 |
| 配方肥无人机常规施药区 | 689.07 | 2.84 | 1 956.96 | 129 | 166 | 90 | 10 | 1 561.96 |
| 常规肥机动喷雾减量施药区 | 615.43 | 2.84 | 1 747.82 | 110 | 145 | 90 | 10 | 1 392.82 |
| 常规肥机动喷雾常规施药区 | 609.24 | 2.84 | 1 730.24 | 129 | 145 | 90 | 10 | 1 356.24 |
| 不施肥机动喷雾减量施药区 | 386.85 | 2.84 | 1 098.65 | 110 | 0 | 90 | 0 | 898.65 |
| 配方肥不施药区 | 395.91 | 2.84 | 1 124.38 | 0 | 166 | 0 | 10 | 948.38 |

效益分析：配方肥无人机减量施药区每亩纯收益 1 606.72元，比常规肥机动喷雾减量施药区（1 392.82 元）增收 213.90 元；配方肥无人机常规施药区每亩纯收益 1 561.96 元，比常规肥机动喷雾常规施药区（1 356.24元）增收 205.72 元；单从肥料分析，配方肥示范每亩纯收益平均为 1 584.34元，比常规肥示范纯收益（1 374.53元）增收 209.81 元。不施肥机动喷雾减量施药区每亩纯收益 898.65 元，低于配方肥不施药区（948.38 元）。

总体看，2020 年，示范区全部推广直播稻，由于管理水平提高，水稻产量总体高于上年及常年，加之 2020 年稻谷价格提高，示范增效十分明显，超出年初预期目标，业主十分满意，当地农户及其他大户现场观摩 500 人次以上。

### 6.4.2 社会效益

试验示范的实施，提高了项目区业主（农民）水稻种植技术水平，特别是在肥料与农药选择，病虫害识别、监测及防治上，技术水平显著提升。辐射带动周边 266 $hm^2$ 以上。

连续开展减量试验示范，提高了当地水稻种植技术推广普及率，促进了农药与化肥减施增效技术的社会知晓度与满意度。

试验示范总结出的适宜秀山县的农药与化肥减量增效技术模式，对大面积推广具有现实指导意义。

6.4.3 生态效益

示范区减少肥料及农药使用，减轻农田环境污染，确保稻谷质量安全，同时，减少肥料及农药使用，保护和利用天敌，进一步改善了稻田生态环境。

## 参考文献

肖晓华，刘映红，刘春，等，2019. 秀山县 2018 年水稻病虫害农药减量控害增效示范成效［J］. 农业科技通讯，569（5）：193-196.

肖晓华，刘映红，杨昌洪，等，2019. 秀山县水稻化肥农药“双减”示范工作的做法及成效［A］. 全国农业技术推广服务中心 . 减量控害、安全发展［G］. 北京：中国农业出版社：118-122.

肖晓华，杨昌洪，牛小慧，等，2020. 农药减量使用技术模式及应用效果［J］. 植物医生，33（1）：65-68.

**原文发表** 农业科技通讯，2021，591（3）：82-89

# 秀山县“十三五”期间农药减量控害的做法及成效

肖晓华
（重庆市秀山县植保植检站，秀山　409900）

**摘　要**：通过分析秀山县2016—2020年农药减量使用行动取得的成效可知，农药商品量从2015年的160.50 t减少到2020年的152.63 t，下降幅度为4.90%；农药折百量从2015年的48.40 t减少到2020年的42.66 t，下降幅度为11.86%；农药施用强度从2015年的30.42%减少到2020年的23.37%，下降7.05个百分点。绿色防控覆盖率从2015年的26.60%提高到2020年41.80%，增加15.2个百分点；专业化统防统治覆盖率从2015年的31.30%提高到2020年的40.24%。并从组织领导、病虫害监测、项目带动、技术应用于推广等方面，总结农药减量控害的做法及经验，分析存在的问题，提出工作建议。

**关键词**：农药减量；做法与经验；秀山县

随着社会的发展、人民生活水平的提高，民众的健康意识、环保意识逐步增强，绿色、生态、环保问题越来越受到社会各界的关注。2015年以来，秀山县牢固树立“科学植保、公共植保、绿色植保”理念，以农药减量使用行动为植保工作主线，按照“少用药、用好药、会用药”的总要求，围绕“控、替、精、统”四字技术路线，以专业化统防统治组织为龙头，以规模种植基地为载体，以植保项目为抓手，不断夯实农作物病虫害监测预警基础，切实抓好农作物病虫害专业化统防统治，大力推广绿色防控技术，积极开展植保新技术的试验示范，大面积推广普及生物农药和低毒低残留低用量农药，5年来，秀山县农药减量使用行动取得了阶段性重要成果。

## 1　农药减量使用行动的目标任务及完成情况

### 1.1　目标任务

到2020年，农作物重大病虫害长期、中期、短期预报准确率分别达到85%、90%、95%以上，每年发布植保情报20期以上；到2020年，种植业农药使用量控制在155 t（折百量44 t）以下；主要农作物病虫害绿色防控覆盖率提高到32.0%以上；主要粮食作物病虫害专业化统防统治覆盖率提高到40.0%以上。

### 1.2　农药减量使用行动重要指标完成良好

2015年以来，秀山县农药使用量呈现年年减少的态势，农药商品量从2015年的160.50 t，减少到2020年的152.63 t，下降幅度为4.90%；农药折百量从2015年的

48.40 t，减少到2020年的42.66 t，下降幅度为11.86%；农药施用强度从2015年的30.42%，减少到2020年的23.37%，下降7.05个百分点。绿色防控覆盖率从2015年的26.60%提高到2020年41.80%，增加15.2个百分点。专业化统防统治覆盖率从2015年的31.30%，提高到2020年的40.24%，增加8.94个百分点。农药减量使用行动关键指标完成情况良好（表1）。

**表1　秀山县2015—2020年农药减量使用行动指标完成情况**

| 年份 | 农药使用量（商品量）/t | 农药使用量（折百量）/t | 绿色防控技术覆盖率/% | 专业化统防统治覆盖率/% | 农药施用强度/% |
|---|---|---|---|---|---|
| 2015 | 160.50 | 48.40 | 26.60 | 31.30 | 30.42 |
| 2016 | 156.50 | 44.14 | 28.10 | 33.00 | 27.76 |
| 2017 | 156.00 | 44.00 | 29.70 | 33.10 | 27.08 |
| 2018 | 155.80 | 43.90 | 31.80 | 35.50 | 25.88 |
| 2019 | 154.20 | 43.09 | 32.77 | 38.42 | 24.99 |
| 2020 | 152.63 | 42.66 | 41.80 | 40.24 | 23.37 |

## 2　农药减量使用行动做法及经验

### 2.1　强化组织领导

2016年以来，秀山县每年均出台10份以上农药减量使用行动（农药零增长行动）实施方案、工作推进及相关技术方案文件，同时，县农业农村委与乡镇（街道）签订了农药零增长行动目标责任书，农药减量使用行动从农委行文，提升为政府行文，且把农药零增长工作内容正式纳入政府工作报告，县政府督察室也把农药减量控害纳入政府督察范围，农药零增长行动从部门行为上升为政府行为。

据统计，秀山县农药减量使用行动相关的公文行文数量，2016年10份、2017年15份、2018年20份、2020年21份，以公文形式，明确各级职能职责、目标任务、技术措施等，有力推进农药减量使用行动。

### 2.2　强化农作物病虫害监测预警

病虫害监测预警是植保工作的前提和基础。秀山县植保植检站是全国农作物病虫害测报标准化区域站之一，病虫害预测预报历来是秀山县的优势，多年来承担水稻、油菜、蔬菜等作物20多种重大病虫害监测预警，每年发布植保情报20期以上，长期、中期、短期预报准确率保持在85%、90%、95%以上，处于全市领先水平。

### 2.3　强化试验示范与项目示范带动

2016年以来，秀山县承担的农药减量使用行动相关试验示范项目或课题，均做到按时验收、及时总结，有的工作总结进一步进行理论提升，公开发表论文。

2016年，组织实施的试验示范主要有3%甲维·虱螨脲悬浮剂防治水稻稻纵卷叶螟田间药效试验、100 亿孢子/mL短稳杆菌防治稻纵卷叶螟田间药效试验、100 亿孢子/mL短稳杆菌悬浮剂防治水稻二化螟田间药效试验、噬菌核霉可湿性粉剂防治油菜菌核病试验示范、柑橘绿藻病药剂防治试验、柑橘病虫害危害损失评估试验、农作物重大病虫害预警监测项目、水稻病虫害专业化统防统治与绿色防控融合项目、重大农作物病虫害统防统治项目。

2017 年，组织实施的试验示范主要有柑橘病虫害危害损失评估试验、金龟子绿僵菌防治稻飞虱和稻纵卷叶螟示范、除草剂减量控害增效试验、水稻玉米和油菜农药使用情况调查、农药零增长行动项目、水稻病虫害专业化统防统治与绿色防控融合项目、农业生产救灾资金项目。

2018 年，试验示范主要有柑橘病虫害危害损失评估试验、农药使用调查监测和植保机械调查、柑橘病虫害绿色防控示范、李子病虫害全程绿色防控试点、毒・蜂杀虫卡防治玉米螟试验、毒・蜂杀虫卡防治二化螟试验、油菜菌核病防治减量控害增效示范、水稻农药减量控害增效示范、茶叶病虫害绿色防控示范、性诱剂防治二化螟示范、水稻病虫害专业化统防统治与绿色防控融合项目、粮油绿色生产及化肥农药减量增效项目、农业生产救灾资金项目。

2019 年，试验示范主要有油菜农药减量增效示范、水稻农药化肥“双减”示范、农药减量增效（李子、茶叶）项目、农业生产救灾资金项目、农业生产救灾资金（草地贪夜蛾监测防控）项目、病虫害鼠害疫情监测与防治项目。

2020 年，完成的试验示范主要有四唑虫酰胺防治水稻二化螟示范、水稻农药减量增效示范、水稻农药与化肥减施增效综合试验示范、农业生产救灾资金项目、植保机械及农户用药调查项目、农户农药减量典型调查项目等。

2016 年以来，秀山县每年均承担部级、市级农药减量相关项目，根据上级要求，结合秀山实际，特别注重项目的经济效益、社会效益及生态效益，始终把农药减量增效放在第一位，充分发挥项目的示范带动作用，2016—2020 年项目投入 581.60 万元(表 2)。

**表 2　秀山县 2016—2020 年农药减量控害相关项目**

| 项目资金年度 | 资金名称 | 下达文号 | 资金用途 | 拨付金额/万元 |
|---|---|---|---|---|
| 2016 | 2016 年重大病虫害统防统治 | 渝财农〔2015〕396 号 | 农药、药械及绿色防控产品购买；燃油补助；基层农技组织补助 | 79 |
| 2017 | 2017 年农业生产救灾资金 | 渝财农〔2017〕55 号 | 农药、药械及绿色防控产品购买 | 98 |
| 2017 | 秀山县 2017 年农药化肥零增长行动项目 | 渝财农〔2016〕341 号 | 乡镇监测点开支、农药、网络服务、计算机、宣传等 | 25 |

（续表）

| 项目资金年度 | 资金名称 | 下达文号 | 资金用途 | 拨付金额/万元 |
|---|---|---|---|---|
| 2018 | 2018 年农业生产救灾资金 | 渝财农〔2017〕210 号 | 示范农药、绿色防控产品、业主补贴 | 81 |
| 2018 | 粮油绿色生产及化肥农药减量增效项目 | 渝财农〔2017〕218 号 | 乡镇监测点开支、农药、燃油费等 | 30 |
| 2019 | 秀山县 2019 年农药减量增效及粮油绿色生产项目 | 秀山扶攻坚组办发〔2019〕62 号 | 农药、药械及绿色防控产品购买 | 30 |
| 2019 | 2019 年农业生产救灾资金 | 渝财农〔2019〕17 号 | 农药、药械及绿色防控产品购买 | 69 |
| 2019 | 2019 年农业生产救灾资金（草地贪夜蛾） | 渝财农〔2019〕67 号 | 农药采购、宣传品印刷 | 18 |
| 2019 | 2019 年病虫害鼠害疫情监测与防治项目 | 渝种发〔2019〕44 号 | 设备、劳务、燃油、资料 | 16 |
| 2020 | 2020 年农业生产救灾资金 | 渝财农〔2020〕10 号 | 宣传培训、农药、药械及绿色防控产品购买 | 130 |
| 2020 | 2020 年农户农药减量使用情况典型调查补助资金 | 渝种发〔2020〕55 号 | 植保机械与农户农药减量使用调查补助 | 5.6 |
| 合计 | | | | 581.6 |

## 2.4 强化技术集成示范与推广

在重庆市植保植检站指导下，秀山县加强与西南大学、重庆大学、重庆市植保学会等院校及企业合作，积极开展农药减量控害新技术试验示范，注重技术集成推广。

### 2.4.1 绿色防控

积极引进、示范与推广灯诱、色诱、性诱、食诱、寄生杀虫、生物农药推广、农药减量增效助剂、稻田养鸭与果园养鸡、厚型塑料袋处理柑橘蛆果等绿色防控技术，既注重单项技术推广，又注重绿色防控技术集成推广。如水稻推广“生物农药+化学农药+农药助剂，全程专业化统防统治”模式，或“生物农药+化学农药减量使用，全程专业化统防统治”模式；柑橘推广“灯诱+食物诱剂+生物农药+化学农药，全程专业化统防统治，配合使用厚型塑料袋处理未熟先黄的蛆果及落地果”模式；茶叶推广“灯诱+诱虫板+毒・蜂杀虫卡+生物农药+化学农药，全程专业化统防统治”模式；李子推广“诱虫板+太阳能杀虫灯+生物农药（配合少量高效低毒低用量化学农药），全程统防统治防治病虫害”模式。

近年来，秀山县绿色防控面积按照 20%左右速度增加。2020 年，秀山县绿色防控示范与推广面积 10.286 万 $hm^2$。绿色防控技术推广应用，减少了农药施药次数及农药使用量，减轻环境污染，增加了农作物病虫害防控技术手段。据2020年大规模问卷调查表明，农民（业主）知晓度达到93.33%，绿色防控工作取得明显经济效益、社会效益与生态效益。

2.4.2　专业化统防统治

截至2020年10月，秀山县共有专业化统防统治组织195家，比上年（175家）增加20家，其中在工商部门登记注册、在植保部门备案的有163家，比上年（143家）增加20家。2020年，秀山县新增登记注册的专业化统防统治组织7家，清理、注销或合并专业化统防统治组织5家。秀山县目前专业化统防统治组织共拥有机动喷雾器950台，比上年增加32台；中型装备29台（无人机19台），比上年增加10台，从业人员1 188人次，日作业能力达2 660 $hm^2$。专业化统防统治组织对秀山县农作物病虫害防治发挥了重要作用。

近年来，秀山县专业化统防统治面积按照20%左右速度增加。2020年，秀山县专业化统防统治面积达9.496万$hm^2$。据2020年大规模问卷调查表明，农民（业主）知晓度达到94.83%，农民（业主）认可度较高。

2.4.3　科学用药

科学用药主要包含三个方面。一是对农作物病虫害准确预测预报，做到有的放矢，精准用药，减少农药施用次数，避免乱用药。二是加强宣传培训及试验示范引导，提高农民（业主）病虫害草害的防治技术水平，尽可能用好药、会用药。三是促进农药品种升级换代。5年来，秀山县大量引进、示范与推广的生物类农药有阿维菌素、中生菌素、井冈霉素、春雷霉素、枯草芽孢杆菌、印楝素、蛇床子素、乙基多杀菌素、短稳杆菌、甘蓝夜蛾核型多角体病毒、绿僵菌等；推广的低用量高效农药有呋虫胺、噻虫嗪、吡蚜酮、嘧菌酯、烯肟·戊唑醇、己唑醇、噻虫胺等。调查表明，2020年，秀山县常规农药品种占40.0%，低用量品种占53.7%；微毒类农药占4.6%，低毒类农药占83.4%，中等毒类农药品种占12.0%，没有高毒农药品种。总体看，常规品种占比下降，低毒、低用量农药品种呈增加态势，农药品种结构进一步优化。

## 2.5　强化宣传培训

2016—2020年，秀山县召开县级农药减量使用行动（农药零增长行动）推进会议（培训会议）共计19次，培训人员1 784人次。秀山县组织开展多种形式的宣传活动，其中，电视宣传40余次，报纸宣传10余次，出动宣传车50余次，印发宣传资料20万余份，科技下乡100余次，义务咨询上万人次，在公路上设置大型公益性标语16幅，2015—2020年，报送市级以上网络媒体相关信息460余条，发表学术论文29篇（表3）。

**表3　秀山县2016—2020年农药减量使用行动论文统计**

| 年份 | 论文标题 | 发表刊物 |
| --- | --- | --- |
| 2016 | 水稻病虫害专业化统防统治与绿色防控融合示范及成效 | 《南方农业》杂志 |

（续表）

| 年份 | 论文标题 | 发表刊物 |
| --- | --- | --- |
| 2016 | 无人机防治水稻病虫害效果分析 | 《南方农业》杂志 |
| 2016 | 重庆市秀山县农药使用量零增长措施及成效 | 《农药科学与管理》杂志 |
| 2016 | 油菜菌核病防治减量用药控害增效示范效果分析 | 《南方农业》杂志 |
| 2016 | “生物导弹”在秀山县玉米、水稻虫害防治上的应用 | 《南方农业》杂志 |
| 2017 | 农药利用率的影响因子及应对措施 | 《南方农业》杂志 |
| 2017 | 以农药品种升级换代促进农药使用量零增长行动 | 《农业与技术》杂志 |
| 2017 | 水稻病虫害专业化统防统治与绿色防控融合技术模式及成效 | 《农业科技通讯》杂志 |
| 2017 | 秀山县农药使用量零增长行动目标及其实现途径 | 《南方农业》杂志 |
| 2018 | 秀山县玫瑰病虫害的种类及防治方法 | 《农业科技通讯》杂志 |
| 2018 | 秀山县农药使用量零增长行动新进展探析 | 《南方农业》杂志 |
| 2018 | 水稻二化螟绿色防控技术探讨 | 《农业科技通讯》杂志 |
| 2018 | 重庆市秀山县农作物病虫害专业化统防统治新进展 | 《农业科学》杂志 |
| 2018 | 几种生物农药对稻纵卷叶螟的防治效果分析 | 《绿色植保、质量兴农》图书 |
| 2018 | 推广农作物病虫害绿色防控技术，助推农产品质量安全 | 《农业科技通讯》杂志 |
| 2018 | 秀山县 2018 年茶树病虫害绿色防控示范成效与经验总结 | 《南方农业》杂志 |
| 2018 | 对重庆市秀山县农作物病虫害监测预警工作的思考 | 《现代病虫害测报建设进展》图书 |
| 2018 | 柑橘病虫害危害损失评估方法初探 | 《农业科学》杂志 |
| 2019 | 秀山县植保植检宣传工作的成效经验及问题思考 | 《南方农业》杂志 |
| 2019 | 秀山县李子病虫害全程绿色防控试点做法及成效 | 《农业科技通讯》杂志 |
| 2019 | 重庆市秀山县农药及农药包装物调查分析 | 《中国农技推广》杂志 |
| 2019 | 秀山县 2018 年水稻病虫害农药减量控害增效示范成效 | 《农业科技通讯》杂志 |
| 2019 | 秀山县 2019 年油菜农药减量增效示范工作及成效 | 《植物医生》杂志 |

（续表）

| 年份 | 论文标题 | 发表刊物 |
|---|---|---|
| 2019 | 秀山县水稻化肥农药“双减”示范工作的做法及成效 | 《减量控害、安全发展》图书 |
| 2019 | 秀山县水稻田杂草种类及危害调查 | 《南方农业》杂志 |
| 2020 | 农药减量使用技术模式及应用效果 | 《植物医生》杂志 |
| 2020 | 秀山县2019年种植业农药使用量及包装物数量分析 | 《南方农业》杂志 |
| 2020 | 秀山县农作物病虫害专业化统防统治面积测算探讨 | 《南方农业》杂志 |
| 2020 | 秀山县水稻农药与化肥减施增效技术综合试验示范的做法及成效 | 《农业科技通讯》杂志 |

### 2.6 强化品牌创建

#### 2.6.1 “天人丰”品牌创建

秀山县清溪场镇的部级、市级水稻（油菜）专业化统防统治与绿色防控融合示范区（水稻、油菜农药减量控害增效示范区），连续多年的专业化统防统治及绿色防控示范，推动农产品品牌创建。示范区内的重庆天人农业股份合作社，生产的“天人丰”牌大米被评为2017年度重庆名牌农产品，其“天人丰”品牌在全国优质品牌调研推广活动中，获得中国著名品牌荣誉称号。2020年，“天人丰”牌大米销售量达900 t以上，比上年增加12.5%，获利150万元以上，其中，规模化销售涉及垫江、石柱、松桃、酉阳、黔江、彭水、花垣等10余个县（市），网上销售遍及全国各地，企业效益大幅增加。

#### 2.6.2 “边城秀芽”品牌创建

2017年以来，秀山县皇茗苑农业综合开发有限公司茶叶基地，绿色防控示范推动了茶叶品牌创建。2018年5月12日，公司生产的“皇茗苑牌·边城秀芽”，在重庆市首届斗茶大赛中，被重庆市农业委员会评为“重庆市十佳茶叶产品”。2018年9月，“边城秀芽”绿茶在2018年澳大利亚国际茶博会上获铜奖。2020年8月，“边城秀芽”获“中茶杯”第十届国际鼎承茶王赛春季赛绿茶类金奖。

## 3 存在的问题与建议

（1）农药减量使用行动工作面广，工作量大，秀山县植保专业人技术人员严重不足，年龄老化，目前仅有技术人员3人，且平均年龄52岁。按照耕地面积，每人负责2万 $hm^2$ 以上，按照病虫害防治面积，每人负责8.67万 $hm^2$ 以上，按照承担的农作物监测对象，每人负责10种以上。建议以《农作物病虫害防治条例》颁布实施为契机，加大人才引进力度，培育后续专业人员。

（2）秀山县乡镇（街道）一级没有植保专业人员，技术推广“最后一公里”问题较为突出。建议加大技术宣传培训力度，提高农药减量技术普及率和到位率。

（3）社会各界对该项工作认知程度不够，部分领导及职工对该项工作重视程度不足。另外，农民（或业主）文化素质不高，接受植保新技术较为困难，影响宣传培训的效果。建议加大财政投入，引导社会资本投入，建立补贴机制，在技术模式推广，绿色防控新技术试验示范方面，不断集成和创新，进一步抓好技术储备工作。

（4）近年来，农业项目管理越来越严格，资金使用监管层次太多，资金及时使用较为困难，影响项目推进进度，基层植保机构存在有不愿做、不敢做项目的消极心态。建议农业与财政部门，加强衔接与沟通，及时拨付资金，加强资金监管，确保项目资金安全。

**原文发表**　农业科技通讯，2021（7）：15-19

# 秀山县主要农作物病虫害绿色防控覆盖率调查分析

肖晓华[1]，牛小慧[2]
（1. 重庆市秀山县植保植检站，秀山 409900；2. 重庆市种子站，重庆 401121）

**摘　要**：从2019年开始，重庆市秀山县连续3年组织开展了主要农作物病虫害绿色防控覆盖率调查工作。为给秀山县制订农作物病虫害绿色防控策略、深入推进农药减量使用行动等提供依据和参考，在总结前两年调查工作经验的基础上，结合秀山县农作物种植与绿色防控技术应用的实际情况，调查分析了秀山县主要农作物（水稻、玉米、茶叶、蔬菜、水果、中药材）病虫害绿色防控覆盖率。调查结果表明，秀山县2021年主要农作物病虫害绿色防控覆盖率平均为44.21%，比2020年增加2.41个百分点。

**关键词**：农作物病虫害；绿色防控；调查方法；覆盖率；重庆市秀山县

农作物病虫害绿色防控是指采取生态调控、农业防治、生物防治、理化诱控和科学用药等技术和方法，将病虫害危害损失控制在允许水平，并实现农产品质量安全的植物保护措施。推进农作物病虫害绿色防控，是贯彻绿色植保理念、促进质量兴农、绿色兴农、品牌强农的关键措施。病虫害绿色防控覆盖率是指农作物生长过程中，实施病虫害绿色防控面积占该作物种植面积的百分比。农作物病虫害绿色防控覆盖率是农药减量使用行动的重要指标，是农作物病虫害绿色防控应用情况的直观反映。按照《重庆市种子管理站关于印发〈重庆市农作物病虫害绿色防控评价指标及统计方法（试行）〉的通知》文件要求，重庆市秀山县连续3年组织开展主要农作物病虫害绿色防控覆盖率调查工作。在总结前两年调查工作经验基础上，结合秀山县农作物种植与绿色防控应用的实际情况，不断改进与完善调查方法，调查分析了秀山县农作物病虫害绿色防控覆盖率，为制定秀山县绿色防控策略，深入推进农药减量使用行动提供依据和参考。

## 1　调查方法

### 1.1　调查方法与作物对象

由秀山县级植保机构统一组织实施，在行政辖区内分作物评价统计。评价时以当地种植的主要农作物为对象，采取相同作物、相似技术的区域为评价单元，对当地主要种植的作物进行评价，每种作物抽取5个具有代表性的评价单元，在每个评价单元里进行随机抽样（至少5个样点），每个样点面积至少为0.03 $hm^2$。调查评估各种作物病虫害绿色防控技术和措施应用情况，并分别记载评价总面积，以及绿色防控面积和非绿色防控面积。根据秀山县主要农作物种植面积大小与分布情况，确定调查的农作物为水稻、玉米、茶叶、蔬菜、水果、中药材6种。

按照上述方法与要求，2021年，秀山县绿色防控覆盖率调查，结合“重庆市农药溯源监管云平台”的使用，查验业主生物类农药的购买情况，用业主购买农药与其他绿色防控产品（农药助剂、诱捕球、粘虫板、防虫网等）的原始票据作支撑。

### 1.2 绿色防控种类

#### 1.2.1 生物防治种类

按照全国植保专业统计规定，生物防治种类包括微生物制剂、农用抗生素、植物源农药、诱抗剂、昆虫生长调节剂、植物生长调节剂等。

#### 1.2.2 物理防治种类

按照全国植保专业统计规定，物理防治种类包括杀虫灯、诱虫板、性诱剂、食诱剂、防虫网与其他物理阻隔手段，如厚型塑料袋处理落地果。

#### 1.2.3 生态调控种类

按照全国植保专业统计规定，生态调控种类包括抗性品种、健康种苗（如嫁接苗）、灌水灭蛹、冬季清园、稻田养鸭、果园养鸡等农业措施。

### 1.3 计算公式

根据抽样调查评价结果，统计测算各种作物病虫害绿色防控覆盖率，计算方法见公式（1）。

某种作物病虫害绿色防控覆盖率（%）=（某种作物调查点病虫害绿色防控面积之和/各调查点该作物地块总面积之和）×100　　（1）

根据秀山县某种作物病虫害绿色防控覆盖率、某种作物种植面积、各种作物种植总面积，测算农作物病虫害绿色防控覆盖率，计算方法见公式（2）。

农作物病虫害绿色防控覆盖率（%）=Σ（某种作物病虫害绿色防控覆盖率×某种作物种植面积）/各种作物种植面积总和×100　　（2）

## 2 调查结果

### 2.1 茶叶

2021年的茶叶病虫害绿色防控覆盖率调查，主要涉及清溪场镇、钟灵镇、梅江镇、峨溶镇、隘口镇、洪安镇、兰桥镇、平凯街道，共计8个镇（街道）25户。由于茶叶很少有农民自行种植，绝大多数是大户（业主）统一经营，选点时主要针对大户（业主）。调查表明，茶叶病虫害绿色防控措施主要是应用植物生长调节剂、农用抗生素、杀虫灯、诱虫板等较多。秀山县2021年的茶叶病虫害绿色防控覆盖率平均为47.73%。

### 2.2 中药材

秀山县中药材以山银花、黄精为主。2021年的中药材病虫害绿色防控覆盖率调查，主要涉及清溪场镇、溶溪镇、隘口镇、钟灵镇、溪口镇、平凯街道、龙池镇、官庄街道，共计 8 个镇（街道）50 户。中药材不是秀山县普遍种植的作物，大户（业主）型大面积种植居多，调查选点时，按照重点种植区域，扩大了调查样本数量。结果表明，中药材病虫害绿色防控措施主要是应用生物农药、植物生长调节剂、农用抗生素、农药助剂等。秀山县 2021 年的中药材病虫害绿色防控覆盖率平均为 44.39%。

### 2.3 水果

秀山县水果以柑橘为主，也不是秀山县普遍种植的作物种类。选点时，在重点种植区域扩大了调查样本数量。2021 年的水果病虫害绿色防控覆盖率调查，主要涉及梅江镇、官庄街道、洪安镇、石堤镇、清溪场镇、乌杨街道、龙池镇、海洋乡、宋农镇、平凯街道、膏田镇，共 11 个乡镇（街道）50 户。结果表明，水果病虫害绿色防控措施主要是应用杀虫灯、生物农药、昆虫生长调节剂、植物生长调节剂、农用抗生素、农药助剂、套袋及处理落地果等。秀山县 2021 年的水果病虫害绿色防控覆盖率平均为 47.47%。

### 2.4 水稻

2021 年的水稻病虫害绿色防控覆盖率调查，主要涉及清溪场镇、平凯街道、梅江镇、乌杨街道、溶溪镇，共 5 个镇（街道）25 户，主要绿色防控措施是应用生物农药、农药助剂及稻田养鸭等。结果表明，秀山县 2021 年的水稻病虫害绿色防控覆盖率平均为 45.81%。

### 2.5 玉米

2021 年的玉米病虫害绿色防控覆盖率调查，主要涉及清溪场镇、平凯街道、梅江镇、龙池镇、溶溪镇，共 5 个镇（街道）25 户，绿色防控措施主要是应用农用抗生素、植物生长调节剂、农药助剂等。结果表明，秀山县 2021 年的玉米病虫害绿色防控覆盖率平均为 36.79%。

秀山县玉米病虫害一般施药较少，部分农民玉米根本不用药。这一调查结果与实际用药情况基本吻合。

### 2.6 蔬菜

2021 年的蔬菜病虫害绿色防控覆盖率调查，主要涉及梅江镇、平凯街道、乌杨街道、清溪场镇、官庄街道，共 5 个镇（街道）25 户，绿色防控措施主要是应用农用抗生素、植物生长调节剂、农药助剂、杀虫灯等。结果表明，秀山县 2021 年的蔬菜病虫害绿色防控覆盖率平均为 44.18%。

### 2.7 汇总

根据上述 6 种作物绿色防控覆盖率调查结果，结合每种作物种植（播种）面积，按照加权平均计算秀山县农作物病虫害绿色防控覆盖率。秀山县 2021 年的主要农作物病虫害绿色防控覆盖率为 44.21%，比 2020 年增加 2.41 个百分点（表 1）。

表1 秀山县2021年主要农作物病虫害绿色防控情况

| 作物名称 | 播种（种植）面积/亩 | 绿色防控面积/亩 | 绿色防控覆盖率/% |
|---|---|---|---|
| 茶叶 | 140 000 | 66 800 | 47.73 |
| 中药材 | 290 000 | 128 700 | 44.39 |
| 水果 | 120 000 | 57 000 | 47.47 |
| 水稻 | 280 000 | 128 300 | 45.81 |
| 玉米 | 185 000 | 68 100 | 36.79 |
| 蔬菜 | 260 000 | 114 900 | 44.18 |
| 合计 | 1 275 000 | 563 700 | |
| 平均值 | | | 44.21 |

## 3 讨论

（1）农作物种植（播种）面积年度间是动态变化的，每种作物的种植（播种）面积最终确定要下年初才能确定，而绿色防控覆盖率调查要求当年完成，用于汇总的当年每一种作物的种植（播种）面积只是一个评估值，即根据上年度统计核对数据，结合当年每种作物面积增减变化情况进行综合评估。农作物种植（播种）面积的变化对绿色防控覆盖率有一定影响。

（2）调查样本数量，要根据当地作物的分布情况灵活确定，不能简单地按照5个乡镇（街道），每个乡镇（街道）5个样本。如秀山县的中药材、茶叶、水果，并不是每个乡镇（街道）都发展，部分乡镇（街道）面积又特别大，在选点时要大致按照各乡镇（街道）具体的种植（播种）面积的比例来确定。

（3）在有条件的地方，可以尝试聘请第三方机构开展调查工作，调查对象（业主）固定化、长期化，能更准确地反映绿色防控的应用推广情况。

（4）绿色防控范围大，技术措施种类多，要求调查人员必须与时俱进，掌握不断新增的绿色防控种类，特别是新增的农药品种，了解其是否属于生物防治类药剂种类，才能把握是否纳入绿色防控调查范围。

**原文发表** 南方农业，2021，15（31）：39-41

# 秀山县 2021 年柑橘病虫害绿色防控的做法与成效

肖晓华，杨昌洪，黄秀平

（重庆市秀山县植保植检站，重庆　409900）

**摘　要**：2021 年，秀山县按照“太阳能杀虫灯+食物诱剂+诱捕球+黄板+农药助剂+环境友好型农药，结合果园养鸡，全程统防统治”的绿色防控技术模式，开展柑橘病虫害绿色防控示范。结果表明，绿色防控示范区农药用药量为 1 658 g/亩，比常规防治区减少 422 g，农药使用量降幅为 20.29%；示范区产量平均为 652.5 kg/亩，比常规防治区增产 96.4 kg/亩，增产幅度为 17.34%；扣除成本，示范区每亩纯收入为 2 851.5元，比常规防治区增收 376.0 元。

**关键词**：柑橘病虫害；绿色防控；技术模式；成效；秀山县

柑橘是秀山县主要水果种类，2021 年，秀山县种植面积达 0.93 万 $hm^2$。绿色防控是减少农药使用、降低农药残留、减轻环境污染的有效途径。根据《重庆市植物保护站关于印发〈2021 年全市植物保护工作要点〉的通知》《秀山土家族苗族自治县农业农村委员会关于印发〈秀山县深入推进农药减量使用行动实施方案〉的通知》《秀山土家族苗族自治县农业农村委员会关于报备〈2021 年农作物病虫害绿色防控方案〉的报告》等文件精神，经现场考察论证，结合示范业主基地基础条件、工作积极性与技术接受水平等因素综合考虑，2021 年，在宋农镇开展柑橘病虫害绿色防控（农药减量增效）示范，示范工作取得积极成效。

## 1　目标任务

综合应用柑橘病虫害绿色防控技术，切实减少农药使用。示范片绿色防控覆盖率 100%，统防统治覆盖率 100%，化学农药使用量减少 20%以上，杜绝使用高毒农药，柑橘果品农药残留控制在国家允许范围内。

## 2　主要技术措施

（1）开展病虫害监测预警。

（2）推广生物农药、高效低毒低残留化学农药防治病虫害。

（3）推广太阳能杀虫灯、食物诱剂、球形诱捕器、诱虫板诱杀害虫。

（4）推广高效施药器械开展专业化统防统治。

（5）推广厚型塑料袋处理未熟先黄的蛆果及落地果。

示范区采用的绿色防控技术模式为：太阳能杀虫灯+食物诱剂+诱捕球+黄板+农药

减量助剂+环境友好型农药，结合果园养鸡，全程统防统治。

## 3 示范设置

2021年，柑橘病虫害绿色防控示范片设立于秀山县宋农镇凤凰寨村塘口组，示范面积36.7 $hm^2$，其中秀山县塘口农业专业合作社27.3 $hm^2$，柑橘种植大户田超9.3 $hm^2$。秀山县塘口农业专业合作社是一家中型农民合作组织，2018年注册成立，注册资金30万元，现有固定性管理人员5个。果园海拔289.2~300.0 m。品种为三红蜜柚，2018年2月从福建省平和县引进，每亩栽植50株左右。果园连片种植，地势为梅江河河边平地及缓坡地，土质为黄壤，肥力中等。果园2020年开始挂果，4月开花，10月成熟，单果重2~3 kg，最大的单果超过4 kg以上。

为便于统计，以示范区附近的其他业主的果园为对照（品种相同），业主自行防治；对照区面积为667 $m^2$，不开展病虫害防治。

## 4 示范工作开展及成效

### 4.1 示范推进情况

2021年1月6日，秀山县植保植检站现场考察示范基地实况。2月20日，出台实施方案。2月28日，安装示范片标牌，启动示范工作。

1月25—27日，每亩用29%石硫合剂水剂150 g清园。

2月20—25日，果园修剪完成。由于当地冬季气温低，霜冻天气容易引发修剪后的枝条霉烂或干枯，柚子树一般春季修剪。

3月2日，发放药剂与助剂：10%甲维·虫螨腈悬浮剂、20%烯肟·戊唑醇悬浮剂、农药减量增效助剂。合作社自行购买70%吡虫啉水分散粒剂、5%阿维菌素悬浮剂。3月17日调查，果园柑橘绿藻病与红蜘蛛较重。绿藻病病株率平均为40%，最高100%；绿藻病病叶率平均为45%，最高为80%；病情指数平均为15.00，最高为35.00。红蜘蛛有虫株率平均为85%，最高为100%，有虫叶率平均58.3%，最高80.0%；百叶虫量平均为248.3头，百叶虫量最高为430头。螨情指数平均为19.58，最高为35.00。炭疽病、溃疡病、蚧壳虫等调查未见。3月18—20日，第一次统防统治施药，配方为10%甲维·虫螨腈+20%烯肟·戊唑醇+70%吡虫啉+5%阿维菌素+激健。3月28日调查，红蜘蛛防治效果86.5%。炭疽病、溃疡病、蚧壳虫等调查未见。

4月14—17日，用41%草甘膦异丙胺盐水剂加助剂，开展果园除草。

5月11日，应用0.1%阿维菌素浓饵剂、球型诱捕球，并在基地召开技术培训会。5月21—22日，安装太阳能杀虫灯25盏，悬挂可降解粘虫板（黄板）、球型诱捕球。

6月23日，调查表明，示范区柑橘病虫害轻发生，零星发生疮痂病、炭疽病、绿藻病、潜叶蛾、吸果夜蛾、蚜虫等病虫害及生理性病害——裂果，均在轻发水平，前期病虫害防控效果显著。

7月12—15日，果实套袋，捡拾落地果，修剪病老枯枝。7月20日，用青苔专用粉剂（非农药成分的分解酶）与石硫合剂，开展绿藻病防治示范。药后7 d调查，防治效果分别为78.9%、79.5%。7月28日，秀山县柑橘病虫害绿色防控现场会。

8—10月，示范区统防统治施药3~4次（部分区域防治）。防治对象主要有疮痂病、煤烟病、炭疽病、柑橘凤蝶等，结合配施叶面肥，预防裂果及补充微量元素，提高柚子口感。

10月9日，成熟期测产验收。按照“好、中、差”分别选择6株称重，以平均值计算单株产量，按照50株/亩标准，折算亩产量。

2021年示范结果表明，“太阳能杀虫灯+食物诱剂+黄板+诱捕球+农药减量助剂+环境友好型农药，结合果园养鸡，全程统防统治”的技术模式，符合当地生产要求，病虫害总体控制效果良好，完全可以大面积推广使用。

## 4.2 农药使用情况

2021年示范结果表明，绿色防控示范区用药量为1 658 g/亩，农药用量比常规防治区(2 080 g/亩)减少422 g，农药使用量降幅为20.29%。示范区使用食物诱剂（720 g/亩）属于生物防治类农药（表1），对环境及天敌友好，示范区未使用中等毒性及以上农药品种，使用的农药品种均为低毒高效的环境友好型农药品种。

**表1 秀山县2021年柑橘病虫害绿色防控示范用药统计** 单位：元/亩

| 处理 | 农药种类及数量 | 防治次数 | 药剂成本 | 杀虫灯 | 诱捕球 | 黄板 | 人工成本 | 防治总成本 |
|---|---|---|---|---|---|---|---|---|
| 示范区 | 29%石硫合剂水剂150 g、10%甲维·虫螨腈180 g、20%烯肟·戊唑醇80 g、70%吡虫啉8 g+5%阿维菌素120 g、0.1%阿维菌素浓饵剂720 g、41%草甘膦400 g，农药合计1 658 g | 7 | 129 | 42 | 75 | 60 | 105 | 411 |
| 常规防治区 | 10%吡虫啉80 g、70%甲基硫菌灵200 g、5%高氯·甲维盐200 g、1.8%阿维菌素200 g、20%哒螨灵100 g、2.5%高效氯氟氰菊酯300 g、70%代森锰锌200 g、25%甲氰菊酯200 g，41%草甘膦600 g，合计2 080 g | 9 | 110 | 0 | 60 | | 135 | 305 |

注：人工费按照15元/亩计算，农药成本按照市场价统计。太阳能杀虫灯按照25亩/盏、3年使用寿命计算。

## 4.3 产量指标

2021年10月9日测产，示范区平均为652.5 kg/亩，常规防治区为556.1 kg/亩，对照区120.0 kg/亩。示范区比常规防治区增产96.4 kg/亩，增产幅度为17.34%。示范区单果重量平均为1.74 kg，比常规防治区增加0.21 kg。

10 月 9 日调查表明，示范区落果率平均为 0.58%，比常规防治区（1.12%）降低 0.54 个百分点。

## 4.4 效益分析

（1）经济效益。2021 年示范表明，绿色防控示范区虽然防治成本较高，每亩防治成本增加 106.00 元，但示范区增产效果明显。扣除成本，示范区每亩纯收入 2 851.5 元，比常规防治区增收 376.0 元（表 2）。

**表 2　秀山县 2021 年柑橘病虫害绿色防控示范效益统计**

| 处理 | 产量/（千克/亩） | 产值/（元/亩） | 防治成本/（元/亩） | 纯收入/（元/亩） |
| --- | --- | --- | --- | --- |
| 示范区 | 652.5 | 3 262.5 | 411.0 | 2 851.5 |
| 常规防治区 | 556.1 | 2 780.5 | 305.0 | 2 475.5 |
| 对照区 | 120 | 600.0 | 0 | |

（2）社会效益。示范区集成的技术模式，符合当地生产要求，病虫害总体控制效果良好，完全可以大面积推广使用。同时，示范项目的实施，提高当地果农防治技术水平。示范现场会反响良好，辐射带动作用明显。

（3）生态效益。示范区推广生物防治类农药与低毒高效的环境友好型农药品种，对环境及天敌友好，示范区未使用中等毒性及以上农药品种。

**原文发表**　农业科技通讯，2022（2）：300-302

# 秀山县茶叶病虫害种类调查及绿色防控技术模式

肖晓华
（重庆市秀山县植保植检站，秀山　409900）

**摘　要：** 2019—2021 年，秀山县开展茶叶病虫害种类调查及绿色防控示范。结果表明，秀山县茶叶病虫害有29种。重发生病虫害有11种，其中，虫害8种，病害3种；中等发生病虫害有6种，其中，虫害4种，病害2种；轻发生病虫害12种，其中，虫害9种，病害3种。根据生产需要，近年来，秀山县植保植检站开展茶叶病虫害绿色防控示范，集成示范与推广杀虫灯+诱虫板+寄生杀虫（“生物导弹”）+生物农药+农药助剂+环境友好型化学农药，全程统防统治的技术模式，取得积极成效。

**关键词：** 茶叶病虫害；种类调查；防控技术；秀山县

随着农业结构的进一步调整，近年来，秀山县茶叶种植面积大幅度增加，2021 年末，茶园种植面积达 0.93 万 $hm^2$，成为重庆市茶叶种植大县之一。为促进秀山茶叶产业健康发展，抓好茶叶病虫害防控，近年来，秀山县植保植检站开展茶叶病虫害种类调查及绿色防控示范，取得阶段性成效。

## 1　秀山县茶叶生产概况

按照生态适宜、农民（业主）自愿、政府指导原则，秀山县的茶叶生产，主要在沿海拔较高的平阳盖、川河盖区域一带发展。目前，主要分布在清溪场街道、钟灵镇、梅江镇、雅江镇、中平乡、洪安镇、峨溶镇、石堤镇、海洋乡、大溪乡、龙池镇、涌洞镇、平凯街道、官庄街道等地。

种植方式上，主要以业主（含农民合作社、农业公司、家庭农场）集中流转承包种植为主，秀山县最大的茶叶种植基地有 200 $hm^2$。规模化基地种植面积占秀山县茶叶种植面积的 80%以上；农民自行散种的很少，比例在 20%以下。品种主要是绿茶与白茶。

## 2　病虫害种类调查

### 2.1　调查方法

#### 2.1.1　调查点的选择

2019—2021 年，按照秀山县茶叶病虫害草害历年发生情况、地形地貌特点、栽培管理水平等实际情况进行综合分析，每年固定调查 6 个茶园，每个茶园调查 9 个点，每个点调查田块面积不少于3亩。调查地区为清溪场镇坝麻村、平凯街道贵道村、涌洞乡凉河村、洪安镇溜沙村、龙池镇美翠村、钟灵镇凯贺村共6个业主的茶园。调查选择的茶园，均位于本地茶叶主产区域，盛产期茶园，调查代表性强。

#### 2.1.2 调查对象

茶叶生长过程中发现的所有的病虫害。

#### 2.1.3 抽样调查方法

按照"定点观测与随机调查结合、一般调查与重点督查结合"的原则，主要开展田间踏勘，在病虫害发生盛期或表现症状期，选择有代表性的区域茶园进行。调查时间为大致按照"春夏秋冬"4个季节各调查1次。取样方法为每个点选定不同类型田共计3块，每块田调查不少于50 m$^2$，采取平行直线跳跃式取样，每个样点调查10株左右。直线上取样点间距5 m，直线间距5 m。

#### 2.1.4 分级标准

各种病虫害发生程度分级标准，参照公益性行业（农业）科研专项"重庆市主要农作物有害生物种类与发生危害特点研究"子课题分级方法进行大致分级。轻发生指有发生，但一般不需要防治；中等发生指一般采用兼治措施防治，如不防治将造成一定的损失；重发生指必须针对其专门进行防治，如不防治将造成明显损失。

### 2.2 调查结果

调查表明，秀山县茶叶病虫害有30种。主要病虫害，即重发生病虫害有11种，其中，虫害8种，病害3种；中等发生病虫害有7种，其中，虫害4种，病害3种；轻发生病虫害12种，其中，虫害9种，病害3种。

#### 2.2.1 重发生病虫害种类

虫害：小贯小绿叶蝉、白粉虱、黑刺粉虱、茶毛虫、茶橙瘿螨、茶叶瘿螨、茶跗线螨、咖啡小爪螨。

病害：炭疽病、茶轮纹病、茶圆赤星病。

从区域分布来看，清溪场街道方向（西部区域），主要是小贯小绿叶蝉、白粉虱、黑刺粉虱、茶橙瘿螨、茶叶瘿螨、茶跗线螨、咖啡小爪螨、炭疽病等病虫害。洪安镇方向（南部区域），主要是小贯小绿叶蝉、白粉虱、茶橙瘿螨、茶叶瘿螨、茶跗线螨、咖啡小爪螨、茶圆赤星病、炭疽病等病虫害。涌洞镇方向（东部区域），主要是小贯小绿叶蝉、黑刺粉虱、茶橙瘿螨、茶叶瘿螨、茶跗线螨、咖啡小爪螨、茶圆赤星病、茶轮纹病等病虫害。从秀山县茶叶病虫害总体发生与危害上看，虫害重于病害。

#### 2.2.2 中等发生病虫害种类

虫害：茶尺蠖、茶蚜、斜纹夜蛾、黑翅土白蚁。

病害：赤叶斑病、茶煤病、茶红根腐病。

#### 2.2.3 轻发生病虫害种类

虫害：金龟甲、茶鹿蛾、茶叶夜蛾、大灰象甲、柿广翅蜡蝉、茶网蝽、绿盲蝽、黄胫侎缘蝽、茶天牛。

病害：茶饼病、茶白星病、茶芽枯病。

## 3 茶叶病虫害绿色防控技术模式及成效

根据产业发展需要，近年来，秀山县植保植检站在洪安镇、涌洞乡、钟灵镇等地，开展茶叶病虫害绿色防控示范，集成示范与推广杀虫灯+诱虫板+寄生杀虫（“生物导弹”）+生物农药+农药助剂+环境友好型化学农药，全程统防统治的技术模式，取得积极成效。

从实践来看，茶叶病虫害绿色防控的技术措施时间段分别如下。杀虫灯一般3月初开灯，10月底关闭。单灯控害面积以2 $hm^2$ 左右较为适宜。从调查结果看，对直翅目、半翅目、鞘翅目、膜翅目、鳞翅目、同翅目、双翅目共7个目、40余种（类）害虫有效。诱虫板一般3月初悬挂一次，4—5月再悬挂一次，每亩悬挂30~50张。调查表明，诱虫板对茶小绿叶蝉、粉虱类、有翅蚜等害虫有效，诱虫量10~50头/张。“生物导弹”，一般在4月上旬、中旬、下旬投放，投放间隔时间为7 d左右，每亩投放4~5枚。生物农药，主要采用绿僵菌、短稳杆菌、印楝素、狼毒素等品种，用于广谱性杀虫；用蛇床子素、枯草芽孢杆菌等品种，用于广谱性杀菌。植物生长调节剂主要采用芸薹素、复硝酚钠等品种，用于调节茶叶长势。昆虫生长调节剂主要是虱螨脲、除虫脲、吡丙醚、氟啶虫酰胺等品种。农用抗生素主要有春雷霉素、阿维菌素、多杀霉素、中生菌素、宁南霉素等品种。农药助剂，主要采用激健（多元醇型非离子表面活性剂）、橙皮精油、佳偶（特种非离子化合物）等品种配合农药使用，按照农药减量20%左右标准使用，病虫害防治效果有保障。2—10月，茶叶基地一般开展病虫害统防统治施药5~6次。

2019年，秀山县植保植检站在洪安镇溜沙村重庆边城韵茶叶有限公司基地，示范推广“黄板+太阳能杀虫灯+寄生杀虫+生物农药+环境友好型化学农药，全程统防统治”的技术模式，示范面积28. 0 $hm^2$。结果表明，上述绿色防控模式，对茶小绿叶蝉、茶毛虫、茶尺蠖、炭疽病、茶圆赤星病等主要病虫害防效均在91. 5%以上，减少施药1次，减少化学农药使用量28. 4%。

2020年，秀山县植保植检站在钟灵镇凯贺村秀山县钟灵茶叶有限公司基地，示范“黄板+太阳能杀虫灯+生物农药+环境友好型化学农药，全程统防统治”的技术模式，示范面积20. 0 $hm^2$。结果表明，上述绿色防控模式，对茶小绿叶蝉、茶毛虫、茶尺蠖、炭疽病、茶圆赤星病等主要病虫害防效均在90. 3%以上，减少施药1次，减少化学农药使用量21. 4%。

2021年，秀山县植保植检站在涌洞乡凉河村秀山县河溪茶叶专业合作社基地，示范推广“太阳能杀虫灯+生物农药，配合部分高效低用量化学农药+农药助剂，全程专业化统防统治”的技术模式，示范面积73. 3 $hm^2$。结果表明，该模式对茶小绿叶蝉、炭疽病、茶圆赤星病、螨虫、茶毛虫、茶尺蠖病虫害防效在90%以上。示范区减少用药1次以上，减少化学农药使用量22. 3%，病虫害防治效果总体提高3~5个百分点。

近年来，绿色防控示范结果表明，茶叶病虫害绿色防控，减少了农药使用，减轻了环境污染，提高茶农病虫害防控技术水平，推动了秀山县农药减量增效工作开展，其社会效益与生态效益十分明显。

## 4 讨论

（1）茶叶生长周期较长，初植茶园一般不开展病虫害防治，随着秀山县前几年大面积发展起来的茶园纷纷投产，秀山县茶叶病虫害种类及危害，将呈现复杂化、多样化趋势。茶叶病虫害监测预警需要长期坚持，并根据实际需要，积极探讨茶叶病虫害预测预报方法，从以前的非主要农作物病虫害监测预警，变为常规性的监测预警，从而准确把握、科学预报，及时指导茶叶病虫害防治工作。

（2）受编制管理、人员配备、机关管理制度等影响，秀山县植保专业人员严重不足，乡镇（街道）以下没有专业植保员，技术示范与推广存在断层，技术进村入户"最后一公里"现象普遍存在。

（3）茶叶病虫害绿色防控技术，相对来讲，投入较大，效果较慢（或较差），业主积极性不高。从绿色产品与有机产品生产，农业安全生产，到生态环保需要，农作物病虫害绿色防控都是发展趋势。通过宣传培训，反复培训，近年来，秀山县茶叶种植业主对绿色防控的认识水平得到提升，技术使用的自觉性与主动性得到提高，从而推动了本地农药减量使用行动，加快了绿色防控技术集成运用。

**原文发表** 农业科技通讯，2022（6）：209-211

# 秀山县山银花病虫害绿色防控技术探讨

肖晓华
（重庆市秀山县植保植检站，秀山 409900）

**摘　要：**根据秀山县山银花病虫害种类多、发生普遍、危害较重的特点，推荐生产上适宜的生物农药及环境友好型化学农药配方，探索山银花病虫害绿色防控技术模式，总结农药使用负面清单。

**关键词：**山银花；病虫害；绿色防控；秀山县

秀山县位于重庆市东南部，地处武陵山区腹地，海拔 350~1 600 m，大部分属于中低山区。秀山县历来有山银花种植的历史，早在清代就已有种植记载，20 世纪 70 年代开始规模化种植。在我国南方，山银花历来俗称为金银花。由于南北金银花名称之争，2010 年版《中国药典》将金银花与山银花并列，南方银花统一称为山银花，以与山东为代表的北方金银花相区分，但药理记载完全相同。

近年来，随着农业结构调整，秀山县金银花种植面积不断扩大，病虫害发生及危害日益严重，已成为制约秀山县银花产业发展的重要原因之一。探讨山银花病虫害绿色防控技术，集成山银花绿色防控技术模式，对山银花产业发展具有现实指导意义。

## 1　秀山县山银花产业发展现状

山银花在秀山县种植历史悠久，总体发展顺利。目前，秀山县山银花种植面积达 2.0 万 $hm^2$，年产金银花 4.8 万 t，加工干花 9 800 t，综合产值 14.5 亿元。山银花发展成为秀山县的重要支柱产业，是名副其实的山银花种植大县。

秀山县山银花主产区域，东部方向主要有龙池镇、涌洞镇，南部方向有梅江镇、钟灵镇、岑溪乡，西部方向有隘口镇、清溪场街道、溶溪镇、膏田镇、溪口镇，中部区域有平凯街道、官庄街道、乌杨街道等。秀山县山银花基地覆盖 15 个乡镇（街道）52 个村 2 万余农户，规模种植（加工）业主（企业、合作社、家庭农场）130 余户，规模种植面积占比达 80%以上。

## 2　山银花病虫害主要种类及发生特点

据县植保部门监测，秀山县山银花病虫害种类较多，发生普遍、危害期长。

### 2.1　山银花病虫害主要种类

据秀山县植保部门监测，山银花病虫害种类，按照发生与危害程度的“重、中、轻”原则，大致分为以下三类。

主要病虫害，指发生普遍，危害严重，不防治会造成严重损失的病虫害。种类有蚜虫、红蜘蛛、白粉病、褐斑病。

次要害虫，指发生较为普遍，危害较为严重，不防治会造成一定损失的病虫害。种类有尺蠖、蛴螬、蚂蚁、炭疽病、白绢病、病毒病、根腐病等。

偶发害虫，指在部分区域，偶发性的病虫害。种类有斜纹夜蛾、咖啡虎天牛、锈病、线虫等。

生理性病害主要是冻害（冷害），在海拔 800 m 以上地区，冬季或初春低温时节容易发生，造成落叶、枯枝，甚至死苗。

### 2.2 山银花病虫害发生普遍

秀山县地处亚热带气候区，常年平均气温 16.5 ℃，降雨 1 200 mm，气候温和，降雨充沛，导致山银花病虫害种类多且发生普遍。据县植保部门监测，在山银花主产区，无论东部的龙池镇方向，南部的梅江镇、钟灵镇方向，还是西部的隘口镇、清溪场街道、溶溪方向，山银花病虫害种类基本相同，且普遍发生，只是发生程度有所差异。

### 2.3 危害期长

秀山县山银花病虫害危害呈现周年危害的特点。春季和夏季，是山银花病虫害危害高峰期，以蚜虫、红蜘蛛、白粉病、褐斑病、地下害虫为主；秋季以蚜虫、褐斑病、根腐病、地下害虫为主；冬季以根腐病、地下害虫为主。

## 3 山银花病虫害绿色防控技术

### 3.1 推荐使用的生物农药种类

根据市场销售、生产实践及技术示范结果，防治蚜虫，推荐使用 1.5%除虫菊素 EW，每亩用量为 100 g。

预防白粉病，推荐使用 1%蛇床子素 EW，每亩用量为 100 g。

防治尺蠖、斜纹夜蛾等，推荐使用 100 亿孢子/mL 短稳杆菌 SC，每亩用量 100 g；或 0.3%印楝素 EC，每亩用量 100 g；或 1.6%狼毒素 EW，每亩用量 100 g；或 2 亿孢子/g 绿僵菌 OD，每亩用量 80~120 g。

预防根腐病、白绢病，推荐使用 2.65%噁霉·四霉素 AS，每亩用量 40~50 g。

预防病毒病，推荐使用 3%氨基寡糖素 AS，每亩用量为 125~150 mL。

预防褐斑病、炭疽病，推荐使用 6%井冈·嘧苷素 AS，每亩用量为 150~200 g。

植物生长调节剂，推荐使用 24-表芸薹素内酯 SLX，每亩用量 30~40 g；或 1.4%复硝酚钠 AS，每亩用量为 30~40 g。

对山银花因花期使用三唑类杀菌剂而造成的轻微药害（萎缩不长），推荐使用 4%赤霉酸 EC，每亩用量为 30~40 g。

农药助剂，推荐使用激健（主要成分为非离子表面活性剂、油酸甲酯、玉米胚芽油、油茶籽油、大豆油等），每亩用量 15~22.5 g；或橙皮精油，每亩用量 30~40 mL。近年来试验表明，使用农药助剂，可以减少化学农药使用量 20%~30%。

### 3.2 化学农药配方

山银花病虫害绿色防控，以生物农药为主，配合使用化学农药，才能有效控制病虫害危害。生物农药对环境友好，但总体防效较差，成本较高，建议生物农药与化学农药交替使用。

冬季清园，推荐使用29%石硫合剂AC，每亩用量150~200 g，全园喷施；或每亩用99%矿物油EC 200 g，全园喷施。石硫合剂和矿物油均属于矿物源农药，对环境十分友好。

冬季或初春低温时节，每亩用防冻液（氨基酸水溶肥或微量元素水溶肥）100 g，进行叶面及茎秆喷施，可以提高山银花抗寒能力，减少冷害（冻害）造成的落叶、枯枝或死苗。

3—6月，是秀山县山银花用药高峰期，按照山银花病虫害发生实况，在使用上述生物农药基础上，推荐以下化学农药+生长调节剂（农药助剂）配方。

3月嫩芽嫩梢期，以防治蚜虫、白粉病为主，药剂配方：2.5%高效氯氟氰菊酯EW 60 g+70%吡虫啉WG 6 g+25%吡唑醚菌酯SC 30 g+24-表芸薹素内酯SLX 30 g（或1.4%复硝酚钠AS30 g）+农药助剂（激健15 g，或橙皮精油30 g）。根据田间病虫害发生危害情况，施药1~2次，第二次施药间隔7~10 d。

4月，以防治蚜虫、白粉病、褐斑病、红蜘蛛、尺蠖等病虫害为主，药剂配方：10%四氯虫酰胺SC 40 g（或5%氯虫苯甲酰胺SC 30 g，或7.6%甲维·虱螨脲SC 50 g，或14%甲维·茚虫威SC 30 g）+80%烯啶·吡蚜酮EG 15 g+40%苯甲·吡唑酯SC 30 g+30%乙唑螨腈SC 12 g（或40%联苯·乙螨唑SC 30 g）+农药助剂（激健15 g，或橙皮精油30 g）；根据田间病虫害发生危害情况，施药1~2次，第二次施药间隔7~10 d。根据山银花田间长势，酌情配合施用叶面肥。

5月，以防治蚜虫、红蜘蛛、白粉病、褐斑病为主，药剂配方：25%吡唑醚菌酯SC 30 g+80%甲基硫菌灵WP 50 g+48%噻虫胺SC 30 g+30%乙唑螨腈SC 12 g（或40%联苯·乙螨唑SC 30 g）+农药助剂（激健15 g，或橙皮精油30 g）。根据田间病虫害发生危害情况，施药1~2次，第二次施药间隔7~10 d。根据山银花田间长势，酌情配合施用叶面肥。

6月上旬，山银花生长进入花期，以防治蚜虫、白粉病为主，药剂配方：15%氟啶虫酰胺·联苯菊酯SC 30 g+25%乙嘧酚磺酸酯ME 30 g+24-表芸薹素内酯SLX 30 g（或1.4%复硝酚钠AS 30 g）+农药助剂（激健15 g，或橙皮精油30 g）。

3—6月，结合施肥，每亩用3%辛硫磷GR 2~3 kg，防治地下害虫。或用2.5%高效氯氟氰菊酯EW 300~500倍液灌根，防治地下害虫。

由于山银花属于药食两用产品，化学农药安全间隔期必须达标，一般采收前15 d，不再施用化学农药。

3—5月，山银花基地推荐使用防草布预防杂草，尽可能减少或避免化学除草剂的使用。秀山县植保植检站近年来试验表明，山银花地行间铺设防草布（塑料编织布或无纺布），对杂草总体防效可达80%以上，减少除草2~3次。PP、PE防草布属于塑料材质，无法降解，用后需注意回收。PLA材质防草布属于无污染、可降解的材质，不影响生态环境。

春秋两季，预防根腐病，可用2.65%噁霉·四霉素AS或30%噁霉灵AS 300倍液灌根处理。

6—7月山银花采收后，结合夏季修剪，亩施苯甲·吡唑酯SC 30 g，或25%己唑醇SC 30 g，促进伤口愈合。

8—10月，根据山银花田间病虫害发生情况，以炭疽病、锈病、根腐病、斜纹夜蛾、蚂蚁、地下害虫为主，酌情施药1~2次。

### 3.3 山银花病虫害绿色防控模式

经秀山县植保部门多年探索实践，山银花病虫害绿色防控推荐采用“防草布+生物农药+农药助剂+环境友好型化学农药，全程统防统治”模式。实践表明，该技术模式，完全适宜于秀山县山银花基地大规模使用，既可以有效控制山银花病虫害危害，又可以减少化学农药使用，提高山银花品质，为秀山银花品牌创建，提供技术支撑。

## 4 山银花药剂防治负面清单

经秀山县植保部门多年监测和调查，三唑类杀菌剂对山银花生长有明显抑制作用。特别是山银花初春嫩芽期和6月花期，山银花对三唑类杀菌剂十分敏感，造成的典型症状就是叶片及花蕾萎缩不长、畸形扭曲，初花期的萎缩不长，严重的可能造成绝收。

经多年示范，县植保部门推荐的乙嘧酚磺酸酯、“吡唑醚菌酯+甲基硫菌灵”，对白粉病防效良好，完全可以取代三唑类杀菌剂。三唑类杀菌剂只能在采花后、春季山银花发嫩芽前使用。

目前，市场上常见的三唑类的杀菌剂有三唑酮、戊唑醇、己唑醇、腈菌唑、丙环唑、苯醚甲环唑及上述三唑类杀菌剂的复配制剂。三唑类的杀菌剂对白粉病防效好，使用较为普遍。但如果农药经营人员技术把握不严，宣传讲解不到位，加之山银花种植业主使用方法不当（主要是用量及适期），极易造成药害。近年来，随着山银花种植面积增加，山银花药害纠纷案例逐年增加，近年来，每年均在10件以上。据县农业执法部门统计，90%以上的案例是三唑类杀菌剂农药的不合理使用造成的。如2022年，隘口镇坝芒村一种植大户，花期使用三唑酮、腈菌唑、苯醚甲环唑防治山银花白粉病，造成50亩山银花绝收，造成30万元以上严重的经济损失。

山银花上防治红蜘蛛的药剂选择也要慎重，推荐使用安全性好的乙唑螨腈和联苯·乙螨唑。

由于山银花属于药食两用植物，生产上，严禁使用高毒农药及限制使用农药，农药品种只能在绿色食品用药清单中进行选择，科学用药，才能确保山银花产品农残达标。

## 参考文献

肖晓华，刘春，陈仕高，等，2007. 金银花病虫害的综合防治［J］. 植物医生（1）：23-24.

肖晓华，刘春，杨昌洪，等，2015. 金银花病虫害测报及防治技术［J］. 植物医生，28（5）：23-25.

# 专业化统防统治

# 秀山县农作物病虫害专业化统防统治的现状及发展

肖晓华

（重庆市秀山县植保植检站，秀山 409900）

**摘　要**：秀山县发展农业生产自然条件优越，良好的自然环境、多样的作物栽培有利于病虫害统防统治工作的开展。本文综述了病虫害专业化统防统治工作现状，总结了现阶段存在的问题，分析了秀山县病虫害统防统治工作今后发展的趋势。

**关键词**：秀山县；病虫害专业化统防统治；发展趋势

秀山县地处重庆市东南部、武陵山区腹地，辖区面积2 463.61 $km^2$，农业用地21.06万$hm^2$，占土地总面积的85.5%，年均气温16.5 ℃，年均降水量1 336 mm。四季分明，热量丰富，降水充沛，无霜期长，光、热、水与农作物生长基本同季，适宜多种农作物生长。境内海拔245~1 631 m，大部分属于中低山区及平丘地区，农业自然条件较好，农作物病虫害种类较多。

2014年，秀山县粮油作物播种面积6.0万$hm^2$，其中，水稻2.0万$hm^2$、玉米1.3万$hm^2$、马铃薯0.6万$hm^2$、甘薯0.7万$hm^2$、油菜1.7万$hm^2$；常年蔬菜种植面积1.2万$hm^2$、茶叶0.5万$hm^2$；以柑橘为主的水果种植面积1.0万$hm^2$；以金银花为主的中药材种植面积2.0万$hm^2$。良好的自然环境、多样化的作物栽培，十分有利于农作物病虫害专业化统防统治工作开展。

农作物病虫害专业化统防统治是农作物病虫害防治的有效形式，是农业规模经营的现实需要，是农作物重大病虫害应急防控的现实需要，是解决农村劳动力严重不足问题的现实需要，是减少农药使用、提高防治效果、减轻农药残留、减轻环境污染的现实需要，是发展无公害农产品的必然选择，是现代植保发展的必然趋势。

农作物病虫害统防统治在秀山县实施得较早，20世纪80年代末开始发展，90年代迅速发展。2000年后，随着农业发展，农村经营体制出现新的变化，规模化经营开始出现，现代意义上的农作物病虫害专业化统防统治快速发展，2010年后专业化统防统治面积以30%以上的速度增长，表现为从事专业化统防统治的农民合作组织或农业公司大幅度增加、防治的作物种类增多、防治面积扩大。

## 1　秀山县农作物病虫害专业化统防统治的现状

### 1.1　发展思路

近年来，秀山县农作物病虫害专业化统防统治发展思路是："巩固公益型、发展农民专业合作组织型、支持农业公司型、鼓励大户或业主型、指导个体型”。公益型是指以重点镇（乡、街道）农业服务中心为主体，依靠粮油等病虫害防治项目，充实、完善秀山县各镇（乡、街道）农业服务中心统筹管理的公益型专业化统防统治组织，从事农作物重大病虫害应急防控工作；农民专业合作组织型是指对秀山县粮油、蔬菜、金银花、水果等农民专业合作组织，在资金、技术、物资、培训等方面给予扶持和帮助；支持农业公司型是指对从事农业产业发展的农业公司，在生产无公害、绿色、有机食品时，在人员培训、资金、技术、物资等方面给予补助；鼓励大户或业主型是指对秀山县种植大户或承包业主，在培训、技术、机动喷雾器、农药等方面给予扶持和帮助。指导个体型是指各级加大技术宣传、培训力度，抓好技术指导、技术服务工作。截至 2014 年底，秀山县 27 个镇（乡、街道）公益型专业化统防统治组织实现了全覆盖，农民专业合作组织迅速发展，大户或业主数量大幅增加。实践证明，秀山县确立的总体发展思路符合当前农作物病虫害专业化统防统治实际需要，促进了专业化统防统治的发展，可以预计，这一发展策略在今后相当长时期内，仍然具有现实指导意义。

### 1.2　组织发展

截至 2014 年 12 月，秀山县共组建农作物病虫害专业化统防统治组织 86 个，其中在县工商部门登记注册、县植保植检站备案的组织有 44 个，重庆市专业化统防统治十强组织 1 个。秀山县专业化统防统治组织拥有机动喷雾器 508 台（套），专业化统防统治组织年作业能力 6.7 万 $hm^2$ 以上，加之秀山县个体户有 200 余户，秀山县共拥有机动喷雾器 700 余台（套），机防能力达 10 万 $hm^2$ 以上。专业化统防统治服务领域从粮油产业逐步扩大到水果、中药材、蔬菜等领域，组织模式及服务方式进一步多样化，对秀山县农作物病虫害防治发挥了重要作用。

### 1.3　专业化统防统治现状

2010—2014 年，秀山县在清溪场镇、梅江镇、官庄镇、石堤镇、石耶镇、溶溪镇等地，以水稻、油菜、果树、马铃薯、大蒜、百合等作物重大病虫害为主，大力开展专业化统防统治示范，面积逐年扩大。2010—2013 年，秀山县专业化统防统治面积分别为 0.15 万 $hm^2$、0.50 万 $hm^2$、0.84 万 $hm^2$、1.25 万 $hm^2$，2014 年面积达 1.67 万 $hm^2$，比上年（1.25 万 $hm^2$）增加 0.42 万 $hm^2$（表 1），主要病虫害防治效果均在 85% 以上，成效明显。

**表 1　秀山县 2014 年农作物病虫害专业化统防统治面积统计**　　单位：万 $hm^2$

| 作　物 | 全年统防服务面积 | 全年统防作业面积 | 其中全程承包统防服务面积 | 全程承包统防服务作业面积 |
|---|---|---|---|---|
| 水　稻 | 0.40 | 1.00 | 0.20 | 0.60 |
| 马铃薯 | 0.03 | 0.07 | 0.03 | 0.03 |
| 油　菜 | 0.07 | 0.07 | 0.02 | 0.02 |
| 果　树 | 0.07 | 0.20 | 0.03 | 0.03 |
| 蔬　菜 | 0.07 | 0.13 | 0.03 | 0.03 |

（续表）

| 作　物 | 全年统防服务面积 | 全年统防作业面积 | 其中全程承包统防服务面积 | 全程承包统防服务作业面积 |
|---|---|---|---|---|
| 中药材 | 0.07 | 0.20 | 0.03 | 0.07 |
| 合　计 | 0.71 | 1.67 | 0.34 | 0.78 |

## 2　秀山县农作物病虫害专业化统防统治存在的问题

### 2.1　农村劳动力不足，与专业化统防统治组织发展不适应

目前，秀山县农村劳动力大量转移，农村劳动力普遍缺乏，特别是懂技术的青壮劳动力奇缺，部分镇（乡、街道）甚至出现“有机无人”的状况。

### 2.2　农民合作组织自身能力不足，与专业化统防统治市场需要不适应

秀山县规范化的专业化统防统治组织规模偏小，农民合作组织自身能力不强，合作层次不高。农民合作组织受经济实力、技术能力、信息条件等方面的限制，规模偏小，层次较低，加之多数农民合作组织结构松散，制度不够健全，与农民利益联结不紧密，市场竞争能力较弱，辐射和带动能力不强。截至 2014 年，年作业面积 333 $hm^2$ 以上的农民合作组织有 5 个，年作业面积 667 $hm^2$ 以上的农民合作组织仅有 2 个，且服务区域多为本村或临近村居，基本无跨境服务。

### 2.3　各级投入不足，与专业化统防统治示范需求不适应

专业化统防统治总体投入不足。2010 年以来，市级以上投入每年 30 万~85 万元，县级 10 万~30 万元，镇（乡、街道）以下基本无投入，农民合作组织自筹资金 10 万~20 万元不等。以 2014 年为例，秀山县水稻“两迁”害虫大发生，县级财政投入病虫害防治资金 30 万元、乡镇级 8 万元，秀山县 2.0 万 $hm^2$ 水稻，水稻病虫害发生面积 10 万 $hm^2$ 以上，即使全部用于水稻，每亩平均只有 0.25 元。投入不足，项目资金则只能保证重点，主要是高产创建示范区，专业化统防统治辐射、带动能力十分有限。

### 2.4　技术能力不足，与专业化统防统治技术需求不适应

县、镇（乡、街道）、村组各级植保技术人员严重不足，技术宣传、防治指导存在不到位情况。秀山县仅有农业技术人员 120 名，且镇（乡、街道）以下无专职植保技术人员，秀山县农技人员平均每人要承担约 0.2 万 $hm^2$ 的农作物病虫害防治的指导工作。特别是 2001 年秀山县机构改革后，镇（乡、街道）农业部门及人员管理权限下放，从事农业技术本职工作到位情况差，技术指导不到。县级植保植检站人员又少、工作量大，宣传培训工作也有待加强。技术能力不足，表现为植保技术宣传不力，技术培训不配套。多种形式的植保专业化防治，给技术宣传、培训带来新的压力和挑战。如秀山县多数机手及农民能熟练使用机动喷雾器，但大多不会维修及保养，植保部门对分散的机动喷雾器又不便于集中保管及修理，常年培训的次数及人员又有限，机动喷雾器耗损较大，使用期限缩短。

## 3　农作物病虫害专业化统防统治发展趋势

### 3.1　专业化统防统治组织规范化

各级农业部门要强化服务意识，创新工作机制，与专业化防治组织建立紧密的业务指导关系，提高其为农民提供病虫害防治服务的能力和水平。按照农业部《农作物病虫害专业化统防统治管理办法》，结合当地实际，制定专业化防治组织管理办法，加强专业化防治组织的有关制度建设，规范服务行为。按照“八有”标准［即有注册登记、有规章制度、有技术规程、有服务队伍、有高效施药机械、有专（兼）职植保员、有服务档案、有抗风险能力］及服务“五要求”（即服务组织注册登记，服务人员持证上岗，服务方式合同承包，服务内容档案登记，服务质量全程监管），规范组建、管理病虫害专业化统防统治组织，促进专业化统防统治组织的健康发展。规范化是规模化、效益化的前提和基础。

以农民为主体，以市场为导向，采用资金、技术、物资等扶持方式，在现有的专业化防治服务组织建设基础上，鼓励农民专业合作组织、种植大户、农药经营实体及其他经营服务组织或个人参与、创建专业防治组织，发展一批信誉好、服务好、防效好、受群众欢迎又有发展活力的专业化防治服务组织，切实提高秀山县农作物病虫害防治的组织化程度和植保防灾减灾能力。

### 3.2　专业化统防统治组织形式混合化

公益型、农民专业合作组织型、农业公司型、大户或业主型、个体型等各种组织形式混合存在及发展，是近期专业化统防统治组织形式的现状，也是未来一段时期内，专业化统防统治组织发展的大趋势，农业部门应急防治、个体机防、农民合作组织专业防治、农民群防相结合的总体态势，短期内不会有太大变化。

### 3.3　专业化统防统治面积扩大化

专业化防治适应市场需要，有强大的生命力，随着农村土地大规模流转、农业规模经营扩大，专业化防治面积必定逐年扩大，秀山县专业化统防统治面积，预计到2020年可达到5.0万 $hm^2$ 以上。

### 3.4　专业化统防统治作物种类多样化

秀山县主要粮油产区地势平坦，操作方便，加之新的机型，特别是无人机的引进及使用，专业化统防统治作物种类进一步增加。适宜专业化防治的作物从水稻、蔬菜、果树，扩大到所有规模种植的农作物，作业区域也会从平坝地区扩大到丘陵、中低山区。

### 3.5　专业化统防统治操作模式灵活化

随着专业化统防统治发展，应急防治、阶段性防治、全程承包、代防代管等多种操作模式出现，必将有力推动秀山县专业化统防统治的发展。近年来，秀山县部分农民合作组织开展阶段性防治、全程承包、代防代管尝试，取得成功经验，农业部门也进行积极引导、帮扶，促进了专业化统防统治发展。

### 3.6 专业化统防统治防治时期全年化

专业化统防统治一般在夏季作业多，随着农业结构调整，作物种类增多，专业化统防统治防治时期实现了全年化。春季防治果树、蔬菜病虫害，夏季主要防治大春作物病虫害、秋冬季则可防治油菜、蔬菜、马铃薯、中药材等农作物病虫害。

### 3.7 专业化统防统治组织规模化

随着专业化统防统治组织自身资金及经验积累、政府扶持力度加大，有条件的专业化统防统治组织必将向规模化方向发展。按照规划，到 2020 年，秀山县年作业面积 333 $hm^2$以上的农民合作组织要达到 20 个以上，年作业面积 667 $hm^2$ 以上的农民合作组织仅有 10 个以上，力争培育 1~3 个年作业面积 3 333 $hm^2$以上的农民合作组织或农业公司。规模化以上专业化统防统治面积达 2 万 $hm^2$ 以上。

### 3.8 专业化统防统治组织从业人员专业化

随着专业化组织规范化、规模化发展，必然要求从业人员专业化。即专业化培训、专业化考核、专业化操作，进一步提高服务质量，提高防治效果。

### 3.9 专业化统防统治防与植保新技术融合化

目前，农产品质量安全要求越来越高，大众环境保护意识增强，专业化统防统治防也要适应形势发展需要，与植保新技术融合，特别是与农作物病虫害绿色防控技术相融合，配套使用低毒、高效、低残留农药，加大生物农药推广力度，并与杀虫灯、性诱剂、食物诱剂、“生物导弹” 等多项技术配合使用，确保农产品质量安全。

### 3.10 专业化统防统治经费投入多元化

对重庆市级以上补助资金，2010 年以来，秀山县制定农作物病虫害专业化统防统治考核办法，对统防统治组织进行补助，每年补助 15 个左右统防统治组织经费 20 万元左右，补助 40 余个防治组织农药 0.3 万 $hm^2$ 左右，药械 50~80 台。镇（乡、街道）以下很少投入。随着专业化统防统治的发展，国家投入增多，农业补贴范围扩大、农民合作组织及农业公司自身造血功能增强，专业化防治投入将大幅度增加，特别是农民合作组织、农业公司、承包业主、大户等，为自身效益考虑也会增加投入，在秀山县形成多家投入，总量增加的态势。

### 3.11 专业化统防统治跨区作业尝试化

现代意义的专业化防治出现时间偏迟，农民意识较为严重。随着市场经济发展，专业化组织规模化经营必将促进专业化统防统治跨区作业。专业化组织首先在秀山县及附近县（市）进行大流通，以承包防治、代防代管等形式，经过一段时期的尝试后，必将走出家门，跨区作业，向家门外要市场，向大市场要效益。

### 3.12 专业化统防统治专业设备更新化

目前，秀山县专业化统防统治设备有手动喷雾器、机动喷雾器、担架式喷雾器，以机动喷雾器为主。2015 年，秀山县正式引进无人机防治油菜、水稻病虫害，并指导农民合作组织购买了 1 架无人机，作业面积 667 $hm^2$。预计到 2020 年，秀山县专业化组织配备机动喷雾器 800 台以上、担架式喷雾器 10 台，手动喷雾器 200 台，无人机5台，并根据形势发展需要，逐步引进动力伞、直升机等新型设备，逐步提升专业设备及服务水平。

### 3.13 专业化统防统治组织管理企业化

专业化统防统治组织作为市场经济的产物，必将进行市场化运作，企业化管理，在大市场中竞争，只有适宜形式发展需要，在市场竞争中存活的组织，才能得到巩固和发展。

### 3.14 专业化统防统治组织品牌创建市场化

2012年，秀山县石耶镇青龙大蒜专业合作社成片种植大蒜33 $hm^2$，开展3次大蒜病虫害统防统治，防治效果达80%以上，增产20%左右，每亩增收600余元。结合专业化统防统治，创建“青龙炖蒜”品牌，2013年全部证、号申报办理齐全，成为首个由农民合作组织创建的农业品牌。2014年，农作物专业化统防统治结合绿色防控技术，与市场推动和品牌创建相结合，秀山县重庆天人农业股份合作社已正式登记注册优质“金秀”牌食用油、“金秀”牌大米，成为秀山县农民合作组织创建的第一个粮油品牌，2014年已生产食用油2 t、大米20 t，产品供不应求，销路前景良好。可以预计，由专业化统防统治组织创建品牌这种模式，必将发展、壮大，成为农民参与市场竞争的有效途径。

### 3.15 专业化统防统治组织区域布局合理化

秀山县适宜专业化防治作物及面积主要有水稻0.67万 $hm^2$，每年防治2~3次；玉米0.33万 $hm^2$，每年防治1~2次；甘薯0.13万 $hm^2$，每年防治1次；蔬菜0.67万 $hm^2$，每年防治3~5次；马铃薯0.13万 $hm^2$，每年防治1~2次；茶叶0.5万 $hm^2$，每年防治1~2次；柑橘0.33万 $hm^2$，每年防治2~3次；金银花0.67万 $hm^2$，每年防治2~3次；其他0.2万 $hm^2$，每年防治1~2次。秀山县专业化统防统治组织区域布局将各有特色，总体上做到，宜粮则粮、宜菜则菜、宜果则果，侧重点不同，合理化布局。

### 3.16 专业化统防统治宣传培训常态化

常年性对专业化防治组织的成员集中进行病虫害防治知识和施药器械使用和维修技术培训，使受训人员达到“一有四会”标准，即有综合防治意识、对主要病虫害会识别、会调查、会决策，对施药器械会使用维修。在病虫害防治关键时期，农技人员深入田间地头进行技术指导及宣传培训是搞好专业化统防统治的重要技术支撑。

## 参考文献


肖晓华，2013. 对秀山县植保工作的思考［J］. 西南农业学报，26（增刊）：159-163.

肖晓华，2014. 秀山县2013年农作物病虫害专业化统防统治成效分析［J］. 南方农业，8（1）：36-39.

肖晓华，2012. 秀山县农作物病虫害专业化统防统治的做法及特点［C］. //全国农业技术推广服务中心．科技创新现代植保论文集．北京：中国农业科学技术出版社.

肖晓华，邹勇，2011. 水稻病虫害专业化统防统治实践及成效［J］. 南方农业，5（1）：5-8.

**原文发表** 农业科技通讯，2015，525（9）：21-24

# 水稻病虫害专业化统防统治与绿色防控融合示范及成效

肖晓华[1]，刘 春[1]，杨昌洪[1]，吴洪华[1]，周天云[2]
（1. 重庆市秀山县植保植检站，秀山 409900；2. 重庆市种子管理站，重庆 401121）

**摘 要**：2015年，在重庆市秀山县实施了水稻病虫害专业化统防统治与绿色防控融合推进试点项目，示范内容包括种子处理和秧田阻隔预防病虫害，稻鸭共育控制病虫害草害，太阳能灯光诱杀害虫，昆虫性引诱剂诱杀害虫，“生物导弹”防治二化螟，生物农药控制病虫害，大力开展水稻病虫害专业化统防统治。示范面积666.7万$hm^2$。示范结果表明，示范区减少用药量20%以上，取得了良好的防治效果、经济效益和生态效益。

**关键词**：水稻病虫害；专业化统防统治与绿色防控融合；示范；重庆市秀山县

为了推进水稻病虫害专业化统防统治和绿色防控技术有机融合，探索病虫害防控低碳、环保、可持续发展新模式，提高保障农业生产、农产品质量、生态环境安全能力，持续有效地控制病虫害为害，最大限度地减少水稻病虫害灾害损失，2015年重庆市农业委员会下达了秀山县水稻病虫害专业化统防统治与绿色防控融合试点项目（简称融合项目），通过项目实施，取得良好效果。

## 1 融合项目目标、任务

2015年，融合项目实施以“防灾减损、提质增效、保障安全”为目标，扎实做好病虫害灾害监测预警和防治指导公共服务，加快推进专业化防治和绿色防控，控制病虫害危害，减少化学农药用量，保障农业增产增收和农产品质量安全。

2015年，在秀山县清溪场镇沙南村、东林居委会、茫洞村南丘村等地建立水稻病虫害专业化统防统治与绿色防控融合示范基地，示范面积666.7 $hm^2$，辐射带动周边及秀山县6 666.7 $hm^2$。融合示范区采用农业、物理、生物防治措施，安全、科学、合理使用化学农药等绿色防控措施，大力推广水稻病虫害专业化统防统治。示范区减少农药用量20%以上，稻谷质量符合食品安全国家标准，生态环境及生物多样性有所改善。

## 2 融合项目示范内容

### 2.1 种子处理和秧田阻隔预防病虫害

2015年4月10日，秀山县植保植检站购买高巧（60%吡虫啉悬浮种衣剂）200包，共计2 000 mL，免费发放项目区水稻种植业主（秀山县盛耀农机服务有限公司），拌种处理 200 kg，示范面积 13.3 $hm^2$。预防恶苗病、水稻蓟马等。

## 2.2 稻鸭共育控制病虫害草害

在稻田放养雏鸭，利用雏鸭旺盛的杂食性，吃掉稻田内的杂草和害虫，可减轻纹枯病、稻飞虱和杂草等发生为害；利用鸭不间断的活动产生中耕浑水效果，刺激水稻生长，同时鸭的粪便可作为肥料。插秧后 1~2 周，秧苗成活后，在水稻分蘖盛期，将 1~2 周龄的雏鸭 12~15 只放入稻田，水稻破口前收鸭，以免水稻抽穗后鸭子吃稻穗。

2015 年，秀山县稻鸭共育控制病、虫、草示范 66.7 $hm^2$，全部选择融合示范区内的水稻种植业主实施，即秀山县盛耀农机服务有限公司、重庆天人农业股份合作社、秀山县四季堡粮油专业合作社，每家养鸭1 000只以上，项目先建后补，水稻成熟后，每家补助鸭苗、饲料经费 1 万元。

## 2.3 太阳能灯光诱杀害虫

2015 年，融合示范区新安装、检修太阳能杀虫灯 50 盏，融合示范区太阳能杀虫灯累计安装 150 盏，控害面积 400 $hm^2$。4—9 月聘请专人（200 元/月）及时清理、维护，示范区太阳能杀虫灯运行、管理规范有序。

## 2.4 昆虫性引诱剂诱杀害虫

2015 年 4 月，购买二化螟、稻纵卷叶螟诱芯及屋式诱捕器 400 套，在东林居委会示范性诱剂防治水稻害虫 6.7 $hm^2$（其中，二化螟 3.3 $hm^2$、稻纵卷叶螟 3.3 $hm^2$）。5 月 11 日，按照“15 m×10 m”规格，每亩安置三角屋型诱捕器 4~5 套，开展性诱剂防治二化螟示范。6 月 2 日，在相同区域更换诱芯、粘虫板，继续开展性诱剂防治稻纵卷叶螟示范。

## 2.5 “生物导弹”防治二化螟

“生物导弹”是利用卵寄生蜂（赤眼蜂）将经过高新技术处理过的强毒力剂（病毒）传递到害虫卵块表面，使初孵幼虫感病死亡，达到控制目标害虫危害的目的。因其寄生蜂寄生的靶性极度强，又携带病毒传播，故称为“生物导弹”。2015 年，除继续在玉米上推广外，秀山县主动在水稻二化螟防治上进行探索，在全市首次开展“生物导弹”防治水稻二化螟示范。5 月 11 日，于二化螟发蛾盛期，在清溪场镇沙南村，按照“15 m×10 m”规格，每亩投放 5 枚“生物导弹”，示范面积 6.7 $hm^2$。

## 2.6 生物农药控制病虫害

结合 2015 年农作物重大病虫害防治补助项目、水稻全程社会化服务试点项目实施，融合项目示范区全部选用生物农药或高效低毒低残留农药控制病虫害。

## 2.7 大力开展水稻病虫害专业化统防统治

示范区内依托水稻全程社会化服务项目所确定的 12 家社会化服务组织，推行“五统一”（统一组织、统一发动、统一时间、统一技术、统一实施），开展水稻病虫害专业化统防统治。2015 年 4—8 月，组织专业化统防统治 2~3 次，防治面积 1.87 万 $hm^2$，其中重庆天人农业股份合作社、秀山县盛耀农机服务有限公司分别组织无人机施药防治 1 次，面积各 133.3 $hm^2$，秀山县四季堡粮油专业合作社购买无人机 2 台，2015 年施药

2次，面积200 $hm^2$，全年水稻无人机防治面积333.3 $hm^2$。

## 3 工作措施

### 3.1 强化病虫害监测预警

（1）搞好病虫害监测。进一步完善监测预警设施，合理设置监测网点，安排专业测报人员，认真搞好水稻主要病虫害的调查监测。4—10月每日进行测报灯监测和每周进行一次水稻主要病虫害田间定点、定田系统调查及大面积普查。

（2）准确及时发布农作物病虫害情（警）报。要根据病虫害监测结果和天气预报等因素综合分析，科学准确及时地发布病虫害情（警）报。2015年，秀山县中长期预报准确率达85%以上，短期预报准确率达90%以上。

### 3.2 加大植保信息宣传力度

宣传的重点内容是绿色植保技术和专业化统防统治。进一步扩大宣传覆盖面，加强宣传力度，采取灵活多样的宣传形式，充分利用电视、广播、报纸、手机短信和网络信息平台等现代媒体，标语、条幅、宣传画、植保专栏、广告牌等传统方式，病虫害情报、病虫害灾害动态、工作汇报、文件等材料形式，会议、活动、示范等各种场合，全方位、多样化宣传，并针对不同的受众，因人制宜，用通俗的语言、图片进行宣传，提高植保信息知晓率。

### 3.3 加强防治技术指导

（1）要因地制宜，及早制定和发布防治技术方案，为业主、农民全年的病虫害防治提供指南，为当地政府组织防治当好参谋。

（2）指导农民使用频振式杀虫灯、生物农药等绿色防控技术，减少化学农药用量，全面禁用高毒农药，提高环境和农产品质量，避免高毒农药在农产品中残留的现象发生。

（3）在防治关键时期，要组织有关技术人员，深入乡镇村组和田间地头，为农民防治病虫害提供技术指导和服务，督促落实绿色防控措施，检查防治效果。

### 3.4 完善制度，强化工作督促检查

加强领导，明确责任。建立完善重大病虫害防控督查机制和应急处置制度，在防治关键时期建立值班制度、信息周报制度和工作督导制度，分片包干，分赴重点地区检查、指导防治工作，以确保各项措施落到实处，确保防治质量，将病虫害可能造成的危害降低到最低程度。落实具体的示范基地责任人员及植保技术指导人员。

## 4 融合项目效益

### 4.1 种衣剂处理效果

5月10日，秧苗调查，示范区、常规用药区、对照区秧苗根重分别为0.29 g、0.22 g、0.21 g；秧苗株高分别为13.5 cm、12.7 cm、12.5 cm；秧苗鲜重分别为0.58 g、0.50 g、0.51 g。稻蓟马防效89.1%。

### 4.2 稻田养鸭效益

据调查，鸭苗6月底或7月初购买，饲养2个月即可上市，购买鸭苗费用5元/只（含防疫）、饲料10元/只（以1 000只规模计算，需要专用饲料1 750 kg，单价2.80~3.00元/kg，粮食1 770 kg，2.60元/kg、酒糟1 077 kg，0.30元/kg）、聘请人工费用1 200~1 500元/月。每只鸭子成本22~25元。按照成活率一般80%~85%，鸭子市场价20元/kg计算。50~60 d的鸭子平均1.50~1.75 kg/只，价值30~35元，每只鸭子利润（按成活率8折计算）6.4~8.0元。饲养1 000只，平均利润6 400~8 000元。

实践证明，在条件良好的地方，稻田养鸭是一项切实可行的绿色防控措施及农民增收措施，不仅对稻飞虱、稻纵卷叶螟等害虫有一定的控制作用，杂草防除效果可达80%以上，经济效益也明显。2015年，秀山县四季堡粮油专业合作社还尝试稻田养鸭承包制。具体做法是：6—9月，养鸭2批，每批1 000只，鸭苗费用、疫苗、饲料费用全部由合作社负责，承包人负责日常看管，工资支付1 200元/月，鸭子上市后，按照700只鸭子价格交合作社，多余部分归承包人所有。这种做法好处是提高承包人积极性，进行精心管护，成活率可达85%以上，每天田间放鸭时间长、收鸭认真负责。2015年，合作社每只鸭子效益大致6~8元。

### 4.3 灯光诱杀害虫效果

2015年调查表明，太阳能杀虫灯在水稻基地能诱杀7个目、50余种（类）害虫，对蝼蛄、大猿叶虫、小猿叶虫、金龟类、灯蛾类、二化螟等害虫效果明显，对天敌类隐翅虫、步甲、瓢虫、黑肩绿盲蝽等也有较大杀伤，但从诱杀到的昆虫种类看，太阳能杀虫灯诱杀害虫的种类明显多于天敌的种类。

### 4.4 昆虫性引诱剂诱杀害虫效果

二化螟性引诱剂诱示范，5月15日抽查，诱捕器诱虫率100%，平均诱蛾量13.4头，最高35头。折亩量平均为67头/亩。5月19日抽查，诱捕器诱虫率100%，平均诱蛾量18.5头，最高43头。折亩量平均为92.5头/亩。6月2日，二化螟成虫发蛾末期调查，诱捕器诱虫率100%，平均诱蛾量21.1头，最高45头。折亩量平均为105.5头/亩，诱虫效果十分明显。二化螟为害定型后，6月15日调查防治效果：性诱剂示范区平均为95.0%，比常规防治区（71.0%）增24.0个百分点。

2015年，稻纵卷叶螟性引诱剂诱示范效果不明显，诱虫率低。抽查50个诱捕器，仅2个诱捕器有虫，且每个诱捕器只有1头稻纵卷叶螟。

### 4.5 “生物导弹”防治二化螟效果

6月15日二化螟为害定型后调查，“生物导弹”示范区平均为82.6%，比常规防治区（71.0%）增11.6个百分点。

### 4.6 水稻病虫害专业化统防统治效果

7月15日，统防统治施药防治后7 d调查，融合示范区白背飞虱防效平均为94.5%，最高100%；稻纵卷叶螟防效平均为90.2%，最高为94.1%。药后14 d调查。融合示范区白背飞虱防效平均为94.8%，最高96.6%。稻纵卷叶螟防效平均为87.2%，最高为 91.4%。

8 月 25 日，稻纹枯病为害定型后调查稻纹枯病防治效果。大面积融合示范区防治效果平均为 85.8%，最高 88.1%。

9 月 6 日测产验收，示范区、常规区、对照区单产分别为 615.0 kg/亩、589.8 kg/亩、485.1 kg/亩，示范区比对照区增产 26.8%，示范区比常规区增产 4.3%，常规区比对照区增产 21.6%。

2015 年常规区用药 4 次，融合示范区 3 次（均含秧田施药）。常规区用药合计 476 g/亩（4.5%高效氯氰菊酯 60 mL，25%甲维·茚虫威 10 g，25%噻虫嗪 16 g，30%甲维·毒死蜱 100 mL，25%噻嗪酮 70 g，20%井冈霉素 100 g，40%毒死蜱 100 mL，80%噻嗪酮 20 g），合计金额 52 元/亩；融合示范区用药合计 202 g/亩（30%茚虫威 20 g，25%噻虫嗪 16 g，艾美乐 6 g，30%氰虫·毒 120 g，40%春雷·噻唑锌 40 g），合计金额 59 元/亩。融合示范区减少用药 1 次，用量减少 57.6%。

融合示范区每亩防治成本：药剂 59 元+45 元（施药 15 元/亩×3 次）= 104 元（注：无人机施药 18 元/亩，机动喷雾器 15 元/亩，这里统一按照 15 元计算）。

常规区每亩防治成本：药剂 52 元+60 元（施药 15 元/亩×4 次）= 112 元。

融合示范区效益：示范区单产 615 kg/亩，稻谷 2.80 元/kg，折 1 722元，扣除成本 104 元，每亩效益为 1 618元。常规区单产 589.8 kg/亩，稻谷 2.80 元/kg，折 1 651.44 元，扣除成本 112 元，每亩效益为 1 539.44元。融合示范区比常规区增加 87.56 元。空白对照区单产 485.1 kg/亩，稻谷 2.80 元/kg，折合 1 358.28元，融合示范区比对照区每亩效益增加 259.72 元。

## 5 问题与建议

（1）2015 年农作物病虫害专业化统防统治与绿色防控融合推进试点项目属于农业部统一安排部署的示范项目，经费少，示范面积不大，示范带动效应有限。

（2）项目经费上实行先建后补，全部经费先行垫付，在现行管理财务制度下，操作较为困难。

（3）专业化统防统治与绿色防控融合，是未来病虫害防治的发展方向，技术含量高，专业性较强，县级以下植保部门组织实施工作量特别大。建议以后规模化实施面积要适宜，如水稻病虫害专业化统防统治与绿色防控融合示范，每个县 33.3～66.7 $hm^2$，生物农药、生态调控、统防统治、减量控害、性诱、灯诱等绿色防控措施全部配套，水稻种、管、收、加工一条龙，水稻全程监管，综合发挥各项技术措施增产潜力。

（4）“生物导弹”防治二化螟比性诱方法操作更简单，效果明显，建议继续示范。

（5）建议项目配套必要的工作经费，保证项目序时推进。

**原文发表** 南方农业，2016，10（1）：6-9

# 水稻病虫害专业化统防统治与绿色防控融合技术模式及成效

肖晓华[1]，刘　春[1]，杨昌洪[1]，周天云[2]
（1. 重庆市秀山县植保植检站，秀山　409900；2. 重庆市种子管理站，重庆　401121）

**摘　要**：重庆市秀山县水稻病虫害种类多、发生危害重。2016 年，推广“稻鸭共生控虫除草+频振式太阳能杀虫灯诱杀二化螟、稻飞虱、稻纵卷叶螟等成虫+性诱剂诱杀二化螟雄虫+赤眼蜂（‘生物导弹’）寄生二化螟卵块+农药减量控害+全生育期使用生物农药或高效低毒、低用量、环保农药，以专业化统防统治模式控制水稻病虫害”技术模式取得积极成效。融合示范区减少用药 1~2 次，用药量减少 45.6%；防治成本降低 9 元/亩；融合示范区比常规区增产 7.0%，增加收益 123.8 元/亩。

**关键词**：专业化统防统治；绿色防控；技术融合；技术模式；效果

重庆市秀山县位于重庆市东南部，秀山县辖区面积 2 449 km$^2$，人口 65 万人，秀山县农业用地 21.06 万 hm$^2$，占土地总面积的 85.5%，年平均气温 16.5 ℃，年平均降水量为 1 336.2 mm。秀山县四季分明，热量丰富，降水充沛，日照偏少，无霜期长，光、热、水与农作物生长基本同季，有效性好，适宜多种农作物生长，属于传统的农业大县。秀山地理位置特殊，立体气候明显，栽培制度及生态条件复杂，为多种病虫害提供了适宜的环境，导致本地水稻病虫害种类多、发生危害重。水稻是本地主要粮食作物，常年种植面积 2.0 万 hm$^2$，水稻病虫害常年发生面积在 10.0 万 hm$^2$ 以上。

近年来，秀山县积极引进，试验、示范、推广专业化统防统治和绿色防控新技术，取得积极成效。为了推进专业化统防统治和绿色防控技术有机融合，探索病虫害防控低碳、环保、可持续发展新模式，提高保障农业生产、农产品质量、生态环境安全能力，持续有效地控制病虫害危害，最大限度地减少水稻病虫害灾害损失，确保粮食增产，农民增收，农业增效，2016 年，秀山县组织开展农作物病虫害专业化统防统治与绿色防控融合示范推广。

## 1　技术模式

水稻移栽后，稻鸭共生控虫除草+频振式太阳能杀虫灯诱杀二化螟、稻飞虱、稻纵卷叶螟等成虫+性诱剂诱杀二化螟雄虫+赤眼蜂（“生物导弹”）寄生二化螟卵块+农药减量控害+全生育期使用生物农药或高效低毒、低用量、环保农药，以专业化统防统治模式控制水稻病虫害。

## 2 指导思想及预期目标

坚持"预防为主、综合防治"的植保方针，树立"科学植保、公共植保、绿色植保"理念，依托新型农业经营主体、农作物病虫害防治服务组织、农药生产企业，以专业化统防统治为主要形式，以农作物病虫害全程绿色防控为重点内容，整合各方力量、聚集多方资源，加大资金扶持、强化指导服务，打造一批高标准融合示范基地，集成一批全程农药减量控害技术模式，培育一批实施主体，探索一套成功经验，加快建立"政府扶持、市场运作、多元主体、专业服务"推广机制，辐射带动大面积应用，实现病虫害综合治理、农药减量控害，促进农业绿色可持续发展。

工作目标是在秀山县清溪场镇沙南村、东林居委会、茫洞村、南丘村等10个村（居）建立水稻病虫害专业化统防统治与绿色防控融合示范基地，示范面积666.7 $hm^2$，辐射带动面积6 666.7 $hm^2$。融合示范区采用农业、物理、生物防治措施，安全、科学、合理使用化学农药等绿色防控措施，大力推广水稻病虫害专业化统防统治。示范区减少农药用量20%以上，稻谷质量符合食品安全国家标准，生态环境及生物多样性有所改善。

## 3 关键技术路线

### 3.1 稻鸭共育控虫除草技术推广

在稻田放养雏鸭，利用雏鸭旺盛的杂食性，吃掉稻田内的杂草和害虫，可减轻纹枯病、稻飞虱和杂草等发生为害；利用鸭不间断的活动产生中耕浑水效果，刺激水稻生长，同时鸭的粪便可作为肥料。插秧后1~2周，秧苗成活后，在水稻分蘖盛期，将1~2周龄的雏鸭12~15只放入稻田，水稻破口前收鸭，以免水稻抽穗后鸭子吃稻穗。

秀山县水稻种植面积大，水源条件良好，农民历来有稻田养鸭的习惯及传统。2016年，秀山县在项目区指导、推广稻鸭共育控制病虫害草技术133.3 $hm^2$，大部分由项目区内的水稻种植业主（农民合作社、农业公司）、种植大户实施。其中，饲养规模300只以上的业主或大户有50余户，500只以上的有30余户，1 000只以上的5户，2 000只以上的3户。

据秀山县植保植检站2015—2016年连续两年调查，鸭苗6月底或7月初购买，饲养2个月即可上市，购买鸭苗费用5元/只（含防疫）、粮食及饲料9~10元/只（以1 000只规模计算，约需专用饲料1 750 kg，单价2.80~3.00元/kg，饲料费用约5 000元；玉米1 750 kg，单价2.0~2.6元/kg，粮食合计3 500~4 500元；酒糟1 000 kg左右，单价0.24~0.30元/kg，合计240~300元）、聘请人工费用1 200~1 500元/月，每只鸭子成本16~18元。按照鸭子市场价20元/kg计算。50~60 d的鸭子平均1.5~1.75 kg/只，价值30~35元，鸭子成活率如按8折计算，每只鸭子利润为11.2~13.6元（2016年，玉米价格比上一年偏低0.4~0.6元/kg，养鸭成本有所下降）。

实践证明，在秀山县条件良好的地方，稻田养鸭是一项切实可行的农民增收措施，也是水稻虫害草害的绿色防控措施，对稻飞虱、稻纵卷叶螟等害虫有一定的控制作用（防效35%左右），杂草防除效果可达80%以上，经济效益也很明显。

### 3.2 灯光诱杀害虫

2016年以前，秀山县在项目区内先后安装频振式太阳能杀虫灯150盏。由于项目开发毁坏及自然毁损，2016年初，共报损24盏，检修126盏，太阳能杀虫灯控害面积400 $hm^2$。2016年，秀山县项目区内太阳能杀虫灯运行、管理规范有序。

2015—2016年，县植保植检站调查表明，太阳能杀虫灯在水稻基地能诱杀7个目、50余种（类）害虫，对蝼蛄、大猿叶虫、小猿叶虫、金龟类、灯蛾类、二化螟等害虫效果明显，但对天敌类益虫如隐翅虫、步甲、瓢虫、黑肩绿盲蝽等也有较大杀伤，总体上，太阳能杀虫灯诱杀害虫的种类明显多于天敌的种类，属于一项辅助性的绿色防控措施。

### 3.3 性诱剂防治水稻二化螟雄虫

2016年4月，秀山县购买二化螟诱芯及屋式诱捕器500套，在重庆天人农业股份合作社集中流转种植的成片水稻田内开展性诱剂防治水稻二化螟示范，示范面积6.7 $hm^2$。5月7日，按照15 m×10 m规格，每亩安置三角屋型诱捕器4~5套。5月24日调查，诱捕器有虫率平均为84%，平均蛾量7.1头/个，最高32头/个，折亩平均35.5头/亩；5月31日，二化螟发蛾末期调查，诱捕器有虫率平均为100%，平均蛾量12.3头/个，最高39头/个，折亩平均61.5头/亩。6月11日，二化螟为害定型后普查，性诱剂示范区总体防治效果82.8%，效果明显。

近2年示范表明，性诱剂防治水稻二化螟效果明显，与化学防治差异不大，完全可以代替化学防治，减少农药使用100 mL/亩以上。

### 3.4 "生物导弹"防治二化螟示范

"生物导弹"是利用卵寄生蜂（赤眼蜂）将经过高新技术处理过的强毒力剂（病毒）传递到害虫卵块表面，使初孵幼虫感病死亡，达到控制目标害虫危害的目的。因其寄生蜂寄生的靶性极度强，又携带病毒传播，故称为"生物导弹"。

2015年，秀山县在重庆市首次开展"生物导弹"防治水稻二化螟示范。"生物导弹"示范区防治效果平均为82.6%，比常规防治区（71.0%）增11.6个百分点。2016年，按照上级要求，结合秀山县实际，秀山县继续开展"生物导弹"防治水稻二化螟示范，采购2种类型"生物导弹"，即普通型、水稻专用型，按照6~8枚/亩标准，5月7日、5月19日、5月26日，分别投放3次，每次投放控害面积13.3 $hm^2$（同一区域），3次投放共计40.0 $hm^2$。6月11日，二化螟危害定型后普查，结果表明，"生物导弹"水稻型防治效果达79.1%，"生物导弹"普通型防治效果达80.3%，两种"生物导弹"防治二化螟效果均十分明显。

近2年示范表明，"生物导弹"防治水稻二化螟效果明显，与化学防治差异不大，完全可以代替化学防治，减少农药使用量100 mL/亩以上。

### 3.5 农药减量控害示范

按照重庆市植保植检站统一安排，结合秀山县实际，2016年，秀山县在水稻病虫害防治上进行农药减量控害增效示范，示范地点设在秀山县清溪场镇沙南村，示范面积 13.3 $hm^2$，减量增效助剂为激健，每亩用量为 15 mL。示范共设立 5 个处理：减量用药 20%，施药面积 3.3 $hm^2$；减量用药 30%，施药面积 3.3 $hm^2$；减量用药 40%，施药面积 3.3 $hm^2$；常规用药示范面积 3.3 $hm^2$；空白对照 667 $m^2$。大区示范，不设重复。防治对象为稻飞虱、稻纵卷叶螟、纹枯病。

6 月 11 日，第一次施药（25%噻嗪·异丙威可湿性粉剂 50 g/亩），防治对象为白背飞虱。药后 7 d 的防效为 86.1%~89.9%，比常规防治增 5.9~9.7 个百分点；药后 14 d的防效为 92.5%~94.9%，比常规防治增 4.2~6.6 个百分点。

7 月 11 日，第 2 次施药［36%氰虫·毒死蜱悬浮剂 120 mL+拿敌稳（50%戊唑醇+25%肟菌酯）水分散粒剂 15 g/亩］，防治对象为稻纵卷叶螟、纹枯病。结果表明，农药减少 20%，稻纵卷叶螟防治效果为 83.3%，与化学防治效果（87.4%）相当，减量 30%以上的处理效果较差。

8 月 24 日水稻成熟期调查纹枯病防效，结果表明，农药减少 20%、30%、40%，纹枯病防治效果分别为 78.7%、78.5%、71.1%，减量 30%的处理效果与化学防治效果（78.5%）相当。

2016 年，秀山县示范总体结论为每亩用激健 15 mL，白背飞虱防治用药可减量 40%，稻纵卷叶螟防治用药可减量 20%，纹枯病防治用药可减量 30%。

### 3.6 大力开展水稻病虫害专业化统防统治

2016 年，项目区新培育专业化统防统治组织 3 家，新增喷雾器 20 台，无人机 2 台（2015 年购买试用，2016 年大面积使用）。项目区内依托专业化统防统治组织，推行统一组织发动、统一技术方案、统一药剂供应、统一施药时间、统一防控行动“五统一”，开展水稻病虫害专业化统防统治。2016 年 4—8 月，组织开展专业化统防统治 2~3 次，统防统治防治面积 0.2 万 $hm^2$（其中无人机防治水稻病虫害面积达 0.13 万 $hm^2$），辐射带动防治面积 1.3 万 $hm^2$ 以上。据调查，项目区内，水稻重大病虫害防效均在 90.0%以上，比农民习惯防治区防效增加 5.0 个百分点以上，减少用药次数 1~2 次，减少农药使用 200~300 mL/亩。

### 3.7 科学合理使用化学农药

结合秀山县 2016 年农作物重大病虫害防治补助项目、水稻全程社会化服务试点项目实施，示范区全部选用生物农药或高效低毒低残留农药及低用量农药控制病虫害，扎实推进农药使用量零增长行动。如选用甲维·虱螨脲、甲维·茚虫威、茚虫威、阿维·氟酰胺、氯虫·噻虫嗪、氰虫·毒等药剂防治稻纵卷叶螟、二化螟，选用吡蚜·噻虫胺、烯啶·吡蚜酮、艾美乐、噻嗪酮、噻虫嗪等药剂防治稻飞虱，选用井冈·嘧苷素、春雷·噻唑锌、井冈·蜡蚜菌、井冈·丙环唑、肟菌·戊唑醇等防治水稻纹枯病，选用三环唑、肟菌·戊唑醇、春雷霉素防治稻瘟病等。其中，秀山县首次引进并示范推广 50%吡蚜·噻虫胺、80%烯啶·吡蚜酮防治稻飞虱，3%甲维·虱螨脲防治稻纵卷叶螟，井冈·嘧苷素防治水稻纹枯病效果十分显著。

# 4 效益分析

## 4.1 经济效益

8 月 30—31 日，项目测产验收，示范区、常规区、对照区产量分别为626.0 kg/亩、585.0 kg/亩、355.0 kg/亩，融合示范区比常规区增产 7.0%，比对照区增产 76.3%，常规区比对照区增产 64.8%。

2016 年，常规区用药 4~5 次，融合示范区 3 次（均含秧田期施药）。常规区用药量合计为 485 g/亩（15%高效氯氟氰菊酯 45 mL、30%甲萘虫威 30 mL、25%噻虫嗪 16 g、30%甲维·毒死蜱 100 mL、25%噻嗪酮 70 g、20%井冈霉素 100 g、40%毒死蜱 100 m、80%噻嗪酮 24 g），合计金额 53 元/亩。融合示范区用药合计 264 g/亩（氯虫·噻虫嗪（福戈）8 g、30%茚虫威 30 mL、25%噻嗪·异丙威可湿性粉剂 50 g、25%噻虫嗪 16 g、30%氰虫·毒 120 g、40%春雷·噻唑锌 40 g），合计金额 59 元/亩。融合示范区减少用药 1~2 次，用药量减少 45.6%。

融合示范区亩防治成本：药剂 59 元+45 元（施药 15 元/亩×3 次）= 104 元。常规区亩防治成本：药剂 53 元+60 元（施药 15 元/亩×4 次）= 113 元。

经济效益分析：示范区单产 626.0 kg/亩，稻谷单价 2.80 元/kg，折1 752.8元，扣除成本 104 元，每亩效益为1 648.8元。常规区单产 585.0 kg/亩，稻谷2.80 元/kg，折1 638.0元，扣除成本 113 元，每亩效益为1 525.0元。融合示范区比常规区增加 123.8 元/亩。空白对照区由于褐飞虱为害造成局部“通火”绝收，单产仅为 355.0 kg/亩，稻谷单价 2.80 元/kg，折合 994.0 元，融合示范区比对照区效益增加 654.8 元/亩。

## 4.2 社会效益

减少化学防治次数，提高了稻米品质。

## 4.3 生态效益

示范区减少农药使用，减轻了农田污染，保护和利用天敌，生态环境及生物多样性有所改善。

# 5 工作保障措施

## 5.1 强化责任落实

为确保专业化统防统治与绿色防控融合示范工作落到实处，秀山县农业技术服务中心成立协调小组，中心领导亲自挂帅，进一步加强统筹协调，明确责任分工，整合项目资金和技术力量，确保融合示范工作有力有序推进。

## 5.2 强化政策扶持

整合中央财政重大农作物病虫害统防统治、农作物病虫害鼠害疫情监测与防治等相关项目资金，强化对融合示范工作扶持力度。并进一步整合人才资源和技术力量，不断推进融合示范扩大规模、提升水平。

### 5.3 强化服务指导

每个示范基地要明确 1 名责任人和 1 名植保技术指导专家，具体负责方案制定和组织实施，确保工作措施和技术措施落实到位。同时，通过举办专题培训、组织现场观摩、深入生产一线指导等多种形式，普及病虫害绿色防控技术，推进专业化统防统治，让广大生产者实实在在看到融合效果，增强自觉应用意识。

2 月 25 日，秀山县农业技术服务中心组织召开秀山县 2016 年农作物病虫害专业化统防统治与绿色防控融合示范项目培训会议。各乡镇（街道）农业（社区）服务中心负责人、秀山县全体农技人员、6.7 $hm^2$ 以上柑橘、茶叶、猕猴桃基地（业主、种植大户）负责人、3.3 $hm^2$ 以上粮油、蔬菜种粮大户以及开展农作物病虫害统防统治工作的农民专业合作社负责人共计 150 余人参加了会议。培训会聘请市级植保专家 3 人、绿色防控生产厂家 4 家做专题讲座，反响良好。

6 月 28 日，秀山县组织召开秀山县水稻病虫害专业化统防统治现场会，乡镇（街道）农业分管领导、农业服务中心主任、农民专业合作组织、秀山县 6.7 $hm^2$ 以上水稻种植大户共 60 余人参加会议。会议培训水稻中后期病虫害防治技术，安排部署 2016 年水稻病虫害防控工作进行。与会人员还现场参观了秀山县四季堡粮油专业合作社，对无人机防控、机耕、机收等工作进行交流及探讨。

### 5.4 强化病虫害监测预警

一是搞好病虫害监测。进一步完善监测预警设施，合理设置监测网点，安排专业测报人员，认真搞好水稻主要病虫害的调查监测。4—10 月每日进行测报灯监测和每周进行一次水稻主要病虫害田间定点、定田系统调查及大面积普查。二是准确及时发布农作物病虫害情（警）报。要根据病虫害监测结果和天气预报等因素综合分析，科学准确及时地发布病虫害情（警）报。2016 年，秀山县中长期预报准确率达 85%以上，短期预报准确率达 95%以上。

### 5.5 强化宣传培训

结合项目实施，秀山县植保植检站、清溪场镇农业服务中心、秀山电视台广泛开展宣传活动。利用广播、电视、报刊、互联网等媒体，大力宣传专业化统防统治和绿色防控融合示范成效，以及好经验、好措施、好典型，为示范工作营造良好的舆论氛围，努力形成社会各界关心、支持的工作环境。同时，加强信息报送，做到对上有信息、对外有声音、对下有通报，确保融合推进示范工作信息畅通。2016 年，秀山县报送并被市级以上媒体采用的项目相关信息 20 余条，其中，中国农业信息网采用 8 条，信息报送位居全市首位。

## 6 问题与建议

（1）2015—2016 年农作物病虫害专业化统防统治与绿色防控融合推进试点项目属于农业部统一安排部署的示范项目，经费偏少，示范面积不足，示范带动效应有限。

（2）项目经费上实行先建后补，全部经费单位先行垫付，在现行财务管理制度下，操作困难。建议年初划拨经费。

（3）2015—2016年，按照项目方案要求，建立水稻病虫害专业化统防统治与绿色防控融合示范基地666.7 $hm^2$，辐射带动周边0.67万 $hm^2$，项目区有稻鸭共育、性诱、灯诱、生物农药推广等子项目，而项目经费仅有5万元，如果没有其他项目支撑，根本无法实施。专业化统防统治与绿色防控融合，是未来病虫害防治的发展方向，技术含量高，专业性较强，县级组织实施工作量特别大。建议以后规模化实施面积要适宜，如水稻病虫害专业化统防统治与绿色防控融合示范，每个县33.3~66.7 $hm^2$，生物农药、生态调控、统防统治、减量控害、性诱、灯诱等绿色防控措施全部配套，全程监管，综合发挥各项技术措施增产潜力。

（4）"生物导弹"防治二化螟比性诱操作更简单，效果明显，建议进行大面积多点示范。同时，为便于"生物导弹"的投放，建议生产商进一步改进包装，在每一粒导弹上可附着一根30~50 cm塑料杆（以不受下雨溅水影响为准），直接在田间插放而不是找悬挂物或另置木条、木筷等物，进行傻瓜式投放。

（5）建议项目配套必要的工作经费，保证项目按时推进。

## 参考文献

肖晓华，刘春，2016. 水稻病虫害专业化统防统治与绿色防控融合示范及成效[J]. 南方农业，10（1）：6-9.

**原文发表**　农业科技通讯，2017（4）：28-32

# 重庆市秀山县农作物病虫害专业化统防统治新进展

肖晓华
（重庆市秀山县植保植检站，秀山　409900）

**摘　要**：分析了重庆市秀山县农作物病虫害专业化统防统治发展现状及成功案例。针对存在的农村劳动力不足、统防统治组织自身能力不足、投入不足、技术能力不足等问题，提出了专业化统防统治建议：组织管理要规范化；组织模式发展要混合化；操作模式要灵活多样化；专业组织要规模化；从业人员要专业化；经费投入要多元化；专业设备要更新化；品牌创建要市场化；宣传培训要常态化。

**关键词**：农作物病虫害；专业化统防统治；发展现状；对策建议；秀山县

农作物病虫害专业化统防统治是指具备一定植保专业技术条件的服务组织，采用先进、适用的设备和技术，为农民提供契约性的病虫害防治服务，开展社会化、规模化的农作物病虫害防控行动。简单地说，就是专业化的服务组织，使用专业化装备，开展专业化统防统治服务。它具有功效高、效果好、应急防控能力强的突出优势，同时又能减少农药使用，减轻环境污染，提高农产品品质，因而，从以前单纯的病虫害防治，到大面积推广统防统治，再提升到专业化统防统治，是适应农业发展需要的病虫害防控的高效形式。

农作物病虫害专业化统防统治是适应农业规模经营，提高病虫害防控工作效率，保证农作物病虫害防治效果的现实需要。同时，也是农作物重大病虫害应急防控的现实需要。在我国当今乡村振兴战略实施过程中，也是减少农药使用、减轻环境污染、提高农产品质量的现实需要，是现代植保发展的必然趋势。

## 1　秀山县农作物病虫害专业化统防统治发展现状

### 1.1　秀山县的自然条件及农作物种植制度，有利于专业化统防统治组织的发展

重庆市秀山县地处重庆市东南部、武陵山区腹地，属云贵高原东北角武陵山脉二级隆起地带，县域内地势平坦，交通方便，土肥粮足，资源丰富。秀山襟黔带楚，东连湖南，南接贵州，北通湖北，历来是渝、黔、湘、鄂四省（市）边区的物资集散地，秀山具有发展农业的潜在优势。秀山县从东北到西南长 89 km，西北到东南宽 49 km，辖区面积2 463.61 $km^2$，总人口 65 万。秀山县农业用地 21.06 万 $hm^2$，占土地总面积的 85.5%，总体地貌，平坝约占 28%，丘陵约占 29%，山地约占 43%，山丘几乎占总面积的 3/4，海拔 245~1 631 m，大部分属于中低山区，年均气温 16.5 ℃，年均降水量 1 336 mm。县域内四季分明，热量丰富，降水充沛，无霜期长，光、热、水与农作物

生长基本同季，农业自然条件相对较好，适宜多种农作物生长。良好的自然环境、多样化的栽培制度，有利于农作物病虫害专业化统防统治工作开展。

秀山县是传统农业大县。2017 年，秀山县粮食作物播种面积 5.52 万 $hm^2$，其中，水稻 1.94 万 $hm^2$、玉米 1.25 万 $hm^2$、大豆 0.28 万 $hm^2$、马铃薯 1.06 万 $hm^2$、甘薯 0.92 万 $hm^2$、豌豆 746.7 $hm^2$。秀山县经济作物面积为 5.34 万 $hm^2$，其中，油菜 1.69 万 $hm^2$、花生 0.18 万 $hm^2$、蔬菜及食用菌 1.60 万 $hm^2$、中药材 1.80 万 $hm^2$（金银花 1.55 万 $hm^2$、白术 0.17 万 $hm^2$）、茶叶 0.30 万 $hm^2$、瓜类水果 626.7 $hm^2$、园林水果 1.06 万 $hm^2$（其中，柑橘 0.69 万 $hm^2$、猕猴桃 0.26 万 $hm^2$、梨 733.3 $hm^2$、桃 193.3 $hm^2$、葡萄 80 $hm^2$、李子 133.3 $hm^2$）、食用坚果 0.1 万 $hm^2$（板栗 986.7 $hm^2$）。2017 年，秀山县粮经作物种植比例为 5.08 : 5.00。

秀山县的农业表现为农作物面积总量较大、农作物种类较多、栽培制度复杂，其中，近 0.67 万 $hm^2$ 的"稻—油"轮作制度，历史悠久，在整个武陵山区都具有很强的代表性。

### 1.2 专业化统防统治组织发展迅速

近年来，秀山县农作物病虫害专业化统防统治组织模式主要有公益型、农民合作组织型、农业公司型、家庭农场（大户）型、个体型。公益型是指以乡镇（街道）农业（社区）服务中心统筹管理的公益型专业化统防统治组织，从事农作物重大病虫害应急防控工作；农民合作组织型是指在工商部门登记注册、在植保部门备案的从事病虫害专业化统防统治的农民合作组织；农业公司型是指对从事农业产业发展，同时也开展专业化统防统治的农业企业；家庭农场（大户）型是指对以满足自身需要为主，劳动力主要是家庭成员，从事农业生产的家庭农场或种植大户；个体型就是指拥有部分施药器械，规模较大的个体种植户。

2014 年，秀山县就实现了 27 个乡镇（街道）公益型专业化统防统治组织的全覆盖。近年来，结合农业全程社会化服务项目、农作物病虫害统防统治与绿色防控融合推进项目、农药减量控害增效示范等植保项目实施，秀山县农民专业合作组织迅速发展，家庭农场（大户）数量大幅增加。秀山县新建了大批有实力的专业化统防统治服务组织，在满足农民合作组织自身需要的基础上，积极开展社会化服务。据统计，2015—2017 年，秀山县新建专业化统防统治组织 25 家，2018 年 1—5 月新建了 5 家。从类别上看，既有从事粮油生产的组织，也有从事蔬菜、果树生产的组织，特别是从事中药材、茶叶等经济作物的组织大量出现，更是专业化统防统治组织发展的新亮点。截至 2017 年底，秀山县在工商部门登记注册的 93 家统防统治组织中，分别从事粮油、果树蔬菜及中药材茶叶的组织，大致比例为 41 : 25 : 27。统防统治组织类别的构成，与秀山县大力发展经济作物，适度控制粮食作物的发展思路基本相符。

截至 2018 年 5 月，秀山县共有专业化统防统治组织 134 家，其中在工商部门注册、在植保部门备案的有 93 家，未登记的 41 家。2018 年，秀山县新增规模化专业化统防统治组织 5 家。秀山县目前共拥有机动喷雾器 684 台、中型装备 2 台、无人机 2 架，从业人员 1 259 人次（部分管理人员与机防手重合，实有人员 920 名），日作业能力

1 800 $hm^2$。专业化统防统治组织对秀山县农作物病虫害防治发挥了重要作用。

近年来，秀山县专业化统防统治组织中，以农民合作社（家庭农场）、农业公司的模式发展最好最快。如从事柑橘、中药材种植的组织，一般土地承包期15~20年，以产业实体的发展，带动了专业化统防统治组织发展。从效益上看，单纯从事农作物病虫害专业化统防统治服务的组织较少，在满足自身需要的基础上，一般都对外服务。收费标准10~15元/亩，扣除机手工资及燃油费，纯收入在8~12元/亩。

## 1.3　完善补贴、培训、推广等相关制度，促进统防统治组织健康发展

2018年1月9日，秀山县农委、县财政局《关于印发〈秀山县2018年农作物病虫害防治资金使用方案〉的通知》，明确把专业化统防统治组织所需的药械购买纳入补贴范围，为推进秀山县专业化统防统治提供了政策保障。统防统治补贴制度，将是秀山县农业补贴制度的新常态。

近年来，秀山县每年召开2次以上县级农药使用量零增长推进（统防统治与绿色防控培训、专业化统防统治培训）会议，结合“阳光工程”培训，每年培训人员200人次以上，其中，培训出机防手300余名。宣传培训是专业化统防统治组织健康发展的必要保障。

2015—2018年，秀山县连续承担农业部万亩水稻病虫害专业化统防统治与绿色防控融合项目；2017—2018年，承担市级农药减量控害增效项目，每年大量的植保新技术试验示范项目，以项目为抓手，以成片的粮油基地为载体，以农民合作组织为龙头，大力开展专业化统防统治示范，以片带面，辐射推广，推动了秀山县大面积专业化统防统治工作。

## 1.4　秀山县专业化统防统治实施情况良好

据统计，2015—2017年，秀山县主要农作物病虫害专业化统防统治累计实施面积为24.33万 $hm^2$，占秀山县病虫害防治总面积的33.29%（表1）。总体看，专业化统防统治比常规防治，农药用量减少15%~20%，防治效果提高5.0个百分点以上。特别是在暴发性病虫害应急防控上，专业化统防统治组织发挥着重要作用。

**表1　秀山县2015—2017年主要农作物病虫害专业化统防统治实施情况调查**

单位：万 $hm^2$

| 调查项目 | 粮油作物 | | | | 经济作物 | | | | 合计 |
|---|---|---|---|---|---|---|---|---|---|
| | 水稻 | 玉米 | 油菜 | 马铃薯 | 蔬菜 | 柑橘 | 茶叶 | 中药材 | |
| 病虫害发生面积 | 32.57 | 6.93 | 6.80 | 1.73 | 7.30 | 3.29 | 1.00 | 2.00 | 61.62 |
| 病虫害防治面积 | 39.13 | 7.77 | 6.65 | 2.47 | 9.75 | 4.01 | 1.00 | 2.33 | 73.11 |
| 专业化统防统治累计实施面积 | 12.67 | 2.13 | 1.33 | 0.80 | 4.00 | 1.67 | 0.40 | 1.33 | 24.33 |
| 其中，承包防治覆盖面积 | 0.20 | 0.10 | 0.20 | 0.33 | 0.67 | 0.67 | 0.67 | 0.67 | 3.51 |

（续表）

| 调查项目 | 粮油作物 | | | | 经济作物 | | | | 合计 |
|---|---|---|---|---|---|---|---|---|---|
| | 水稻 | 玉米 | 油菜 | 马铃薯 | 蔬菜 | 柑橘 | 茶叶 | 中药材 | |
| 承包防治实施面积 | 3.33 | 1.47 | 0.40 | 0.13 | 2.00 | 1.33 | 0.40 | 1.00 | 10.06 |
| 代防代治实施面积 | 9.33 | 0.67 | 0.93 | 0.67 | 2.00 | 0.33 | 0.00 | 0.33 | 14.26 |
| 统防统治覆盖率（累计实施面积占防治面积的比值） | 32.37 | 27.47 | 20.04 | 32.43 | 41.04 | 41.6 | 40 | 57.14 | 33.29 |

## 1.5 案例分析

### 1.5.1 专业化统防统治助推农产品品牌创建

重庆天人农业股份合作社，2012 年 11 月登记注册，位于清溪场镇“稻—油”轮作区，也是县级专业化统防统治与绿色防控融合示范区（农药减量控害示范区），合作社每年自身种植油菜 20 $hm^2$，水稻 40 $hm^2$ 左右，每年开展专业化统防统治 666.7 $hm^2$ 以上。连续多年的专业化统防统治（减量控害）示范，不仅提高了水稻、油菜病虫害的防控效果，还有力地助推农产品的品牌创建。该合作社现拥有 100 万元的成套大米生产线及油菜籽加工设备，其注册的“天人丰”菜籽油、“天人丰”大米，近年来获得国家相关认证，正式上市销售。“天人丰”品牌，2017 年 8 月荣获“中国著名品牌”。“天人丰”牌大米，被评为“重庆名牌农产品”。2017 年，大米生产及销售就达 300 t，均价6 000元/t，盈利 50 万元以上。名优农产品的创建，必将大大提高了农产品价值，促进了农产品销售，提高合作社的总体实力。

### 1.5.2 积极开展社会化服务，提高农民合作组织收入

随着农业结构调整，农村劳动力大量转移。近年来，秀山县农民合作组织发展迅速，农业规模经营面积逐年扩大。在满足合作社自身需要外，秀山县农民合作组织积极开展代耕、机插秧、代防、代收等社会化服务，经济效益示范明显。

秀山县平茶里家庭农场，是秀山县粮油主产地——清溪场镇的一户中等规模家庭农场。该组织于 2015 年 6 月注册成立，现集中流转清溪场镇南丘村土地 13.3 $hm^2$，规模种植水稻 13.3 $hm^2$、油菜 5.3 $hm^2$。现拥有机动喷雾器 4 台，大型耕整机 1 台，联合收割机 1 台，插秧机 4 台等农机具。2017 年，该家庭农场积极开展代耕、机插秧、代防、代收等社会化服务。代耕方面，水田犁地，每台耕整机每天作业能力 1 $hm^2$，干板田（油菜田）为 1.3 $hm^2$，收费标准 100 元/亩，扣除燃油费 30 元/亩，机手报酬 200元/d，犁地收益水田为 1 270 元/d（折 84.7 元/亩），干板田（油菜田）为 1 770 元/d（折 88.5 元/亩）。机插秧方面，每台插秧机作业能力 1.0 $hm^2$/d，收费 20 元/亩，扣除燃油费 3 元/亩，机手报酬 150 元/d，每台插秧机收益 147 元/d（折 9.8 元/亩）。病虫害防治施药方面，每台机动喷雾器每天作业能力 1.3 $hm^2$，收费 15 元/

亩，扣除燃油费3元/亩，机手报酬150元/d，每台喷雾器病虫害防治施药收益147元/d（折7.35元/亩）。收割方面，每台收割机作业能力水稻田1.3 $hm^2$/d，油菜田2.0 $hm^2$/d，收费标准100元/亩，扣除燃油费20元/亩，机手报酬200元，收割机作业效益水稻1 780元/d（折89元/亩），油菜2 780元（折92.7元/亩）。2017年，秀山县平茶里家庭农场在满足自身需要意外，开展对外作业286.7 $hm^2$，其中，代耕20.0 $hm^2$，机插秧66.67 $hm^2$，病虫害统防统治施药133.3 $hm^2$，水稻收割33.3 $hm^2$，油菜33.3 $hm^2$，对外作业经济收益达14万元左右，扣除维修成本等，对外作业纯收入12万元以上。

秀山县的农民合作组织，正如秀山县平茶里家庭农场，积极开展对外作业服务的有90余家，秀山县代耕代插代防代收等对外服务作业面积2.67万 $hm^2$ 以上，农作物病虫害统防统治年收益450万元以上。秀山县的农民合作组织的发展及其对外开展的专业化服务，对解决秀山县农村劳动力严重缺乏，提高秀山县农业机械化水平发挥了重要作用。

## 2 存在的问题

### 2.1 农村劳动力不足，不能满足专业化统防统治组织发展需要

目前，秀山县农村劳动力大量转移，农村劳动力普遍缺乏，特别是懂技术的青壮劳动力奇缺，部分乡镇（街道）甚至出现“有机无人”的状况。另外，农村劳动力不足，又直接导致人工费用上涨，增加了统防统治防治成本。

### 2.2 统防统治组织自身能力不足，不能满足农作物病虫害防治方面的市场需要

秀山县规范化的专业化统防统治组织规模偏小，农民合作组织自身能力不强，合作层次不高。农民合作组织受经济实力、技术能力、信息条件等方面的限制，规模偏小，层次较低，加之多数农民合作组织结构松散，制度不够健全，与农民利益联结不紧密，市场竞争能力较弱，辐射和带动能力不强。服务区域多为本村或临近村居，基本无跨境服务。

### 2.3 专业化统防统治投入不足，不能满足专业化统防统治大面积示范推广的需要

专业化统防统治总体投入不足。2015—2017年，市级以上财政投入分别为90万元、79万元、113万元，县级以下基本无投入。投入不足，项目资金则只能保证重点，主要是统防统治（减量控害）示范区，专业化统防统治辐射、带动能力十分有限。

### 2.4 专业化统防统治组织技术能力不足，与专业化统防统治技术需求不适应

县级、乡镇（街道）、村组各级植保技术人员严重不足，技术宣传、防治指导存在不到位情况。秀山县仅有农业技术人员120余名，且乡镇（街道）以下无专职植保技术人员，秀山县农技人员平均每人要承担约0.6万 $hm^2$ 以上的农作物病虫害防治的指导工作。特别是2001年秀山县机构改革后，乡镇（街道）农业部门及人员管理权限下放，从事农业技术本职工作到位情况差，技术指导不到。县级植保部门人员又少、工作量大，宣传培训工作也有待加强。技术能力不足，表现为植保技术宣传不力，技术培训不配套。多种形式的植保专业化防治，给技术宣传、培训带来新的压力和挑战。实践

中，多数机手及农民能熟练使用机动喷雾器，但大多不会维修及保养，植保部门对分散的机动喷雾器又不便于集中保管及修理，常年培训的次数及人员又有限，机动喷雾器耗损较大，使用期限缩短。

## 3 发展对策及建议

### 3.1 专业化统防统治组织管理的规范化

各级农业部门要按照农业部《农作物病虫害专业化统防统治管理办法》，结合当地实际，制定专业化统防统治组织的具体管理办法，加强专业化防治组织的有关制度建设，规范服务行为，促进专业化统防统治组织的健康发展。规范化是规模化、效益化的前提和基础。

### 3.2 专业化统防统治组织模式发展的混合化

公益型、农民合作组织型、农业公司型、家庭农场（大户）型、个体型等各种组织形式混合存在及共同发展，是近期专业化统防统治组织形式发展的现状，也是未来一段时期内，专业化统防统治组织发展的大趋势，短期内不会有太大变化。

### 3.3 专业化统防统治操作模式的灵活多样化

随着专业化统防统治发展，应急防治型、阶段性防治型、全程承包型、代防代管型等多种操作模式的出现，必将有力推动秀山县专业化统防统治的发展。近年来，秀山县部分农民合作组织开展阶段性防治、全程承包、代防代管尝试，取得了成功经验，农业部门也进行积极引导、帮扶，促进了专业化统防统治的发展。

### 3.4 专业化统防统治组织的规模化

随着专业化统防统治组织自身资金及经验积累，政府扶持力度加大，有条件的专业化统防统治组织必将向规模化方向发展。按照秀山县的规划，到2020年，秀山县年作业面积333.3 $hm^2$ 以上的农民合作组织要达到20个以上，年作业面积666.7 $hm^2$ 以上的农民合作组织10个以上，年作业面积3 333.3 $hm^2$以上的农民合作组织或农业公司1~3个。

### 3.5 专业化统防统治组织从业人员的专业化

随着专业化组织规范化、规模化发展，必然要求从业人员专业化。即专业化培训、专业化考核、专业化操作，进一步提高服务质量，提高防治效果。

### 3.6 专业化统防统治经费投入的多元化

随着专业化统防统治组织的发展，国家投入增多，农业补贴范围扩大、农民合作组织及农业公司自身造血功能增强，专业化防治投入将大幅度增加，特别是农民合作组织、农业公司、家庭农场（大户）等，为自身效益考虑也会增加投入，在秀山县形成多元投入，总量增加的态势。

### 3.7 专业化统防统治专业设备的更新化

目前，秀山县专业化统防统治设备有手动（电动）喷雾器、机动喷雾器、担架式喷雾器、农用无人机等，以机动喷雾器为主。预计到2020年，秀山县专业化组织配备机动喷雾器800台以上、中型担架式喷雾器10台以上、无人机5台以上，并根据形式发展需要，逐步引进动力伞、小型直升机等新型设备，逐步提升专业装备及服务水平。

### 3.8 专业化统防统治组织品牌创建的市场化

农作物专业化统防统治结合绿色防控技术推广，与市场推动和品牌创建相结合。可以预计，由专业化统防统治组织创建品牌这种模式，必将发展、壮大，成为农民参与市场竞争的有效途径。

### 3.9 对专业化统防统治组织宣传培训的常态化

各级管理机构要对专业化统防统治组织的成员进行经常化、集中化的培训，使受训人员逐步达到“一有四会”标准，即有综合防治意识、对主要病虫害会识别、会调查、会决策，对施药器械会使用维修。宣传培训是搞好专业化统防统治的重要技术支撑。

## 4 下一步工作计划

（1）专业化统防统治器械购买补贴制度化。不断总结近年来秀山县农业生产补贴经验，探讨专业化统防统治组织器械购买补贴制度化建设。

（2）结合秀山县农产品出口基地建设，以专业化统防统治和绿色防控推动农产品名优产品创建，进一步推动专业化统防统治与品牌创建相结合。

（3）动员社会资金，实施多元投入。不断改变以前全靠国家投入的模式，开展多方融资，多元投入尝试。

（4）重点扶持，规模经营。扶持1~3个规模组织，年统防统治面积0.33万$hm^2$以上。以规模经营，提高统防统治组织总体实力和水平。

（5）清理一批“有机无人”的组织和空壳组织。进一步摸清家底，制定政策，促进秀山县专业化统防统治组织的良性发展。

（6）坚持“政府支持，部门引导，市场运作，规范管理”的原则，既要注重发展，又要注重管理。高起点、高标准，大力发展规范化的农作物病虫害专业化防治服务组织，促进农作物病虫害专业化统防统治又好又快发展。

## 5 结语

农作物病虫害专业化统防统治是农作物病虫害防控的有效模式，是减少农药使用量，提高农药利用率的有效途径。分析专业化统防统治存在的问题，总结经验，不断丰富专业化统防统治的模式，促进专业化统防统治组织提档升级，发挥专业化统防统治的优势，必将助推国家农药零增长行动，促进农业生产健康发展，促进乡村振兴战略实施。

## 参考文献

肖晓华，2015. 秀山县农作物病虫害专业化统防统治的现状及发展［J］. 农业科技通讯，525（9）：21-24.

肖晓华，2012. 秀山县农作物病虫害专业化统防统治的做法及特点：第28届中国植保双交会论文集［C］. 北京：中国农业科学技术出版社.

肖晓华，邹勇，2011. 水稻病虫害专业化统防统治实践及成效［J］. 南方农业，5（1）：5-8.

**原文发表** 农业科学，2018（3）：5

# 秀山县农作物病虫害专业化统防统治面积测算探讨

肖晓华
（重庆市秀山县植保植检站，秀山　409900）

**摘　要：** 专业化统防统治具有功效高、效果好、应急防控能力强的优势，同时又能减少农药使用，减轻环境污染，提高农产品品质。如何正确分析，准确统计农作物病虫害专业化统防统治情况，是农作物病虫害专业统计的基础性工作，也是制定农药减量控害策略的现实需要。为了指导植保统计工作，结合重庆市秀山县实际，从专业化统防统治组织入手，探讨了农作物病虫害专业化统防统治情况的统计方法。

**关键词：** 农作物病虫害；专业化统防统治；统计方法；重庆市秀山县

农作物病虫害专业化统防统治是指具备一定植保专业技术条件的服务组织，采用先进、适用的设备和技术，为农民提供契约性的病虫害防治服务，开展社会化、规模化的农作物病虫害防控行动。农作物病虫害专业化统防统治具有功效高、效果好、应急防控能力强的突出优势，能减少农药使用，减轻环境污染，提高农产品品质。从以前单纯的病虫害防治，到大面积推广统防统治，再提升到专业化统防统治，是适应农业发展需要的病虫害防控的高效形式。

随着社会的发展和人们的绿色、环保、安全、健康意识的逐步增强，在我国乡村振兴战略实施过程中，专业化统防统治是减少农药使用、减轻环境污染、提高农产品质量的现实需要。当前，农作物病虫害专业化统防统治的统计工作主要依靠植保技术人员进行粗线条推算。如何正确分析，准确统计农作物病虫害专业化统防统治，探讨一套农作物病虫害专业化统防统治的测算方法，是农作物病虫害专业统计的基础性工作，也是制订农药减量控害策略的现实需要。

## 1　专业化统防统治面积统计的意义

专业化统防统治是减少农药使用的重要措施。专业化统防统治面积是近年来农药减量、生态环保、河长制、水污染、农村环境等督察（检查）的重要考核指标。如何选择正确的统计方法，全面体现专业化统防统治的成绩，是植保工作的现实需要。

## 2　专业化统防统治面积统计的影响因素

### 2.1　组织类型及规模

专业化统防统治组织包括三大类。一是在市场管理部门（原工商部门）登记注册的组织，主要包括从事病虫害防控的农业企业、农民专业合作社。二是未登记，但在农业生产中实际在开展统防统治工作的组织，主要是各类基层机防队。三是家庭农场（含种植大户），主要满足自身病虫害防控需要，在技术部门指导下，开展统防统治。

据秀山县供销联社、秀山县农业农村委经管科统计，截至2019年12月，秀山县共有登记注册从事种植业的农业企业55家、农民合作社518家、家庭农场190户，合计763家（户）。按照秀山县植保植检站抽样调查，总体上，15%左右的组织已经注销、15%左右的组织未年检停业或改行、10%左右的组织属于“一户两证”或“一户三证”。如清溪场镇南龙村法人杨芳，同时拥有“秀山县红顺农业农民专业合作社”“重庆兰花溪谷农业开发有限公司”2家组织；清溪场镇南丘村法人杨国，同时拥有“秀山县平茶里家庭农场”“秀山县黄家园农机专业合作社”“秀山县田园农机服务中心”3个组织。20%左右的组织未开展病虫害防治业务，主要是从事观赏作物种植、从事短期农作物种植的组织，如种植饲养用的牧草、荷花等观赏作物、新植白茶基地、短期作物（胡萝卜秧、萝卜秧等），不需要开展病虫害防治。调查表明，总体上，组织开展农作物病虫害统防统治业务的只能按照组织总数的40%计算，秀山县专业化统防统治组织折合305家（户）。

截至2020年6月，登记注册并在植保部门备案的专业化统防统治组织有150家，拥有植保无人机21台，机动喷雾器542台，日作业能力2 093.33 $hm^2$。专业化统防统治组织基地规模平均为25.05 $hm^2$。其中，注册并年检，但当年未开展服务的组织，即本年度没有服务面积的空壳组织有10家，占6.67%。基地面积最大的是位于县农业园区的国有企业——秀山县佳沃农业发展有限公司，面积200 $hm^2$；面积最小的是重庆市秀山县聚西轩农业开发有限公司，海洋乡的一家水果育苗企业，面积0.33 $hm^2$。

截至2020年6月，秀山县统防统治组织对外服务面积131.33 $hm^2$，其中，专业从事社会化服务的组织2家，统防统治作业面积80 $hm^2$。

### 2.2 农药种类

据调查，水稻主要病虫害有稻飞虱、稻纵卷叶螟、稻瘟病、稻纹枯病、二化螟等。玉米主要病虫害有玉米大斑病、玉米纹枯病、玉米螟、玉米蚜虫等；马铃薯主要病虫害有马铃薯晚疫病、马铃薯病毒病、蚜虫、二十八星瓢虫等；油菜主要病虫害有油菜菌核病、油菜霜霉病、油菜蚜虫等；柑橘主要病虫害有柑橘炭疽病、柑橘煤烟病、柑橘疮痂病、柑橘叶螨、柑橘蚧类、柑橘粉虱类、柑橘蚜虫、柑橘潜叶虫类等；李子主要病虫害有李子流胶病、李子细菌性穿孔病、李小食心虫等。每种作物施药防治时，防治对象均在2种以上。为了便于统计，本文按照每次施药使用2种农药计算。

### 2.3 施药次数

据调查，秀山县主要农作物病虫害防治，水稻1季（即1个生长周期）需要施药2~4次，玉米1~2次，油菜1~2次，柑橘5~7次，茶叶4~6次，蔬菜6~8次，金银花3~5次，为了便于统计，本文按照农作物每年统防统治施药3次计算。

## 2.4 防治对象

### 2.4.1 按照农药登记分析

按照当地主要农作物种类及病虫害防控农药种类，随机选择本地60个常用农药品种，经在中国农药信息网查询，农药防治对象登记平均为2.23种（表1）。

表1 主要农作物使用的农药登记对象统计

| 登记证 | 农药名称 | 登记作物 | 登记防治对象 | 防治对象数量/种 |
|---|---|---|---|---|
| PD20171744 | 80亿孢子/mL金龟子绿僵菌 | 水稻、甘蓝、柑橘、茶树等12种 | 二化螟、稻纵卷叶螟、稻飞虱、茶小绿叶蝉、菜青虫等 | 16 |
| PD20060156 | 80%代森锰锌 | 番茄、柑橘、葡萄等7种 | 早疫病、炭疽病、白腐病等 | 12 |
| PD84108-5 | 90%敌百虫 | 白菜、茶树、大豆、柑橘等9种 | 菜青虫、卷叶蛾、地下害虫等 | 12 |
| PD20101580 | 0.3%印楝素 | 茶树、柑橘、高粱等7种 | 茶毛虫、潜叶蛾、玉米螟等 | 7 |
| PD20096616 | 20%烯肟·戊唑醇 | 花生、黄瓜、水稻、小麦 | 白粉病、稻瘟病、纹枯病等 | 6 |
| PD20181591 | 22.5%啶氧菌酯 | 黄瓜、辣椒、葡萄等6种 | 霜霉病、炭疽病、锈病等 | 6 |
| PD20130365 | 100亿孢子/mL短稳杆菌 | 茶树、蔬菜、水稻等5种 | 稻纵卷叶螟、烟青虫、小菜蛾等 | 6 |
| PDN38-96 | 25%噻嗪酮 | 茶树、柑橘、水稻、火龙果 | 小绿叶蝉、介壳虫、飞虱等 | 4 |
| PD20171751 | 10%四氯虫酰胺 | 甘蓝、水稻、玉米 | 甜菜夜蛾、稻纵卷叶螟、玉米螟 | 3 |
| PD20120423 | 2.5%高效氯氟氰菊酯 | 甘蓝、小麦、榛子树 | 菜青虫、蚜虫、榛实象甲 | 3 |
| PD20092717 | 70%甲基硫菌灵 | 苹果树 | 轮纹病 | 1 |
| PD20160233 | 30%茚虫威 | 水稻 | 稻纵卷叶螟 | 1 |
| PD20090401 | 1.8%阿维菌素 | 苹果树、十字花科蔬菜 | 红蜘蛛、菜青虫 | 2 |
| PD20150062 | 5%已唑醇 | 水稻 | 纹枯病 | 1 |
| PD20160830 | 80%烯啶·吡蚜酮 | 水稻 | 稻飞虱 | 1 |
| PD20182090 | 5.7%甲氨基阿维菌素苯甲酸盐 | 甘蓝 | 甜菜夜蛾 | 1 |
| PD20150833 | 10%联苯菊酯 | 茶树 | 茶小绿叶蝉 | 1 |
| PD20173229 | 30%氟吗啉 | 番茄、马铃薯 | 晚疫病 | 2 |

（续表）

| 登记证 | 农药名称 | 登记作物 | 登记防治对象 | 防治对象数量/种 |
|---|---|---|---|---|
| PD20150856 | 77.5%敌敌畏 | 水稻 | 稻飞虱 | 1 |
| PD20181598 | 25%氟吗·唑菌酯 | 黄瓜、人参 | 霜霉病、疫病 | 2 |
| PD20150747 | 100 g/L 氰霜唑 | 黄瓜、马铃薯 | 霜霉病、晚疫病 | 2 |
| PD20180491 | 20%呋虫胺 | 水稻 | 稻飞虱 | 1 |
| PD20111006 | 37%阿维·丙溴磷 | 水稻 | 稻纵卷叶螟、二化螟 | 2 |
| PD20182707 | 33.5%喹啉铜 | 黄瓜 | 霜霉病 | 1 |
| PD20181640 | 40%苯甲·吡唑酯 | 葡萄 | 白粉病 | 1 |
| PD20181687 | 10%甲维·虫螨腈 | 甘蓝、杨树 | 小菜蛾、美国白蛾 | 2 |
| PD20161322 | 38%精甲·霜脲氰 | 葡萄 | 霜霉病 | 1 |
| PD20130229 | 5.7%氟氯氰菊酯 | 甘蓝 | 菜青虫 | 1 |
| PD20130871 | 6%井冈·蜡芽菌 | 水稻 | 稻曲病、纹枯病 | 2 |
| PD20084605 | 20%甲氰菊酯 | 十字花科蔬菜 | 菜青虫 | 1 |
| PD20040816 | 90%杀虫单 | 水稻 | 二化螟、三化螟 | 2 |
| PD20084286 | 1.1%阿维·高氯 | 十字花科蔬菜 | 菜青虫、小菜蛾 | 2 |
| PD20161424 | 25%噻虫嗪 | 棉花 | 蚜虫 | 1 |
| PD20180165 | 14%甲维·茚虫威 | 水稻 | 稻纵卷叶螟 | 1 |
| PD20182008 | 5%虱螨脲 | 甘蓝 | 甜菜夜蛾 | 1 |
| PD20172869 | 25%吡唑醚菌酯 | 黄瓜 | 白粉病 | 1 |
| PD20181963 | 3%氨基寡糖素 | 番茄 | 病毒病 | 1 |
| PD20083567 | 15%井冈霉素 | 水稻 | 纹枯病 | 1 |
| PD20180472 | 50%烯啶·噻虫嗪 | 水稻 | 稻飞虱 | 1 |
| PD20160605 | 18%吡虫·噻嗪酮 | 柑橘树 | 介壳虫 | 1 |
| PD20170873 | 22%氯吡·硝·烟嘧 | 玉米 | 一年生杂草 | 1 |
| PD20171711 | 200 g/L 氯氟吡氧乙酸异辛酯 | 小麦 | 一年生阔叶杂草 | 1 |
| PD20170633 | 26%氰氟·氯氟 | 水稻（直播） | 一年生杂草 | 1 |
| PD20150185 | 33%草甘膦铵盐 | 柑橘 | 一年生和多年生杂草 | 1 |
| PD20171586 | 150 g/L 精吡氟禾草灵 | 花生 | 禾本科杂草 | 1 |
| PD20095735 | 120 g/L 烯草酮 | 冬油菜 | 一年生禾本科杂草 | 1 |

（续表）

| 登记证 | 农药名称 | 登记作物 | 登记防治对象 | 防治对象数量/种 |
|---|---|---|---|---|
| PD20171843 | 25%砜嘧磺隆 | 烟草 | 一年生杂草 | 1 |
| PD20181344 | 4%赤霉酸 | 柑橘 | 促进果实生长 | 1 |
| PD20130168 | 70%杀螺胺 | 水稻 | 福寿螺 | 1 |
| PD20097880 | 30%噁霉灵 | 西瓜 | 枯萎病 | 1 |
| PD20085638 | 80%甲基硫菌灵 | 番茄 | 叶霉病 | 1 |
| PD20097476 | 40%啶虫脒 | 黄瓜 | 蚜虫 | 1 |
| PD20140917 | 80%烯啶·吡蚜酮 | 水稻 | 稻飞虱 | 1 |
| PD20101671 | 30%苯甲·丙环唑 | 水稻 | 纹枯病 | 1 |
| PD20130243 | 25%噻虫嗪 | 水稻 | 稻飞虱 | 1 |
| PD20100329 | 4%春雷霉素 | 水稻 | 稻瘟病 | 1 |
| PD20102209 | 2%春雷霉素 | 水稻 | 稻瘟病 | 1 |
| PD20081315 | 73%炔螨特 | 柑橘 | 红蜘蛛 | 1 |
| PD20142637 | 30%茚虫威 | 水稻 | 稻纵卷叶螟 | 1 |
| PD20181183 | 20%呋虫胺 | 水稻 | 稻飞虱 | 1 |
| 平均 | | | | 2.23 |

2.4.2 按照作物农药使用情况分析

调查水稻、玉米、柑橘、茶叶等作物，单一农药平均防治对象平均为 2.24 种（表 2），与农药防治对象登记平均值（2.23 种）相差不大。

**表 2 单一农药品种防治作物病虫害种类调查**

| 作物种类 | 农药名称 | 主要防治对象名称 | 防治对象数量/种 |
|---|---|---|---|
| 水稻 | 四氯虫酰胺 | 二化螟、稻纵卷叶螟、稻蝗、稻蟠象 | 4 |
| | 甲维·茚虫威 | 二化螟、稻纵卷叶螟、稻蝗、稻蟠象 | 4 |
| | 甲维·虱螨脲 | 二化螟、稻纵卷叶螟、稻蝗、稻蟠象 | 4 |
| | 春雷霉素 | 稻瘟病 | 1 |
| | 三环唑 | 稻瘟病 | 1 |
| | 呋虫胺 | 稻飞虱、叶蝉类 | 2 |
| | 井冈霉素 | 纹枯病 | 1 |
| | 嘧菌酯 | 纹枯病、胡麻叶斑病、稻曲病 | 3 |

（续表）

| 作物种类 | 农药名称 | 主要防治对象名称 | 防治对象数量/种 |
|---|---|---|---|
| 玉米 | 甲维·茚虫威 | 玉米螟 | 1 |
| | 甲维·虱螨脲 | 玉米螟 | 1 |
| | 高氯·甲维盐 | 玉米螟、地老虎 | 2 |
| | 甲基硫菌灵 | 纹枯病、大小斑病 | 2 |
| 柑橘 | 阿维菌素 | 红蜘蛛、潜叶蛾 | 2 |
| | 噻唑锌 | 溃疡病 | 1 |
| | 高效氯氟氰菊酯 | 潜叶蛾、凤蝶类、夜蛾类、金龟类 | 4 |
| | 苯甲·吡唑醚菌酯 | 炭疽病、黑星病、疮痂病 | 3 |
| | 代森锰锌 | 炭疽病、煤烟病、黑星病、疮痂病 | 4 |
| | 噻嗪酮 | 白粉虱、黑刺粉虱 | 2 |
| | 吡虫啉 | 蚜虫、白粉虱 | 2 |
| | 敌百虫 | 大实蝇、凤蝶类、夜蛾类 | 3 |
| 茶叶 | 印楝素 | 茶毛虫、尺蠖 | 2 |
| | 烯肟·戊唑醇 | 炭疽病、茶圆赤星病、茶饼病 | 3 |
| | 代森锰锌 | 炭疽病、茶饼病、茶圆赤星病 | 3 |
| | 联苯菊酯 | 黑刺粉虱、茶毛虫、茶小绿叶蝉 | 4 |
| | 短稳杆菌 | 茶毛虫、尺蠖 | 2 |
| | 阿维菌素 | 茶跗线螨、茶橙瘿螨 | 2 |
| 油菜 | 烯酰吗啉 | 霜霉病 | 1 |
| | 甲基硫菌灵 | 菌核病、叶斑病 | 2 |
| | 高氯·甲维盐 | 菜青虫、小菜蛾 | 2 |
| 马铃薯 | 代森锰锌 | 早疫病、晚疫病、青枯病 | 3 |
| | 氟吗啉 | 早疫病、晚疫病、青枯病 | 3 |
| | 高氯·甲维盐 | 瓢虫、地老虎、叶甲 | 3 |
| 番茄 | 代森锰锌 | 早疫病、晚疫病、叶霉病 | 3 |
| | 氟吗啉 | 早疫病、晚疫病、叶霉病 | 3 |
| | 腐霉利 | 灰霉病 | 1 |
| | 氨基寡糖素 | 病毒病 | 1 |

（续表）

| 作物种类 | 农药名称 | 主要防治对象名称 | 防治对象数量/种 |
| --- | --- | --- | --- |
| 李子 | 四氯虫酰胺 | 食心虫 | 1 |
| | 噻唑锌 | 穿孔病、流胶病、褐腐病 | 3 |
| | 代森锰锌 | 流胶病、褐腐病 | 2 |
| | 吡虫啉 | 蚜虫 | 1 |
| | 烯肟·戊唑醇 | 流胶病、褐腐病 | 2 |
| 金银花 | 烯肟·戊唑醇 | 白粉病、褐斑病 | 2 |
| | 吡唑醚菌酯 | 白粉病、褐斑病 | 2 |
| | 吡虫啉 | 蚜虫 | 1 |
| | 苯甲·吡唑醚菌酯 | 白粉病、褐斑病 | 2 |
| 平均值 | | | 2.24 |

注：零星发生且不需用药防治的病虫害种类忽略不计。

## 3　专业化统防统治面积统计方法

综合分析上述，农作物病虫害专业化统防统治影响因子，农作物病虫害专业化统防统治面积，就是统防统治组织施药面积、施药次数（3次）、农药种类（2.0）、防治对象平均值（2.23）的乘积（表3）。

注册组织实施面积=（统防统治组织施药面积×施药次数×农药种类×防治对象平均值）+（对外服务面积×农药种类×防治对象平均值）

非注册组织实施面积=非注册组织作业面积×农药种类×防治对象平均值

农作物病虫害专业化统防统治面积=注册组织实施的面积+非注册组织实施的面积

**表3　秀山县2020年农作物病虫害专业化统防统治面积测算**

| 组织类别 | 数量/个 | 每个基地规模/$hm^2$ | 统防统治次数 | 农药混用品种数量/种 | 农药防治病虫害对象数量/种 | 折统防统治面积/$hm^2$ 次 |
| --- | --- | --- | --- | --- | --- | --- |
| 注册备案组织 | 150 | 25.05 | 3 | 2 | 2.23 | 50 282.04 |
| 注册未备案组织 | 155 | 25.05 | 3 | 2 | 2.23 | 51 958.11 |
| 未注册组织 | 32 | 66.67 | | 2 | 2.23 | 297.33 |
| 统防统治组织 | 7 | 131.33 | | 2 | 2.23 | 585.75 |
| 合计 | | | | | | 103 123.23 |

2019年，秀山县农作物病虫害发生面积为23.14万 $hm^2$ 次，防治面积为26.91万 $hm^2$ 次，按照上述方法统计，秀山县专业化统防统治覆盖率为38.33%。2020年，秀山

县专业化统防统治覆盖率完全能到40%的目标值。

## 4 小结与讨论

（1）专业化统防统治组织登记注册及当年种植或服务面积是动态变化的。随时掌握专业化统防统治及其服务的情况变化，是准确统计专业化统防统治的基础性工作，工作量很大，需要耐心与细心，也要依靠平常工作的积累。

（2）专业化统防统治组织中，有部分空壳组织，建议也要统计。空壳组织是正规组织，有工商税务登记，也年年开展年检，空壳组织随时也可能开展业务变成实体组织。有些组织，特别是家庭农场或育苗企业，有可能根据市场行情变化，虽然上半年没有种植，但可能下半年也要开展短期的种植或服务，比如蔬菜种植等。

（3）基层植保部门，务必要掌握、了解一定数量的专业化统防统治组织，在统防统治或绿色防控示范、施药器械配备、绿色防控补贴等政策上，多听取一线业主的反映，掌握基础信息，了解一线情况，工作才能做到有的放矢，达到事半功倍的效果。

（4）各级农村经济管理部门、供销系统等单位，在开展农村各类组织登记、管理工作，结合社会化服务组织统计，建议在有条件的地方，加强部门合作，把专业化统防统治组织纳入定期统计，准确掌握专业化统防统治组织变化情况，为当地农作物病虫害专业化统防统治面积的统计提供便利。

**原文发表** 南方农业，2020，14（28）：53-57

# 秀山县农作物病虫害专业化防治组织调查分析

肖晓华

（重庆市秀山县植保植检站，秀山　409900）

**摘　要：**从重庆市秀山县专业化防治组织的类型、从业人员、装备水平、作业能力、经营范围、基地规模等方面，调查专业化防治服务组织的实际状况，分析存在的问题，提出合理化建议，指导和促进专业化防治组织健康发展。

**关键词：**专业化防治组织；病虫害防治；能力与水平；调查分析；重庆市秀山县

农作物病虫害专业化防治就是专业化的服务组织，使用专业化的装备，开展专业化的统防统治服务。它具有功效高、防治效果好、应急防控能力强的突出优势，同时又能减少农药使用，减轻环境污染，提高农产品品质，在我国当今乡村振兴战略实施过程中，专业化统防统治也是减少农药使用、减轻环境污染、提高农产品质量的现实需要，是现代植保发展的必然趋势。本文从秀山县专业化防治组织的类型、从业人员、装备水平、作业能力、基地规模等方面，调查分析为农业生产经营者提供农作物病虫害防治服务的专业化防治组织的实际状况，分析存在的问题，提出合理化建议，对政府部门制定专业化防治组织发展策略，指导和促进专业化防治组织健康发展，具有现实指导意义。

## 1　专业化防治服务组织的类型与数量

本文按照一个法人一个组织进行统计，截至2020年底，在县市场监管部门登记注册并在县植保部门备案的专业化防治组织共计167个。出于争取项目，或减免税收等原因，部分法人登记注册有两个或两个以上的组织，属于“一户两证”或“一户多证”。如清溪场镇南龙村法人杨芳，同时拥有“秀山县红顺农业农民专业合作社”“重庆兰花溪谷农业开发有限公司”2个防治组织；清溪场镇南丘村法人杨国，同时拥有“秀山县平茶里家庭农场”“秀山县黄家园农机专业合作社”“秀山县田园农机服务中心”3个组织；而隘口镇坝芒村法人张洪刚，则拥有“秀山县老营盘农业开发有限公司”“秀山县椒麻农业专业合作社”“秀山县玉坝中药材股份合作社”“秀山县万雅刚农业股份合作社”“秀山县大坨农业专业合作社”“秀山县黑山河农业开发有限公司”6个防治组织。为便于分析，一个法人不论登记注册多少个组织，均按照一个组织口径进行统计分析。

从组织类型分析，农民合作组织有101个，企业有46个（家），家庭农场12个，企业+农民合作组织（或家庭农场）6个，农民合作组织+家庭农场2个（图1）。

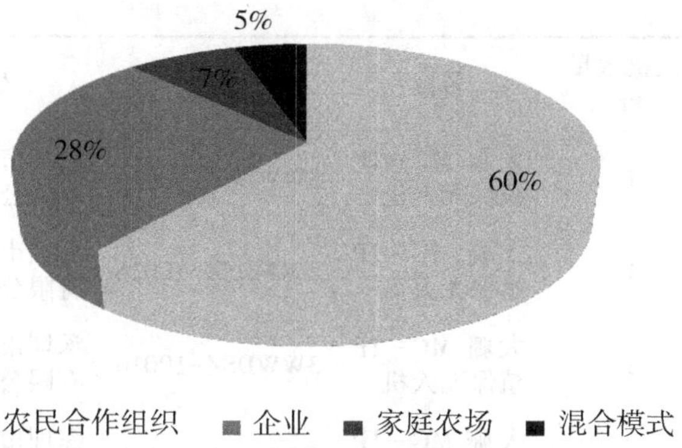


**图 1　秀山县农作物病虫害专业化防治组织类型统计**

## 2　注册登记时间与分布区域

从秀山县专业化防治组织登记注册时间分析，2010 年以前登记注册的组织数量为 15 个，2010—2012 年登记注册的为 26 个，2013—2015 年登记注册的为 30 个，2016—2018 年登记注册的为 74 个，2019—2020 年登记注册的为 22 个。从防治组织登记注册的时间看，绝大多数是近年来才成立的组织。这一趋势与国家出台鼓励和支持农业新型经营主体相关政策时间吻合。

从分布区域分析，登记注册在县城的专业化防治组织有 9 个，注册在城郊的有 29 个，注册在乡镇的有 129 个。从实际经营地点分析，基地位于城郊的专业化防治组织有 37 个，位于乡镇的有 129 个，没有固定经营地点，专门从事服务的组织 1 个。从组织分布密度看，城郊的组织数量密度较大。

## 3　从业人员与装备水平

从组织从业人员分析，秀山县专业化防治组织从业人员共 917 人（不含临时工）。其中，2 人以下的组织有 22 个，3~5 人的组织有 89 个，6 人以上的有 56 个，超过 20 人的组织 5 个。

从组织装备分析，秀山县专业化防治组织配备机动喷雾器 556 台，担架式喷雾机 10 台，11 个组织拥有植保无人机 19 台（表 1）。从装备水平看，近年来，中型以上高效植保机械发展较快，小型的手动喷雾器基本淘汰。

**表 1　秀山县植保无人机统计**

| 购机单位名称 | 无人机数量/台 | 名称 | 型号 | 生产厂家 | 购买时间 |
|---|---|---|---|---|---|
| 重庆天人农业股份合作社 | 2 | 大疆 T20 农植保无人机 | 3WWDZ-15.1B | 重庆星环航空科技有限公司<br>深圳市大疆创新科技有限公司 | 2019 年<br>2020 年 |

（续表）

| 购机单位名称 | 无人机数量/台 | 名称 | 型号 | 生产厂家 | 购买时间 |
|---|---|---|---|---|---|
| 秀山县四季堡粮油专业合作社 | 1 | 大疆 MG－1P 植保无人机 | 3WWDSZ-10016 | 深圳市大疆创新科技有限公司 | 2019 年 |
| 秀山县惠农农机专业合作社 | 1 | 大疆 MG－1P 植保无人机 | 3WWDSZ-10016 | 深圳市大疆创新科技有限公司 | 2019 年 |
| 秀山县盛塘水稻专业合作社 | 1 | 大疆 MG－1P 植保无人机 | 3WWDSZ-10016 | 深圳市大疆创新科技有限公司 | 2019 年 |
| 秀山县忠云农业专业合作社 | 1 | 大疆 MG－1P 植保无人机 | 3WWDSZ-10016 | 深圳市大疆创新科技有限公司 | 2019 年 |
| 秀山县宝通粮油专业合作社 | 1 | 大疆 MG－1P 植保无人机 | 3WWDSZ-10016 | 深圳市大疆创新科技有限公司 | 2019 年 |
| 秀山县团鱼堡农产品种植专业合作社 | 1 | 大疆 MG－1P 植保无人机 | 3WWDSZ-10016 | 深圳市大疆创新科技有限公司 | 2019 年 |
| 秀山县永平农业专业合作社 | 1 | 大疆 MG－1P 植保无人机 | 3WWDSZ-10016 | 深圳市大疆创新科技有限公司 | 2019 年 |
| 秀山县平茶里家庭农场 | 1 | 大疆 MG－1P 植保无人机 | 3WWDSZ-10016 | 深圳市大疆创新科技有限公司 | 2019 年 |
| 重庆边城韵茶业有限公司 | 1 | 大疆 T20 农植保无人机 | 3WWDZ-15. 1B | 深圳市大疆创新科技有限公司 | 2020 年 |
| 重庆林禾农业科技有限公司 | 8 | 大疆 T20 农植保无人机 | 3WWDZ-15. 1B | 深圳市大疆创新科技有限公司 | 2020 年 |
| 合计 | 19 | | | | |

## 4 作业能力与基地规模

从作业能力分析，秀山县专业化防治组织日作业能力 3. 27 万亩。其中，日作业能力 100 亩以内的防治组织有 48 个，日作业能力 100～200 亩的组织 41 个，日作业能力 200 亩以上的较大型组织 78 个，日作业能力1 000亩以上的组织有 3 个。

从防治组织基地规模分析，秀山县 167 个组织基地规模平均为 394. 1 亩，2020 年没有具体从事病虫害防治的空壳组织 11 个，正常经营的 156 个组织中，基地规模最小的为 5 亩（育苗组织），最大的3 000亩（茶叶生产加工企业）。基地面积 100 亩以下的组织有 18 个，基地规模 100～300 亩的组织有 62 个，基地规模 300～500 亩的组织有 27 个，基地规模 500～1 000亩的组织有 24 个，1 000亩以上的组织 20 个。没有固定基地，从事对外服务的组织有 5 个。

## 5 经营范围与对外服务

从经营范围分析，从事茶叶生产加工的防治组织有25个，其中，8个组织兼营有中药材或蔬菜或水果；从事粮油生产销售的组织有22个，其中，5个组织兼营有蔬菜或水果或中药材；从事蔬菜生产销售的组织有13个，其中，3个组织兼营水果；从事水果生产销售的组织67个，其中，14个组织兼营有中药材或蔬菜；从事中药材（黄精、山银花为主）生产销售的组织有33个，其中，11个组织兼营有蔬菜或水果或油茶；从事花卉苗木生产销售组织有2个；从事服务行业的组织有5个（图2）。

从防治组织经营作物类别看，从事水果、中药材生产销售的组织较多，从事传统粮油生产销售（加工）的组织较少。经营传统粮油与经济作物的组织比例大致为1：6.36。

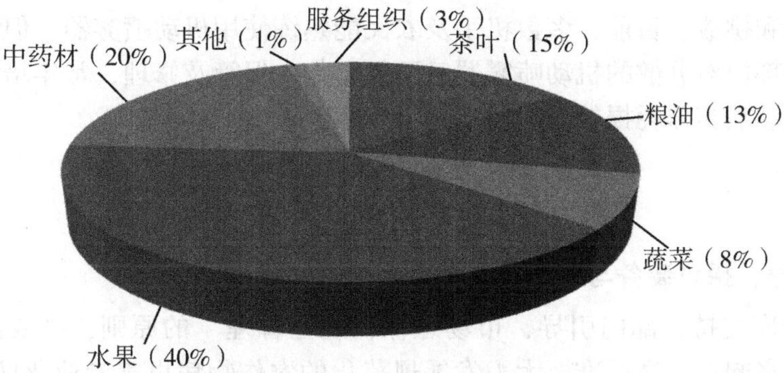


**图2 秀山县专业化防治组织经营作物类别统计**

2020年，秀山县有8个专业化防治组织开展对外服务，对外服务面积4 080亩。秀山县多数组织是满足自身病虫害防治需要，没有对外作业服务。

## 6 存在的问题与不足

### 6.1 总体规模偏小，能力偏弱

秀山县规范化的专业化统防统治组织规模偏小，农民合作组织自身能力不强，合作层次不高。农民合作组织受经济实力、技术能力、信息条件等方面的限制，规模偏小，层次较低，加之多数农民合作组织结构松散，制度不够健全，与农民利益联结不紧密，市场竞争能力较弱，辐射和带动能力不强。

### 6.2 组织化程度不高

目前，秀山县农村劳动力大量转移，农村劳动力普遍缺乏，特别是懂技术的青壮劳动力奇缺，部分乡镇（街道）甚至出现“有机无人”的状况。另外，农村劳动力不足，又直接导致人工费用上涨，增加了统防统治防治成本。总体上，秀山县的专业化防治组织，组织化程度不高，农民入股积极性较差，大多数是满足于专业化防治组织自身需要。

### 6.3 社会化服务能力不足

目前，秀山县专业化防治组织，开展社会化服务的组织只有8个，作业面积仅4 080亩。多数组织是满足自身病虫害防治需要，服务区域多为本村或临近村居，基本无跨境服务。

### 6.4 品牌创建能力不足

截至2020年底，秀山县专业化防治组织申报成功的绿色产品92个，有机食品34个，无公害农产品62个。农产品品牌数量与秀山县专业化防治组织总量极不匹配。

### 6.5 宣传培训力度不大

县级植保部门人员少、工作量大，宣传培训工作有待加强。技术能力不足，表现为植保技术宣传不力，技术培训不配套。多种形式的植保专业化防治，给技术宣传、培训带来新的压力和挑战。目前，多数机手及农民能熟练使用机动喷雾器，但大多不会维修及保养，植保部门对分散的机动喷雾器又不便于集中保管及修理，常年培训的次数及人员又有限，机动喷雾器耗损较大，使用期限缩短。

## 7 建议

### 7.1 政府指导，探讨装备与作业补贴制度

坚持“政府支持，部门引导，市场运作，规范管理”的原则，既要注重发展，又要注重管理。高起点、高标准，大力发展规范化的农作物病虫害专业化防治服务组织，积极探讨专业化防治组织装备与作业补贴制度，进一步摸清家底，制定政策，促进农作物病虫害专业化统防统治又好又快发展。

### 7.2 支持和鼓励跨区作业，提高自身造血功能

动员社会资金，实施多元投入。不断改变以前全靠国家投入的模式，开展多方融资，多元投入尝试。支持和鼓励专业化防治组织跨区作业，摸索多模式合作形式，提高自身造血功能，不断做大做强专业化防治组织的规模与水平。

### 7.3 加强内部管理，规范化发展

农业行政主管部门，要加强指导，要求专业化防治组织制定相应的设施设备、技术人员、田间作业人员以及规范的管理制度。结合秀山县农产品出口基地建设，以专业化统防统治和绿色防控推动农产品名优产品创建，进一步推动专业化统防统治与品牌创建相结合。

### 7.4 加强宣传培训，提高知晓度与满意度

农业行政主管部门，要加强宣传培训，要让专业化防治服务组织的田间作业人员应当能够正确识别服务区域的农作物病虫害，正确掌握农药适用范围、施用方法、安全间隔期等专业知识以及田间作业安全防护知识，正确使用施药机械以及农作物病虫害防治相关用品。同时，专业化防治组织内部也要加强培训，特别是对季节性、临时性聘请人

员，作业之前开展岗前技术培训，减少操作失误，提高作业技术水平，提高防治效果。

### 7.5 加强农产品品牌创建

农作物病虫害专业化防治组织，不能单纯从事生产环节，必须进入市场，才能提高农产品价值。结合绿色食品、有机食品和农产品地理标志，即“两品一标”创建活动，农业部门要积极指导防治组织，开展农产品品牌创建，促进组织提档升级。如重庆天人农业股份合作社，既从事水稻生产，有加工销售大米。其注册的“天人丰”牌大米被评为2017年度重庆名牌农产品，其“天人丰”品牌获得中国著名品牌荣誉称号。2020年，“天人丰”牌大米销售量达900t以上，比上年增加12.5%，获利150万元以上，其中，规模化销售涉及垫江、石柱、松桃、酉阳、黔江、彭水、花垣等10余个县（市），网上销售至全国各地，企业效益大幅增加。2020年，重庆天人农业股份合作社成功入围“国家农民合作社示范社”。生产、加工、销售形成良性循环，其组织规模、积极效益与组织声誉大幅度提高。

## 参考文献

肖晓华，2020. 秀山县农作物病虫害专业化统防统治面积测算探讨［J］. 南方农业，14（28）：53-57.

**原文发表** *南方农业*，2021，15（16）：56-59

# 以农作物规模种植抽样调查测算统防统治覆盖率方法探讨

肖晓华

（重庆市秀山县植保植检站，秀山　409900）

**摘　要：**重庆市秀山县探讨主要农作物统防统治覆盖率测算方法，准确掌握秀山县农作物规模种植情况和统防统治情况，对于精准制定农作物产业发展规划与农作物病虫害统防统治策略，具有现实指导意义。调查表明，水稻、玉米、蔬菜、中药材、茶叶、柑橘规模种植比例分别为53.81%、32.22%、49.06%、74.71%、93.83%、60.70%，加权平均为60.47%；统防统治覆盖率分别为53.82%、32.24%、49.06%、52.30%、65.7%、60.69%，加权平均为51.88%，其中粮油作物统防统治覆盖率平均为45.24%。

**关键词：**规模种植；调查方法；比例；统防统治覆盖率；秀山县

秀山县位于重庆市东南部，是传统农业生产区域，农作物种类多、栽培管理方式复杂多样。近年来，随着农业结构调整，农村劳动力大量转移，农作物品种内部结构发生了较大变化，农业规模化种植得到较快发展。探讨主要农作物统防统治覆盖率测算方法，准确掌握秀山县农作物规模种植情况和统防统治情况，对于精准制定农作物产业发展规划与农作物病虫害统防统治策略，具有现实指导意义。

## 1　调查目的

随着社会发展，人们的绿色、生态、环保意识逐步增。农药安全科学使用，越来越受到社会的广泛关注。农作物病虫害专业化统防统治覆盖率是农药减量增效工作的重要指标。现行的统防统治覆盖率计算方法，实则应用的是统防统治面积占防治总面积的比率。为探讨统防统治覆盖率测算方法，2022年，秀山县首次开展主要农作物规模种植抽样调查，以规模化种植面积，加上代耕代管面积，扣除不施药部分，综合测算统防统治覆盖率，为统防统治覆盖率测算提供基础性数据支撑。

## 2　调查方法

根据秀山县农作物种植与分布的实际情况，2022年，选择水稻、玉米、蔬菜、中药材、茶叶、柑橘共6种代表性作物开展规模种植抽样调查。借鉴近年来农作物病虫害绿色防控覆盖率抽样调查方法，每种作物选择代表性较强的5个乡镇（街道），每个街道选代表性较强的1个村（居），每个村调查1个组（合村并组后，有的村耕地规模较大，以组为单位更准确）的种植总面积、规模种植面积（含代耕代管面积）。即每种作物调查25个样本，以加权平均法，计算每种作物规模种植面积与规模种植比例，按照作物生育特性和施药特点，扣除不施药部分，测算统防统治覆盖率。

秀山县水稻病虫害全程施药一般3~4次，玉米1~2次，蔬菜5~6次，中药材3~4次，茶叶4~5次，柑橘5~6次，本次调查，不计规模种植户的全程施药次数，以规模种植面积折算统防统治面积与统防统治覆盖率。

2022年，秀山县水稻、玉米、蔬菜种植面积以《秀山土家族苗族自治县人民政府办公室办关于印发〈2022年秀山县粮油、畜禽、蔬菜发展目标任务清单〉的通知》（2022年3月24日便签公文）数据为准。中药材、茶叶、柑橘种植面积以县农业农村委计划（统计）数据为准。

农作物规模种植比例（%）= 农作物规模种植面积/农作物种植总面积×100

统防统治面积 = 农作物规模种植面积−不施药面积

统防统治覆盖率（%）= 农作物统防统治面积/农作物种植面积×100

根据秀山县农作物栽培管理水平、农业生产基础条件、气候特点、农作物种植单位面积所需要的劳动力数量等因素综合分析，规模种植定义标准为水稻、玉米、蔬菜种植面积10亩以上；中药材、茶叶、柑橘种植面积50亩以上。

## 3 调查结果

### 3.1 水稻

水稻是秀山县主要粮食作物，常年种植面积27万以上。水稻规模种植抽样调查选择清溪场街道、平凯街道、乌杨街道、梅江镇、龙池镇共5个镇（街道），均为水稻主产区域，每个镇（街道）抽样调查5个村（居），每个村（居）调查1个组共25个组（样本）。调查结果为水稻种植面积为2 455亩，10亩以上规模种植面积为1 321亩，规模种植比例为53.81%。

### 3.2 玉米

玉米是秀山县主要粮食作物之一，常年种植面积18万亩以上。玉米规模种植抽样调查选择清溪场街道、平凯街道、乌杨街道、梅江镇、龙池镇共5个镇（街道），均为玉米主产区域，每个镇（街道）抽样调查5个村（居），每个村（居）调查1个组共25个组（样本）。调查结果为玉米种植面积为1 651亩，10亩以上规模种植面积为532亩，规模种植比例为32.22%。

### 3.3 蔬菜

蔬菜种类众多，周年生产，常年种植面积27万亩以上。蔬菜规模种植抽样调查选择清溪场街道、平凯街道、乌杨街道、梅江镇、膏田镇镇共5个镇（街道），均为蔬菜传统种植区域，每个镇（街道）抽样调查5个村（居），每个村（居）调查1个组共25个组（样本）。调查结果为蔬菜种植面积为1 009亩，10亩以上规模种植面积为495亩，规模种植比例为49.06%。

### 3.4 中药材

秀山县中药材以山银花、黄精为主，常年种植面积30万亩以上。中药材规模种植抽样调查选择清溪场街道、溶溪镇、膏田镇、隘口镇、龙池镇共5个镇（街道），均为中药材主产区域，每个镇（街道）抽样调查5个村（居），每个村（居）调查1个组共25个组（样本）。调查结果为中药材种植面积为8 560亩，50亩以上规模种植面积为6 395亩，规模种植比例为74.71%。

### 3.5 茶叶

茶叶近年来发展迅猛，2022年种植面积16万亩以上，采摘茶园11万亩以上。茶叶规模种植抽样调查选择平凯街道、峨溶镇、涌洞镇、洪安镇、隘口镇共5个镇（街道），均为茶叶主产区域，每个镇（街道）抽样调查5个村（居），每个村（居）调查1个组共25个组（样本）。调查结果为茶叶种植面积为8 515亩，50亩以上规模种植面积为7 990亩，规模种植比例为93.83%。

### 3.6 柑橘

柑橘是秀山县主要水果品种，近年来种植面积增加到16万亩以上。柑橘规模种植抽样调查选择石堤镇、洪安镇、峨溶镇、宋农镇、乌杨街道共5个镇（街道），均为柑橘主产区域，每个镇（街道）抽样调查5个村（居），每个村（居）调查1个组共25个组（样本）。调查结果为柑橘种植面积为9 290亩，50亩以上规模种植面积为5 639亩，规模种植比例为60.70%。

### 3.7 数据汇总

水稻、玉米、蔬菜、中药材、茶叶、柑橘6种作物，规模种植比例分别为53.81%、32.22%、49.06%、74.71%、93.83%、60.70%，加权平均为60.47%。统防统治覆盖率分别为53.82%、32.24%、49.06%、52.30%、65.7%、60.69%，加权平均为51.88%，其中粮油作物（水稻和玉米）平均为45.24%（表1），与秀山县统防统治覆盖率年度目标吻合。

调查结果表明，受农作物种植效益影响，秀山县水稻和玉米（粮油作物）规模种植比例较低。蔬菜属于周年生产大宗作物，零星种植较多，由于劳动力需求较多，业主（大户）规模种植面积普遍偏小。中药材、茶叶、柑橘秀山县以业主（农民合作社、农业公司、家庭农场）规模种植为主，零星种植较少。总体上，主要农作物规模种植比例总体情况与秀山县主要农作物种植实际情况吻合。

**表1 秀山县2022年主要农作物规模种植抽样调查汇总**

| 农作物名称 | 种植面积/万亩 | 规模种植面积/万亩 | 规模种植比例/% | 统防统治面积/万亩 | 统防统治覆盖率/% | 备注 |
|---|---|---|---|---|---|---|
| 水稻 | 27.72 | 14.92 | 53.81 | 14.92 | 53.82 | |
| 玉米 | 18.3 | 5.90 | 32.22 | 5.90 | 32.24 | |
| 蔬菜 | 27.27 | 13.38 | 49.06 | 13.38 | 49.06 | |

（续表）

| 农作物名称 | 种植面积/万亩 | 规模种植面积/万亩 | 规模种植比例/% | 统防统治面积/万亩 | 统防统治覆盖率/% | 备　注 |
|---|---|---|---|---|---|---|
| 中药材 | 32.2 | 24.06 | 74.71 | 16.84 | 52.30 | 新植面积不施药，按照70%种植面积施药计算 |
| 茶叶 | 16.5 | 15.48 | 93.83 | 10.84 | 65.70 | 新植面积不施药，按照70%种植面积施药计算 |
| 柑橘 | 16.0 | 9.71 | 60.70 | 9.71 | 60.69 | |
| 平均/合计 | 138.0 | 83.44 | 60.47 | 71.30 | 51.88 | |
| 粮油作物平均值 | | | 45.24 | | | |

## 4　讨论

（1）农作物病虫害统防统治覆盖率测算方法属于工作探讨性质，年度统防统治覆盖率上报数据，要根据上级要求，提供相关粮食作物（水稻、玉米、小麦）统防统治情况，再测算统防统治覆盖率。积极探讨主要农作物统防统治覆盖率测算方法，也是一种统防统治覆盖率验证方法，对植保统计也具有指导意义。

（2）规模种植是农业生产的大趋势，是一个动态变化的过程，需要长期坚持，总体看，农作物规模种植比例是逐年提高的。秀山县植保植检站技术人员严重不足，调查时间与精力有限，导致调查的农作物种类与样本数量偏少。在有条件的地方，建议按照乡镇（街道）的农作物种植面积，按照面积的“大、中、小”抽样调查9个乡镇（街道），每个乡镇（街道）按照农作物种植面积“大、中、小”调查9个村，每个村调查2个组，即每种作物调查162个样本，扩大调查样本，数据更有说服力。

（3）根据秀山实际情况，以组为单位开展调查数据较为准确。合村并组后，有的村（居）耕地面积在2 000亩以上，村干部根本不清楚每种作物种植情况，以村（居）汇总上报乡镇（街道）的数据误差更大。规模种植范围的鉴定，各地可根据实际情况自行把握。

（4）部分农作物零星种植较为突出，特别是蔬菜，调查面积只能估计，无法精确统计。部分新植的茶叶与中药材，前1~2年很少施药，甚至根本不施药。特别是黄精，播种1年后才出苗，前1~2年一般不需要施药。不施药部分只能依照秀山县该种作物生育特性和施药特点进行综合估算，不同区域有一定差异，部分影响调查数据准确度。

# 农作物病虫害测报与防治

# 秀山县2014年稻纵卷叶螟重发生原因分析

肖晓华
（重庆市秀山县植保植检站，秀山 409900）

**摘 要**：2014秀山县稻纵卷叶螟发生严重，其发生及为害表现出不同于常年的新特点及新趋势。发生特点呈现“总体发生偏迟；发生为害普遍；‘双峰’明显，为害期长；发生面广，为害严重”，导致严重发生的原因有“南方虫源充足；迁入峰次多，峰期持续时间长；迁入蛾量大；天气条件不利于防治；害虫食物条件好；农民产生厌战心理，防治时间普遍偏迟；农民组织化程度低，专业化统防统治面积小”。并以大量观察数据作为论据。

**关键词**：稻纵卷叶螟；严重发生；原因分析；重庆市秀山县

秀山县地处重庆市东南部、武陵山区腹地，常年水稻种植面积达2.0万 $hm^2$。稻纵卷叶螟是当地水稻生产上的主要害虫之一，常年发生普遍，发生面广。2014年，秀山县稻纵卷叶螟发生严重，其发生为害表现出不同于常年的新特点及新趋势。

## 1 2014年稻纵卷叶螟发生特点

### 1.1 总体发生偏迟

5月14日，燕麦地赶蛾始见，比上年始见日（4月29日）迟15 d，比常年始见日（4月27日）迟17 d。5月22日，秧田始见，比上年（5月16日）迟6 d，比常年（5月9日）迟13 d。秧田峰日为29日，比上年及常年推迟10~15 d。本田蛾峰出现在7月8日，比上年及常年推迟10 d以上。频振灯诱5月23日始见，比上年始见日（5月2日）迟21 d，比常年始见日（5月9日）迟14 d。总体上三（2）代稻纵卷叶螟、四（3）代稻纵卷叶螟发生时期推迟10 d左右。

### 1.2 发生为害普遍

秀山县地形地貌复杂，海拔高差大，从低海拔的200~800 m区域内均有水稻种植。秀山县共有27个乡镇（街道），均为水稻种植区，水稻种植面积2.0万 $hm^2$，主要集中在平坝、低山丘陵区。2014年，稻纵卷叶螟不论在平坝、低山丘陵区或是山区，均发生严重为害。如平坝地区的平凯街道、低山丘陵区的雅江镇、山区的海洋乡，均出现三（2）代稻纵卷叶螟严重为害田块，少部分田块由于稻纵卷叶螟为害严重，加之赤枯病影响，甚至出现“化苗”现象。这也是秀山县近20年来首次出现三（2）代稻纵卷叶螟严重为害造成绝收的现象。

### 1.3 "双峰"明显，为害期长

2014年，秀山县稻纵卷叶螟发生为害最显著的特点就是"双峰"明显，为害期长。常年三（2）代稻纵卷叶螟发生较轻，一般不需单独进行防治，只在较重年份进行防治或兼治，四（3）代才是本地主害代，一般在6月下旬至7月上旬防治。2014年，三（2）代、四（3）代稻纵卷叶螟均发生严重，呈"双峰"型发生为害态势（图1）。总体上，三（2）代稻纵卷叶螟发生及为害均达3级，局部4级程度，四（3）代稻纵卷叶螟发生程度达4级，局部5级程度，为害程度达4级。两代稻纵卷叶螟发生为害期则从6月中旬持续到8月上旬，稻纵卷叶螟田间一直表现混合虫态，发生为害时间长达50余天，比常年多15~20 d，施药平均增加1次以上。

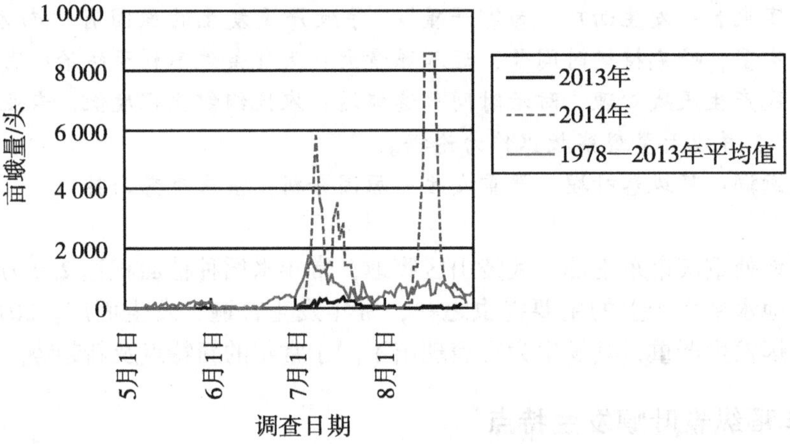


**图1　秀山县稻纵卷叶螟本田蛾量动态**

### 1.4 发生面广、为害严重

2014年6月16—19日，县植保植检站踏查三（2）代发生程度：卷叶率平均12.9%，比上年同代同期（1.6%）增11.3个百分点，比常年平均值（1.9%）增11.0个百分点，卷叶率最高为20.2%，比上年（2.2%）增18.0个百分点，卷叶率绝对最高36.7%，比上年绝对最高（3.9%）增32.8个百分点。百丛虫量平均411.8头，是上年（36.7头）的11.2倍，百丛虫量最高为768.4头，是上年（60.7头）的12.7倍，百丛虫量绝对最高为1 176.0头，是上年绝对最高值（108.0头）的10.9倍。每亩虫量平均为28 019.3头，是上年(3 244.1头）的8.6倍，是常年(3 868.4头）的7.2倍，虫量最高40 189.8头，是上年(5 527.2头）的7.3倍，每亩虫量绝对最高为88 500.0头，是上年(10 125.0)的8.7倍。调查田块中，一级占18.1%、二级占28.6%、三级占33.3%、四级占6.7%，五级占13.3%，三（2）代稻纵卷叶螟发生程度总体上达3级，局部4级，比上年增加2个级别，发生面积达2.0万$hm^2$，是2004年以来，同代同期发生最重的一年。

2014年6月30日—7月2日，踏查三（2）代稻纵卷叶螟为害程度：卷叶率平均26.0%，最高为50.5%，绝对最高90.8%。百丛虫量平均122.5头，最高为213.9头，绝对最高为 340.0 头。每亩虫量平均为 10 522.2头，最高 16 886.6头，绝对最高为 29 062.5头。由于 2014 年三（2）代稻纵卷叶螟发生期、为害期与上年及常年时间相差较大，与上年同期无可比性。调查田块中，一级占 61.5%、二级占 10.6%、三级占 12.5%、四级占 7.7%，五级占 7.7%，总体上三（2）代为害程度达 3 级，局部 4 级（表 1）。

**表 1　秀山县三（2）代稻纵卷叶螟发生为害程度统计**

| 年份 | 发生程度 | | | | | | 为害程度 | | | | | |
|---|---|---|---|---|---|---|---|---|---|---|---|---|
| | 卷叶率/% | | 每亩虫量/头 | | 百丛虫量/头 | | 卷叶率/% | | 每亩虫量/头 | | 百丛虫量/头 | |
| | 平均 | 最高 | 平均 | 最高 | 平均 | 最高 | 平均 | 最高 | 平均 | 最高 | 平均 | 最高 |
| 2004 | 3.7 | 3.8 | 12 571.3 | 15 499 | 161 | 240 | 10.5 | 12.9 | 35 934.7 | 43 377 | 383.7 | 413 |
| 2005 | 0.4 | 0.7 | 439.5 | 1 203 | 5.1 | 12.3 | 2 | 4.2 | 2 306.3 | 4 477 | 28.2 | 59 |
| 2006 | 0.1 | 0.2 | 937 | 2 700 | 9.2 | 30 | 2.1 | 2.3 | 1 299 | 1 367 | 15 | 19 |
| 2007 | 1.4 | 3.1 | 2 268.7 | 7 444.9 | 27.1 | 87.5 | 10 | 14.4 | 28 938.8 | 40 266.3 | 318.4 | 489.9 |
| 2008 | 2.2 | 9.66 | 1 017.4 | 5 938.9 | 15.7 | 98 | 6.2 | 12.8 | 4 722.3 | 8 640 | 67.4 | 144 |
| 2009 | 1.1 | 5.57 | 902 | 8 250 | 12.3 | 110 | 7.4 | 11.6 | 7 342.9 | 15 480 | 108.5 | 258 |
| 2010 | 0.5 | 3.6 | 434.2 | 3 392.5 | 5.2 | 46 | 1.7 | 3.1 | 1 474.3 | 2 666.7 | 19.2 | 34 |
| 2011 | 0 | 0.1 | 2.9 | 120 | 2 | 2 | 2 | 12 | 5 642.8 | 33 500 | 68.7 | 402 |
| 2012 | 0.3 | 16 | 219.4 | 1 285.7 | 2.9 | 16 | 0.9 | 3.9 | 314.1 | 1 050 | 4.7 | 14 |
| 2013 | 0.6 | 3.1 | 669.7 | 4 680 | 10.5 | 78 | 1.6 | 3.9 | 3 244.1 | 10 125 | 36.7 | 108 |
| 2014 | 12.9 | 36.7 | 28 019.3 | 88 500 | 411.8 | 1 176 | 26 | 90.8 | 10 522.2 | 29 062.5 | 122.5 | 340 |
| 1978—2013年平均 | 2.4 | | 4 600.3 | | 62.6 | | 4.5 | | 5 337.6 | | 76.8 | |

2014 年 7 月 17—22 日，调查四（3）代稻纵卷叶螟发生程度：1 级占 3.8%，比上年同代同级（43.4%）减 39.6 个百分点；2 级占 20.5%，比上年同代同级（13.3%）增 7.2 个百分点；3 级占 37.8%，比上年同代同级（12.0%）增 25.8 个百分点；4 级占 26.3%，比上年同代同级（14.5%）增 11.8 个百分点；5 级占 11.5%，比上年同代同级（16.9%）减 5.4 个百分点。四（3）代稻纵卷叶螟发生程度总体为中等偏重发生（4 级），比上年高 1 个级别级，局部田块发生程度达 5 级，4~5 级高级别发生田块数高于上年，总体上四（3）代稻纵卷叶螟发生时期偏迟 7~10 d。发生面积达 2.0 万 $hm^2$，与常年相当。

2014 年 8 月 6—8 日，四（3）代为害程度普查：卷叶率平均为 21.2%，比上年同代（8.7%）增 12.5 个百分点，卷叶率最高为 99.2%，比上年最高值（69.3%）增 29.9 个百分点；百丛虫量平均为 229.1 头，是上年（95.5 头）的 2.4 倍，百丛虫量最高 2 600头，是上年（1 830头）的 1.4 倍；亩虫量平均为 16 403.7头，是上年（6 442.0 头）的 2.5 倍，每亩虫量最高为 243 750头，是上年（109 800头）的 2.2 倍。普查田块中，1 级为害程度的田块占 37.1%；2 级占 20.7%；3 级占 18.1%；4 级占 14.7%；5 级占9.5%。由于2014年稻纵卷叶螟蛾峰期长，防治适期内雨日较多，加之上代发生较重，农民产生厌战心理，防治普遍偏迟，多种原因导致主害代发生危害时间长、危害重。普查表明，四（3）代稻纵卷叶螟为害程度总体为4级，局部田块发生程度达5级，比上年同代加重2个级别（表2）。

**表2　秀山县四（3）代稻纵卷叶螟发生为害程度统计**

| 年份 | 发生程度 | | | | | | 为害程度 | | | | | |
| --- | --- | --- | --- | --- | --- | --- | --- | --- | --- | --- | --- | --- |
| | 卷叶率/% | | 每亩虫量/头 | | 百丛虫量/头 | | 卷叶率/% | | 每亩虫量/头 | | 百丛虫量/头 | |
| | 平均 | 最高 | 平均 | 最高 | 平均 | 最高 | 平均 | 最高 | 平均 | 最高 | 平均 | 最高 |
| 2004 | 10.4 | 11.8 | 52 321.7 | 72 494 | 704.3 | 1 013 | 34.5 | 51 | 41 722 | 64 078 | 728.3 | 1 318 |
| 2005 | 8.4 | 14.8 | 5 500 | 10 943 | 78 | 161 | 14.5 | 31.1 | 8 725.3 | 22 254 | 114.3 | 293 |
| 2006 | 5.4 | 15.4 | 23 885 | 108 516 | 282 | 1 258 | 11 | 15.4 | 6 974 | 13 816 | 95 | 163 |
| 2007 | 27.2 | 35.1 | 77 965.3 | 113 970 | 1 137.1 | 1 396 | 31.4 | 36 | 26 543.9 | 53 980 | 516.2 | 920.3 |
| 2008 | 7.9 | 27.5 | 18 248 | 115 332.9 | 268.7 | 1 384 | 25.3 | 68 | 17 542.7 | 42 500 | 233.8 | 510 |
| 2009 | 15.3 | 36.5 | 32 304.7 | 100 000 | 459.1 | 1 240 | 29.4 | 62.3 | 14 827.5 | 57 334 | 278.1 | 860 |
| 2010 | 7.6 | 24.1 | 10 326.3 | 65 925.9 | 145.1 | 890 | 9.6 | 41.6 | 9 051 | 30 833 | 128.6 | 345 |
| 2011 | 9.2 | 31.2 | 8 639.6 | 41 250 | 108.4 | 440 | 14 | 59.2 | 6 708.3 | 43 200 | 112.2 | 720 |
| 2012 | 4 | 20.1 | 4 216.1 | 21 600.1 | 55.9 | 324 | 5 | 22.4 | 3 420.3 | 18 480 | 54.5 | 308 |
| 2013 | 10.8 | 46.7 | 4 976.6 | 17 760 | 71 | 296 | 8.7 | 69.3 | 6 442 | 109 800 | 95.5 | 1 830 |
| 2014 | 7.6 | 25.5 | 37 854.8 | 118 875 | 464.3 | 1 286 | 21.2 | 99.2 | 16 403.7 | 243 750 | 229.1 | 2 600 |
| 平均 | 9.0 | | 36 880.3 | | 340.3 | | 14.3 | | 16 001.8 | | 275.6 | |

## 2　原因分析

### 2.1　南方虫源充足

2014年，“两广”、湖南、云南等南方稻区稻纵卷叶螟发生严重，南方虫源充足。据广西永福县植保植检站监测，5月下旬初以来稻纵卷叶螟持续迁入，田间一直保持较高的成虫量，6月5日出现蛾峰，每亩蛾量一般为3 000~3 500头，高的5 500~6 000头，少数田块达10 000头以上，迁入盛期长，量极大。据广西资源县农业局测报站监测，稻纵卷叶螟田间赶蛾，6月4日、5日和8日出现高峰，每亩虫量分别为850头、716头、1 173头，第三代稻纵卷叶螟大发生。

### 2.2　迁入峰次多、峰期持续时间长

频振灯诱，6月蛾峰出现在6月9日，峰日蛾量13头；主害代7月高峰出现在7月12日，峰日灯下蛾量3 936头，7月11—17日，蛾量均保持在608~3 936头，期间灯下平均蛾量为2 100.6头；8月出现2次峰，分别为8月10日、17日，蛾量分别为3 392

头、890头。截至8月底，灯下出现5次蛾峰，比上年及常年多2~3次。

秧田赶蛾，峰日出现在5月29日，每亩蛾量218头，26—30日，蛾量为98~218头，平均165.6头；本田赶蛾，7月8日、7月15日、8月15日分别出现高峰，每亩蛾量分别为5 808头、3 538头、8 580头，7月5—18日，蛾量为1 207.2~5 808头，平均为2 779.2头，每亩蛾量1 200头以上保持14 d。8月中下旬本田蛾量虽大，但陆续迁出，对秀山县水稻影响不大。

## 2.3 迁入蛾量大

2014年频振灯诱虫量大，是自2004年秀山县使用频振式测报灯以来虫量最大的一年。2014年4—8月累计诱蛾34 601头，是2013年同期蛾量的122.7倍，是2004—2014年平均值的7.7倍（表3）。

表3 秀山县稻纵卷叶螟频振灯诱4—8月累计虫量统计 单位：头

| 年份 | 4月 | 5月 | 6月 | 7月 | 8月 | 4—8月累计 |
|---|---|---|---|---|---|---|
| 2004 | 0 | 41 | 43 | 2 572 | 1 856 | 4 512 |
| 2005 | 0 | 5 | 20 | 677 | 1 076 | 1 778 |
| 2006 | 0 | 4 | 3 | 81 | 230 | 318 |
| 2007 | 0 | 16 | 170 | 2 783 | 1 277 | 4 246 |
| 2008 | 0 | 41 | 77 | 1 716 | 74 | 1 908 |
| 2009 | 0 | 103 | 139 | 387 | 222 | 851 |
| 2010 | 0 | 10 | 104 | 187 | 75 | 376 |
| 2011 | 0 | 0 | 28 | 149 | 16 | 193 |
| 2012 | 0 | 1 | 68 | 532 | 17 | 618 |
| 2013 | 0 | 4 | 47 | 211 | 20 | 282 |
| 2014 | 0 | 43 | 75 | 17 492 | 16 991 | 34 601 |
| 2004—2014年平均值 | 0 | 24.4 | 70.4 | 2 435.2 | 1 986.7 | 4 516.6 |

## 2.4 天气条件不利于防治

据秀山县植保植检站监测预报，三（2）代稻纵卷叶螟最佳防治适期为6月10—15日，期间平均气温为26.7 ℃，全部为阴雨天气。主害代稻纵卷叶螟最佳防治适期为7月12—18日，期间平均气温为23.6 ℃，天天有降雨，雨量则达42.2 mm。两代稻纵卷叶螟最佳防治适期内，均无防治适宜的晴朗天气，农民或是抢晴施药，或是推迟施药，在稻纵卷叶螟重发情况下，无疑严重地影响防治效果，难以抑制虫害。

## 2.5 害虫食物条件好

2014年4—8月，本地雨日过多，总体上水稻生长推迟10 d以上，水稻叶片嫩绿，稻纵卷叶螟食物充足。加之秀山县海拔高差大，平坝与山区，水稻播种、移栽期相差

7~10 d，导致水稻生育期不一致，为稻纵卷叶螟提供良好的生存环境。

### 2.6 农民产生厌战心理，防治普遍偏迟

由于2014年稻纵卷叶螟蛾峰期长，田间虫态复杂，加之两代稻纵卷叶螟发生均严重，防治次数增多，农民产生厌战心理，加之农村劳动力普遍缺乏，少部分农民甚至在水稻中后期不再施药防治，导致稻纵卷叶螟发生为害加重。

### 2.7 农民组织化程度低，专业化统防统治面积小

截至2014年9月，秀山县现拥有植保专业化统防统治组织80余个，但规范运作的不多，开展规模化防治的只有10余个；秀山县配备机动喷雾器500余台，从事水稻病虫害防治的约400台，面对2.0万 $hm^2$ 水稻病虫害应急防控，数量明显不足。2014年，秀山县水稻专业化统防统治面积仅为0.67万 $hm^2$，占水稻病虫害防治面积的15%左右，且多为业主或种植大户组织实施，示范带动效应不明显。

**原文发表** 南方农业，2015，9（1）：1-4

# 金银花病虫害测报及防治技术

肖晓华，刘　春，杨昌洪，吴洪华
（重庆市秀山县植保植检站，秀山　409900）

**摘　要**：2011—2014 年，秀山县植保植检站对金银花病虫害进行系统监测，总结金银花病虫害测报经验，研究金银花主要病虫害发生规律，探讨金银花病虫害测报技术规程，及时发布病虫害防治预报，指导大面积金银花病虫害综合防治工作。

**关键词**：金银花病虫害；发生特点；测报与防治

秀山县地处重庆市东南部、武陵山区腹地，年平均气温 16.5 ℃，年降水量为 1 336.2 mm。四季分明，热量丰富，降水充沛，日照偏少，无霜期长，光、热、水与农作物生长基本同季，有效性好，适宜多种农作物生长。总体地貌，平坝约占 28%，丘陵约占 29%，山地约占 43%，山丘几乎占总面积的 3/4，海拔 245～1 631 m，大部分属于中低山区，农业自然条件相对较好。秀山县金银花种植已有 30 多年历史。近年来，随着农业结构调整，金银花种植面积不断扩大，目前，秀山县金银花种植面积达2.01 万 $hm^2$，金银花已成为秀山县种植面积最大的经济作物，秀山县也发展成为全国面积最大的金银花种植基地。随着金银花种植面积不断扩大，其病虫害发生及危害日益严重，已成为制约秀山县金银花产业发展的重要因素之一。为适应金银花产业健康发展需要，保障金银花质量安全，2011 年开始，秀山县植保植检站在重庆市范围内首次开展金银花病虫害系统监测，4 年来，不断总结金银花病虫害测报经验，研究金银花主要病虫害发生特点及规律，探讨金银花病虫害测报技术规程，及时发布病虫害防治预报，指导大面积金银花病虫害综合防治工作。为国内其他金银花产区开展病虫害系统监测提供借鉴与参考。

## 1　金银花病虫害种类及测报重点

经秀山县植保植检站多年观察及 2011—2014 年系统监测，金银花病虫害种类较多。目前已查明的病害有褐斑病、白粉病、炭疽病、白绢病、根腐病、锈病等；虫害有红蜘蛛、蚜虫、天牛、蜗牛、小灰蝶、斑须蝽、蝗虫、螽斯、广翅蜡蝉、八点广翅蜡蝉、眼纹疏广蜡、尺蠖、曲胫侎缘蝽、蚂蚁等，总体上虫害多于病害。

2011—2014 年，系统监测点设在秀山县乌杨街道凉亭村，4 月上旬开始定田定株调查，12 月 29 日结束调查。系统监测及生产实践表明，秀山县金银花病虫害测报及防治重点对象是金银花褐斑病、白粉病、红蜘蛛、蚜虫。

## 2　金银花主要病虫害发生动态

### 2.1　褐斑病调查方法及田间消长动态

选择有代表性的金银花地块 3 块，棋盘式取样，每块地定 5 点调查点，每点定点调查 2 株，每株按照东、南、西、北、中方位各随机选择 2 枝，发现病叶后，每个方位调查 10 片叶，每块地 100 片叶，分别调查病叶数，计算病株率、病叶率、病情指数。逢“4、9”日，开展系统调查。褐斑病严重度分级标准如下。

0 级：无病；

1 级：叶片上病斑占叶面积 10%以下；

2 级：叶片上病斑占叶面积 10%~25%；

3 级：叶片上病斑占叶面积 26%~40%；

4 级：叶片上病斑占叶面积 40%以上。

2011—2014 年实践表明，按照上述方法开展调查，能够反映金银花褐斑病发生、流行规律。

以 2014 年为例，4 月 19 日田间始见褐斑病病株，始见日病株率平均 3.3%，最高 10.0%，病叶率平均 0.3%，最高 1.0%，病情指数平均 0.17，最高 0.25。4—5 月，病情发展缓慢；6 月进入始盛期，6 月 29 日，病株率达 83.3%，病叶率 29.7%，病情指数 8.33；7—10 月是发病高峰期。2014 年，病情发展出现 3 个流行高峰，高峰日分别为 7 月 9 日、8 月 29 日、10 月 14 日，病株率平均值分别为 90.0%、90.0%、93.3%，最高为 100%，病叶率平均值分别为 32.0%、27.3%、20.0%，最高值分别为 38%、34%、22%，病情指数平均值分别为 11.25、7.83、5.25，最高值分别为 12.75、10.25、5.75。11 月初，病情流行进入盛末期，病情总体呈下降趋势。

### 2.2　金银花白粉病调查方法及田间消长动态

选择有代表性的金银花地块 3 块，每块地棋盘式 5 点取样，每个点定点调查 2 株，每株按照东、南、西、北、中方位各随机选择 2 枝，发现病叶后，每个方位调查 2 片叶，每株 10 片叶，每块地 100 片叶，分别调查病叶数，计算病株率、病叶率、病情指数。逢“4、9”日，开展系统调查。白粉病严重度分级标准同金银花褐斑病。2011—2014 年实践表明，按照上述调查方法得到的数据，与金银白粉斑病田间病情实际发生流行特点相吻合。

6 月 14 日，田间始见白粉病，始见日明显迟于褐斑病。始见日病株率平均为 3.3%，最高为 10%；病叶率平均 1.0%，最高为 3.0%；病情指数平均为 0.25，最高为 0.75。6 月中下旬，病情发展缓慢，7 月中旬进入始盛期，7 月 14 日，病株率平均达 33.3%，最高 40%，病叶率平均 10.7%，最高 15.0%，病情指数平均 4.83，最高 8.00。8—12 月，始终保持重发流行态势，高峰日出现在 8 月 4 日、9 月 19 日、10 月 19 日及 11 月 14 日，病株率分别为 73.3%、93.3%、96.7%及 100%，病叶率分别为 29.7%、36.0%、65.3%及 62.7%，病情指数分别为 11.25、12.42、29.67 及 32.17。

### 2.3 红蜘蛛调查方法及田间消长动态

选择有代表性的金银花地块3块，每块地棋盘式5点取样，每个调查点定点调查2株，每株按照东、南、西、北、中方位各随机选择2片叶，每株调查10片叶，每块地共100片叶，分别调查红蜘蛛数量，计算有虫株率、有虫叶率、百叶虫量、螨情指数。逢“4、9”日，开展系统调查。红蜘蛛严重度分级标准如下。

1级：1~5头/叶；

2级：6~10头/叶；

3级：11~15头/叶；

4级：15头以上/叶。

调查结果表明，4月9日至4月29日虫量上升缓慢，有虫株率为0%~6.7%，有虫叶率为0%~2.7%，百叶虫量为0~20.0、螨情指数为0.08~0.83。5月4日进入始盛期，有虫株率43.3%，有虫叶率13.0%，百叶虫量19.0头，螨情指数为9.25。5月4日至7月4日，田间虫口密度持续较高水平，高峰日出现在5月29日，有虫株率平均为50.0%，最高70%，有虫叶率平均为21.7%、最高45.0%，百叶虫量平均为259.3头，最高692头，螨情指数平均为17.25，最高44.00。7月14日至9月9日，高温天气不利于红蜘蛛繁殖，田间虫口密度保持较低水平，有虫株率0%~33.3%，有虫叶率0%~18.3%，百叶虫量0~51头，螨情指数0~5.17。9月14日以后，虫口密度又开始稳步上升，整个10—12月，保持重发态势。高峰日出现3次，分别在10月24日、12月4日、12月29日，有虫株率分别为86.7%、96.7%、100%，有虫叶率分别为56.7%，60.3%，74.7%，百叶虫量分别为269头、703.3头、810头，螨情指数分别为20.08、34.33、41.50。

4—12月，总体上红蜘蛛虫情发展有2个发生高峰时段，即5—7月上旬、10—12月，与柑橘红蜘蛛、蔬菜红蜘蛛等发生特点相吻合，红蜘蛛发生危害的特殊性，在测报及防治上必须高度重视，2个时段均需要发布防治预报，及时开展防治工作。

### 2.4 蚜虫调查方法及田间消长动态

选择有代表性的金银花地块3块，每块地棋盘式5点取样，每点调查2株，每株按照东、南、西、北、中方位各随机调查2枝，每株10枝，每块地调查100枝，分别调查蚜虫数量，计算有蚜株率、有蚜枝率、百枝蚜量、蚜情指数。逢“4、9”日，开展系统调查。蚜虫严重度分级标准以金银花分枝上部15 cm内蚜虫密集程度共分4级。

1级：蚜虫零星可见；

2级：蚜虫密集的长度占分枝总长度的1/3；

3级：蚜虫密集的长度占1/3~2/3；

4级：蚜虫密集的长度占2/3以上。

4月9日开始定田调查。4月9日有蚜株率为70.0%、有蚜枝率为5.8%、百枝蚜量为160.0头、蚜情指数为0.83。4月19日虫口发生数量达高峰。虫口发生数量有2个发生高峰，高峰日分别为4月19日、5月4日，高峰日有蚜株率分别为70.0%、73.3%，有蚜枝率分别为23.3%、20.7%，百枝蚜量分别为496.0头、467.7头，蚜情指数分别为7.33、7.50。5月19日后虫口密度下降，6月下旬后保持低水平，7—12月，田间调查“0”频率出现较多。总体上虫情高峰时段出现在4—5月。

## 3 金银花病虫害总体偏重发生原因分析

### 3.1 气候因素

秀山县气候温和，雨量充沛，早春温度回升快，3—6月雨日多，高温高湿的气候特点，有利于多种病虫害发生、流行。

### 3.2 品种抗性差

秀山县种植的金银花品种主要有渝蕾一号、本地灰毡毛忍冬等，抗性一般，加之近年来连片种植，管理粗放，加重了病虫害发生及危害。

### 3.3 防治技术水平差

多年来，本地农民把金银花作为野生药用植物，人工栽培历史短，不能正确识别许多病虫害，农民防治技术水平总体较差，加之近年来农产品质量要求越来越高，收购企业要求少用或不用药，金银花病虫害防治未得到应有重视，导致病虫害发生为害严重。

## 4 测报及防治技术探讨

### 4.1 测报技术探讨

2011—2014年，秀山县借鉴油菜、蔬菜、柑橘蚜虫，柑橘、蔬菜红蜘蛛，蔬菜、小麦白粉病，蔬菜、苹果褐斑病等病虫害测报调查方法，设计出了金银花蚜虫、红蜘蛛、白粉病、褐斑病调查取样方法及调查表格。实践表明，2011—2014年调查方法基本符合测报工作需要，能够反映金银花病虫害发生、流行特点及规律，可以依据调查数据，发布病虫害发生及防治预报，指导大面积防治工作。

2011—2014年系统调查表明，蚜虫调查方法取样及调查项目设计较为合理，能够反映蚜虫田间消长动态，但存在调查随意性大，不同调查人员调查数据差距较大的弊端，建议定株定枝，每个方位上部调查新枝条，下部调查老枝条，选定的枝条统一要求15 cm以上。红蜘蛛、褐斑病、白粉病调查方法取样及调查项目设计切实可行，但应增加调查取样数量，建议在每个方位调查50片叶，每株调查250片叶，每块田2 500片叶，增加样本代表性。同时，为便于调查，避免混淆，建议以上4种病虫害统一定田、定株，即调查每株时，4种病虫害全部查完。

### 4.2 病虫害预报

根据金银花前期病虫害发生实况、品种布局、栽培管理条件、防治技术水平、上年病虫害发生情况，结合未来天气预报及历年病虫害发生规律等因素进行综合分析，年初发布长期预报，生产季节、冬闲期根据系统调查情况，结合大面积普查，发布病虫害中期、短期发生及防治预报，及时指导大面积防治工作。

### 4.3 推广绿色防控技术，保障质量安全

金银花病虫害防治，有别于其他农作物，金银花是药食两用植物，金银花病虫害防

治应坚持“预防为主，综合防治”的植保方针，以农业防治为基础，农业措施与化学防治相结合，推广绿色防控技术，特别注意施药距采收间隔天数不得少于规定的天数，科学使用高效低毒低残留农药，综合运用各种防治措施，减少病虫害所造成的损失。

**原文发表**　植物医生，2015，28（5）：23-25

# 对重庆市秀山县农作物病虫害监测预警工作的思考

肖晓华
（重庆市秀山县植保植检站，秀山 409900）

**摘　要**：本文分析了重庆市秀山土家族苗族自治县植保植检站的发展历程，总结其成功的管理经验，针对存在的问题，提出“一稳、二增、三转变、四提高”的对策及建议。即稳定测报队伍，增加专业人员人数和工作经费，转变拓展监测对象、信息发布方式、与研究院校及相关企业的合作模式，提高对农作物病虫害监测预警工作的认识水平、测报人员的技术水平、测报装备水平、测报人员福利待遇。

**关键词**：农作物病虫害；监测预警；管理制度；对策与建议；重庆秀山

秀山土家族苗族自治县（简称秀山县）位于重庆市东南部、武陵山区腹地，秀山县土地总面积2 463.61 km$^2$，农业用地21.06万hm$^2$，占土地总面积的85.5%，年平均气温16.5 ℃，年平均降水量为1 336.2 mm。当地气候四季分明，热量丰富，降水充沛，日照偏少，无霜期长，光、热、水与农作物生长需求基本同季，有效性好，适宜多种农作物生长。秀山县海拔245~1 631 m，大部分属于中低山区，农业自然条件相对较好。温和的气候、充沛的雨量、加之良好的自然地理条件，使得秀山县成为重庆市，甚至整个武陵山区重要的农业大县。秀山县素有“湘黔锁钥、武陵明珠”和“小成都”的美誉。

从大的地貌分析，秀山县地处四川盆地东南外沿、云贵高原东北边缘，武陵山区腹地，西有大娄山、东有雪峰山，从广西至湖南西部走廊形成槽谷地形，加之秀山县境内多有山间平地，本地称为“平坝”，在“隘口效应”“拔升效应”以及“西南低涡”的影响下，秀山县成为全国迁飞性害虫南北迁飞的重要通道。由于秀山县特殊的地理位置，明显的立体气候，加之复杂的栽培制度及生态条件，为农作物病虫害提供了适宜的环境，导致当地农作物病虫害种类多、发生普遍、危害较重。

## 1　秀山县农作物病虫害监测预警发展历程

### 1.1　发展历程

1957年，在秀山县人民委员会农林水利科设立有农作物病虫害测报点，1958年，更名为病虫害测报站，1964年，更名为植保植检站，隶属于秀山县人民委员会农业科，1983年，正式命名为秀山县植保植检站，隶属于秀山土家族苗族自治县农业局。2009年，设立秀山土家族苗族自治县农业委员会，秀山县植保植检站隶属于农业委员会下属的二级单位——秀山县农业技术服务中心。秀山县植保植检站自成立以来，一直坚持单独设站，单独办公，保持相对独立性。

### 1.2 取得的成就

秀山县自设立病虫害测报点以来，一代代的植保人始终把握正确的发展方向，长期坚持把病虫害监测这一项基础性工作放在植保工作首位，注重技术研究、推广和人才培养。20世纪70年代以来，秀山县植保植检站先后参加了全国迁飞性害虫（稻飞虱、稻纵卷叶螟）和流行性病害（稻瘟病）等病虫害的测报科研协作项目研究，历来是全国农作物病虫害区域站、原四川省重点农作物病虫害测报站、重庆市重点区域测报站。2014年，入选全国农作物病虫害测报标准化区域站，成为全国108家重点标准化区域站之一。30多年来，在前后10任站长（负责人）带领下，积极组织、广泛参与了国家、省（市）、地、县各级技术研究及推广项目，培养了大批植保专业技术人才及乡镇级农业技术人员，也输送出了多名县级以上的领导干部，涌现出多名在全市知名的行业技术权威人才。

2007年，重庆直辖以来，秀山县植保植检站发扬优良传统，充分发挥技术优势，在农作物病虫害监测预警、农作物病虫害专业化统防统治、绿色防控、植物检疫等方面，取得丰硕成果，先后获得全国农业先进集体、全国农作物重大病虫害数字化监测预警工作先进集体、全国科技抗灾促春管保春耕指导服务活动先进集体、全国农业技术推广先进单位、全国植物保护统计先进单位、全国农作物病虫害测报先进集体、重庆市粮油生产先进集体、重庆市植保植检先进集体等荣誉称号。现任植保植检站站长肖晓华研究员，2014年享受国务院政府特殊津贴，成为秀山县第一个获得此项殊荣的技术专家。

秀山县一代又一代的植保人，一直保持艰苦朴素、兢兢业业、勇于争先的优良传统，结合项目实施、植保工作开展，积极开展理论研究，先后在《中国植保导刊》《中国农技推广》《植物检疫》《西南农业学报》《植物医生》等刊物发表学术论文200余篇。其中，获省（市）级以上表彰的优秀论文50余篇，获国家级优秀论文3篇。截至2017年，秀山县植保植检站先后培养出农业技术推广研究员3名、高级农艺师6名，农艺师10余名，组织或参与重大项目实施200余项，成果丰富，获得大量荣誉，在全国同行业中享有较高的知名度。

## 2 农作物病虫害监测预警工作现状

### 2.1 监测预警的对象

秀山是全国迁飞性害虫南北迁飞的重要通道。“两迁害虫”一直是当地病虫害监测的重点及难点。多年来，秀山县重点监测的农作物病虫害有白背飞虱、褐飞虱、稻纵卷叶螟、二化螟、稻瘟病、油菜菌核病、玉米螟、玉米纹枯病、柑橘红蜘蛛、蔬菜蚜虫、菜青虫、小菜蛾、豆野螟、番茄早疫病、番茄晚疫病、番茄灰霉病、茄子疫病、茄子灰霉病、辣椒疫病、辣椒灰霉病等。

2010年以前，秀山县还开展小麦纹枯病、小麦锈病、小麦赤霉病等小麦病虫害监测预警，2010年以后，秀山县小麦种植面积太小，农民仅零星种植，目前，秀山县不再种植小麦，从2010年开始，秀山县不再监测小麦病虫害。为了适应金银花产业发展需要，县植保植检站从2011年开始，对金银花褐斑病、白粉病、蚜虫、红蜘蛛等病虫害进行系统监测，以指导金银花病虫害的防治工作。

多年来，秀山县农作物病虫害预测预报，长期预报准确率保持在90%以上，短期预报准确率保持在95%以上，特别是在“两迁害虫”监测预警方面，处于全市领先水平。

## 2.2 现行的管理制度

### 2.2.1 机构及经费管理

2009年，机构改革之前，秀山县植保植检站隶属秀山县农业局，县农业委员会成立以后，隶属秀山县农业技术服务中心，县农业技术服务中心是县农业委员会下属的二级法人单位，属于公益一类事业单位，县级财政一级独立预算单位，编制、经费独立，全中心现有人员编制42名，内设9个站室（校）。县植保植检站无独立编制，人员、经费及车辆由农业技术服务中心统一管理，经费实行报账制。

### 2.2.2 工作管理

在农作物病虫害监测预警工作管理上，秀山县植保植检站经过多年探索，总结出一套成功的管理经验。

一是农作物病虫害监测预警工作实行分工合作制。长期以来，秀山县严格按照《农作物病虫害测报管理办法》的规定来组织开展农作物病虫害的监测预警，对测报技术人员实行岗位目标管理，重点病虫害监测由单位技术骨干负责，测报技术人员对各自负责的测报对象，年初有工作计划，年终有测报专题总结，植保植检站内部制定有岗位责任制，实行目标考核。

二是保持测报队伍的稳定。由于农作物病虫害监测预警工作专业性极强，工作性质特殊，要求具体负责监测对象的测报人员相对稳定。一般非经调离植保植检站，原则上不做人员调整，以充分发挥测报人员多年总结出的田间实践经验以及病虫害调查分析方面的判断、评估能力，尽可能地减少测报误差。

三是实行病虫害趋势预报会商制度。在具体的农作物病虫害监测预警工作中，坚持系统调查与大面积普查相结合，灯诱、高山网与田间调查相结合，定点调查与普查相结合，发布具体的单项的病虫害预报之前，进行集体会商，具体负责的测报技术人员提出初步意见，综合集体意见，取得一致后再进行预报。

四是强化测报数据的汇报工作。由于秀山县植保植检站是国家级及重庆市市级区域站，农作物病虫害监测预警调查及监测数据，除了服务于当地病虫害防控工作之外，还要及时向全国农业技术推广服务中心测报处及重庆市植保植检站汇报调查数据。秀山县历来高度重视此项工作，实行专人负责、专人管理，认真准确填报各项监测预警的报表，切实抓好病虫害监测数据的日报、候报、旬报、月报及各项工作总结材料，并且把每年的汇报材料专门装订成册。多年以来，在全国“农作物重大病虫害数字化监测预警系统”的考核中，秀山县一直保持全市领先水平。在重庆市植保植检站组织的考核中，秀山县的农作物病虫害监测预警汇报工作也一直名列前茅。

五是注重监测预警资料归档管理。农作物病虫害监测预警资料是一笔宝贵的财富，秀山县植保植检站历来注重原始资料及总结资料的管理归档工作，始终坚持田间调查方法规范、观察仔细、真实记录、正确计算、当天整理、及时归档。严守职业道德，做到实事求是，严禁弄虚作假。坚持资料的长期积累，以方便查找，如秀山县1958年以来的气象资料，温度、湿度、降雨等因子资料齐全，稻飞虱自1975年、稻纵卷叶螟自1978年、螟虫自1977年、稻瘟病自1984年、油菜菌核病自1982年以来，监测预警档案资料保存完好，2000年以后的档案还有电子件。秀山县植保植检站每年编印的《秀山农业病虫害》，收集每年度的测报及防治材料、项目材料、学术论文、植保情报、各项工作总结等。《秀山农业病虫害》的编印，从1982年以来从未间断，这项工作在同行业中获得高度认可。

六是坚持全国性的行业间的交流与合作。多年以来，秀山县植保植检站保持与市外同行单位的友好交流与合作，与湖南省桂阳县、广西壮族自治区永福县、安徽省黄山市、贵州省铜仁市、云南省普洱市、江西省龙南县等全国30多家植保部门进行病虫害情况交流，与周边县（市）植保部门保持了良好的合作互助关系。并与中国水稻研究所、西南大学、重庆大学、重庆市农业科学院等院校及鹤壁佳多公司、湖北谷瑞特、湖北百米生物、北京汇思君达科技有限公司等农药生产企业或植保设备研发企业长期保持了良好的合作关系。秀山县植保新技术新设备的试验示范工作，历来处于全市同行业的领先水平。

## 3 存在的问题

### 3.1 编制与人员严重不足

秀山县农业技术服务中心的前身是秀山县农业局，人员编制70余人，成立县农业委员会以后，原先的职能职责部分剥离，即农村经济管理、农业执法、农村能源等，人员编制缩减为56名，近年来，由于县农业技术服务中心缺编严重，秀山县编制管理办公室从县农业技术服务中心又分批划走了14名人员编制到县中药材管理办公室、县不动产登记管理局等单位，现秀山县农业技术服务中心仅有编制42名，县植保植检站没有独立的编制，人员从原来的810名，缩减为现在的4名（其中1人为临时聘请）。

人员严重不足，而承担的农作物病虫害监测预警及其他植保植检工作任务不变，导致目前秀山县植保植检站工作任务太重、工作太艰苦，县农业技术服务中心内部其他站室（校）的人员都不愿到植保植检站工作。

秀山县地处重庆市东南部边远地区，经济发展相对滞后。2013年、2015年，秀山县农业技术服务中心面向全国公招植保专业技术人员，其中2015年的学历要求从大学本科降低为专科，专业从植保、农学，扩大到园艺、药学等相关6个专业，两年均未达到公招最低人数要求，即无3人以上报名参考。县农业技术服务中心作为县级部门，公招专业技术人员居然两年都未招到1名，从宏观方面分析，也反映出农业部门的弱势。

### 3.2 经费保障问题

随着国家经济发展，秀山县县级财政收入水平逐年提高，按照机关事业单位人头预算的办公经费能够足额落实。应急性的病虫害防控经费，每年可以争取10万~15万元。市级以上每年的植保项目经费在60万~80万元，总体上，秀山县植保方面的经费是逐年增加。近年来，经费方面最大的问题不是总量不足，而是使用方向错位。项目经费一般以农业生产救灾资金名义下拨，救灾资金有一整套管理制度，监察与审计要求十分严格。从事基础性农作物病虫害监测预警的工作性经费一般不能列入，且大量的植保新技术新器械的试验示范经费严重缺乏。导致农作物病虫害监测预警功能拓展十分困难，创新不足。从县级财政资金使用看，县农业技术服务中心属于事业单位，现有车辆7台，临时聘请驾驶员7名，预算外的经济负担沉重，财政预算经费本来就十分紧张，植保部门向县级财政争取的经费，落实也很困难。

### 3.3 体制上的问题

秀山县农业委员会与县农业技术服务中心及其他二级单位在一栋大楼办公，管理模式较为单一。行政上由县农业委员会负责，工作上各单位自行安排。县农业技术服务中心主任由县农工委领导兼任，县农业技术服务中心名义上是县级一级独立预算单位，但与县财政局、县人社局不对等，向县政府争取经费、公招人员等均由于县农委代办或转办，工作十分被动。县农业技术服务中心与重庆市农委相关处室或市直属单位也不对应，县植保植检站对应的市植保植检站业务管理上中间要通过县农业技术服务中心，行政管理上，要从县农业技术服务中心到县农业委员会，再到市级相关单位，程序复杂，效率不高。例如某地出现农作物污染或药害事故，首先，事发地乡镇（街道）向县农委反映，县农委向县农业执法大队及县农技中心转发，县农技中心安排植保部门调查，调查完毕形成报告，报县农技中心及执法大队，执法大队再报县农委，县农委再转发相关乡镇（街道）。事故处理环节太多，程序复杂，存在部门间互相推诿现象。

### 3.4 管理上的问题

在现行的国家项目管理上，目前存在的最大问题表现为基层单位不愿争项目，不愿做项目。承担项目越多，出错的概率越大，面临的监察、审计与问责越多。承担项目的多少与实施的项目质量，与专业技术人员的收入与福利不挂钩，反而是项目越少甚至没有项目的单位越安全。

目前，秀山县农作物病虫害监测预警管理上的最大问题是没有奖励激励机制，县农业技术服务中心管理上“一刀切”。植保部门内部有分工、有目标管理制度，但县农业技术服务中心9个站室（校）之间，没有竞争，没有奖励激励机制。存在“干与不干一个样”“干多干少一个样”的弊病。如职工下乡补助，按照县农业委员会机关管理模式，实现定额包干，下乡与否及下乡的实际天数与补助金额无关。这项制度严重影响职工下乡办事的积极性。

## 4 对策与建议

根据农作物病虫害监测预警未来发展方向、工作的性质与特点，结合秀山县这项工作开展的实际情况，秀山县提出“一稳、二增、三转变、四提高”的对策及建议。

“一稳”是指稳定测报队伍。农作物病虫害监测预警，要求测报人员既要有理论基础，更要有实践经验，稳定一支测报技术队伍，是植保部门有效开展监测预警工作的前提及基础。稳定测报队伍重点是从管理体制上发力，稳机构、稳人数、稳人心，才能稳队伍。建议对现有测报人员，在职称评聘上、从改善工作条件上、从工作待遇上适当给予倾斜照顾，对新引进的人员，从转正定级、交通补助、住房补助等方面制定相应制度，让新人留得住，有奔头。

“二增”是指增加专业人员、增加工资经费。在目前缺编严重的情况下，县农业技术服务中心、县农业委员会要积极争取，增编制、增人员、增经费。根据秀山县现有农作物种植面积、农作物病虫害监测及防控工作需要，县植保植检站保留56人较为合适。有条件的地方向乡镇延伸，配备乡镇测报员。增加工作经费，重点是从县级农发资金中，争取能够灵活使用的经费，特别是农作物病虫害监测预警所必需的聘请人员工资、调查车辆及燃油费用、监测预警设备更新及维护费用、专业技术人员学术交流及培训费用、新技术试验示范费用等方面。

“三转变”是指转变拓展监测对象，转变信息发布方式，转变与研究院校及相关企业的合作模式。一是从秀山县目前农作物病虫害监测对象看，主要是粮油作物、蔬菜病虫害。随着当地农业结构调整，其他经济作物面积逐年扩大。例如2016年，秀山县金银花种植面积1.0万$hm^2$、茶叶0.53万$hm^2$、白术0.13万$hm^2$、黄精400 $hm^2$、天门冬100 $hm^2$、百合533.3 $hm^2$；南苍术、金荞麦、前胡、紫菀等其他中药材0.67万$hm^2$。从产业发展需要看，对种植面积较大的茶叶、中药材，完全有必要进行病虫害的系统监测。对柑橘病虫害、蔬菜病虫害也需要扩大监测范围，为指导重大病虫害防控提供理论依据。二是农作物病虫害预报信息发布方式，现已逐步从以前的纸质情报邮寄，高音喇叭宣传，改变为网络传输，并扩展到手机短信、电视上的可视化预报。从发展趋势看，农作物病虫害预报信息发布方式进一步多样化，如手机微信、电商平台、电视植保频道等，进一步扩大植保情报的影响面，提升植保情报传递速度。三是从现行的基层植保部门与科研院校及企业合作模式看，目前主要是项目合作。比如新设备试验、新药剂试验示范等。建议进一步改变科研院校及企业与基层植保部门的合作模式，从单一的项目合作型，转变为互动推进型。从以前的科研院校及企业新产品新技术到基层植保部门进行试验示范的单线模式，进一步拓展为从基层出发，从实际需求再到科研院校及企业的双线型或多线型模式。科研院校及企业进行研发时要尊重基层意见，基层的需求也要及时向科研院校反映，良性互动，避免脱节。例如现在国内多家科研单位或企业在研发智能型测报灯，但很少进行基层调研，也不了解测报灯具体使用中基层植保部门反映的意见，产品研发出来以后，才发现有太多的改进要求，不符合使用者的需要。良性互动十分重要，重庆大学基因工程中心在绿僵菌的研发过程中，与秀山县植保植检站进行多年合作，基因工程中心充分尊重秀山植保植检站的意见，县植保植检站也主动反馈试验示范中的问题及经验，在绿僵菌试验设计、剂型、包装、使用方法等方面进行良性互动，不断改进、不断完善从而获得成功。

“四提高”是指提高对农作物病虫害监测预警工作的认识水平，提高测报人员的技术水平，提高测报装备水平，提高测报人员福利待遇。一是提高认识水平。农作物病虫害监测预警是国家农药使用量零增长行动的基础性的工作，是农作物病虫害防控的前提及基础，是农作物稳产增产的基础性与保障性工作。农作物病虫害监测，工作环境艰苦、持续时间长、责任重大，没有强烈的责任感和爱岗敬业的事业心，就不能成为一名合格的病虫害测报员。二是提高技术水平。随着技术的发展，测报员不能满足于现有的理论基础及实践能力，要不断学习、不断提高。各级植保部门要提供条件，尽可能多地让测报员参加专业技术培训，特别是一些新的软件、新的设备，必须进行培训，才能熟练掌握。三是提高装备水平。近年来，植保设备不断更新、不断增多，特别是随着物联网技术的发展，自动化、智能化、远程化的装备设备越来越多，对减轻测报劳动强度，减少田间工作时间，提高测报工作效率帮助很大。各级植保部门也要与时俱进，改变传统观念，不断提高自身装备水平，不断提高植保部门的整体形象和总体实力。四是提高福利待遇。农作物病虫害监测预警工作，在整个农业部门中，工作最苦，工作量最大，适当提高测报技术人员福利待遇，也是稳定测报队伍的现实需求。例如国家及重庆市均出台有《关于调整农业有毒有害保健津贴和畜牧兽医医疗卫生津贴的通知》文件，但多数区县没有落实这一政策。目前，在乡镇工作的农业技术人员享受浮动一级工资的待遇，而每天在田间地头摸爬滚打的植保人，却不属于人事部门认定的农业基层人员。提高福利待遇不是一句空话，农业行政主管部门必须积极主动争取，以提高植保专业技术人员对大农业部门的认可度、依存度和满意度，从而提高其工作积极性。

## 参考文献

肖晓华，2013. 对秀山县植保工作的思考［J］. 西南农业学报，26（增刊）：159-163.

肖晓华，2008. 秀山县农作物病虫害的预测预报及管理［J］. 植物医生，21（4）：38-40.

**原文出版** 现代病虫害测报建设进展 . 北京：中国农业出版社，2018. 获全国农业技术推广服务中心、中国植保学会 2017 年现代病虫害测报优秀论文评选优秀论文一等奖

# 2021年秀山县油菜菌核病重发特点及原因分析

肖晓华，杨昌洪，黄秀平

（重庆市秀山县植保植检站，秀山 409900）

**摘　要**：油菜菌核病是由核盘菌 *Sclerotinia sclerotiorum*（Lib.）de Bary 引起的一种病害。2021年，重庆市秀山县油菜菌核病总体中等偏重发生（4级），局部大发生（5级），比上年加重了1个级别。从病株率分析，是2009年统计以来发生最重的一年，达到40.6%；从病情指数分析，是2015年以来发生最重的一年，达到23.26。菌核病重发特点表现为病害发生早、后期流行迅速、发生普遍、为害严重等。本文从气候条件、品种抗性、防治水平等方面分析秀山县油菜菌核病的重发原因，为指导今后油菜菌核病防控提供参考。

**关键词**：油菜菌核病；重发特点；原因分析；秀山县

# Analysis of the Characteristics and Causes of the Outburst of *Sclerotinia sclerotiorum* in Rapeseed Crop in Xiushan County in 2021

XIAO Xiaohua, YANG Changhong, HUANG Xiuping

*Chongqing Xiushan County Plant Protection station*, *Xiushan* 409900, *China*

**Abstract**: Sclerotinia blight of rape is a disease caused by *Sclerotinia sclerotiorum* (Lib.) de Bary. In 2021, the occurrence of rape sclacrosclertia blight in Xiushan County of Chongqing is moderately severe (Grade 4), and locally severe (Grade 5), which is one grade worse than that in the previous year. The percentage of diseased rape plants is 40.6% in 2021, the highest since 2009, and the disease index is 23.26%, the highest since 2015. The recurrence of sclerotium disease in 2021 is characterized by the early occurrence, rapid epidemic, widespread occurrence and serious harm. In this paper, the causes of outburst of sclerotinia blight of rape in Xiushan in 2021 are analyzed from the aspects of climate conditions, variety resistance and control level, so as to provide reference for the prevention and control of S. *sclerotiorum* in rape in the future.

**Key words**: sclerotinia blight of rape; serious occurrence characteristics; cause analysis; Xiushan County

秀山县是重庆市油菜生产大县之一，2021 年，秀山县油菜种植面积为 1.58 万 $hm^2$，比上年略增长。按照《重庆市农业农村委员会关于重庆市二类农作物病虫害的公告》，油菜菌核病又称菌核杆腐病，属于重庆市农作物二类病虫害之一，是该县油菜生产上的主要病害，常年发病早、发生面广、为害期长、为害较重。2017—2021 年，秀山县 5 年油菜菌核病发生程度分别为 4 级、3 级、3 级、3 级、4 级。尤其是 2021 年，油菜菌核病发生特点表现为发病早、前期病情发展缓慢、后期流行较快、发生面广、总体为害较重。按照油菜菌核病测报行业标准，秀山县油菜菌核病总体中等偏重发生（4 级），局部大发生（5 级），比上年加重了 1 个级别，是近年来发生最重的一年；从病株率分析，是 2009 年以来发生最重的一年；从病情指数分析，是 2015 年以来发生最重的一年。秀山县油菜菌核病发生面积 1.0 万 $hm^2$，防治面积 0.8 万 $hm^2$，挽回损失 3 200 t，是上年的 1.19 倍，实际损失 1 300 t，是上年的 1.37 倍。

# 1　重发特点

## 1.1　2021 年油菜菌核病发生较早

2021 年 1 月 4 日，在秀山县清溪场镇茫洞村系统观测区始见油菜菌核病（叶发病），比上年始见期（1 月 2 日）迟 1 d，比常年始见期（2 月 3 日）早 30 d。发病田始见期叶发病病株率平均为 0.3%，与上年始见日平均值（0.3%）相当。有些田块的始见期病株率最高为 1.0%，与上年始见期病株率最高值（1.0%）相当。

2021 年油菜菌核病系统观测发现：3 月 24 日始见茎发病，比上年茎发病始见期（4 月 2 日）早 9 d，比常年（4 月 9 日）早 16 d；始见日病茎率平均 1.3%，比上年始见日（0.7%）增加 0.6 个百分点，始见日病茎率最高为 2.0%，比上年始见日最高值（1.0%）增加 1.0 个百分点。始见日病情指数平均为 0.43，是上年始见期病情指数（0.22）的 2.0 倍，是常年始见日病情指数平均值（0.82）的 50%，始见日病情指数最高为 0.67，是上年始见日病情指数最高值（0.33）的 2.0 倍（表 1）。

**表 1　重庆市秀山县油菜菌核病的始见期及高峰期情况比较**

| 年份 | 叶发病 | | | | 茎发病 | | | | | |
|---|---|---|---|---|---|---|---|---|---|---|
| | 始见期（月-日） | 病株率/% | 高峰期（月-日） | 病株率/% | 始见期（月-日） | 病株率/% | 病情指数 | 高峰期（月-日） | 病株率/% | 病情指数 |
| 2010 | 1-6 | 1.3 | 4-12 | 98.0 | 4-7 | 0.7 | 0.22 | 5-12 | 11.0 | 5.78 |
| 2011 | 1-7 | 1.0 | 4-17 | 100 | 4-12 | 0.7 | 0.22 | 5-12 | 50.3 | 33.78 |
| 2012 | 1-1 | 0.3 | 4-17 | 90.3 | 4-17 | 1.0 | 0.33 | 5-17 | 7.7 | 3.13 |
| 2013 | 1-6 | 2.0 | 4-17 | 98.7 | 4-7 | 4.0 | 2.00 | 5-12 | 21.0 | 16.56 |
| 2014 | 12-30 | 2.7 | 4-7 | 89.0 | 4-2 | 1.0 | 0.33 | 5-7 | 27.0 | 19.67 |
| 2015 | 1-4 | 1.3 | 4-4 | 96.0 | 3-29 | 5.0 | 1.67 | 5-4 | 75.0 | 59.00 |

（续表）

| 年份 | 叶发病 | | | | 茎发病 | | | | | |
|---|---|---|---|---|---|---|---|---|---|---|
| | 始见期（月-日） | 病株率/% | 高峰期（月-日） | 病株率/% | 始见期（月-日） | 病株率/% | 病情指数 | 高峰期（月-日） | 病株率/% | 病情指数 |
| 2016 | 1-4 | 1.7 | 4-14 | 63.7 | 3-29 | 0.7 | 0.33 | 5-4 | 30.7 | 19.11 |
| 2017 | 1-4 | 2.0 | 4-14 | 89.0 | 4-4 | 4.0 | 1.78 | 5-4 | 51.0 | 37.11 |
| 2018 | 1-3 | 0.7 | 4-4 | 96.3 | 3-29 | 0.7 | 0.22 | 4-29 | 41.0 | 30.67 |
| 2019 | 1-3 | 1.0 | 4-14 | 92.3 | 4-4 | 0.3 | 0.11 | 5-5 | 21.7 | 16.23 |
| 2020 | 1-2 | 0.3 | 4-7 | 90.0 | 4-2 | 0.7 | 0.22 | 5-7 | 14.7 | 10.33 |
| 2021 | 1-4 | 0.3 | 4-9 | 94.7 | 3-24 | 1.3 | 0.43 | 5-9 | 84.3 | 43.11 |
| 常年 | 2-3 | 2.5 | 4-11 | 81.5 | 4-10 | 2.4 | 0.82 | 5月上旬 | 32.4 | 18.23 |

注：常年平均值指1985—2021年平均值。

### 1.2　前期发展缓慢，后期流行迅速

2021年1月至3月中旬，秀山县油菜菌核病病情发展总体缓慢，病株率0.3%~3.3%。3月下旬进入始盛期，4月9日为叶发病高峰期，比上年叶发病高峰日（4月7日）迟2 d，比常年叶发病高峰日（4月11日）提早2 d。高峰日病株率平均为94.7%，比上年高峰日病株率平均值（90.0%）增加4.7个百分点，比常年高峰日病株率平均值（81.5%）增加13.2个百分点。高峰日病株率最高值为97.0%，比上年高峰日最高值（92.0%）增加5.0个百分点。

根据气象资料数据表明，2021年1—3月，秀山县气温较低（1月平均6.0 ℃、2月平均10.7 ℃、3月平均12.4 ℃），低温抑制了菌核萌发及病情发展，油菜菌核病发病虽早，但病情发展缓慢。3—4月油菜花期阴雨天气较多，下雨天数为45 d，田间温度及湿度有利发病，加之近年来油菜菌核病偏重发生，常年发病率为26.3%。秀山县常年“稻—油”轮作制度，导致田间菌源充足，3月下旬以后病情流行迅速，由于冬季气温总体偏高，叶发病始盛期及高峰期相应提早（图1）。

4月上旬以前，系统观测区茎发病总体病情偏轻，4月中旬后流行加快，5月9日达茎发病高峰，高峰期与上年及常年高峰期相当。高峰日茎发病病株率平均为84.3%，比上年高峰期病株率（14.7%）增加69.6个百分点，比常年高峰日病株率平均值（32.4%）增加51.9个百分点，高峰日病株率最高为95.0%，比上年峰日最高值（20.0%）增加75.0个百分点。

高峰日病情指数平均为43.11，是上年峰日病情指数（10.33）的4.17倍，是常年峰日病情指数（18.23）的2.36倍，高峰日病情指数最高为50.33，是上年峰日最高值（15.33）的3.28倍（表2）。

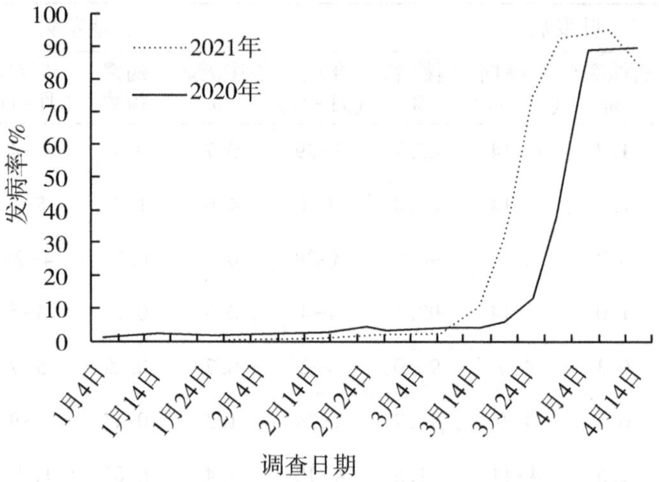


**图1　重庆市秀山县2021年油菜菌核病（叶发病）流行动态**

**表2　重庆市秀山县2021年油菜菌核病茎发病情况**

| 日期 | 病株率/% | | 病情指数 | |
|---|---|---|---|---|
| | 平均值 | 最高值 | 平均值 | 最高值 |
| 3月24日 | 1.3 | 2.0 | 0.43 | 0.67 |
| 3月29日 | 6.7 | 11.0 | 2.56 | 4.00 |
| 4月4日 | 14.7 | 20.0 | 5.33 | 7.00 |
| 4月9日 | 20.7 | 27.0 | 7.89 | 9.67 |
| 4月14日 | 35.7 | 42.0 | 13.44 | 15.67 |
| 4月19日 | 51.0 | 60.0 | 22.56 | 25.33 |
| 4月24日 | 60.0 | 64.0 | 26.77 | 30.66 |
| 4月29日 | 69.0 | 72.0 | 29.44 | 32.00 |
| 5月4日 | 80.0 | 87.0 | 35.2 | 42.23 |
| 5月9日 | 84.3 | 95.0 | 43.11 | 50.33 |

### 1.3　菌核病发生普遍

1月4—6日，油菜苗期，即菌核病始见期，按照《农作物有害生物测报技术手册》规定，县植保植检站在清溪场镇茳洞村、孝溪乡复兴村、溪口镇龙洞村、溶溪镇晨光居委会等地普查。结果发现，油菜菌核病病田率平均为7.4%，比上年同期（25.0%）少17.6个百分点，病田率最高为11.1%，比上年同期最高值（33.3%）低22.2个百分点；病株率平均为0.07%，比上年同期（0.25%）低0.18个百分点，病株率最高为1.0%，与上年同期最高值（1.0%）相当。

2月19—20日，油菜蕾薹期，在清溪场镇茫洞村、孝溪乡复兴村、溪口镇龙洞村、溶溪镇晨光居委会等地普查，菌核病病田率平均为70.8%，比上年同期（77.8%）减少7.0个百分点，病田率最高83.3%，与上年同期最高值（83.3%）相当。病株率平均为1.2%，比上年同期（1.7%）减少0.5个百分点；病株率最高为3.0%，比上年同期最高值（4.0%）减少1.0个百分点。

3月1—2日，油菜初花期，菌核病普查结果发现：病田率平均为70.8%，比上年同期（77.8%）减少7.0个百分点；病田率最高100%，与上年同期普查最高值相当。病株率平均为1.3%，比上年同期（1.8%）减少0.5个百分点；病株率最高为4.0%，与上年同期最高值（4.0%）相当。

3月9—11日，油菜生长进入盛花期，菌核病普查：病田率为75.0%，比上年同期（91.7%）减少16.7个百分点，病田率最高100%，与上年同期最高值相当。菌核病病株率平均为1.8%，比上年同期（4.8%）减少3.0个百分点；病株率最高为6.0%，比上年同期最高值（20.0%）减少14.0个百分点。

3月24—29日，油菜生长进入谢花期，普查发现：油菜菌核病病田率100%，与上年同期相当。病株率平均为56.3%，比上年同期（59.4%）减3.1个百分点；病株率最高为95.0%，比上年同期最高值（85.0%）增10.0个百分点。

4月2日，为油菜谢花期至角果发育期，油菜菌核病叶发病高峰期，病田率100%，与上年同期相当。叶发病病株率平均为78.0%，比上年同期（92.3%）减少14.3个百分点，病株率最高为98.0%，比上年同期最高值（100%）减少2.0个百分点。茎发病病株率平均为7.6%，比上年同期（1.5%）增加6.1个百分点，病株率最高为20.0%，比上年同期最高值（7.0%）增加13.0个百分点；病情指数平均为3.04，是上年同期（0.85）的3.58倍，病情指数最高为7.33，是上年同期最高值（5.67）的1.29倍。

5月1—12日，油菜成熟期，即油菜菌核病病情稳定期，秀山县性大面积普查。结果表明，油菜菌核病病田率100%，与上年同期相当。菌核病病株率平均为40.6%，比上年普查平均值（20.9%）增加19.7个百分点，比常年平均值（26.3%）增加14.3个百分点；病株率最高为95.0%，比上年普查最高值（44.0%）增加51.0个百分点。病情指数平均为23.26，是上年普查平均值（14.58）的1.6倍，是常年普查平均值（16.50）的1.4倍，病情指数最高为50.33，是上年同期普查最高值（40.33）的1.2倍（表3）。

**表3　秀山县油菜菌核病历年发生及为害统计**

| 年份 | 大面积普查 | | | | 发生程度 | 当年发生面积/万亩 | 防治面积/万亩 |
|---|---|---|---|---|---|---|---|
| | 病株率/%（平均值） | 病株率/%（最高值） | 病情指数（平均值） | 病情指数（最高值） | | | |
| 2010 | 17.9 | 98.0 | 12.55 | 78.00 | 3 | 15 | 12 |
| 2011 | 17.2 | 54.0 | 10.86 | 40.00 | 3 | 18 | 15 |
| 2012 | 30.2 | 80.0 | 20.27 | 66.3 | 4 | 15 | 12 |

（续表）

| 年份 | 大面积普查 | | | | 发生程度 | 当年发生面积/万亩 | 防治面积/万亩 |
|---|---|---|---|---|---|---|---|
| | 病株率/%（平均值） | 病株率/%（最高值） | 病情指数（平均值） | 病情指数（最高值） | | | |
| 2013 | 18.6 | 92.0 | 13.40 | 90.00 | 3 | 15 | 12 |
| 2014 | 31.5 | 89.0 | 24.59 | 73.00 | 4 | 15 | 12 |
| 2015 | 33.5 | 96.0 | 24.69 | 84.00 | 4 | 15 | 15 |
| 2016 | 24.8 | 86.0 | 15.18 | 70.00 | 3 | 15 | 10 |
| 2017 | 34.5 | 84.0 | 25.04 | 70.00 | 4 | 12 | 10 |
| 2018 | 24.2 | 76.0 | 15.67 | 61.33 | 3 | 12 | 10 |
| 2019 | 19.6 | 59.0 | 13.50 | 43.33 | 3 | 12 | 10 |
| 2020 | 20.9 | 44.0 | 14.58 | 40.33 | 3 | 12 | 10 |
| 2021 | 40.6 | 95.0 | 23.26 | 50.33 | 4 | 15 | 12 |
| 1984—2021年平均值 | 26.3 | 100.0 | 16.50 | 98.70 | | | |

### 1.4 菌核病为害严重

油菜定型期普查结果分析，普查田块中，按照油菜菌核病病情严重度分级：1级的病株数占调查总株树的22.00%，比上年同级别（6.80%）增加15.2个百分点；2级占调查总株树的8.18%，比上年同级别（5.67%）增加2.51个百分点；3级占调查总株树的10.47%，比上年同级别（8.56%）增加1.91个百分点。

按照发生程度（油菜菌核病测报行业标准）分级，发病程度为一级的田块占调查总田块数（病株率≤3.5%）的比例为0，二级（病株率3.6%~13.9%）占3.9%，比上年同级别（25.9%）减少22.0个百分点；三级（病株率14.0%~27.9%）占19.2%，比上年同级别（48.1%）减少28.9个百分点，四级（病株率28.0%~54.0%）占56.4%，比上年同级别（25.9%）增加30.5个百分点；五级（病株率≥55.0%）占20.5%，上年同级别为0。

普查结果表明，2021年，秀山县油菜菌核病总体中等偏重发生（4级），局部大发生（5级），比上年加重了1个级别。今年秀山县油菜菌核病是近年来发生最重的一年，从病株率分析，是2009年以来发生最重的一年；从病情指数分析，是2015年以来发生最重的一年。

### 1.5 菌核病病情区域差异明显

普查结果发现，不同区域、不同前茬作物，油菜菌核病发生与为害差异较大。总体看，常年“稻—油”轮作区，菌核病发生严重。“蔬菜—油菜”“玉米—油菜”“薯类—油菜”种植区，菌核病明显偏轻。部分山区旱地油菜，则很少发生油菜菌核病，如清溪场镇茫洞村、平凯街道马西村，属于常年“稻—油”轮作区，油菜菌核病病株率分别为63.8%和53.5%；而洪安镇美其村、中平乡中寨村，旱地居多，油菜非常年种植，油菜菌核病发生偏轻，病株率分别为26.8%和23.7%。

## 2 2021年油菜菌核病重发原因分析

### 2.1 菌源积累及萌发率较高

油菜是秀山县主要油料作物和经济作物，年均种植面积均在1.33万 $hm^2$ 以上，油菜菌核病常年发生，其病原菌核能在土壤中存活1~3年，且轮作面积较少，导致田间菌源逐年累积，充足的菌源是秀山县油菜菌核病严重发生的前提和基础。

按照油菜菌核病测报要求，2020年5月，从油菜菌核病病株茎秆内剥取菌核，用纸袋常温保存，下一季油菜生长期，11月20日，在系统观测区，选择土质疏松、地势平整的油菜田，按照10 cm×10 cm规格，人工埋菌100粒，覆盖5 cm浅土层。在油菜菌核病系统观察期内，同步调查菌核萌发情况。

埋菌观察结果发现，冬前人工埋菌100粒观测区，2021年2月19日菌核开始萌发，比上年2月17日迟2 d。3月4日达萌发高峰期，比上年的2月27日迟5 d；终见期在4月4日，比上年3月22日延迟13 d。2021年菌核萌发率为90.0%，比上年的92.0%减少2.0个百分点。子囊盘累计开盘数139朵，是上年146朵的0.95倍，略有减少（表4）。

表4 2021年重庆市秀山县油菜菌核病埋菌观测调查

| 调查日期 | 菌核萌发数/粒 | 累计菌核萌发数/粒 | 子囊盘数/朵 | 开盘数/朵 | 累计开盘数/朵 |
|---|---|---|---|---|---|
| 2月19日 | 2 | 2 | 2 | 0 | 0 |
| 2月24日 | 5 | 7 | 8 | 7 | 7 |
| 3月1日 | 5 | 12 | 13 | 4 | 11 |
| 3月4日 | 15 | 27 | 40 | 15 | 26 |
| 3月9日 | 10 | 37 | 35 | 24 | 50 |
| 3月14日 | 12 | 49 | 40 | 21 | 71 |
| 3月19日 | 14 | 63 | 33 | 19 | 90 |
| 3月24日 | 14 | 77 | 35 | 24 | 114 |
| 3月29日 | 7 | 84 | 21 | 17 | 131 |
| 4月4日 | 6 | 90 | 13 | 6 | 137 |
| 4月9日 | 0 | 90 | 2 | 2 | 139 |
| 4月14日 | 0 | 90 | 0 | 0 | 139 |

### 2.2 主推品种抗病性差

目前，我国还没有对菌核病抗性较好的油菜品种，秀山县大面积种植的油菜品种为庆油1号、庆油2号、庆油3号、庆油8号、中油119、川油36、油研57和油研817等品种均不抗（耐）病，实践观察表明，特别是“油研”“蓉油”等优质油菜抗病性更差，易感菌核病，同等环境条件下发病偏重。

## 2.3 防范意识不足，药剂防治效果较差

近年来，秀山县油菜病虫害统防统治面积逐年提高，农民防治意识逐年增强，油菜施药面积逐年增加。但由于本地农民对油菜病虫害防治总体重视不够，部分区域，农民一般不防治油菜病虫害，导致油菜病虫害防控水平总体偏低。而生产上大面积推广使用的甲基硫菌灵、多菌灵、菌核净等药剂，防治效果也一般，防效只有60%~70%，菌核病预防效果总体较差。在生产上，农民一般按照农药经销商推荐，选购甲基硫菌灵、多菌灵、菌核净等药剂，在油菜初花期施药预防，电动喷雾或手动喷雾较多，机动喷雾与无人机施药比例较低，油菜菌核病防效总体较差。

## 2.4 预测预报及天气条件

2021年1月4日、2月20日，根据秀山县田间调查实况，结合品种布局、栽培管理水平、历史资料、气象预报等因素，秀山县植保植检站发布了植保情报《秀山县2021年农作物主要病虫害草鼠害发生趋势》《油菜菌核病发生及防治预报》，情报通过各地办公系统、网络信息平台、资料、短信、会议等形式，广为宣传，指导农民及时开展预防工作。

2021年3月中旬，秀山县油菜生长进入盛花期，花期持续阴雨的气候条件是2021年油菜菌核病偏重发生的主要因素（表5）。2021年3月，秀山县雨日为23 d，比上年（17 d）多5 d，比常年平均值多7 d；4月，秀山县雨日为22 d，比上年（11 d）多11 d，比常年平均值多9 d。

**表5 2021年1—4月重庆市秀山县气象资料**

| 时间 | | 温度/℃ | 湿度/% | 雨日/d | 雨量/mm | 最高温度/℃ | 最低温度/℃ |
|---|---|---|---|---|---|---|---|
| 1月 | 上旬 | 4.0 | 79.9 | 0 | 0 | 11.1 | −2.0 |
| | 中旬 | 6.2 | 75.4 | 2 | 1.2 | 19.7 | −2.7 |
| | 下旬 | 7.7 | 90.7 | 4 | 6.8 | 13.3 | 2.8 |
| | 月均 | 6.0 | 82.0 | 6 | 8.0 | 19.7 | −2.7 |
| 2月 | 上旬 | 9.9 | 93.6 | 7 | 26.6 | 16.2 | 6.1 |
| | 中旬 | 10.5 | 88.8 | 2 | 16.8 | 22.5 | 4.4 |
| | 下旬 | 12.3 | 87.7 | 3 | 10.4 | 26.3 | 5.6 |
| | 月均 | 10.7 | 90.3 | 12 | 53.8 | 26.3 | 4.4 |
| 3月 | 上旬 | 9.3 | 92.6 | 9 | 30.2 | 15.2 | 4.5 |
| | 中旬 | 13.5 | 92.1 | 6 | 19.0 | 23.4 | 7.2 |
| | 下旬 | 14.3 | 88.1 | 8 | 5.4 | 25.8 | 5.4 |
| | 月均 | 12.4 | 90.9 | 23 | 54.6 | 25.8 | 4.5 |

（续表）

| 时间 | | 温度/℃ | 湿度/% | 雨日/d | 雨量/mm | 最高温度/℃ | 最低温度/℃ |
|---|---|---|---|---|---|---|---|
| 4月 | 上旬 | 12.3 | 95.2 | 10 | 31.6 | 15.4 | 9.3 |
| | 中旬 | 14.6 | 94.6 | 7 | 39.6 | 20.7 | 10.8 |
| | 下旬 | 17.4 | 89.5 | 5 | 19.2 | 30.6 | 12.7 |
| | 月均 | 14.6 | 93.6 | 22 | 84.0 | 30.6 | 9.3 |

注：资料来源为田间小气候自动观测系统。

### 2.5 田间管理粗放

近年来，随着农村劳动力大量转移，秀山县农村普遍缺乏劳力，致使油菜田间管理总体上较为粗放，部分田块杂草丛生，油菜长势较弱，加重了油菜菌核病的发生与为害。

## 3 结论与讨论

油菜菌核病是油菜生产上的主要病害，油菜菌核病的发生程度与品种抗性、气候影响、预防水平均有密切关系。2021 年，秀山县油菜菌核病发病早、发生面广、总体为害较重。秀山县油菜菌核病总体中等偏重发生（4 级），局部大发生（5 级），比上年加重了 1 个级别，是近年来发生最重的一年。通过调查分析，本文总结油菜菌核病偏重发生原因：一是田间菌源逐年累积，充足的菌源是秀山县油菜菌核病严重发生的前提和基础；二是生产上没有对菌核病抗性较好的油菜品种；三是业主（农民）防范意识不足，药剂防治效果较差；四是气候条件有利于菌核病发生流行，特别是花期持续阴雨的气候条件是油菜菌核病偏重发生的主要因素；五是粗放型的田间管理，加重了油菜菌核病的发生与为害。分析油菜菌核病重发原因，旨在今后结合生产实际，加强田间管理，积极开展预防，才能切实减轻油菜菌核病发生与为害。

## 参考文献

全国农业技术推广服务中心，2006. 农作物有害生物测报技术手册［M］. 北京：中国农业出版社.

肖晓华，2005. 秀山县油菜菌核病发生特点及防治策略［J］. 植物医生，18（6）：4-6.

肖晓华，谢雪梅，刘春，等，2008. 秀山县 2008 年油菜菌核病的测报及防治［J］. 植物医生，21（6）：28-30.

**原文发表** 植物医生，2021，34（5）：65-71

# 重庆市秀山县稻飞虱发生特点及原因分析

肖晓华[1]，贾　琏[2]，杨昌洪[1]，黄秀平[1]
（1. 重庆市秀山县植保植检站，秀山　409900；
2. 秀山县石堤镇人民政府，秀山　409900）

**摘　要：**本研究统计2004—2021年重庆市秀山县稻飞虱灯诱监测和预测圃田间调查历史数据，分析了本地稻飞虱的发生期、发生量及发生程度。结果发现，秀山县稻飞虱发生和为害表现出新的特点：一是白背飞虱与褐飞虱危害期不一致，高峰期均比较明显；二是稻飞虱发生程度总体呈现偏轻的趋势；三是稻飞虱主害期呈现提早化趋势；四是秀山县不同生态区域，稻飞虱发生与危害差异明显，平丘稻区重于低山稻区，低山稻区重于高山稻区。进一步阐述了秀山县稻飞虱发生与变化的根本原因，包括秀山县的特殊地理位置、气候条件、水稻栽培管理与稻飞虱防治技术水平，最后提出稻飞虱按照世代分别预报、区域合作监测、“压白控褐”的监测防控策略，为稻飞虱的精准防控提供参考依据。

**关键词：**稻飞虱；发生特点；原因分析；防控策略；秀山县

秀山县位于重庆市东南部，地处武陵山区腹地。水稻是当地主要粮食作物，常年播种面积1.87万$hm^2$。稻飞虱是当地水稻生产上的主要害虫之一，常年发生早、发生面广、为害较重。

历年监测数据表明，秀山县稻飞虱优势种群为白背飞虱、褐飞虱，占稻飞虱种群数量95%以上，稗飞虱、灰飞虱等其他种群，仅零星见虫，发生极轻。本文统计2004年新一代频振式自动虫情测报灯投入使用以来，秀山县稻飞虱（白背飞虱、褐飞虱）的历史数据，从灯诱监测和田间调查历史数据中分析稻飞虱的发生期、发生量及发生程度，总结稻飞虱发生特点，结合原因分析，提出防控策略，为稻飞虱的精准防控提供参考依据。

## 1　材料与方法

### 1.1　试验材料

测报灯为佳多虫情测报灯（A2型），河南汤阴佳多科工贸有限责任公司生产。

### 1.2　成虫灯诱监测

2004年，秀山县新一代频振式自动虫情测报灯投入使用。安装地址为清溪场街道东林居委会大坟堡组，处于秀山县水稻主产区（市级粮油高产示范区）核心区，方位为北纬28°24′44.07″，东经108°53′37.80″，海拔353 m，距离公路10 m，距离人家

500 m左右，光源为200 W 白炽灯。2004年以来一直规范运行（每天自动收集1次，人工数虫并记载）。

### 1.3 预测圃田间调查

秀山县为一季中稻种植区，常年水稻4月上旬播种，水稻5月下旬移栽（4月上旬直播），8月底至9月上旬成熟。本研究分析2004年以来，秧田期调查始见期、虫量以及水稻本田期预测圃稻飞虱历史数据。预测圃从20世纪80年代以来，一直是本地水稻害虫监测必须设置的田块（安排于调查核心区域，与测报灯相距1 km左右，面积667 $m^2$左右，非固定田块），水肥常规管理，全程不防治病虫害。预测圃调查虫量能准确反映田间稻飞虱虫情变化动态。

按照稻飞虱测报调查方法，预测圃稻飞虱田间调查，采取平行跳跃式取样，选择20个点，每个点调查1丛，全田共计调查20丛，分别观察、记录稻飞虱的种类、长翅型和短翅型成虫数量、低龄和高龄若虫数量以及天敌数量，再分别折算百丛虫量进行统计分析。

按照全国农业技术推广服务中心2006年颁布的《稻飞虱测报调查方法》，稻飞虱发生程度分为如下5级。

一级（轻发生）：加权平均百丛虫量＜250头；

二级（偏轻发生）：加权平均百丛虫量250~700头；

三级（中等发生）：加权平均百丛虫量700~1 200头；

四级（偏重发生）：加权平均百丛虫量1 200~1 600头；

五级（大发生）：加权平均百丛虫量＞1 600头。

## 2 结果与分析

### 2.1 稻飞虱始见期及虫量

#### 2.1.1 灯诱观测

秀山县白背飞虱常年（2004—2021年，下同）始见期为4月20日，最早始见期为4月11日（2017年），最迟始见期为6月7日（2011年）。常年始见期平均虫量为2.28头，始见期最高值为11头（2009年）。褐飞虱灯下常年始见期为4月28日，最早始见期为4月9日（2008年），最迟为5月24日（2013年）。常年始见期平均虫量为2.56头，始见期最高值为10头（2013年）（表1）。

**表1 秀山县稻飞虱始见期及虫量统计**

| 年份 | 白背飞虱 | | | | 褐飞虱 | | | |
|---|---|---|---|---|---|---|---|---|
| | 频振灯 | | 秧田 | | 频振灯 | | 秧田 | |
| | 始见日 | 虫量/头 | 始见日 | 虫量/（头/$m^2$） | 始见日 | 虫量/头 | 始见日 | 虫量/（头/$m^2$） |
| 2004 | 5月8日 | 3 | 4月23日 | 0.03 | 5月11日 | 1 | 4月30日 | 0.06 |
| 2005 | 4月8日 | 2 | 4月9日 | 0.10 | 5月1日 | 1 | 4月29日 | 0.04 |

（续表）

| 年份 | 白背飞虱 | | | | 褐飞虱 | | | |
|---|---|---|---|---|---|---|---|---|
| | 频振灯 | | 秧田 | | 频振灯 | | 秧田 | |
| | 始见日 | 虫量/头 | 始见日 | 虫量/（头/$m^2$） | 始见日 | 虫量/头 | 始见日 | 虫量/（头/$m^2$） |
| 2006 | 4月13日 | 1 | 4月9日 | 0.56 | 4月13日 | 1 | 4月15日 | 0.06 |
| 2007 | 4月13日 | 1 | 4月15日 | 0.07 | 4月13日 | 6 | 4月25日 | 0.07 |
| 2008 | 4月8日 | 2 | 4月10日 | 0.33 | 4月9日 | 7 | 5月15日 | 0.07 |
| 2009 | 5月10日 | 11 | 4月17日 | 0.03 | 5月15日 | 3 | 5月20日 | 0.02 |
| 2010 | 5月4日 | 2 | 4月25日 | 0.13 | 4月5日 | 2 | 5月10日 | 0.07 |
| 2011 | 6月7日 | 2 | 4月23日 | 0.05 | 4月11日 | 4 | 5月15日 | 0.03 |
| 2012 | 4月23日 | 3 | 4月19日 | 0.03 | 4月9日 | 1 | — | — |
| 2013 | 4月15日 | 1 | 4月19日 | 0.03 | 5月24日 | 10 | 5月10日 | 0.06 |
| 2014 | 4月17日 | 4 | 4月21日 | 0.36 | 5月17日 | 1 | — | — |
| 2015 | 4月21日 | 1 | 4月17日 | 0.10 | 4月6日 | 1 | 5月15日 | 0.20 |
| 2016 | 5月2日 | 2 | 4月19日 | 0.13 | 5月2日 | 1 | 5月5日 | 0.03 |
| 2017 | 4月11日 | 2 | 4月11日 | 0.13 | 5月31日 | 1 | 5月2日 | 0.03 |
| 2018 | 4月19日 | 1 | 4月22日 | 0.10 | 4月28日 | 1 | 4月20日 | 0.10 |
| 2019 | 4月18日 | 1 | 4月15日 | 0.20 | 4月25日 | 3 | — | — |
| 2020 | 4月28日 | 1 | 4月22日 | 0.10 | 4月28日 | 1 | 5月5日 | 0.03 |
| 2021 | 4月24日 | 1 | 4月25日 | 0.23 | 5月3日 | 1 | 5月20日 | 0.10 |
| 平均 | 4月20日 | 2.28 | 4月18日 | 0.15 | 4月28日 | 2.56 | 5月5日 | 0.06 |

注："—"表示未见。

#### 2.1.2 预测圃田间调查

秧田期调查，白背飞虱常年始见期为4月18日，最早始见期为4月9日（2005年），最迟始见期为4月25日（2010年、2021年）。常年始见期平均虫量为0.15头/$m^2$，最高虫量为0.56头/$m^2$（2006年）（表1）。褐飞虱常年始见期为5月5日，最早始见期为4月15日（2006年），部分年份（2012年、2014年、2019年）整个秧田期调查未见褐飞虱。褐飞虱常年始见期平均虫量为0.06头/$m^2$，最高虫量为0.20头/$m^2$（2015年）（表1）。

### 2.2 始盛期、高峰期及虫量

#### 2.2.1 灯诱监测

灯诱监测表明，白背飞虱常年始盛期（2004—2021年，下同）为5月下旬，高峰期出现在7月11日，高峰期灯下虫量平均为2 525.2头（图1）。历史资料中，白背飞虱灯诱绝对高峰日为 2007 年 7 月 11 日，单日灯下虫量达44 032头。7 月下旬以后，虫量迅速下降。7 月中旬至下旬出现 2 个次高峰。

近年来，白背飞虱灯诱虫量呈明显下降趋势，高峰期则提早。从近 3 年数据分析，始盛期为 6 月上旬，高峰期为 7 月 3 日，峰日比常年提早 8 d。峰日灯下虫量平均为 84. 0 头，是常年峰日虫量的 0. 03 倍。从近 5 年数据分析，始盛期为 6 月上旬，高峰期出现在 6 月 23 日，比常年提早 18 d。峰日虫量平均为 121. 8 头，是常年峰日虫量的 0. 05 倍。从近 10 年数据分析，始盛期为 5 月中旬，高峰期出现在 5 月 17 日，比常年提早 49 d。峰日虫量平均为 681. 4 头，是常年峰日虫量的 0. 27 倍。

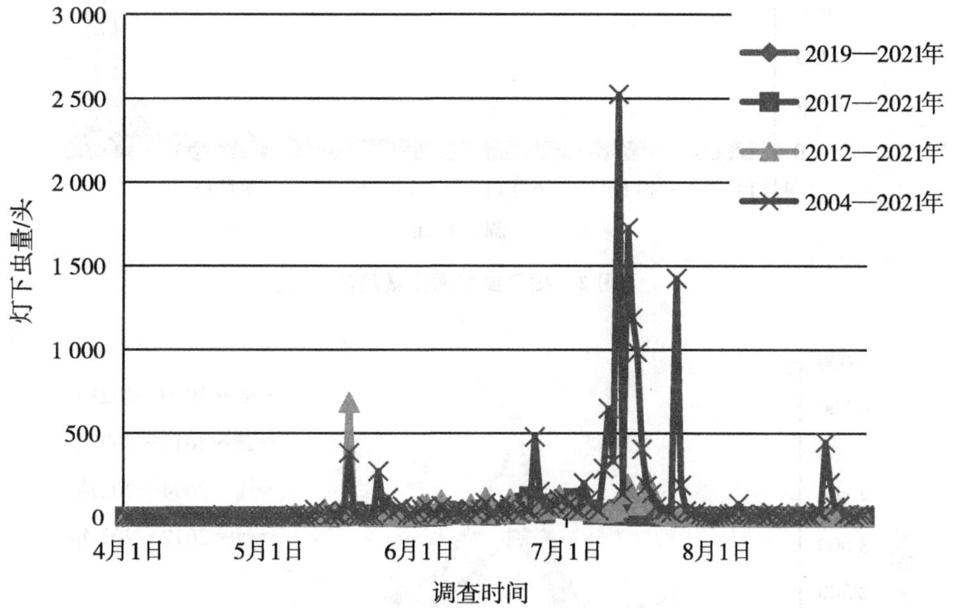


**图 1 白背飞虱灯诱虫量趋势**

灯诱监测表明，褐飞虱前期虫量低。褐飞虱始盛期为 7 月下旬，高峰期出现在 8 月 24 日，灯下虫量平均为1 784. 6头（图 2）。历史资料中，灯诱监测绝对高峰日为 2007 年 8 月 23 日，单日灯下虫量达18 944头。8 月下旬，灯下虫量保持较高水平。

近年来，与白背飞虱变化趋势一样，褐飞虱灯诱虫量也呈明显下降趋势，高峰期也提早。从近 3 年数据分析，始盛期为 8 月中旬初，高峰期为 8 月 17 日，比常年提早 7 d。峰日虫量平均为 114. 3 头，是常年峰日平均虫量的 0. 06 倍。从近 5 年数据分析，始盛期为 8 月中旬初，高峰期出现在 8 月 17 日，比常年提早 7 d。峰日灯下虫量平均为 72. 4 头，是常年峰日平均虫量的 0. 04 倍。从近 10 年数据分析，始盛期为 8 月中旬初，高峰期出现在 8 月 17 日，比常年提早 7 d。峰日灯下虫量平均为 210. 9 头，是常年峰日平均虫量的 0. 12 倍。

2. 2. 2 预测圃田间调查

水稻本田期预测圃调查，常年白背飞虱虫量 5 月下旬进入始盛期，7 月 5 日达高峰期，常年峰日百丛虫量平均为4 733. 1头（图 3），7 月下旬进入盛末期，8 月以后虫量

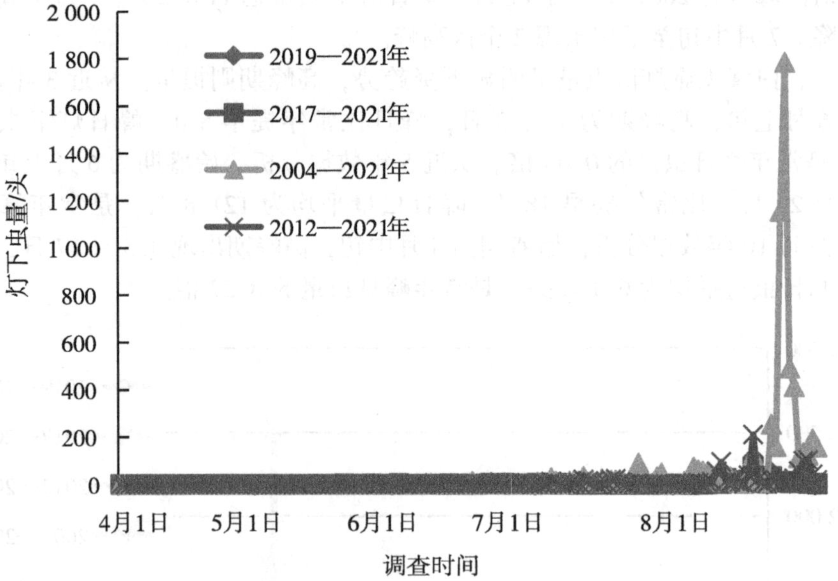


**图 2　褐飞虱灯诱虫量趋势**

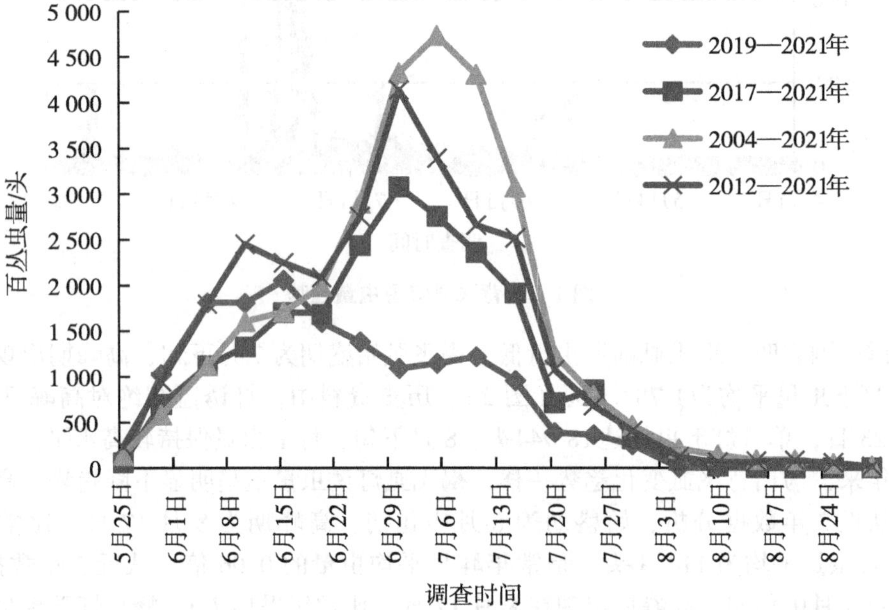


**图 3　预测圃白背飞虱虫量趋势**

低。历史资料中，白背飞虱田间调查绝对最高虫峰出现在 2004 年 6 月 30 日，百丛虫量为16 230头。

近年来，预测圃田间调查数据表明，白背飞虱虫量偏轻，高峰期提早。从近 3 年数据分析，白背飞虱田间虫量 5 月下旬进入始盛期，6 月 15 日达高峰期，峰日比常年提早20天。峰日百丛虫量平均为2 055.0头，是常年峰日百丛虫量的0.43倍。7月下旬进入盛末期，8月以后百丛虫量低。

从近5年数据分析，白背飞虱田间百丛虫量5月下旬进入始盛期，6月30日达高峰期，峰日比常年提早5 d。峰日百丛虫量平均为3 074.0头，是常年峰日百丛虫量的0.65倍。7月下旬进入盛末期，8月以后虫量低。

从近10年数据分析，白背飞虱田间百丛虫量5月下旬进入始盛期，6月30日达高峰期，峰日比常年提早5 d。峰日百丛虫量平均为4 138.5头，是常年峰日百丛虫量的0.87倍。7月下旬进入盛末期，8月以后虫量低。

水稻本田期预测圃调查，常年褐飞虱虫量7月中旬进入始盛期，8月24日达高峰期，常年峰日百丛虫量平均为2 783.1头（图4），8月下旬保持较高虫量。历史资料中，褐飞虱田间调查绝对最高值出现在2016年8月15日，百丛虫量为14 850头。

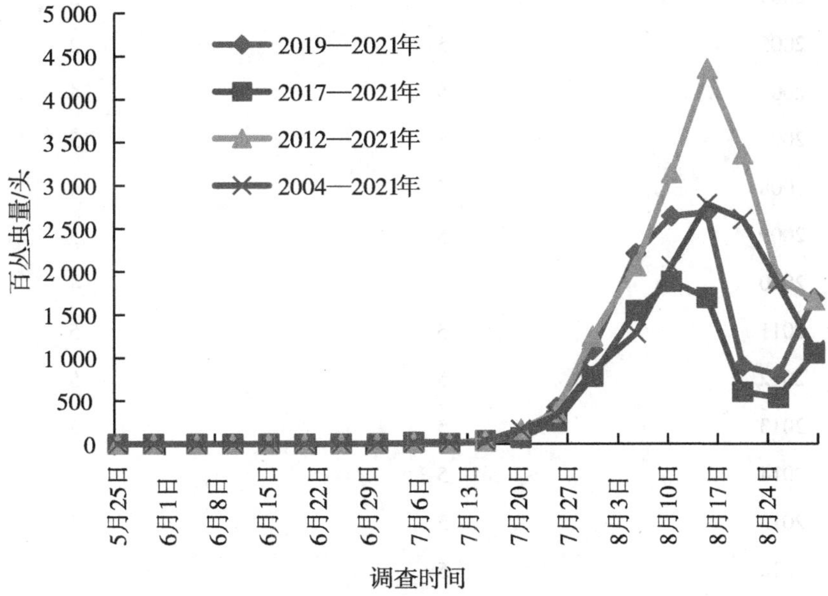


**图4　预测圃褐飞虱虫量趋势**

从近年来数据分析表明，褐飞虱始盛期、高峰期趋势与常年基本一致，总体变化不大，后期虫量均保持较高水平。

## 3　稻飞虱发生程度及重发

秀山县水稻生长前期，田间稻飞虱种群以白背飞虱为主，6月下旬至7月上旬为危害高峰期。水稻生长后期，田间稻飞虱种群以褐飞虱为主，8月中下旬为危害高峰期。灯诱监测与田间调查结果表明，白背飞虱与褐飞虱峰日虫量均较高，峰日明显。

近年来，秀山县白背飞虱主害期，从7月中旬提早到6月下旬至7月上旬，提早10 d左右。褐飞虱主害期从8月下旬提早到8月中旬，提早5~7 d。总体上，稻飞虱主害期呈现提早化趋势。

从发生程度看，秀山县白背飞虱呈现年年重发态势，重发频率为100%。其中，大发生（5级）的年份占83.3%（表3）。不同的是，褐飞虱发生程度没有明显规律性变化，重发频率为77.8%，其中，大发生（5级）的年份占38.9%。重发频率低于白背飞虱。

从秀山县不同生态区域稻飞虱发生及为害看，由于秀山县海拔高差较大（200~1 600 m），地形地貌复杂多样，不同稻区稻飞虱发生及为害水平差异较大。总体上，平丘稻区重于低山稻区，低山稻区重于高山稻区。从稻飞虱监测结果可以发现，稻飞虱重发区域多为300~500 m平丘稻区，即秀山县水稻主产区域。

**表2　秀山县稻飞虱发生程度统计**

| 年份 | 白背飞虱发生程度 | 褐飞虱发生程度 |
| --- | --- | --- |
| 2004 | 5 | 3 |
| 2005 | 5 | 2 |
| 2006 | 5 | 4 |
| 2007 | 5 | 5 |
| 2008 | 5 | 4 |
| 2009 | 5 | 5 |
| 2010 | 5 | 4 |
| 2011 | 5 | 5 |
| 2012 | 5 | 5 |
| 2013 | 5 | 5 |
| 2014 | 5 | 4 |
| 2015 | 5 | 4 |
| 2016 | 5 | 5 |
| 2017 | 5 | 3 |
| 2018 | 5 | 5 |
| 2019 | 4 | 3 |
| 2020 | 4 | 4 |
| 2021 | 4 | 4 |

注：稻飞虱发生程度以虫量最高的世代为准。发生程度4级以上为重发年份。

## 4　稻飞虱重发原因分析

### 4.1　地理位置因素

秀山县地处重庆市东南部、武陵山区腹地，西有大娄山、东有雪峰山，受广西—湖南西部走廊形成的槽谷地形形成的“隘口效应”和“拔升效应”以及“西南低涡”的影响，造成稻飞虱迁入早、峰次多、虫量较大。特殊的地理位置是秀山县稻飞虱重发年频率高的主要原因之一。

从县域看，秀山县地形地貌复杂，海拔高差较大。总体上，秀山县地貌为平丘、浅丘、山地大致各占 1/3。水稻播种（移栽）期相差 20 d 以上，导致秀山县稻飞虱发生与为害具有区域差别大的特点。总体上，平丘重于山区，低海拔地区重于高海拔地区。

### 4.2 气候特点

秀山县属于典型亚热带气候，四季分明。据常年气象资料表明，本地 4 月平均气温 16.8 ℃，雨日 20.0 d；5 月平均气温 21.1 ℃，雨日 21.1 d；6 月平均气温 24.4 ℃，雨日 20.6 d；7 月平均气温 27.4 ℃，雨日 18.2 d；8 月平均气温 26.9 ℃，雨日 17.3 d。受西南气流的影响，4—6 月冷暖气流均较活跃，出现多次连阴雨天气，5—7 月上旬大范围降雨天气较多，有利于外来虫源的大量迁入。8 月中下旬高温天气，不利于防治，有利于褐飞虱繁殖危害。

### 4.3 栽培管理因素

秀山县水稻种植品种较多，近年来统计，市场上销售的水稻品种多达 20 个以上，没有明显的主推品种。加之本地水稻栽培方式多样化，直播稻、两段秧，地膜秧等并存，为稻飞虱提供了良好的食物条件。水稻品种的“多、杂、乱”和氮肥过量施用，造成水稻植株徒长，叶片嫩绿，水稻郁闭程度大，田间湿度高，田间小气候有利于稻飞虱成虫产卵、孵化和若虫存活。

### 4.4 防治技术水平

稻飞虱是秀山县水稻生产上的主要害虫之一，农民对稻飞虱防治重视程度高，基本上本地水稻病虫害防治每次用药均要添加防治稻飞虱的药剂，加之近年来稻飞虱防治药剂更新换代较快，总体上，本地稻飞虱防治技术水平较高。秀山县稻飞虱虽然年年重发，但很少出现稻飞虱大面积成灾的现象。

## 5 结论与讨论

稻飞虱监测历史资料表明，近年来，秀山县稻飞虱主害期较常年提早 10 d 左右，在预报上要特别注意主害代、主害期的预报。如白背飞虱常年主害代为四（3）代，主害期 7 月中旬。近年来，主害期提早到 6 月下旬至 7 月上旬，部分年份三（2）代发生危害重于四（3）代，主害代从原四（3）代变为三（2）代。建议不要笼统提稻飞虱主害代，按照世代分别预报更为准确。

稻飞虱属于典型迁飞性害虫，全国大范围区域协作十分重要。多年来，秀山县与广西、贵州、湖南、云南等省（区）20 多个市（县）均有情报交流，参考南方区域稻飞虱虫情动态，结合气候变化情况，能进一步提高本地稻飞虱预测预报的准确率。

秀山县稻飞虱为害，前期以白背飞虱为主，后期以褐飞虱为主，前后发生均重，发生面广，为害较重。防治上采取“压白控褐”策略，压前控后，尽量减轻后期防治压力。在用药上，由于稻飞虱发生与危害世代重叠，高峰期虫量大，为害期持续时间较长，选用高效与长效的药剂就显得特别重要。多年试验示范结果与稻飞虱防治实践表明，白背飞虱抗药性较弱，药剂防治效果好。80%烯啶·吡蚜酮水分散粒剂3 000倍液、25%噻虫嗪水分散粒剂1 500倍液、25%噻嗪酮可湿性粉剂800倍液、48%噻虫胺悬浮剂2 000倍液、20%呋虫胺悬浮剂2 000倍液等药剂均可推荐使用。褐飞虱抗药性较强，药剂防治效果明显低于白背飞虱。在重发年份，推荐使用30%吡丙·噻虫嗪悬浮剂1 000倍液、80%氟啶·呋虫胺悬浮剂2 000倍液、80%氟啶·吡蚜酮水分散粒剂2 000倍液、70%吡蚜·呋虫胺水分散粒剂4 000倍液等高效长效药剂，并在用药时间上适当提早3~5 d，才能有效控制褐飞虱危害。

## 参考文献

肖晓华，谢雪梅，2008. 武陵山区秀山县稻飞虱发生的演变［J］. 现代农业科学，15（2）：36-39.

肖晓华，2006. 秀山县2006年稻飞虱大发生特点及原因分析［J］. 植物医生（19）6：4-6.

**原文发表** 植物医学，2022（4）：66-72

# 物联网工程在秀山县农作物病虫害测报中的应用探讨

肖　璐[1]，肖晓华[2]

（1. 重庆工程学院电子信息学院，巴南　401320；
2. 重庆市秀山县植保植检站，秀山　409900）

**摘　要**：分析重庆市秀山县物联网工程应用于农作物病虫害测报现状、存在的问题，并展望物联网工程应用于农作物病虫害测报方面的发展前景。

**关键词**：物联网工程；农作物；病虫害测报；智能化

物联网工程是指将无处不在的末端设备和设施，通过各种无线或有线的通信网络实现互联互通应用大集成，以及在内网、专网或互联网环境下，采用适当的信息安全保障机制，提供安全可控乃至个性化的实时在线监测、定位追溯、报警联动、调度指挥、预案管理、远程控制、安全防范、远程维保、在线升级、统计报表、决策支持、领导桌面集中展示等管理和服务功能，实现“高效、节能、安全、环保”的“管、控、营”一体化。物联网是继计算机、互联网和移动通信之后的又一次信息产业的革命性发展。目前，物联网已经被正式列为国家重点发展的战略性新兴产业之一。物联网产业具有产业链长、涉及多个产业群的特点，其应用范围几乎覆盖了各行各业。

农作物病虫害测报就是系统、准确监测农田病虫害草鼠发生动态，并运用生物学、生态学、数学、系统科学、逻辑学等知识和方法，结合实践经验和历史资料，对病虫害草鼠害未来发生危害趋势作出预测，为农户提供准确、及时的预报服务。病虫害测报被普遍认为是植物保护乃至农业生产的基础性工作。近年来，在农作物病虫害测报方面，自动化、信息化、智能化发展迅速，形式多样，研究物联网工程与农作物病虫害测报技术融合发展，是减轻测报技术人员劳动强度、提高测报准确率、促进预报信息及时传输的现实需要。

下面，就以重庆市秀山县为例，介绍一下物联网工程在农作物病虫害测报中的应用现状与前景。

## 1　应用现状

### 1.1　小气候监测系统

气候因子是病虫害测报的基础。2010 年 3 月，秀山县开始安装使用小气候监测系统，小气候监测系统是全野外型自动监测系统。该系统由北京汇思君达科技有限公司生产、安装、维护。系统可采集，记录包括温度、湿度、风速、风向、雨量、大气压力、露点温度等参数，每小时自动采集一组数据，利用网络自动远程传输，并提供多种统计功能，为测报技术人员及时提供参考。2014 年 9 月 19 日，秀山县植保植检站对小气候监测系统进行升级改造。升级部分为全野外太阳能供电系统，从以前有线供电改为太阳能供电，避免了停电造成数据丢失，提高了信息采集自动化程度。

### 1.2 害虫远程自动监测系统

2013 年，秀山县在清溪场镇东林村安装“闪讯”害虫远程自动监测系统，尝试使用害虫远程自动监测系统监测二化螟、稻纵卷叶螟这 2 种本地主要害虫。该设备由北京依科曼生物技术有限公司生产，其原理是利用太阳能供电，使用害虫专用诱芯（性引诱剂）诱集害虫，落虫感应后触杀，数量自动收集，数据无线传输，自动统计。2013 年，由于诱芯问题，当年未能发挥作用。2015 年 3 月 20 日，北京依科曼生物技术有限公司安排技术人员专程到秀山县更换设备，整个系统升级换代，设定每天传输一组数据到测报员手机上，每小时传输 1 组数据到计算机，2015 年，该系统调试运行正常，诱虫数量大，人工验证后准确率较高。

### 1.3 农业有害生物预警信息平台

近年来，农业有害生物预警信息平台使用技术逐步成熟，运用较多的主要是农作物测报、防治实时监测。如在植物检疫对象监测上，技术人员田间调查时，手持设备（安装某种操作系统的智能手机）照相后，系统可自动记录调查地点害虫数量、经纬度、海拔高度、照相时间等，回单位后在计算机上处理数据，同时上级部门也同步收到采集的数据及图片等资料。重大病虫害防治过程中或是防治后的效果，数据、图片等资料也可以实时发送。这种模式也可以作为上级部门监督下级部门工作情况的一种有效手段。

### 1.4 秀山县突发事件预警信息发布平台

2014 年，秀山县植保植检站与县气象局签署协议，收集并建立植保专用通信群，包含乡镇农业技术人员、农药经销商、种植大户、村居负责人、专业合作社负责人等共计1 200余人，同年 4 月初正式启用“秀山县突发事件预警信息发布平台农业分中心”，由秀山县植保植检站提供预报，专人发布到所有采集手机号码的用户，主要是用于预报信息发布、传输。2014 年发送手机短信预报 20 期 1.5 万余条，由于结合农事，预报及时，直达基层，内容简单适用，各地普遍反响良好。

### 1.5 农作物重大病虫害数字化监测预警系统

全国农业技术推广服务中心开发使用的数字化监测预警系统，使用对象为县级以上植保部门，全国各监测点（县一级）按照上级要求，按时填报调查数据，省市级、国家级植保部门随时掌握全国重大病虫害发生动态，根据监测数据发布防治信息。

### 1.6 自动虫情测报灯

目前，全国各地施药的自动虫情测报灯，均是利用光控开关，晚间自动开灯，根据昆虫趋光原理，用白炽灯或黑光灯诱集害虫，在用红外线杀死害虫，自动烘干、装袋、转袋，7 d 内不需要技术人员收集。技术人员收集、包装后，再回单位人工辨别、统计。2004年，秀山县开始使用自动虫情测报灯，4—9月开灯，监测水稻、玉米、蔬菜害虫，截至目前运行正常、规范。

### 1.7 预报信息田间电子显示屏

2014年，秀山县投资12万元在清溪场镇东林村农田安装大型电子显示屏，农作物预报信息由秀山县植保植检站提供，管理员无线传输信息，滚动播放，并根据需要实时更新。

## 2 存在的问题

### 2.1 小气候监测系统应用方面

系统采集数据偏少，没有地温、土壤湿度等数据；且数据还需人为从计算机中导出，再进行分析处理。南方冬季光照不足，太阳能硅晶板存在供电不足的问题，还是需要人为使用电池备用。

### 2.2 害虫远程自动监测系统

害虫远程自动监测系统则处于试验阶段，由于价格较高（每套3万元左右），每种害虫都需要专一的性引诱剂，而农作物害虫种类众多，不同作物不同时段主要害虫种类不同，不可能每种害虫都使用一套远程自动监测系统，且系统监测准确与否，还与性诱剂诱集效果密切相关，这就限制了该系统的广泛应用。

### 2.3 农业有害生物预警信息平台

目前存在的问题主要是设备要求高，手机要求专门的操作系统，照相像素要求高，田间连接入网速度慢，还有费用问题也不好解决。

### 2.4 秀山县突发事件预警信息发布平台

用户目前限于乡镇（街道）农业技术人员、农药经销商、种植大户、村居负责人、专业合作社负责人，而秀山县种植面积90万亩，有农民56.5万人，种植大户、专业合作社上千家，覆盖率明显偏低。

### 2.5 农作物重大病虫害数字化监测预警系统

农作物重大病虫害数字化监测预警系统仅限于植保部门内部使用，数据输入工作量大（监测点4—8月每天均需填报），数据填报必须及时、准确，才能全面反映病虫害实时动态。系统在表格设计上、在数据自动分析设计上，都还处在明显不足。

### 2.6 自动虫情测报灯

相比以前使用的灯光+毒瓶诱杀，效果更明显。但自动虫情测报灯仅实现害虫自动收集、烘干、装袋，还是需要人工处理，由于采集虫量大、种类多，人工分类、计数工作量特别大。

### 2.7 预报信息田间电子显示屏

预报信息田间电子显示屏是一项有益尝试，由于是无线传输，目前只能传输文字，无法传输图片资料。LED投入大，成本高，从使用实践看，内容还可以丰富，以避免单调。

## 3 展望

### 3.1 小气候监测系统应用多功能化

在现有功能之上，还需要进一步扩展，如增加不同深度土壤的温度及湿度等，并与农作物有害生物监测系统进行功能衔接，如尝试自动分析、预报，使农作物有害监测系统功能更强大，利用效果更好。

### 3.2 害虫远程自动监测系统监测对象多样化

目前该技术已经成熟，除逐步扩大应用对象外，探讨每套系统安装使用多种性引诱剂，每种害虫能分别识别、统计，数据互不干扰，是提高害虫远程自动监测系统使用率的关键。

### 3.3 农业有害生物预警信息平台使用日常化

随着4G网络普及、智能手机功能不断增强，每个测报技术人员每人应该配备一台设备，下乡调查随时携带，现场调查拍照后回单位处理，减轻劳动强度，提高工作效率。如主要病虫害田间系统调查时，结合病虫害统计器，调查完毕，数据自动处理完毕，并自动传输，特别是一些疑难病虫害草害，需要专家远程诊断，可以现场办公，现场解决。

### 3.4 秀山县突发事件预警信息发布平台大众化

在病虫害测报上，该平台目前主要作用还是“手机短信”预报，是从该平台行政职能下的一项功能拓展。根据需要，用户群可进一步扩大，实现测报信息接收大众化。还可以考虑，在乡镇（街道）层面，衔接农村信息化平台，辐射到各村、组，甚至到农户。

### 3.5 自动虫情测报灯智能化

随着物联网工程技术的发展，自动虫情测报灯系统完全可升级，增加害虫识别、拍照、统计功能，并进行数据自动处理、传输，实现自动虫情测报灯智能化。目前，秀山县植保植检站已与中国水稻研究所达成合作意向，计划从2016年开始，开展自动虫情测报灯智能化课题研究应用。

### 3.6 病虫害测报信息一体化

整合目前使用的各种平台，预报、防治信息一体化，在一套系统中综合使用各项数据，减少使用环节，向科学性、系统性、趣味性等方面发展。如在有代表性的乡镇（街道）安装远程监控的可视化监测系统，系统根据农作物防治前后的长势长相，综合汇总分析，为植保部门、领导层、管理层人员自动提供防效、分析图片等以制定相应技术预案或政策措施。

### 3.7 病虫害预报网络物资实体化

根据植保部门监测预报，各乡镇（街道）、村组，结合农村电子商务平台，建立物资配送网络，实现物资实体配送。如某时段的用药及技术，农药经营实体店根据预报，为农民、业主、农业公司进行具体药剂配送。及时预报、及时送药，以提高防治效果。

**原文发表** 南方农业，2016，10（22）：132-134

# 新技术试验示范

# 噬菌核霉可湿性粉剂防治油菜菌核病示范试验

肖晓华[1]，刘　春[1]，杨昌洪[1]，吴洪华[1]，周天云[2]，吴　畏[2]，罗泽青[2]
（1. 重庆市秀山县植保植检站，秀山　409900；
2. 重庆市种子管理站，重庆　401121）

**摘　要**：2013—2014 年，开展噬菌核霉可湿性粉剂防治油菜菌核病示范试验。结果表明，噬菌核霉可湿性粉剂防治油菜菌核效果良好，每亩用 2 亿活孢子/g 噬菌核霉可湿性粉剂 150 g+40%菌核净可湿性粉剂 100 g 组合防效最高。用 2 亿活孢子/g 噬菌核霉可湿性粉剂 150 g 土壤处理效果与常规化学防治相当，该药剂在生产上可大面积推广。

**关键词**：噬菌核霉；油菜菌核病；示范试验；防治效果

秀山县是重庆市油菜生产大县，油菜菌核病是油菜生产上的主要病害，常年发生面广、发生期长、为害严重。为推广应用高效、无毒、无残留的生物农药防治油菜菌核病，降低油菜籽农药残留量，减轻环境污染，保持农田生态平衡，2013—2014 年，按照重庆市种子管理站的统一安排，秀山县植保植检站在清溪场镇茫洞村组织开展噬菌核霉可湿性粉剂防治油菜菌核病示范试验。结果表明，噬菌核霉可湿性粉剂防治油菜菌核效果良好。

## 1　材料和方法

### 1.1　概况

试验安排在秀山县清溪场镇茫洞村油菜成片种植区域，属于秀山县油菜高产创建示范区。试验区域地势平坦，土质为水稻土，土壤肥力中等，海拔 370 m 左右，历年来是秀山县“稻—油”轮作高产示范区。试验地前茬为水稻，上年田间油菜菌核病发病均匀且发病较重，油菜连片种植，长势较好、肥水管理基本一致。

试验地油菜品种为油研 10 号，2013 年 9 月 9 日播种，10 月 5—10 日移栽，每亩施饼肥 30~40 kg、复合肥 40~50 kg、农家肥 1 000~2 000 kg作基肥。11 月上旬追肥 1 次，每亩施复合肥 30 kg+ 尿素 10~15 kg，或水粪 2 000~3 000 kg。11 月 20—25 日培土壅蔸。2014 年 2 月下旬进入初花期，3 月中旬为盛花期，4 月下旬成熟，4 月底至 5 月上旬收割。

### 1.2　试验药剂

2 亿活孢子/g 噬菌核霉可湿性粉剂（由无锡樋农生物科技有限公司提供）；40%菌核净可湿性粉剂（山东荣邦化工有限公司生产，由秀山县植保植检站提供）。

### 1.3 试验设计

试验分 5 个处理，不设重复（表 1）。

**表 1 噬菌核霉防治油菜菌核病试验方案**

| 处理（每亩） | 处理方法 |
| --- | --- |
| 2 亿活孢子/g 噬菌核霉可湿性粉剂 100 g<br>2 亿活孢子/g 噬菌核霉可湿性粉剂 150 g | 在油菜移栽后施入土壤，后期管理不可以使用化学农药处理菌核病。其他病虫害草害按常规方法防治 |
| 2 亿活孢子/g 噬菌核霉可湿性粉剂 150 g+40%菌核净可湿性粉剂 100 g | 在油菜移栽后施用噬菌核霉，翌年春油菜初花期再施用菌核净。其他病虫草害按常规方法防治 |
| 40%菌核净可湿性粉剂 100 g | 按常规方式处理 |
| 对照（空白） | 不施用噬菌核霉和化学农药处理菌核病。其他农病、虫、草害按常规方法处理 |

### 1.4 施药方法

每亩用 2 亿活孢子/g 噬菌核霉可湿性粉剂 100 g、150 g 和 2 亿活孢子/g 噬菌核霉可湿性粉剂 150 g+40%菌核净可湿性粉剂 100 g 处理，于 2013 年 11 月 4 日施用噬菌核霉，手动均匀喷雾处理全田土表，每亩药剂用量兑水 50 kg。每亩用 40%菌核净可湿性粉剂 100 g 处理，在 2014 年 2 月 27 日油菜初花期施药，机动喷雾防治，每亩药剂用量兑水 10 kg。对照不施用任何药剂防治。

### 1.5 调查时间及方法

#### 1.5.1 调查时间及次数

2 月 26 日，初花期调查一次；4 月 8 日叶片发病高峰期调查一次；4 月 28 日油菜成熟病情稳定期调查一次。

#### 1.5.2 调查方法

每处理调查 6 块田，每块田棋盘式样 5 点取样，每点调查 20 株。分级标准如下。

0 级：无病；

1 级：轻微发病，发病面积占主茎表面积的 5%以下；

3 级：轻度发病，发病面积占主茎表面积的 6%~15%；

5 级：中等发病，发病面积占主茎表面积的 16%~30%；

7 级：高度发病，发病面积占主茎表面积的 31%~50%；

9 级：严重发病，发病面积占主茎表面积的 50%以上；

病情指数和防治效果，用邓肯氏新复极差法（DMRT）对数据进行统计分析。

$$\text{病情指数}=\frac{\sum\text{（各级病株数×相对级数值）}}{\text{调查总株数×9}}\times 100$$

$$\text{（茎发病）防治效果（\%）}=\frac{CK_1-PT_1}{CK_1}\times 100$$

式中，$CK_1$ 为空白对照区施药后病情指数；$PT_1$ 为药剂处理区施药后病情指数。

$$(\text{叶发病})\ \text{防治效果}\ (\%) = \frac{CK_1 - PT_1}{CK_1} \times 100$$

式中，$CK_1$ 为对照区病株数；$PT_1$ 为各药剂处理区病株数。

## 2 结果与分析

### 2.1 初花期对菌核病的防治结果

2月26日油菜初花期化学防治施药前调查，每亩用2亿活孢子/g 噬菌核霉可湿性粉剂150 g+40%菌核净可湿性粉剂100 g处理，对菌核病防效达75.6%，效果较为明显，比其他几个处理的效果好（表2）。

**表2 2月26日各处理对油菜菌核病的防治效果** 单位：%

| 处理（每亩） | 叶片病株率 | | 防治效果 |
|---|---|---|---|
| | 平均值 | 最高值 | |
| 2亿活孢子/g 噬菌核霉可湿性粉剂100 g | 8.2 | 12 | 33.3 |
| 2亿活孢子/g 噬菌核霉可湿性粉剂150 g | 7.2 | 10 | 41.5 |
| 2亿活孢子/g 噬菌核霉可湿性粉剂150 g+40%菌核净可湿性粉剂100 g | 5.2 | 7 | 75.6 |
| 对照（空白） | 12.3 | 19 | |

### 2.2 叶片发病高峰期对菌核病的防治结果

4月8日，叶片发病高峰期调查，每亩用2亿活孢子/g 噬菌核霉可湿性粉剂150 g+40%菌核净可湿性粉剂100 g处理，对菌核病防治效果较好（叶片和茎分别为51.5%和82.0%）。说明土壤处理+药剂防治方式，比单独用一种药剂对菌核病的防治效果好（表3）。

**表3 4月8日叶片发病高峰期各处理对油菜菌核病的防治效果** 单位：%

| 处理（每亩） | 叶片病株率 | | 防治效果 | 茎发病病株率 | | 病情指数 | | 防治效果 |
|---|---|---|---|---|---|---|---|---|
| | 平均值 | 最高值 | | 平均值 | 最高值 | 平均值 | 最高值 | |
| 2亿活孢子/g 噬菌核霉可湿性粉剂100 g | 73.7 | 88.0 | 5.1 | 2.3 | 8.0 | 0.94 | 3.00 | 62.4 |
| 2亿活孢子/g 噬菌核霉可湿性粉剂150 g | 59.8 | 64.0 | 35.5 | 1.8 | 4.0 | 0.89 | 1.33 | 64.4 |

（续表）

| 处理（每亩） | 叶片病株率 | | 防治效果 | 茎发病病株率 | | 病情指数 | | 防治效果 |
|---|---|---|---|---|---|---|---|---|
| | 平均值 | 最高值 | | 平均值 | 最高值 | 平均值 | 最高值 | |
| 2亿活孢子/g噬菌核霉可湿性粉剂150 g+40%菌核净可湿性粉剂100 g | 45.0 | 55.0 | 51.5 | 1.3 | 2.0 | 0.45 | 0.67 | 82.0 |
| 40%菌核净可湿性粉剂100 g | 79.0 | 89.0 | 14.8 | 3.3 | 10.0 | 1.17 | 3.67 | 53.2 |
| 对照（空白） | 92.7 | 98.0 | | 4.7 | 6.0 | 2.5 | 3.67 | |

## 2.3 成熟期调查

4月28日油菜成熟期（油菜菌核病稳定期）调查，每亩用2亿活孢子/g噬菌核霉可湿性粉剂100 g处理，对菌核病防治效果低于40%菌核净可湿性粉剂100 g常规化学防治，2亿活孢子/g噬菌核霉可湿性粉剂150 g处理对菌核病的效果与每亩用40%菌核净可湿性粉剂100 g常规化学防治没有差异，每亩用2亿活孢子/g噬菌核霉可湿性粉剂150 g+40%菌核净可湿性粉剂100 g处理，对菌核病的防治效果（76.6%）明显高于每亩用40%菌核净可湿性粉剂100 g常规化学防治（表4）。

**表4　4月28日油菜成熟期（菌核病稳定期）各处理对油菜菌核病的防治效果**　单位:%

| 处理（每亩） | 茎发病病株率 | | 病情指数 | | 防治效果 |
|---|---|---|---|---|---|
| | 平均值 | 最高值 | 平均值 | 最高值 | |
| 2亿活孢子/g噬菌核霉可湿性粉剂100 g | 35.5 | 42 | 26.67 | 32.33 | 46.0 |
| 2亿活孢子/g噬菌核霉可湿性粉剂150 g | 26.7 | 35 | 20.28 | 26.67 | 58.9 |
| 2亿活孢子/g噬菌核霉可湿性粉剂150 g+40%菌核净可湿性粉剂100 g | 17.5 | 23 | 11.56 | 15.67 | 76.6 |
| 40%菌核净可湿性粉剂100 g | 28.8 | 33 | 21.61 | 25.33 | 56.2 |
| 对照（空白） | 61.8 | 89 | 49.39 | 70.33 | |

示范结果表明，每亩用2亿活孢子/g噬菌核霉可湿性粉剂150 g+40%菌核净可湿性粉剂100 g防治效果最好（为76.6%），每亩用2亿活孢子/g噬菌核霉可湿性粉剂150 g土壤处理与40%菌核净可湿性粉剂100 g的效果相当。防治油菜菌核病，建议每亩用2亿活孢子/g噬菌核霉可湿性粉剂150 g+40%菌核净可湿性粉剂100 g。

在整个油菜生长期观察，该药剂对油菜安全性好，未表现出生长异常现象，噬菌核霉可以大面积推广。

## 3 结论与讨论

（1）试验示范方案要求在油菜移栽前将药剂施入土壤，后期管理不可以使用化学农药处理菌核病。其他农病虫草害按常规方法处理。由于试验时间安排较迟，移栽后较长时间（11 月 4 日）才进行药剂土表喷施，影响噬菌核霉药效发挥和防治效果。生产上，应在油菜移栽后 5 d 施药较为合适。

（2）2014 年，示范试验小区面积只有 1 $km^2$，代表性有限，建议开展多点、连片示范，总结大面积防治示范经验及结果，为大面积推广提供依据。

（3）在秀山县油菜主产区，油菜施药方法一般为机动喷雾，手动喷雾工效太低，建议大面积推广中，采用机动喷雾处理。

（4）油菜移栽后 5 d，叶片较少，用水量要求较低，手动喷雾处理土表，每亩用水量可以控制在 30 kg 左右，机动喷雾 10 kg 左右，药剂剂量包装建议按照 75 g/包，每亩用 150 g（2 包），不论手动还是机动喷雾，均可灵活掌握。以方便农民生产上正确使用。

**原文发表** 植物医生，2014，27（5）：27-29

# 食物引诱剂防治柑橘大实蝇效果分析

肖晓华[1]，刘　春[1]，吴洪华[1]，杨昌洪[1]，吴　畏[2]，罗泽青[2]
（1. 重庆市秀山县植保植检站，秀山　409900；
2. 重庆市种子管理站，重庆　401121）

**摘　要**：2014 年用柑橘大实蝇食物引诱剂对大实蝇进行防治试验，结果表明，食物引诱剂对大实蝇的防治效果好，是一种理想的绿色防控药剂。

**关键词**：食物引诱剂；柑橘大实蝇；防治效果

柑橘大实蝇食物引诱剂（简称食物诱剂）是利用大实蝇成虫羽化后需要补充大量营养的特性，通过食物诱剂的特殊气味引诱实蝇成虫取食，并通过加入有胃毒作用的杀虫剂达到杀灭实蝇成虫的目的。食物诱剂可同时引诱雌、雄成虫，并具有耐雨水冲刷的优点，是一种理想的绿色防控药剂。

秀山县柑橘种植面积 0.65 万 $hm^2$，柑橘大实蝇是秀山县柑橘生产上的主要害虫之一，秀山县 27 个乡镇（街道）均有分布。为推广柑橘大实蝇绿色防控技术，在前几年试验示范基础上，2014 年，秀山县推广食物诱剂防治柑橘大实蝇 133.3 $hm^2$，果农积极性高，工作推进顺利，成效明显，达到了预期目的。

## 1　材料及方法

### 1.1　示范地点及面积

2014 年在秀山县石堤镇、海洋乡、里仁镇、大溪乡、洪安镇、峨溶镇、雅江镇 7 个柑橘主产乡镇进行示范，其中，石堤镇 26.7 $hm^2$、海洋乡 13.3 $hm^2$、里仁镇 13.3 $hm^2$、大溪乡 13.3 $hm^2$、洪安镇 13.3 $hm^2$、峨溶镇 26.7 $hm^2$、雅江镇 13.3 $hm^2$。每个乡镇选择 1~2 个有代表性的柑橘种植业主、专业合作社或大户，每亩食物诱剂药剂配备 6 次，施药防治面积累计 800 $hm^2$。

### 1.2　药剂及数量

2014 年 4 月，秀山县植保植检站积极向县财政争取植保植检经费，落实 15 万元用于柑橘大实蝇防控。5 月上旬，采购大实蝇防控食物诱剂 2 160 kg，该药剂系湖北谷瑞特生物技术有限公司生产，成分为 0.1%阿维菌素饵剂，武汉晶露农业科技有限公司提供。通过科学选点、层层落实责任，安排柑橘主产乡镇开展技术示范，以片带面，辐射推广，以带动秀山县柑橘病虫害大面积防治工作。

### 1.3　施药方法

按照县植保植检站预测的时间，6 月 5 日开始第 1 次施药，每亩施用 180 mL（1

包)，按照药剂与水的比例 1∶（2~3）配药，充分摇匀，在果园顺风处、果园周边草丛树木处将药剂均匀点喷叶片（正面和背面）上，每亩点喷 7~10 个点，每个点喷药面积为脸盆大小，以药剂不流淌为宜。施药间隔每 7~10 d 施药一次，连续施药 6 次。

### 1.4 调查方法

10 月中旬，每个示范乡镇调查一个业主或示范果园，每个果园均采取棋盘式 5 点取样，每个点调查有代表性橘树 2 株，观察树上所有柑橘果子，记载调查总果数及蛆果数，以剥查到大实蝇幼虫为准，计算蛆果率。以果园管理及挂果情况，估算柑橘产量。对照区则选择管理条件相近，品种相同的农民自发防治果园，采取相同的调查方法，计算蛆果率并估算柑橘产量。

## 2 结果与分析

2014 年 10 月 10—13 日，县植保植检站组织技术人员，到 7 个示范乡镇开展食物诱剂防治柑橘大实蝇专项调查。调查表明，洪安镇贵措村防治效果最好，未发现蛆果。峨溶镇龙塘村效果最差，蛆果率平均为 13.8%，与对照区（农民自防区）差异不明显。秀山县 7 个乡镇蛆果率平均为 4.6%，比对照区（农民自防区）降低 15.2 个百分点。

由于调查果园均为成年挂果果园，产量较高，食物诱剂防治柑橘大实蝇示范每亩挽回产量损失 50~100 kg，平均 75 kg，按照 2013 年每千克市价 4.00 元计算，每亩挽回损失 200~400 元，平均 300 元左右，扣除成本 70 元，不计施药减少的人工费用，每亩增收 230 元左右。人工费用如按照化学防治（机动喷雾）施药 2 $hm^2$/d，施药 6 次，按青壮劳动力每天 100 元计，每亩折合 20 元；食物诱剂每天点喷 3.3 $hm^2$，80 元/d（男女均可参加)，施药 6 次，每亩折合 9.6 元，每亩可减少人工费用 10.4 元。2014 年，秀山县食物诱剂防治柑橘大实蝇示范，成效明显（表 1），总体上防治效果达到了年初预期目的（蛆果率控制在 5%，每亩增产 20%以上）。

**表 1 秀山县 2014 年柑橘大实蝇食物诱剂防效调查**

| 地点 | 品种 | 施药次数 | 调查株数/棵 | 调查总果数/个 | 蛆果数/个 | 蛆果率/% | 调查日期 |
|---|---|---|---|---|---|---|---|
| 洪安镇贵措村 | 脐橙 | 6 | 10 | 1 450 | 0 | 0 | 10 月 10 日 |
| 洪安镇美其村 | 脐橙 | 对照（空白） | 10 | 1 422 | 50 | 3.5 | 10 月 10 日 |
| 峨溶镇龙塘村 | 脐橙 | 6 | 10 | 318 | 44 | 13.8 | 10 月 10 日 |
| 峨溶镇峨溶居委会 | 脐橙 | 对照（空白） | 10 | 906 | 130 | 14.3 | 10 月 10 日 |
| 雅江镇贵平村 | 脐橙 | 5 | 10 | 150 | 2 | 1.3 | 10 月 10 日 |
| 石堤镇高桥村 | 脐橙 | 6 | 10 | 410 | 30 | 7.3 | 10 月 13 日 |
| 石堤镇石堤居委会 | 脐橙 | 对照（空白） | 10 | 478 | 146 | 30.5 | 10 月 13 日 |

（续表）

| 地点 | 品种 | 施药次数 | 调查株数/棵 | 调查总果数/个 | 蛆果数/个 | 蛆果率/% | 调查日期 |
|---|---|---|---|---|---|---|---|
| 石堤镇高桥村 | 椪柑 | 3 | 10 | 2 450 | 70 | 2.9 | 10月11日 |
| 石堤镇楠红村 | 椪柑 | 对照（空白） | 10 | 804 | 94 | 11.7 | 10月11日 |
| 里仁镇李高村 | 脐橙 | 6 | 10 | 632 | 32 | 5.1 | 10月13日 |
| 里仁镇李高村 | 脐橙 | 对照（空白） | 10 | 624 | 246 | 39.4 | 10月13日 |
| 大溪乡力大村 | 脐橙 | 6 | 10 | 1 218 | 38 | 3.1 | 10月13日 |
| 海洋乡小坪村 | 脐橙 | 6 | 10 | 332 | 10 | 3.0 | 10月13日 |
| 海洋乡小坪村 | 脐橙 | 对照（空白） | 10 | 706 | 136 | 19.3 | 10月13日 |
| 处理区平均值 | | | | | | 4.6 | |
| 对照区平均值 | | | | | | 19.8 | |

## 3　结论与讨论

秀山县柑橘大实蝇分布广，为害重，防治柑橘大实蝇必须采取强有力的工作措施，整体推进，才能收到好的效果。秀山县2014年的成功做法是以下5点。

（1）领导重视。2014年2月，秀山县农业委员会成立农作物重大病虫害防控工作领导小组。领导小组召开2次专题会议，研究柑橘疫情防控工作。结合秀山县柑橘生产，科学制定重大病虫害防控技术措施。6月5日，组织召开秀山县柑橘大实蝇防控现场会。石堤镇、里仁镇、洪安镇等7个柑橘主产乡镇农业分管领导、乡镇农业服务中心负责人、柑橘种植大户、柑橘承包业主或公司、县农业技术服务中心相关站室技术人员参加了会议。会议对2014年大实蝇防控工作进行安排，就柑橘大实蝇食物诱剂使用技术进行培训并现场演示。

（2）合理选点布局。2014年秀山县柑橘大实蝇防控工作进行精心策划，通过科学选点、层层落实责任，落实7个柑橘主产乡镇开展技术示范，采取“统一培训、统一药剂、统一时间、统一施药”的专业化防控模式，以片带面，辐射推广，带动秀山县柑橘病虫害大面积防治工作。

（3）抓好技术培训。为抓好2014年农作物病虫害绿色防控技术示范及推广。5月15日秀山县召开2014年植物检疫暨农作物病虫害绿色防控培训会。各乡镇（街道）农业服务中心负责人、秀山县柑橘种植大户、秀山县3.3 $hm^2$ 以上种植大户、开展病虫害专业化统防统治工作的农民专业合作社负责人，共计80余人参加会议。对参会人员进行农作物检疫性病虫害识别及以柑橘为主的农作物绿色防控技术进行培训。2014年5—8月，县植保植检站、湖北谷瑞特生物技术有限公司对柑橘大实蝇防控工作进行及时跟踪，及时提供技术服务，确保技术到位。

(4) 尽早落实经费。2014 年 3—4 月，县农业技术服务中心积极向县财政争取植保植检经费，4 月底县财政落实植保植检打捆经费 30 万元。经研究，落实柑橘大实蝇防控经费 15 万元。5 月，县植保植检站采购大实蝇食物诱剂 2 160 kg，尽早落实大实蝇防控药剂。

(5) 进行检查督促。为加强管理、总结经验，谋划下阶段及下年度大实蝇防控工作，2014 年 10 月 10—13 日，县农业技术服务中心组成检查组，由县农工委副书记、县农业技术服务中心主任张宇飞同志带队，对上半年安排的 7 个柑橘主产乡镇开展的大实蝇食物诱剂防控工作进行专项检查。

由于 2014 年 5—7 月雨日过多，影响施药操作，部分果园施药次数不足，雅江镇贵平村施药 5 次，石堤镇高桥村施药只有 3 次。施药次数不足必定影响防治效果。按照技术方案，2014 年示范选择柑橘大户、农民合作社、业主进行，采取“统一培训、统一药剂、统一时间、统一施药”专业化模式，突出重点。但少数乡镇进行面上分发，零星使用，药剂发完了事，效果无法体现。2014 年调查表明，凡是严格按照技术规程操作的果园，防治效果明显高于农民习惯区，蛆果率均能控在 5.0%以内。

食物诱剂防治柑橘大实蝇只是防治柑橘大实蝇的一种方法，大面积生产上，必须采取农业防治、化学防治、物理防治等综合防治措施，加强果园管理、精耕细作，多管齐下，多方法多措施控制柑橘大实蝇为害。

**原文发表** 植物医生，2015 (2)：29-30

# 秀山县 2015 年“生物导弹”防治玉米螟效果

肖晓华[1]，刘　春[1]，杨昌洪[1]，吴洪华[1]，周天云[2]
（1. 重庆市秀山县植保植检站，秀山　409900；2. 重庆市种子管理站，重庆　401121）

**摘　要**：2015 年，秀山县开展“生物导弹”防治玉米螟连片示范，示范区防治效果为 76.8%，比常规防治区防效增加 27.3 个百分点，效果明显。

**关键词**：“生物导弹”；玉米螟；防治效果

“生物导弹”防治玉米螟，是利用卵寄生蜂（赤眼蜂）将经过高新技术处理过的强毒力剂（病毒）传递到玉米螟卵块表面，使初孵幼虫感病死亡，达到控制目标害虫为害的目的。因其寄生蜂寄生的靶性极强，又携带病毒传播，故称为“生物导弹”。

## 1　示范区设置

2015 年，秀山县胜友农机股份合作社承担 2014 年重庆市农业生产发展资金第一批竞争类项目——粮油作物重大病虫害专业化统防统治及绿色防控融合示范项目，按照项目方案要求，其中 2015 年有“生物导弹”防治玉米螟示范 26.7 $hm^2$ 子项目。借鉴秀山县 2013 年和 2014 年“生物导弹”防治玉米螟示范成功经验，结合秀山县实际，2015 年秀山县植保植检站具体指导秀山县胜友农机股份合作社在官庄镇新庄村开展“生物导弹”防治玉米螟示范，成效明显。

2015 年 4—8 月，在官庄镇新庄村 1~2 组，组织开展“生物导弹”防治玉米螟连片示范。示范区玉米连片种植，地势平缓，面积为 26.7 $hm^2$ 左右；公路隔离，设立常规防治区 1.3 $hm^2$（农民习惯防治）。5—6 月药剂防治玉米螟 2~3 次，示范区与常规防治区相距 50 m 左右；300 m 外设立空白对照区，面积 1 334 $m^2$，玉米全程不进行防治。示范区、常规防治区、空白对照区土壤均为黄壤，肥力中等，管理水平基本一致。示范区玉米 3 月下旬播种，4 月下旬至 5 月上旬移栽，6 月下旬抽雄，7 月下旬成熟，8 月上旬收割完毕。

## 2　“生物导弹”投放技术

“生物导弹”即毒·蜂杀虫卡，由湖北百米生物实业有限公司生产，投放前 3~5 d 发货，到达秀山后 1~2 d 内投放完毕。投放时间在玉米螟卵期，按照“10 m×15 m”规格等距离将“生物导弹”置于玉米心叶内，或挂在玉米叶脉、地边树枝上，出蜂口向下。每亩按照 5~6 枚/次标准悬挂，玉米全程共投放 3 次。

## 3 “生物导弹”投放时间安排

2015年5月20日、6月12日、6月25日，分别在玉米苗期、大喇叭口期、扬花期，秀山县植保植检站具体指导胜友农机股份合作社，在官庄镇新庄村1组和2组，统一聘请劳动力2名，分别组织投放“生物导弹”，均在当日完成26.7 $hm^2$ 投放任务。

## 4 防治效果

2015年7月22日，玉米生长进入成熟期，玉米螟为害定型后，秀山县植保植检站组织开展大面积调查，示范区按照发生轻重程度共调查9块玉米地，常规防治区调查3块，空白对照区调查2块玉米地，每块玉米地5点取样，共调查100株，分别统计玉米螟为害造成的花叶、折株、雌穗、蛀茎数，取累计平均值计算防治效果。

2015年调查结果表明，“生物导弹”防治玉米螟示范区，玉米螟被害株率平均为22.9%，最高为59.0%；常规防治区被害株率平均为49.7%，最高61.0%；空白对照区被害株率平均为98.5%，最高为129.0%。“生物导弹”示范区防治效果平均为76.8%，比上年防效（82.4%）降低5.6个百分点，比常规防治区防效（49.5%）增加27.3个百分点（表1）。2015年“生物导弹”防治玉米螟防治效果总体上达到预期目标，效果明显。

表1 秀山县2015年“生物导弹”防治玉米螟效果 单位:%

| 处理 | 被害株率 | | | | | | 防效 |
|---|---|---|---|---|---|---|---|
| | 平均值 | 最高值 | 花叶 | 折株 | 雌穗 | 蛀茎 | |
| “生物导弹”示范区 | 22.9 | 59.0 | 15.0 | 1.6 | 1.8 | 4.6 | 76.8 |
| 常规防治区 | 49.7 | 61.0 | 24.7 | 7.0 | 7.3 | 10.7 | 49.5 |
| 空白对照区 | 98.5 | 129.0 | 66.0 | 6.0 | 3.0 | 17.0 | |

注：7月22日调查，地点在官庄镇新庄村。

7月30日，测产验收，“生物导弹”示范区每亩玉米产量平均495 kg，比常规防治区每亩玉米产量455 kg增加40 kg，增产8.8%，比对照区（每亩玉米产量422 kg）增加73 kg，增产17.3%。“生物导弹”示范区增产1.6万kg，按照2.20元/kg计算，示范区增收3.5万余元。

每亩常规防治药剂按照5.00元、人工防治费用15元/亩计算（机动喷雾防治），每亩成本20.00元/次；“生物导弹”示范区“导弹”每亩成本15元，聘请人工1人每天100元，每人每天投放13.3 $hm^2$，每亩折人工0.5元，每亩成本15.50元/次，每次每亩减少投入4.50元，示范区共减少投入5 400元。

## 5 工作中存在的问题及建议

（1）“生物导弹”是赤眼蜂活体，运输、保存不便，必须根据当地植保部门监测，及时组织发货、收货、投放。存放过久影响出蜂率，甚至失效。“生物导弹”这一商品的特殊性，决定了它进入一般市场较为困难，目前大面积应用多依靠项目配套。

（2）玉米螟发育不一致，越冬幼虫羽化期长，而赤眼蜂活体一般在投放后 7~10 d 孵化，只能寄生孵化期间 7~10 d 的玉米螟卵块，投放间隔不能过久，根据秀山县玉米生长状况，一般在苗期、喇叭口期、抽雄期投放较为适宜，间隔 15 d 左右。

（3）“生物导弹”投放期间，玉米生长旺盛，特别是玉米生长后期，田间操作困难，存在投放不均现象。

（4）秀山县玉米常年种植 1.0 万 $hm^2$ 以上，但农民用药水平低、防治面积偏小，玉米螟是玉米主要害虫，化学防治一般施药 2~3 次，效果一般 50%~60%，而近 2 年示范“生物导弹”防治玉米螟防效均在 75%以上，“生物导弹”完全可以在玉米生产上大面积推广应用，而大面积推广应用、宣传培训、技术普及、提高农民技术水平则是基础和前提。秀山县连续 3 年开展“生物导弹”防治玉米螟示范，取得成功经验，为今后秀山县大面积推广提供了理论依据。

**原文发表**　植物医生，2015（6）：28-29

# 秀山县2015年无人机防治油菜菌核病效果分析

肖晓华[1]，刘祥贵[2]，刘　春[1]，杨昌洪[1]，吴洪华[1]，朱道静[2]
（1. 重庆市秀山县植保植检站，秀山　409900；2. 重庆市种子管理站，秀山　401121）

**摘　要：** 2015年，重庆市秀山县首次引进无人机防治油菜菌核病，采取专业化统防统治模式操作，示范面积200 $hm^2$，结果表明，无人机防效平均为54.7%，比机动喷雾防治区增加7.2个百分点，效果明显。无人机防治作业能力强，突击能力强，功效高，单机每天作业面积20 $hm^2$以上，优势明显。在油菜集中成片的种植区，无人机可以大面积推广；零星地块病虫害防治，建议使用机动喷雾器或手动喷雾器。

**关键词：** 油菜菌核病；无人机；统防统治；防治效果；重庆市秀山县

秀山县是重庆市油菜生产大县之一，常年油菜种植面积1.3万 $hm^2$ 以上。油菜菌核病是油菜生产上的主要病害，常年发生早、发生普遍、为害严重。2015年，秀山县首次引进无人机防治油菜病虫害，采取专业化统防统治模式操作，示范面积200 $hm^2$，结果表明，无人机防治效果良好。

## 1　材料与方法

### 1.1　使用机型及药剂

（1）无人机。重庆寰泰航空植保科技有限公司生产的多轴无人机，由重庆寰泰航空植保科技有限公司操作员操作。

（2）15%氯啶菌酯乳油。江苏宝灵化工股份有限公司生产，秀山县植保植检站提供。农业部登记对象为水稻稻瘟病、稻曲病、油菜菌核病。

（3）20.5%速溶硼粉剂。滨州市澳尔农化有限公司生产，秀山县植保植检站提供。

（4）70%吡虫啉水分散粒剂。上海禾本药业有限公司生产，秀山县植保植检站提供。

### 1.2　示范设置

（1）无人机施药区。施药面积为186.67 $hm^2$。其中，15%氯啶菌酯乳油40 mL/亩处理，面积为180.0 $hm^2$；15%氯啶菌酯乳油60 mL/亩处理，面积为6.67 $hm^2$。

（2）化防区。施药面积为13.33 $hm^2$，15%氯啶菌酯乳油40 mL/亩。

（3）空白对照区。面积为3.33 $hm^2$，不喷药。

### 1.3　无人机技术参数

重庆寰泰航空植保科技有限公司多轴无人机，标准空载重量为23 kg，有效载荷

10 kg，最大起飞重量为 35 kg，旋翼直径（每副）860 mm，机宽 1 070 mm，机高（至旋翼桨毂顶部）530 mm，喷头 4 个；最大飞行速度 8 m/s，巡航速度 4. 8 m/s，续航时间 20 min；无人机喷幅 6~8 m，操控长度 200 m 以内。施药飞行高度为 4 m，用水量为 1 kg/亩，动力为电能（蓄电池）。

### 1.4 病害调查方法

油菜成熟期（油菜菌核病稳定期），以示范区内行政村为单位调查，按照油菜菌核病发生轻重，按重、中、轻分别调查 3 块田，每个村调查 9 块田，每块田棋盘式 5 点取样，每点调查 20 株，每块田调查 100 株，分别计算病株率及病情指数，取每村调查的平均值进行分析。蚜虫、硼肥效果不在本文涉及范围，未作调查分析。

### 1.5 油菜菌核病严重度分级标准

1 级：1/3 以下分枝数发病或主茎病斑不超过 3 cm。

2 级：1/3~2/3 分枝数发病或发病分枝数在 1/3 以下及主茎病斑超过 3 cm。

3 级：2/3 以上分枝数发病或发病分枝数在 2/3 以下及主茎中、下部病斑 3 cm 以上。

## 2 结果与分析

### 2.1 组织实施

2015 年，在重庆市种子管理站（重庆市植保植检站）指导下，秀山县首次引进无人机防治油菜病虫害，以菌核病、蚜虫为防治重点，并叶面补施硼肥。2 月 26 日，秀山县组织召开无人机防治油菜病虫害座谈会。县农业技术服务中心领导及县植保植检站、秀山县清溪场镇农业服务中心、秀山县惠农农机专业合作社、重庆天人农业股份合作社、秀山县四季堡粮油专业合作社、秀山县盛塘水稻专业合作社、秀山县宝通粮油专业合作社负责人参加会议。会议分解、落实 2015 年油菜高产创建核心示范区防治任务。引进公司为重庆寰泰航空植保科技有限公司，无人机施药采取签约承包制，施药面积 186. 67 $hm^2$，单价为 20 元/亩，由 5 家农民合作组织与重庆寰泰航空植保科技有限公司签订防治协议，防治结束后一次性付清防治费用。县植保植检站以病虫害防治补助的形式，3 月末补助 5 家农民合作组织。

3 月 1 日，重庆寰泰航空植保科技有限公司安排技术人员及操作手 10 人，秀山县聘请当地农民工 4 人配合正式开始作业，3 架无人机同时作业，单机作业面积 20 $hm^2$/d 以上，3 月 4 日完成核心示范区施药任务。3 月 4 日秀山县植保植检站组织开展机动喷雾 3. 33 $hm^2$ 作为对照，药剂与无人机防治相同。

### 2.2 防治效果

2015 年 5 月 5 日油菜成熟期，秀山县植保植检站分别在清溪场镇溪西村、永进村、南丘村等地调查，无人机防治效果平均为 54. 7%，比机动喷雾防治区（47. 5%）增 7. 2 个百分点，无人机防治区防效最高达 65. 2%。在油菜菌核病重发年份，达到预期目标（表 1）。

5 月上旬测产验收：秀山县大面积理论产量平均为 135.0 kg/亩，油菜无人机防治示范区平均产量为 158.1 kg/亩，最高为 240.2 kg/亩。油菜菌核病无人机统防统治示范区比大面积增产 23.1 kg/亩，增产 17.1%，增产效果显著。

**表 1　重庆市秀山县 2015 年无人机防治油菜菌核病防效调查**

| 地点 | 施药量（mL/亩） | 施药器械 | 病株率/% | | 病情指数 | | 防效/% |
|---|---|---|---|---|---|---|---|
| | | | 平均值 | 最高值 | 平均值 | 最高值 | |
| 溪西村 | 40 | 无人机 | 34.0 | 45.0 | 25.33 | 36.33 | 58.7 |
| 永进村 | 40 | 无人机 | 32.2 | 50.0 | 22.10 | 31.67 | 64.0 |
| 南丘村 | 40 | 无人机 | 33.3 | 41.0 | 21.39 | 30.33 | 65.2 |
| 茫洞村 | 40 | 无人机 | 56.2 | 69.0 | 42.33 | 52.00 | 31.0 |
| 平均值 | 40 | 无人机 | 38.9 | 69.0 | 27.79 | 52.00 | 54.7 |
| 茫洞村 | 60 | 无人机 | 29.8 | 75.0 | 20.78 | 55.33 | 66.2 |
| 茫洞村 | 40 | 机动喷雾器 | 44.8 | 50.0 | 32.22 | 37.00 | 47.5 |
| 三合村 | CK | CK | 76.3 | 96.0 | 61.39 | 84.00 | |

### 2.3　病情分析

油菜是秀山县主要油料作物，近年每年种植面积大，轮作面积偏小，油菜菌核病常年均有发生，加之该病菌核能存活 1~3 年，导致田间菌源累积，充足的菌源是秀山县油菜菌核病发生偏重的前提和基础。农村普遍缺乏劳力，致使油菜田间管理较粗放，部分田块杂草丛生，油菜长势衰弱，加重了油菜菌核病的发生及为害。

2015 年 3—4 月阴雨天气较多，油菜花期遇雨天数多，整个 3 月为油菜花期，3 月阴月雨日有 25 d，晴天只有 6 d。气候适宜，油菜花期遇雨天数多是油菜菌核病 2015 年秀山县总体中等偏重发生的主要原因。

### 2.4　防效差异分析

调查中各地方之间病情差异较大，防治效果最好的南丘村（65.2%），比防治效果最差的茫洞村（31.0%），防效相差 1 倍以上。分析其原因，主要是南丘村地势较高，田间排水良好，而茫洞村属于常年重发区，菌源充足，加之地势低洼，油菜长势好，田间湿度大，发病相对严重。同为茫洞村，剂量不同防效差异也显著。高浓度药剂效果明显优于低浓度药剂效果。建议下年度适当增加施药量，以提高防治效果。

## 3　小结

（1）无人机作业能力强，功效高，单机每天作业面积 20 $hm^2$ 以上，优势明显。以今年示范区为例，以往常年需组织 20 余人，出动 10 台机动喷雾器，200 $hm^2$ 面积一般需要 7~10 d，遇到雨日，施药时间还有推迟。秀山县常年 3 月阴雨天气较多，阴雨绵绵导致施药困难、防效差。2015 年 3 月 1—4 日，组织无人机抢晴施药，在 3 月 5 日雨日来临前完成施药，施药质量高，效果好，充分体现了无人机突防能力强的特点及优势。实践证明，无人机作业能力是常规手动喷雾的50倍以上，是常规机动喷雾的10倍以上。在油菜集中成片的种植区，无人机可以大面积推广。

（2）无人机防治目前尚未普及，无人机生产、操控、运输、电瓶等环节费用较高，收费相对较高，大面积成片种植的农作物，包含水稻、油菜、药材等，规模化种植，规模化防治，才能有效降低无人机防治成本。

（3）从操作实践看，无人机施药喷幅以6~7 m较为合适，平坦区域田间操控长度以150 m为宜，200 m以上对操作员视力要求高，施药影响大。飞行速度以5 m/s左右为宜，悬停专项的喷头控制是关键，如何做到不重、不漏，操作手是关键。

（4）农药剂型上，建议不用或少用粉剂，多用水分散粒剂、水剂、乳油，避免喷头堵塞。农药包装尽可能采用大包装。由于需要人工兑药及送药，兑药工具建议购买大桶，以一次兑药供应无人机起落10架次（即6.67 $hm^2$）比较合适。

（5）后勤保障方面。由于无人机施药每架次一般只用时5 min钟左右，1架无人机至少安排小工1人，专门负责兑药、送药才能满足需要。每架次施药后要更换电池，电池快速充电15~20 min，充电的地方要提前安排，必须有6 m以上的电线插板。公司必须备足备用电池10个/机以上。水源不好的地方，建议用三轮车送药水。

（6）无人机操控专业性强，油菜种植较为零星的地块，药剂浪费较大，费时多，零星地块病虫害防治还是建议使用机动喷雾器或手动喷雾器。

**原文发表**　南方农业，2015（9）：1-2

# 无人机防治水稻病虫害效果分析

肖晓华[1]，刘　春[1]，杨昌洪[1]，吴洪华[1]，刘祥贵[2]，吴金钟[2]
（1. 重庆市秀山县植保植检站，秀山　409900；2. 重庆市植保植检站，重庆　401121）

**摘　要：** 2015 年，重庆市秀山县组织开展无人机防治水稻重大病虫害试验、示范，将无人机与机动喷雾机、电动喷雾器、静电机动喷雾机进行对比试验，并开展无人机防治水稻病虫害大面积示范，结果表明，对水稻稻飞虱、稻纵卷叶螟、稻纹枯病的防治效果无人机 > 静电机动喷雾机 > 机动喷雾机 > 电动喷雾器，而添加飞防助剂的效果则更明显。

**关键词：** 无人机；水稻病虫害；植保机械化；防治效果

秀山县位于重庆市东南部，地处武陵山区腹地。水稻是当地主要粮食作物，常年水稻种植面积 2.0 万 $hm^2$，水稻病虫害发生面积 10.0 万 $hm^2$ 以上，病虫害防治压力大。小型无人机是近年来兴起的新型病虫害防治器械，一经出现就显示出强大的生命力，发展前景良好。该设备作业能力强、成本低、节约用水用药，能有效解决目前农村劳动力不足的问题，是农作物病虫害专业化统防统治的新发展，是农作物病虫害防治现实需要。

2015 年，秀山县积极引进、购买小型无人机，借鉴秀山县无人机防治油菜病虫害的成功经验，组织开展无人机防治水稻重大病虫害试验、示范，将无人机与机动喷雾机、电动喷雾器、静电机动喷雾机进行对比试验，并开展无人机防治水稻病虫害大面积示范，试验、示范取得显著效果。

## 1　材料与方法

### 1.1　器械及药剂

多旋翼遥控无人机（简称无人机），重庆金泰航空工业有限公司生产，重庆寰泰航空植保科技有限公司提供并负责操控。

WFB-18AC 背负式机动喷雾喷粉机（简称机动喷雾机），山东华盛中天机械集团股份有限公司生产，秀山县植保植检站提供。

3WF-600J 静电喷雾喷粉机（简称静电机动喷雾机），临沂三禾永佳动力有限公司生产，重庆市植保植检站提供。

3WBD-16C 背负式电动喷雾器（简称电动喷雾器），台州市凯锋塑钢有限公司生产，重庆天人农业股份合作社提供。

40%春雷·噻唑锌悬浮剂，浙江新农化工股份有限公司生产，秀山县植保植检站提供。

25%噻虫嗪水分散粒剂，江苏绿叶农化有限公司生产，秀山县植保植检站提供。

36%氰虫·毒悬浮剂，浙江新农化工股份有限公司生产，秀山县植保植检站提供。

30%茚虫威悬浮剂，江苏克胜集团股份有限公司生产，秀山县植保植检站提供。

飞防助剂，QFEJ-01，重庆市植保植检站提供。

### 1.2 试验、示范设置

7月7日，在白背飞虱、稻纵卷叶螟防治适期，重庆市植保植检站、秀山县植保植检站组织无人机、机动喷雾机、电动喷雾器、静电机动喷雾机在清溪场镇东林村重庆天人农业股份合作社统一流转、承包的稻田内进行对比施药试验，按照无人机操作要求及田间自然分隔界限，试验共6个处理，分别为无人机施药6 670 $m^2$、无人机+助剂施药6 670 $m^2$、机动喷雾机施药3 335 $m^2$、电动喷雾器施药667 $m^2$、静电机动喷雾器施药2 668 $m^2$、空白对照667 $m^2$，试验不设重复。

无人机防治水稻病虫害示范区则统一时间、统一药剂，统一操作，由重庆寰泰航空植保科技有限公司、秀山县四季堡粮油专业合作社组织实施，施药区域涉及清溪场镇东林村、沙南村、南丘村、太平村，施药区域均为清溪场镇三家大型水稻种植业主，面积共计226.7 $hm^2$，采取承包防治方式开展水稻病虫害专业化统防统治（18元/亩）。7月7日正式开始施药，7月10日全部完成。防治对象为白背飞虱、稻纵卷叶螟、稻纹枯病。药剂配方及每亩用量统一为25%噻虫嗪水分散粒剂16 g、36%氰虫·毒悬浮剂120 mL或30%茚虫威悬浮剂20 mL、40%春雷·噻唑锌悬浮剂40 mL。

### 1.3 无人机参数

无人机为多轴无人机，标准空载重量为23 kg，有效载荷10 kg，最大起飞重量为35 kg，旋翼直径（每副）860 mm，机宽1 070 mm，机高（至旋翼桨毂顶部）530 mm，喷头4个；最大飞行速度8 m/s，巡航速度4.8 m/s，续航时间20 min；无人机喷幅6~8 m，操控长度200 m以内。施药飞行高度为4 m，用水量为1 kg/亩，动力为电能（蓄电池）。

### 1.4 调查及计算方法

（1）白背飞虱防效。施药前调查虫口基数，在施药后7 d、14 d，采用平行跳跃取样法，试验每处理调查20丛，计数白背飞虱活虫数，计算虫口减退率和校正防效。示范区以村为单位抽查，每村按照发生轻重调查9块田，每块田调查20丛，计数白背飞虱活虫数，以平均值计算虫口减退率和校正防效。

药效计算方法：

$$\text{虫口减退率（\%）}=\frac{\text{处理前总虫量}-\text{处理后总虫量}}{\text{处理前总虫量}}\times 100$$

$$\text{校正防效（\%）}=\frac{\text{药剂处理区虫口减退率}-\text{空白对照区虫口减退率}}{1-\text{空白对照区虫口减退率}}\times 100$$

（2）稻纵卷叶螟防效。在施药后7 d、14 d调查，试验每处理采取5点取样共查25丛水稻，统计卷叶率、百丛虫量，与对照区卷叶率、百丛虫量比较，以百丛虫量计算相对防效。示范区以村为单位抽查，每村按照发生轻重调查 9 块田，方法同上，以平均值计算相对防效。

药效计算方法：

$$卷叶率（\%）=\frac{调查卷叶数}{调查总叶数}\times 100$$

$$防治效果（\%）=\frac{对照区百丛虫量-处理区百丛虫量}{对照区百丛虫量}\times 100$$

（3）稻纹枯病防效。8 月下旬，稻纹枯病病情稳定后调查，试验每处理 5 点取样共查 100 丛水稻，统计病株率，病情指数，以病情指数计算防效。示范区以村为单位抽查，每村按照发生轻重调查 9 块田，方法同上，以病情指数平均值计算防效。

稻纹枯病分级病情分级标准如下。

0 级：全株无病；

1 级：基部叶片叶鞘发病；

2 级：第 3 片叶以下叶鞘或叶片发病（自顶叶算起，下同）；

3 级：第 2 片叶以下叶鞘或叶片发病；

4 级：顶叶叶鞘或顶叶发病；

5 级：全株发病枯死。

$$防治效果（\%）=\frac{对照区病情指数-处理区病情指数}{对照区病情指数}\times 100$$

## 2 结果与分析

7 月 15 日，即防治后 7 d，秀山县植保植检站在清溪场镇东林村、沙南村、南丘村、太平村等地开展试验调查及大面积抽查，无人机试验处理白背飞虱防效 100%，大面积示范区白背飞虱防治效果平均为 94.5%，最高 100%；无人机试验处理稻纵卷叶螟防治效果分别为 85.7%、100%，大面积示范区防治效果平均为 90.2%，最高为 94.1%（表 1）。

**表 1 秀山县 2015 年无人机防治水稻病虫害试验、示范调查整理**

| 地点 | 处理 | 施药时间 | 白背飞虱 | | | | 稻纵卷叶螟 | | |
|---|---|---|---|---|---|---|---|---|---|
| | | | 药前基数/（头/百丛） | 药后虫量/（头/百丛） | 虫口减退率/% | 校正防效/% | 卷叶率/% | 百丛虫量/头 | 防效/% |
| 东林村 | 无人机试验 | 7 月 7 日 | 563.2 | 0 | 100 | 100 | 0.6 | 8 | 85.7 |
| 东林村 | 无人机+助剂试验 | 7 月 7 日 | 563.2 | 0 | 100 | 100 | 0.1 | 0 | 100 |
| 东林村 | 机动喷雾器试验 | 7 月 7 日 | 563.2 | 50 | 91.1 | 89.6 | 1 | 28 | 50 |
| 东林村 | 电动喷雾器试验 | 7 月 7 日 | 563.2 | 110 | 80.5 | 77.1 | 2.3 | 64 | -14.3 |

（续表）

| 地点 | 处理 | 施药时间 | 白背飞虱 | | | | 稻纵卷叶螟 | | |
|---|---|---|---|---|---|---|---|---|---|
| | | | 药前基数/（头/百丛） | 药后虫量/（头/百丛） | 虫口减退率/% | 校正防效/% | 卷叶率/% | 百丛虫量/头 | 防效/% |
| 东林村 | 静电机动喷雾器试验 | 7月7日 | 563.2 | 10 | 98.2 | 97.9 | 0.5 | 4 | 92.9 |
| 东林村 | 无人机示范 | 7月7日 | 563.2 | 0 | 100 | 100 | 0.6 | 8 | 85.7 |
| 沙南村 | 无人机示范 | 7月7—10日 | 950.0 | 80 | 91.6 | 90.1 | 0.5 | 4 | 92.9 |
| 南丘村 | 无人机示范 | 7月8—10日 | 1 825.0 | 58.3 | 96.8 | 96.2 | 0.4 | 3.3 | 94.1 |
| 太平村 | 无人机示范 | 7月8—10日 | 2 388.2 | 170 | 92.9 | 91.7 | 1.6 | 6.7 | 88.0 |
| 东林村 | 对照区 | | 510.0 | 435 | 14.8 | | 5.3 | 56 | |

7月22—23日，药后14 d左右调查。无人机试验处理白背飞虱防效分别为98.7%、99.1%，大面积示范区白背飞虱防治效果平均为94.8%，最高96.6%；无人机试验处理稻纵卷叶螟防治效果分别为88.6%、90.5%，大面积示范区防治效果平均为87.2%，最高为91.4%。无人机与机动喷雾机防效差异不明显，无人机、静电机动喷雾机及机动喷雾机明显优于普通电动喷雾器，防效均增加10个百分点以上（表2）。

**表2　秀山县2015年无人机防治水稻病虫害试验、示范调查整理**

| 地点 | 处理 | 白背飞虱 | | | | 稻纵卷叶螟 | | |
|---|---|---|---|---|---|---|---|---|
| | | 药前基数/（头/百丛） | 药后虫量/（头/百丛） | 虫口减退率/% | 校正防效/% | 卷叶率/% | 百丛虫量/头 | 防效/% |
| 东林村 | 无人机试验 | 563.2 | 12 | 97.9 | 98.7 | 1.2 | 12 | 88.6 |
| 东林村 | 无人机+助剂试验 | 563.2 | 8 | 98.6 | 99.1 | 0.8 | 10 | 90.5 |
| 东林村 | 机动喷雾机试验 | 563.2 | 65 | 88.5 | 92.9 | 2.1 | 23 | 78.1 |
| 东林村 | 电动喷雾器试验 | 563.2 | 152 | 73.0 | 83.3 | 3.5 | 35 | 66.7 |
| 东林村 | 静电机动喷雾机试验 | 563.2 | 28 | 95.0 | 96.9 | 1.8 | 17 | 83.8 |
| 东林村 | 无人机示范 | 563.2 | 52 | 90.8 | 94.3 | 1.6 | 12 | 88.6 |
| 沙南村 | 无人机示范 | 950.0 | 98 | 89.7 | 93.6 | 1.5 | 9 | 91.4 |
| 南丘村 | 无人机示范 | 1 825.0 | 101 | 94.5 | 96.6 | 1.9 | 18 | 82.9 |
| 太平村 | 无人机示范 | 2 388.2 | 204 | 91.5 | 94.7 | 2.0 | 15 | 85.7 |
| 东林村 | 对照区 | 510.0 | 825 | -61.8 | | 15.4 | 105 | |

8月25日，稻纹枯病为害定型后调查稻纹枯病防治效果。无人机试验处理防效分别为92.4%、92.6%，大面积示范区防治效果平均为85.8%，最高88.1%。无人机处理与机动喷雾机、静电机动喷雾机处理差异不显著，无人机、机动喷雾机及静电机动喷雾机处理均明显优于普通电动喷雾器，防效均增加10个百分点以上（表3）。

**表3　秀山县2015年无人机防治稻纹枯病试验示范调查整理**

| 地点 | 处理 | 病株率/% | 病丛率/% | 病情指数 | 防效/% |
|---|---|---|---|---|---|
| 东林村 | 无人机试验 | 9.8 | 22 | 2.48 | 92.4 |
| 东林村 | 无人机+助剂试验 | 10.1 | 20 | 2.43 | 92.6 |
| 东林村 | 机动喷雾机试验 | 14.7 | 22 | 3.87 | 88.2 |
| 东林村 | 电动喷雾器试验 | 33.5 | 55 | 9.60 | 70.7 |
| 东林村 | 静电机动喷雾机试验 | 11.5 | 11 | 3.28 | 89.9 |
| 东林村 | 无人机示范 | 13.8 | 28 | 4.43 | 86.5 |
| 沙南村 | 无人机示范 | 17.4 | 25 | 4.16 | 87.3 |
| 南丘村 | 无人机示范 | 12.1 | 31 | 6.20 | 81.1 |
| 太平村 | 无人机示范 | 11.5 | 20 | 3.89 | 88.1 |
| 东林村 | 对照区 | 59.7 | 85 | 32.78 | |

2015年，秀山县白背飞虱大发生（5级），稻纵卷叶螟、稻纹枯病偏重发生（4级），试验特别是大面积示范，防治效果较为理想。从2015年试验示范数据分析，总体上，水稻病虫害防治效果无人机＞静电机动喷雾机＞机动喷雾机＞电动喷雾器。而添加飞防助剂的效果则更明显。药后观察，无人机施药试验区、示范区均未见明显药害现象。2015年，秀山县无人机防治水稻“两迁”害虫试验、示范效果十分显著，为今后大面积推广应用提供了依据。

## 3　结论与讨论

（1）秀山县2015年水稻病虫害防治的试验、示范结果表明，无人机防治效果最好，静电机动喷雾机次之，机动喷雾机、电动喷雾器较差。实践中，无人机作业能力是常规手动喷雾的50倍以上，是常规机动喷雾的10倍以上。在水稻集中成片的种植区，无人机可以大面积推广。

（2）无人机作业能力强，施药时间相对减少，只有植保部门进行准确预报，才能提供最佳施药时期，因而病虫害监测预警是无人机防治工作的前提。以2015年示范区为例，常年需组织20余人，出动10台机动喷雾器，200 $hm^2$ 面积一般需要7~10 d，遇到雨日，施药时间还有推迟。2015年组织无人机施药，4 d完成施药，施药质量高，效果好，充分体现了无人机突防能力强的特点及优势。从生产实践看，不论何种施药器械，田间操作都很重要，只有合理配药、均匀施用，才能保证防效，因而操作手是关键；不同剂型的药剂适用不同作物、不同的器械，尽可能选用大包装、可溶性好的药剂。专业化的飞防药剂是确保防效的保证。

（3）实践中，无人机防治区域尽量避免一家一户的水稻田，应选择业主连片种植区、管理基本一致、基础条件良好的地域。既方便作业，提高工效，也能提高防治效果，同时免除收费上的纠纷。

（4）无人机防治是农作物病虫害专业化统防统治的新发展，是未来发展的方向，建议进行多点多年多作物各类试验、示范，特别是在重大病虫害大发生年份，有针对性地开展试验示范，不断总结经验，并完善规程及管理办法。

## 参考文献


刘慧强，董雪娟，2014. 小型植保无人机施药防治稻飞虱的田间效果［J］. 中国植保导刊，34（增刊）：45.

肖晓华，刘祥贵，2015. 秀山县2015年无人机防治油菜菌核病效果分析［J］. 南方农业，9（25）：1-2，92.


**原文发表**　南方农业，2016，10（7）：5-8

# 油菜菌核病防治减量用药控害增效示范效果分析

肖晓华[1]，刘　春[1]，杨昌洪[1]，陈冠秀[2]，姜　玲[3]
（1. 重庆市秀山县植保植检站，秀山　409900；2. 西南大学植物保护学院，重庆　400715；3. 重庆植丰生物科技有限公司，垫江　408300）

**摘　要**：2016年，秀山县开展油菜菌核病防治减量用药控害增效示范。选用的助剂为激健。结果表明，农药减量20%加助剂、农药减量40%加助剂、不减量加助剂、常规防治处理，防治效果分别为84.0%、82.5%、83.8%、72.5%；加助剂处理防治效果比常规防治增加10个百分点以上，效果十分明显。

**关键词**：油菜菌核病；减量用药控害；病害防治；示范效果；重庆市秀山县

秀山县是重庆市的油菜生产大县，常年油菜种植面积1.3万$hm^2$。油菜菌核病是秀山县油菜生产上的主要病害，常年发病早、发生普遍、为害较重。2016年，按照重庆市植保植检站关于印发《重庆市2016年农药减量控害增效“百亩示范工程”实施方案的通知》文件精神，结合秀山县实际，秀山县植保植检站在油菜菌核病防治上开展农药减量控害百亩示范工程。

## 1　材料与方法

### 1.1　示范区概况

示范区位于秀山县清溪场镇溪西村、茫洞村，为常年性“稻—油”轮作区，地势平坦，交通便利，海拔370 m左右，土壤为水稻土，肥力中等偏上。示范区油菜2015年9月中旬播种，90%以上为育苗移栽，2016年5月上旬收割。品种为油研57、川油36，全部由秀山县农业技术服务中心统一提供（高产示范区）。

### 1.2　防治药剂及器械

（1）减量增产助剂为激健，由四川蜀峰化工有限公司生产，重庆植丰生物科技有限公司提供。激健主要成分为非离子表面活性剂、油酸甲酯、玉米胚芽油、油茶籽油、大豆油等。激健的作用机理是与农药混用，增加农药的渗透力和传导率，减少农药有效成分在体表、体壁停留量，增加从体表进入体壁、从体壁进入体内的量，增加进入靶标的量；在植物体内农药向上传导提高，缩短作物中残留农药的半衰期，进一步降低残留。

（2）50%甲基硫菌灵悬浮剂，山东邹平农药有限公司生产，秀山县植保植检站提供。

（3）多旋翼遥控无人机（简称无人机，下同），重庆金泰航空工业有限公司生产，重庆寰泰航空植保科技有限公司提供并负责操控。

### 1.3 示范设置

2016年，油菜减量控害示范区设在秀山县清溪场镇油菜病虫害统防统治示范区，示范区防治药剂配方及每亩标准用量：50%甲基硫菌灵悬浮剂100 mL+70%吡虫啉水分散粒剂3 g+糖醇硼水剂95 mL。使用减量控害助剂为激健，用量15 mL/亩。示范区共设立5个处理：①减量用药20%加助剂，施药6.67 $hm^2$；②减量用药40%加助剂，施药6.67 $hm^2$；③等量用药加助剂，施药6.67 $hm^2$；④常规用药示范，200 $hm^2$；⑤空白对照，1 334 $m^2$。大区示范，不设重复。蚜虫及施硼效果不在本次示范分析范围，未做调查。

### 1.4 施药时间及方法

2016年2月29日，示范①②③处理区施药完成。3月3日，完成了大面积示范（处理④）施药200 $hm^2$。施药方式全部为无人机防治，统一由重庆寰泰航空植保科技有限公司技术员操控完成。

### 1.5 调查方法

按照油菜菌核病调查规范，按照病情发生轻重，每个处理调查6块田，每块田5点取样，每个点调查100株，前期调查叶发病病株率，以病株率平均值计算防治效果；后期调查茎发病病株率，按照菌核病3级分级标准，计算病情指数，以病情指数平均值计算防治效果。

油菜菌核病严重度分级标准如下。

1级：1/3以下分枝数发病或主茎病斑不超过3 cm；

2级：1/3~2/3分枝数发病或发病分枝数在1/3以下及主茎病斑超过3 cm；

3级：2/3以上分枝数发病或发病分枝数在2/3以下及主茎中、下部病斑3 cm以上。

### 1.6 防治效果计算公式

$$（叶发病）防治效果(\%)=\frac{对照区病株率-处理区病株率}{对照区病株率}\times 100$$

$$（茎发病）防治效果(\%)=\frac{对照区病情指数-处理区病情指数}{对照区病情指数}\times 100$$

## 2 结果与分析

### 2.1 病情及防治效果

2016年3月29日，叶发病始盛期调查防治效果，减量用药20%加激健处理，防效64.9%；减量用药40%加激健处理，防效75.8%；等量用药加激健处理，防效55.8%；常规防治区防效45.0%。总体上，减量用药处理防效较高（表1）。

表 1　油菜菌核病防治减量用药控害增效示范区调查　　单位:%

| 处理 | 叶发病病株率 | 茎发病病株率 | 病情指数 | 叶发病防效 |
|---|---|---|---|---|
| 减量用药 20%+激健 15 mL/亩 | 30.2 | 0.2 | 0.06 | 64.90 |
| 减量用药 40%+激健 15 mL/亩 | 20.8 | 0 | 0 | 75.80 |
| 等量用药+激健 15 mL/亩 | 38.0 | 0 | 0 | 55.80 |
| 常规用药 | 47.3 | 0.3 | 0.10 | 45.00 |
| CK | 86.0 | 1.0 | 0.22 | |

注：叶发病始盛期，2016 年 3 月 29 日。

2016 年 4 月 11 日，叶发病盛期调查，减量用药 20%加激健处理，防效为 54.9%；减量用药 40%加激健处理，防效为 60.0%；等量用药加激健处理，防效为 45.7%；常规防治区防效为 46.3%。总体上，也表现为减量用药处理防效较高。减量用药处理病情还表现出茎发病偏迟，发病程度偏轻的特点。等量用药与常规防治处理差异不大（表 2）。

表 2　油菜菌核病防治减量用药控害增效示范区调查　　单位:%

| 处理 | 叶发病病株率 | 茎发病病株率 | 病情指数 | 叶发病防效 | 茎发病防效 |
|---|---|---|---|---|---|
| 减量用药 20%+激健 15 mL/亩 | 35.5 | 1.7 | 1.22 | 54.9 | 95.4 |
| 减量用药 40%+激健 15 mL/亩 | 31.5 | 0.3 | 0.17 | 60.0 | 99.4 |
| 等量用药+激健 15 mL/亩 | 42.7 | 0.5 | 0.28 | 45.7 | 99.0 |
| 常规用药 | 42.3 | 3.2 | 2.44 | 46.3 | 90.9 |
| CK | 78.7 | 36.3 | 26.78 | | |

注：叶发病盛期，2016 年 4 月 11 日。

2016 年 5 月 4 日，油菜成熟期，油菜菌核病病情稳定后调查，减量用药 20%加激健处理，防效 84.0%；减量用药 40%加激健处理，防效 82.5%；等量用药加激健处理，防效 83.8%；常规防治区防效 72.5%。加激健的各个处理间，防治效果差异不显著，但与常规防治处理相比，均高 10 个百分点以上，效果十分显著。肉眼可见处理间的明显差异（表 3）。

施药后 7 d、15 d 及 30 d 观察，药剂对油菜生长无任何不良影响。

表 3　油菜菌核病防治减量用药控害增效示范区调查　　单位:%

| 处理 | 病株率 | | 病情指数 | | 防效 |
|---|---|---|---|---|---|
| | 平均值 | 最高值 | 平均值 | 最高值 | |
| 减量用药 20%+激健 15 mL/亩 | 21.0 | 33.0 | 10.67 | 22.33 | 84.0 |
| 减量用药 40%+激健 15 mL/亩 | 26.0 | 37.0 | 11.72 | 12.67 | 82.5 |
| 等量用药+激健 15 mL/亩 | 20.7 | 27.0 | 10.84 | 16.33 | 83.8 |

（续表）

| 处理 | 病株率 | | 病情指数 | | 防效 |
|---|---|---|---|---|---|
| | 平均值 | 最高值 | 平均值 | 最高值 | |
| 常规用药 | 28.8 | 38.0 | 18.39 | 28.33 | 72.5 |
| CK | 81.7 | 90.0 | 66.89 | 78.00 | |

注：油菜成熟期，2016年5月4日。

### 2.2 经济效益分析

（1）药剂成本。激健价格4.00元/亩；常规防治处理，50%甲基硫菌灵悬浮100 mL，成本7.00元/亩。减量20%处理，每亩成本5.60元，加4.00元激健，合计9.60元，比常规防治增加2.60元。减量40%处理，每亩成本4.20元，加4.00元激健，合计8.20元，比常规防治增加1.20元；常规防治药剂成本7.00元/亩。

（2）产量指标。2016年5月4—5日测产，减量用药20%加激健、减量用药40%加激健、等量用药加激健、常规防治、对照处理，每亩折合产量分别为124.4 kg、118.0 kg、120.5 kg、110.2 kg、82.6 kg。

（3）综合效益。将折合产量的90%作油菜实产，施药成本为15.00元/亩，以当地油菜籽市场价为6.40元/kg计算，减量用药20%加激健、减量用药40%加激健、等量用药加激健处理均比对照处理及常规防治处理经济效益有明显增加（表4）。

**表4 油菜菌核病防治减量用药控害增效示范区综合效益分析**

| 处理 | 理论产量/（kg/亩） | 实产/（kg/亩） | 收益/（元/亩） | 农药成本/（元/亩） | 施药成本/（元/亩） | 纯收益/（元/亩） |
|---|---|---|---|---|---|---|
| 减量用药20%+激健15 mL/亩 | 124.4 | 112.0 | 716.54 | 9.60 | 15.00 | 691.94 |
| 减量用药40%+激健15 mL/亩 | 118.0 | 106.2 | 679.68 | 8.20 | 15.00 | 656.48 |
| 等量用药+激健15 mL/亩 | 120.5 | 108.5 | 694.08 | 11.00 | 15.00 | 668.08 |
| 常规用药 | 110.2 | 99.2 | 634.75 | 7.00 | 15.00 | 612.75 |
| CK | 82.6 | 74.3 | 475.78 | 0 | 0 | 475.78 |

## 3 结论与讨论

（1）农药减量控害技术是农作物病虫害防治的现实需要，是社会发展的必然要求。激健是一种配方特殊、作用机理独特的减量增效助剂，已在全国各地进行多项试验示范。秀山县针对当地油菜生产现状，从本地实际出发，在全市首次开展油菜菌核病防治减量用药探索，取得积极成效。从2016年示范结果看，减量用药20%、40%处理均可大面积推广。

（2）2016 年油菜减量用药示范，仅调查分析菌核病，实际上配方施药中，各种农药均相应减少，多病虫害多因素处理，还需要进一步开展试验示范。建议下年度在油菜主产乡镇开展区域示范，探讨不同海拔、不同管理水平、不同品种、不同土壤等条件下，减量助剂激健不同的减量梯度的防治效果。

（3）2016 年 3 月 10—11 日，本地出现罕见大雪天气，油菜出现倒伏现象，产量影响较大，经济效益表现不十分明显。如在正常年份，油菜增产效果应更加显著。

**原文发表**　南方农业，2016（16）：41-43

# “生物导弹”在秀山县玉米、水稻虫害防治上的应用

肖晓华[1]，刘　春[1]，杨昌洪[1]，周天云[2]，金华丽[3]
（1. 重庆市秀山县植保植检站，秀山　409900；2. 重庆市种子管理站，重庆　401121；3. 湖北百米生物实业有限公司，湖北咸宁　437000）

**摘　要：**毒·蜂杀虫卡（玉米型为甘核·赤眼蜂杀虫卡，水稻型为甘核·螟黄赤眼蜂杀虫卡）因其寄生蜂寄生的靶性极强，又携带病毒传播，故称为“生物导弹”。2014—2016 年，重庆市秀山县连续开展“生物导弹”防治玉米螟示范推广；2016 年，秀山县在重庆市首次示范推广“生物导弹”防治水稻二化螟，取得明显成效。“生物导弹”对玉米螟防效在 76%以上，对二化螟防效达到 80%左右，是农作物重大虫害理想的绿色防控措施，可以代替化学防治，减少或取消农药使用。

**关键词：**玉米螟；水稻二化螟；“生物导弹”；毒·蜂杀虫卡；防治效果；重庆市秀山县

经卵面传播是鳞翅目和膜翅目昆虫大多数杆状病毒和质型多角体病毒垂直传播的主要方式。毒·蜂杀虫卡即是利用卵寄生赤眼蜂特有的行为特点，结合昆虫病毒流行病学规律，通过卵寄生赤眼蜂将经过高新技术处理的强毒力昆虫病毒制剂传递到靶标害虫卵块表面，病毒感染卵块外表面并且寄主幼虫在出壳时吃掉卵壳，从而摄入病毒，使初孵幼虫感病死亡，达到控制害虫之目的。因其寄生蜂寄生的靶性极度，又携带病毒传播，故称为“生物导弹”。

2014—2016 年，重庆市秀山县连续开展“生物导弹”防治玉米螟示范推广。2016 年，秀山县在重庆市首次示范推广“生物导弹”防治水稻二化螟，取得明显成效。

## 1　材料与方法

### 1.1　示范区概况

秀山县地处重庆市东南部、武陵山区腹地。玉米是当地主要粮食作物之一，玉米常年种植面积 1.2 万 $hm^2$。玉米螟是当地主要害虫，常年发生面积 1.0 万 $hm^2$ 左右。2014—2016 年，选择有代表性的玉米成片种植的区域开展“生物导弹”防治玉米螟试验示范。示范区玉米一般 3 月下旬播种，4 月下旬至 5 月上旬移栽，6 月下旬抽雄，7 月下旬成熟，8 月上旬收割完毕。

水稻是秀山县主要粮食作物，常年种植面积 2.0 万 $hm^2$。二化螟是水稻主要害虫种

类之一，常年发生面积 1.4 万 $hm^2$。“生物导弹”防治二化螟示范区设置在清溪场镇水稻高产创建基地。水稻 4 月上旬播种，5 月上旬移栽，栽插方式为机插，7 月上旬拔节孕穗，7 月下旬抽穗，8 月下旬成熟，9 月上旬收割完毕。

### 1.2 示范药剂

（1）毒·蜂杀虫卡。分玉米型、水稻型 2 种，湖北百米生物实业有限公司生产，秀山县植保植检站提供。

玉米型：甘核·赤眼蜂杀虫卡（以下称玉米型“生物导弹”）。有效成分为甘蓝夜蛾核型多角体病毒 $2\times10^8$PIB/卡，松毛虫赤眼蜂3 000头/卡。防治对象为玉米螟。

水稻型：甘核·螟黄赤眼蜂杀虫卡（以下称水稻型“生物导弹”）。有效成分为甘蓝夜蛾核型多角体病毒 $2\times10^8$PIB/卡，螟黄（或稻螟）赤眼蜂3 000头/卡。防治对象为二化螟、三化螟、斜纹夜蛾。

（2）30%甲维·毒死蜱乳油。北京华戎生物激素厂生产，秀山县植保植检站提供。

（3）3.6%杀虫双大粒剂。重庆丰化科技有限公司生产，秀山县植保植检站提供。

（4）25%甲维·茚虫威水分散粒剂。通州正大农药化工有限公司生产，秀山县植保植检站提供。

赤眼蜂寄生原理：害虫在产卵时会释放一种信息素，赤眼蜂能通过这些信息素很快找到害虫的卵，它们在害虫卵的表面爬行，并不停地敲击卵壳，快速准确地找出最新鲜的害虫卵，然后在那里产卵、繁殖。赤眼蜂由卵到幼虫，由幼虫变成蛹，由蛹羽化成赤眼蜂，甚至连交配怀孕都是在卵壳里完成的。一旦成熟，它们就破壳而出，然后再通过破坏害虫的卵繁衍后代。

### 1.3 示范区设置

#### 1.3.1 玉米螟防治示范

2014 年，按照重庆市植保植检站统一安排，结合秀山实际，在溪口镇龙洞村玉米高产创建示范区开展“生物导弹”防治玉米螟连片示范。示范区玉米连片种植，地势为河边平地及缓坡，面积为6.7 $hm^2$。示范设立示范区、常规防治区、对照区 3 个处理，大区示范不设重复。其中，示范区 6.7 $hm^2$，山丘自然隔离；约 200 m 外设农民常规防治区 1.3 $hm^2$；空白对照区，面积 2 000 $m^2$。常规防治区用 3.6%杀虫双大粒剂（每株 2~3 粒）点施于喇叭口内防治 1 次。示范区于 5 月 9 日、5 月 27 日、6 月 23 日，即玉米苗期、喇叭口期、始穗期，按照 3~4 卡（6~8 枚）/亩标准，分别投放“生物导弹”。

2015 年，结合粮油作物重大病虫害专业化统防统治及绿色防控融合示范项目实施，借鉴 2014 年成功经验，秀山县植保植检站具体指导秀山县胜友农机股份合作社在官庄镇新庄村 1 组、2 组开展“生物导弹”防治玉米螟连片示范。示范设立示范区、常规防治区、对照区 3 个处理，大区示范不设重复。示范区玉米连片种植，地势平缓，面积为 26.7 $hm^2$ 左右；公路隔离，设立常规防治区（农民习惯防治）1.3 $hm^2$。示范区与常规防治区相距 50 m 左右。5—6 月药剂防治玉米螟 1 次（30%甲维·毒死蜱乳油 100 mL/亩）；300 m 外设立空白对照区，面积 1 334 $m^2$，全程不进行玉米螟防治。示范区于 5

月20日、6月12日、6月25日，即玉米苗期、喇叭口期、始穗期，按照3~4卡（6~8枚）/亩标准，分别投放“生物导弹”。

2016年，秀山县转变示范推广方式，植保部门仅负责技术指导，以秀山县金天地农业开发有限公司为主，在雅江镇桂坪村冷水组玉米成片种植区开展“生物导弹”防治玉米螟示范，示范面积10.0 $hm^2$。示范设立示范区、常规防治区、对照区3个处理，大区示范，不设重复。示范区外200 m设立常规防治区（农民习惯防治区），面积0.7 $hm^2$，以及空白对照区，面积1 300 $m^2$。2016年5月8日、20日、28日，按照3~4卡（6~8枚）/亩标准，分别组织3次投放，每次投放“生物导弹”1 000枚。由于示范区玉米全部是金天地农业开发有限公司所有，防治工作与公司利益相关，公司十分重视，1 d内就全部完成10.0 $hm^2$玉米地“生物导弹”投放工作。常规防治区5月10日、25日，每亩用30%甲维·毒死蜱乳油100 mL分别防治1次，空白对照区不进行防治。

1.3.2 二化螟防治示范

2016年，按照《重庆市农业委员会办公室关于印发重庆市农作物病虫害专业化统防统治与绿色防控融合示范方案的通知》文件精神，结合秀山实际，开展“生物导弹”防治水稻二化螟示范，购买玉米型、水稻型2种类型“生物导弹”，投放3次。示范设立示范区、常规防治区、对照区3个处理，大区示范，不设重复。普通型、水稻专用型示范区各5.0 $hm^2$左右，间隔50 m。常规防治区1.0 $hm^2$左右，对照区667 $m^2$。示范区设置在清溪场镇沙南村，每亩按照6~8枚的标准，5月7日、5月19日、5月26日，水稻分蘖期，即二化螟发蛾始盛期、盛期、盛末期，分别投放2种“生物导弹”。5月12日，常规防治区用25%甲维·茚虫威水分散粒剂（10 g/亩）防治1次。对照区不进行任何防治。

针对寄生蜂有一定飞翔能力的特点，秀山县在水稻上对“生物导弹”投放方式进行改进。第一次投放时，用订书机把“生物导弹”订在木条上，按照10 m×15 m左右规格均匀插入稻田。第二、第三次直接把普通竹筷划破一头后，把“生物导弹”嵌入竹筷缝隙内，直接插在田坎边上不再下田操作。采取傻瓜式投放方式，减少木条回收的环节（田间木条影响水稻机收），提高了投放工效。

## 1.4 调查方法

### 1.4.1 玉米螟

玉米螟为害定型期（玉米成熟期）开展玉米螟为害调查。按照玉米螟为害轻重，选择重、中、轻不同程度9块玉米地调查，每块田5点取样，每个点调查20株玉米，分别调查玉米螟为害造成的花叶、折株、雌穗、蛀茎数量，累计为被害株率数，以平均数计算防效。

### 1.4.2 二化螟

二化螟为害定型期，按照二化螟为害轻重，选择重、中、轻不同程度9块水稻调查，每块田5点取样，每个点调查10丛，分别调查枯心、枯鞘数量，以枯鞘株率平均值计算防效。

### 1.5 防治效果计算

$$(\text{玉米螟})\text{防治效果}(\%) = \frac{\text{对照区被害株率} - \text{示范区被害株率}}{\text{对照区被害株率}} \times 100$$

$$(\text{二化螟})\text{防治效果}(\%) = \frac{\text{对照区枯鞘株率} - \text{示范区枯鞘株率}}{\text{对照区枯鞘株率}} \times 100$$

## 2 结果与分析

### 2.1 对玉米螟防治效果及经济效益

#### 2.1.1 防治效果

2014—2016 年秀山县“生物导弹”防治玉米螟效果列于表 1。

**表 1 2014—2016 年秀山县玉米螟为害株率及“生物导弹”防治效果** 单位:%

| 年份 | 处理 | 示范地点 | 为害株率 | | 防治效果 |
|---|---|---|---|---|---|
| | | | 平均值 | 最高值 | |
| 2014 | “生物导弹”示范区 | 溪口镇龙洞村 1 组 | 8.5 | 20.0 | 82.4 |
| | 常规防治区 | | 21.3 | 36.0 | 55.9 |
| | 空白对照区 | | 48.3 | 58.0 | |
| 2015 | “生物导弹”示范区 | 官庄镇新庄村 1 组 | 22.9 | 59.0 | 76.8 |
| | 常规防治区 | | 49.7 | 61.0 | 49.5 |
| | 空白对照区 | | 98.5 | 129.0 | |
| 2016 | “生物导弹”示范区 | 雅江镇桂坪村冷水组 | 18.0 | 29.0 | 76.9 |
| | 常规防治区 | | 37.3 | 55.0 | 52.2 |
| | 空白对照区 | | 78.0 | 95.0 | |

2014 年 7 月 29 日，玉米成熟期，玉米螟为害定型后调查，“生物导弹”示范区玉米螟为害株率平均为 8.5%，最高为 20.0%；常规防治区为害株率平均为 21.3%，被害株率最高为 36.0%；对照区为害株率平均为 48.3%，被害株率最高为 58.0%。平均防治效果“生物导弹”示范区为 82.4%，常规防治区为 55.9%。

2015 年 7 月 22 日，玉米成熟期，玉米螟为害定型后调查，“生物导弹”示范区玉米螟为害株率平均为 22.9%，最高为 59.0%；常规防治区为害株率平均为 49.7%，最高 61.0%；空白对照区为害株率平均为 98.5%，最高为 129.0%。平均防治效果“生物导弹”示范区为 76.8%，比常规防治区增加 27.3 个百分点。

2016 年 7 月 22 日，玉米螟为害定型后调查，“生物导弹”示范区玉米为害株率平均为 18.0%，最高 29.0%，防效 76.9%；常规防治区玉米为害株率平均为 37.3%，最高 55.0%，防效 52.2%；空白对照区玉米螟为害株率平均为 78.0%，最高 95.0%。

2014—2016 年 3 年的“生物导弹”示范结果防效基本一致，“生物导弹”示范区

76.8%~82.4%，常规防治区防效 49.5%~55.9%。连续 3 年示范结果表明，“生物导弹”完全可以代替化学防治玉米螟，每亩减少用药量 100 mL 以上。

2.1.2 经济效益

2014 年、2015 年、2016 年测产验收，每亩玉米产量“生物导弹”示范区分别为 502.0 kg、495.0 kg、510.5 kg，常规防治区分别为 465.0 kg、455 kg、470.5 kg；对照区分别为 431.0 kg、422.0 kg、428.0 kg。示范区比对照区分别增产 16.5%、17.3%、19.3%，示范区比常规防治区分别增产 8.0%、8.8%、8.5%。

按照玉米市场价 2.00 元/kg 计算，示范区比对照区每亩分别增收 74.0 元、80.0 元、80.0 元。

每亩常规防治药剂按照 5.00 元、人工防治费用 15 元/次计算，成本为 20.00 元/次；“生物导弹”示范区每亩成本 15 元，聘请人工 1 人每天 100 元，每人每天投放 13.3 $hm^2$，每亩折人工 0.5 元，每亩成本 15.50 元/次，每次每亩减少投入 4.50 元。

## 2.2 对二化螟防治效果及经济效益

2.2.1 防治效果

2016 年秀山县“生物导弹”防治水稻二化螟效果列于表 2。

表 2 2016 年秀山县水稻二化螟为害及“生物导弹”防治效果 单位:%

| 处理 | 枯鞘株率 | | 枯鞘丛率 | | 枯心株率 | | 枯心丛率 | | 防治效果 |
|---|---|---|---|---|---|---|---|---|---|
| | 平均值 | 最高值 | 平均值 | 最高值 | 平均值 | 最高值 | 平均值 | 最高值 | |
| 水稻型“生物导弹”示范区 | 5.1 | 6.7 | 16.8 | 22 | 1.1 | 2.4 | 1.0 | 2.0 | 79.1 |
| 玉米型“生物导弹”示范区 | 4.8 | 7.6 | 12.3 | 16 | 1.1 | 2.0 | 1.7 | 4.0 | 80.3 |
| 常规防治区 | 4.6 | 6.5 | 12.5 | 18 | 0.8 | 1.0 | 1.0 | 2.0 | 81.1 |
| 对照区（空白） | 24.4 | 35.3 | 74.3 | 90 | 1 | 2 | 1.7 | 4.0 | |

2016 年 6 月 11 日，二化螟为害定型后普查。“生物导弹”防治二化螟效果明显，水稻型、玉米型 2 种类型“生物导弹”分别为防效 79.1%、80.3%，差异不明显，与化学防治效果相当。示范表明，“生物导弹”防治二化螟完全可以代替化学防治。

2.2.2 经济效益

每亩防治 1 次按照常规防治药剂 10.00 元、人工防治费用 15 元计算，成本为 25.00 元/次；“生物导弹”示范区每亩成本玉米型 15.00 元、水稻型 30.00 元，聘请人工 1 人每天 100 元，每人每天投放 13.3 $hm^2$，每亩折人工费 0.5 元，每亩成本玉米型为 15.50 元，水稻型为 30.50 元。

由于影响水稻产量的病虫害种类多，二化螟仅为其中之一，故未作经济效益分析。

## 3 小结与讨论

（1）“生物导弹”对人畜安全无害，靶标准确，不伤害天敌；费用低、防效好、持久；节省人工，日人均防治 10.0~13.3 $hm^2$；环境友好，生态效益显著，是农作物重大虫害理想的绿色防控措施，可以代替化学防治，减少或取消农药使用，符合国家农药使用零增长行动计划要求。

（2）“生物导弹”是赤眼蜂活体，运输、保存不便，必须根据当地植保部门监测，及时组织发货、收货、投放。存放过久影响出蜂率，甚至失效。“生物导弹”这一商品的特殊性，决定了它进入一般市场较为困难。如何解决“生物导弹”的储运、保管困难是今后研究的一项重要内容。

（3）玉米螟发育不一致，越冬幼虫羽化期长，而赤眼蜂活体一般在投放后 7~10 d 孵化，只能寄生孵化期间 7~10 d 的玉米螟卵块，投放间隔不能过久，根据秀山县玉米生长状况，一般在苗期、喇叭口期、抽雄期投放较为适宜，间隔 10~15 d。近年来示范推广实践表明，投放 3 次完全可以控制玉米螟为害。秀山县二化螟羽化期长达一个月左右，从 5 月上旬羽化初期到 5 月底，投放间隔一般 7~8 d 较为合适。

（4）秀山县玉米、水稻常年种植分别为 1.2 万 $hm^2$、2.0 $hm^2$ 以上，但农民用药水平低、防治面积偏小，化学防治一般施药 2 次，效果一般，而近年来示范“生物导弹”防治玉米螟防效均在 76%以上，防治二化螟效果也达到 80%左右，“生物导弹”完全可以在玉米、水稻生产上大面积推广应用，而若要大面积地推广应用，宣传培训、技术普及，提高农民技术水平则是基础和前提。

（5）示范推广方式上应不断改进，要避免由农业技术部门包办代替现象。以玉米种植大户、农业公司为龙头，以成片的大面积玉米种植区为载体、以植保部门为技术支撑，以政府补贴为助推力的模式是今后探索的重点。

（6）为便于“生物导弹”投放，建议生产商进一步改进包装，在每一粒导弹上可附着一根 30 cm 厘米以上塑料杆（以不受下雨溅水影响为准），直接在田间插放而不是找悬挂物或另置木条、木筷等物。

## 参考文献

肖晓华，刘春，杨昌洪，等，2015. 秀山县 2015 年“生物导弹”防治玉米螟效果[J]. 植物医生，28（6）：28-29.

**原文发表** 南方农业，2016，10（31）：15-18

# 几种生物农药对稻纵卷叶螟的防治效果分析

肖晓华[1]，吴金钟[2]，刘　春[1]，杨昌洪[1]
（1. 重庆市秀山县植保植检站，秀山　409900；2. 重庆市种子管理站，重庆　401121）

生物农药是指利用生物活体（真菌、细菌、昆虫病毒、转基因生物、天敌等）或其代谢产物针对农业有害生物进行杀灭或抑制的农药制剂。生物农药的突出优点是选择性强，对人畜安全，对自然生态环境安全、无污染。生物农药的推广应用，是切实减少化学农药使用，深入推进农药使用量零增长行动的重要措施。

为抓好秀山县生物农药的示范及推广，2018 年，秀山县植保部门与重庆市植物保护学会、江西新龙生物科技股份有限公司、镇江市润宇生物科技开发有限公司、重庆卓豪农业开发有限公司、浙江世佳科技有限公司等单位合作，开展生物农药防治稻纵卷叶螟大区示范，目的是筛选防治稻纵卷叶螟的生物农药，为大面积推广应用提供理论依据。

## 1　材料与方法

### 1.1　示范设置及环境条件

2018 年，生物农药防治稻纵卷叶螟大区示范设置于秀山县清溪场镇沙南村，秀山县惠农农机专业合作社统一流转种植的水稻基地内。示范设置 5 种处理，即 3 种生物农药，1 种高效低毒低残留化学农药，1 个空白对照，防治对象为当地水稻上的主要害虫之一——稻纵卷叶螟，生物农药及化学农药示范面积均为 3.33 $hm^2$（方块田内），对照区面积 667 $m^2$，大区示范，不设重复。

示范区为秀山县水稻主产区，是秀山县 2018 年水稻病虫害专业化统防统治与绿色防控融合示范区，也是水稻病虫害农药减量控害增效示范区，示范区由同一个业主（秀山县惠农农机专业合作社）管理，管理水平基本一致，示范区海拔 382 m 左右，地理方位大致为北纬 28°24′13″，东经 108°53′27″，示范区地势平坦，交通及灌溉方便，土壤为水稻土，肥力中等，肥力均匀一致，水稻品种为隆两优华占，属于中熟水稻组合，栽插方式为机插，示范区水稻连片种植，当地水稻 5 月上旬移栽，9 月上旬成熟。

2018 年，秀山县稻纵卷叶螟主害代发生程度总体中等（3 级），局部偏重发生（4 级），属于中等发生年份。示范区大面积也属于中等（3 级）发生程度。

### 1.2　示范及对照药剂

（1）甘蓝夜蛾核型多角体病毒。大区示范使用的药剂为 30 亿 PIB/mL 甘蓝夜蛾核型多角体病毒悬浮剂，江西新龙生物科技股份有限公司生产，秀山县植保植检站提供，在水稻上登记防治对象为稻纵卷叶螟。示范用药量为 100 g/亩。

（2）短稳杆菌。大区示范使用的药剂为 100 亿孢子/mL 短稳杆菌悬浮剂，镇江市润宇生物科技开发有限公司生产，秀山县植保植检站提供，在水稻上登记防治对象为稻纵卷叶螟。示范用药量为 100 mL/亩。

（3）乙基多杀菌素。大区示范使用的药剂为 60 g/L 乙基多杀菌素悬浮剂，美国陶氏益农公司生产，重庆卓豪农业开发有限公司经销，秀山县植保植检站提供。水稻上登记防治对象为稻纵卷叶螟。示范用药量为 30 mL/亩。

（4）甲维·虱螨脲。大区示范使用的药剂为 3%甲维·虱螨脲悬浮剂，浙江世佳科技有限公司生产，秀山县植保技术服务部提供。甲维·虱螨脲最先登记防治对象是白蛾，在水稻上登记正在办理中，2018 年示范是作为化学农药对照安排的，示范用药量为 100 g/亩。

### 1.3 施药器械

3WZ-6 背负式喷雾喷粉机，山东华盛农业药械有限责任公司生产，秀山县茫洞水稻股份合作社提供，并指派专门的机防手负责操作。

### 1.4 施药时间及方法

示范施药时间为 7 月 10 日，水稻生长处于拔节孕穗期，田间稻纵卷叶螟处于低龄幼虫危害始盛期。

药剂均采用 2 次稀释法配制药液对目标作物进行喷雾，二次稀释后的药液采用机动喷雾，用水量为 20 L/亩。施药时，由县植保植检站技术人员负责兑药，由秀山县茫洞水稻股份合作社机防手操作完成。施药当天天气晴好。

### 1.5 计算公式

$$\text{卷叶率（\%）}=\frac{\text{调查卷叶数}}{\text{调查总叶数}}\times 100$$

$$\text{防治效果（\%）}=\frac{\text{对照区卷叶率}-\text{处理区卷叶率}}{\text{对照区卷叶率}}\times 100$$

### 1.6 调查时间及方法

7 月 20 日、25 日，施药后 10 d、15 d 调查防治效果。

调查方法：生物农药及化学农药示范区，按照稻纵卷叶螟发生重、中、轻程度，分别调查 6 块稻田，对照区调查 1 块稻田，调查时每块田采取 5 点取样，每个点调查 10 丛水稻，记录总丛数、株数、叶片数、卷叶数、活虫数，计算卷叶率、百丛虫量，以每种处理的卷叶率的平均值计算防治效果。

## 2 结果与分析

7 月 20 日、25 日调查，3 种生物农药及对照化学农药，对稻纵卷叶螟防治效果均在 90%以上，生物农药与化学农药防治效果差异不明显（表 1、表 2）。

表 1　几种生物农药对稻纵卷叶螟防治效果调查

| 处理 | 卷叶率/% | 百丛虫量/头 | 药后 10 d 防效/% |
|---|---|---|---|
| 甘蓝夜蛾核型多角体病毒 | 1.15 | 50 | 92.96 |
| 短稳杆菌 | 1.28 | 40 | 92.17 |
| 乙基多杀菌素 | 1.23 | 40 | 92.47 |
| 甲维·虱螨脲 | 1.19 | 40 | 92.72 |
| CK | 16.34 | 450 | |

表 2　几种生物农药对稻纵卷叶螟防治效果调查

| 处理 | 卷叶率/% | 百丛虫量/头 | 药后 15 d 防效/% |
|---|---|---|---|
| 甘蓝夜蛾核型多角体病毒 | 4.45 | 60 | 90.07 |
| 短稳杆菌 | 4.42 | 60 | 90.14 |
| 乙基多杀菌素 | 3.90 | 50 | 91.29 |
| 甲维·虱螨脲 | 4.31 | 50 | 90.38 |
| CK | 44.81 | 440 | |

## 3　结论与讨论

2018 年，秀山县生物农药防治稻纵卷叶螟示范结果表明，在稻纵卷叶螟发生程度中等以下程度（非暴发年份），生物农药——甘蓝夜蛾核型多角体病毒、短稳杆菌、乙基多杀菌素，对稻纵卷叶螟防治效果明显，与化学农药防治效果差异不明显，示范使用的生物农药品种可以取代化学农药，用于防治稻纵卷叶螟。

生物农药具有自身特性，特别是生物活体类，在害虫身体上发挥作用，有一个“侵染—感病—死亡”的过程，施药防治时应比常规化学农药提早 2~3 d。同时，在多种病虫害防治药剂混用时，要选择对生物农药活体生物无杀灭作用的杀菌剂。在施药具体时间上，以阴天或晴天早晚为宜，避免强光高温对生物活体的影响，以免影响防治效果。

生物农药种类多，作用机理不同。由于生物农药总体价位偏高，效果较为缓慢，部分品种效果也不理想，农业部门应加大宣传培训力度，在农作物重大病虫害防控上，开展多点多范围多对象的试验示范，发挥试验示范的带动作用。研发企业，也要加大技术攻关力度，根据生产需要，在生物农药的剂型、防虫治病性能、保质期、包装等方面下功夫。政府部门则是在鼓励使用的政策上、在购买补贴的方式方法上发力，上下联动、多方协调，促进生物农药的大面积推广使用。

**原文出版**　绿色植保、质量兴农．北京：中国农业出版社，2018

# 柑橘病虫害危害损失评估方法初探

肖晓华[1]，周天云[2]，刘　春[1]，杨昌洪[1]，牛小慧[2]，王　涛[2]
（1. 重庆市秀山县植保植检站，秀山　409900；2. 重庆市种子管理站，重庆　401121）

**摘　要：**分析了秀山县2016—2018年柑橘病虫害危害损失评估试验结果，结合2011—2013年开展的柑橘病虫害试验及大面积柑橘病虫害发生实况，探讨柑橘病虫害危害损失评估方法。结果表明，柑橘大实蝇损失率为49.41%，柑橘潜叶蛾损失率为6.27%，叶螨损失率为9.40%，溃疡病损失率为10.98%，炭疽病损失率为8.32%，煤烟病损失率为6.65%，柑橘主要病虫害危害损失情况与生产实际情况基本吻合，该数据可以作为柑橘病虫害危害自然损失率的参考依据。

**关键词：**柑橘病虫害；发生危害；损失评估；秀山县

柑橘是重庆市主要水果种类之一，也是秀山县种植面积最大的水果种类。常年来，秀山县柑橘病虫害种类多、发生普遍、危害较重。通过分析柑橘病虫害危害多年来的试验数据，探讨柑橘病虫害危害损失评估方法。

## 1　材料及方法

### 1.1　柑橘大实蝇危害损失研究

2011—2013年，秀山县植保植检站受中国农业科学院柑橘研究所委托，承担公益行业农业科研专项——柑橘有害生物危害损失研究课题，开展柑橘大实蝇危害损失研究。

2011年，秀山县在石堤镇高桥村、海洋乡小坪村选择2个果园（1个重发区、1个轻发区），每个果园设置4个试验点，每个试验点设处理组（实施实蝇防控措施）和对照组（不进行大实蝇防控），每组各选3株柑橘树进行试验。处理组用0.3 m×0.3 m×2 m木棒做支架，用50目纱网将每株树罩住，并且将该株的地面也覆盖上50目纱网。试验期间保持纱网完好，不能有破损。对照区设置在同一果园中并只进行常规防治。

2012年，在海洋乡小坪村、洪安镇美琪村选择2个果园（1个重发区、1个轻发区），每个果园设置5个试验点，每个试验点设处理组和对照组，每组各选2株柑橘树进行试验。处理组与对照组设置及管理与上年一致。

2013年，在石堤镇石堤居委会、洪安镇贵措村选择2个果园（1个重发区、1个轻发区），每个果园设置10个试验点，每个试验点设处理组和对照组，每组各选1株柑橘树进行试验。处理组与对照组设置及管理与上年一致。

### 1.2 柑橘病虫害危害损失评估试验

2016—2018 年，秀山县植保植检站受全国农业技术推广服务中心委托，连续开展柑橘病虫害危害损失评估试验。

2016 年，在秀山县的不同生态区，即雅江镇桂平村冷水组、龙池镇美翠村 5 组、海洋乡小坪村小坪组设置 3 个试验点，每个试验点设专防区、常规防治区、大实蝇不防区和不防区 4 个处理，不设重复。各处理安排在同一区域，每个处理面积 0.7 $hm^2$。各处理按当地关键防治时期和指标进行药剂防治。

2017 年柑橘病虫害危害损失评估试验地点为雅江镇桂坪村冷水组，设立专防区、病害防治区、虫害防治区、常规防治区、不防区共 5 个处理，不设重复，各处理安排在同一区域，每个处理面积为 667 $m^2$。各处理按当地病虫害关键防治时期和指标进行药剂防治。

2018 年柑橘病虫害危害损失评估试验地点与上年相同。试验设立专防区、病害防治区、虫害防治区、常规防治区、不防区共 5 个处理，3 次重复，各处理安排在同一区域，每个处理面积 667 $m^2$。各处理按当地病虫害关键防治时期和指标进行药剂防治。

### 1.3 本文术语解释

#### 1.3.1 发生面积

指各种柑橘病虫害在秀山县实际发生的面积，其中，柑橘大实蝇、柑橘溃疡病发生面积以 2018 年秀山县普查面积为准，其他病虫害以秀山县在 2018 年全国植保统计系统填报数据为准，零星、分散发生的病虫害，进行估计，发生面积均以 667 $m^2$ 计算。

#### 1.3.2 危害损失比重

指每种柑橘病虫害危害造成的损失占柑橘病虫害危害总损失的比例，秀山县柑橘病虫害危害损失比重为 1。

#### 1.3.3 病虫害危害程度各级代表值

为便于计算损失率，本文参考其他农作物损失率计算方法，赋予每种柑橘病虫害危害程度代表值，其中，1 级为 0.05、2 级为 0.20、3 级为 0.50、4 级为 0.70、5 级为 0.90。

#### 1.3.4 损失率

指各种柑橘病虫害危害造成的产量损失，占所有柑橘病虫害危害造成的总的产量损失的百分比。

#### 1.3.5 自然损失

指作物受有害生物危害后不采取任何防治措施情况下的理论损失量。

#### 1.3.6 病虫害危害自然损失率

指病虫害在自然发生状态下，单一病虫害在一定发生级别下任其发展，不进行任何防控时对作物产量造成的损失率。

#### 1.3.7 挽回损失

通过防治有害生物后挽回的损失，即防治区比不防治对照区增加的产量。

### 1.4 计算公式

试验综合自然损失率（%）= 综合自然损失量/专防区产量×100÷校正系数

试验综合损失率（%）=综合损失量/专防区产量×100

试验综合自然损失量=专防区产量-不防区产量

损失率（%）=病虫害危害比重×病虫害试验综合损失率×100

病虫害危害损失比重=病虫害危害损失量/∑病虫害危害损失量

病虫害危害损失量=病虫害危害程度代表值×发生面积

挽回损失 =自然损失-实际损失

## 2 结果与分析

### 2.1 秀山县柑橘主要病虫害种类及发生程度

秀山县地处重庆市东南部、武陵山区腹地，柑橘种植面积0.69万$hm^2$。柑橘虫害主要有柑橘大实蝇（4级）、柑橘潜叶蛾（3级）、柑橘叶螨（3级）、柑橘蚜虫（3）、柑橘蚧类（2级）、柑橘凤蝶类（2级）、柑橘粉虱类（2级）、柑橘叶蛾类（2级）、吸果夜蛾类（2级）、柑橘锈螨（1级）、柑橘天牛类（1级）、柑橘花蕾蛆（1级）等，柑橘病害主要有柑橘溃疡病（3级）、柑橘炭疽病（3级）、柑橘煤烟病（2级）、柑橘疮痂病（2级）、柑橘黑星病（2级）、柑橘树脂病（1级）、柑橘绿藻病（1级）等。其中，虫害以柑橘大实蝇为主，病害以柑橘溃疡病为主。

### 2.2 柑橘大实蝇危害损失试验结果

2011年试验结果：两个果园试验点罩网处理的平均蛀果率均为0，对照组平均蛀果率分别为56.3%、17.1%，两个果园试验点柑橘大实蝇危害产量损失率分别为68.7%、14.8%，平均值为41.75%。

2012年试验结果：两个果园罩网处理的蛀果率均为0，而没罩网的对照组柑橘蛀果率为50.58%、18.60%，柑橘大实蝇危害产量损失率分别为69.34%、27.80%，平均值为48.57%。

2013年试验结果：两个果园试验点罩网处理的平均蛀果率分别为0，对照组平均蛀果率分别为54.4%、25.4%。两个果园试验点柑橘大实蝇危害产量损失率分别为54.9%、28.1%，平均值为41.5%。

2011—2013年，连续3年试验，柑橘大实蝇危害损失率平均为43.94%。

### 2.3 柑橘病虫害危害损失评估试验结果

2016年试验结果：大实蝇不防区损失率平均为65.8%，对照区损失率平均为75.9%。

2017年试验结果：病害损失率为26.8%，虫害损失率为85.2%。

2018年试验结果：病害损失率为27.52%，虫害损失率为55.52%。

### 2.4 试验综合结果

2011—2013年试验，柑橘大实蝇危害损失率平均为43.94%。2016年试验，大实蝇损失率平均为65.8%。4年试验，柑橘大实蝇危害损失率平均值为49.41%。

2017—2018年，病害损失率平均值为27.16%，虫害损失率平均值为70.36%。

### 2.5 柑橘病虫害发生危害损失评估方法探讨

柑橘大实蝇是柑橘生产上的主要害虫，秀山县4年试验结果表明，柑橘大实蝇危害损失率平均为49.41%。秀山县各地柑橘种植大户调查及普查表明，该数据与秀山县大面积柑橘园实际情况吻合，可信度高。

2017—2018年试验结果，虫害综合损失率70.36%，扣除柑橘大实蝇49.41%，其他虫害再分摊剩余的20.95%，得到每种虫害的损失率。病害综合损失率27.16%，每种病害按照损失比值进行分摊，得到每种病害的损失率（表1）。

**表1　秀山县柑橘病虫害为害损失评估统计**

| 病虫害种类 | 发生程度/级 | 病虫害为害程度代表值 | 发生面积/亩 | 防治面积/亩 | 为害损失量 | 为害损失比例/% | 试验综合损失率/% | 损失率/% |
|---|---|---|---|---|---|---|---|---|
| 柑橘大实蝇 | 4 | 0.70 | 10 200 | 61 200 | — | — | — | 49.41 |
| 柑橘潜叶蛾 | 3 | 0.50 | 20 000 | 40 000 | 20 000 | 0.299 2 | | 6.27 |
| 柑橘叶螨 | 3 | 0.50 | 50 000 | 60 000 | 30 000 | 0.448 8 | | 9.40 |
| 柑橘蚜虫 | 3 | 0.50 | 20 000 | 20 000 | 10 000 | 0.149 6 | | 3.13 |
| 柑橘蚧类 | 2 | 0.20 | 20 000 | 20 000 | 4 000 | 0.059 8 | | 1.25 |
| 柑橘凤蝶类 | 2 | 0.20 | 2 000 | 2 000 | 400 | 0.006 0 | | 0.13 |
| 柑橘粉虱类 | 2 | 0.20 | 2 000 | 2 000 | 400 | 0.006 0 | 20.95 | 0.13 |
| 柑橘叶蛾类 | 2 | 0.20 | 1 000 | 1 000 | 200 | 0.003 0 | | 0.06 |
| 吸果夜蛾类 | 2 | 0.20 | 5 000 | 5 000 | 1 000 | 0.015 0 | | 0.31 |
| 柑橘天牛类 | 1 | 0.05 | 2 000 | 2 000 | 100 | 0.001 5 | | 0.03 |
| 柑橘绣螨 | 1 | 0.05 | 10 000 | 10 000 | 500 | 0.007 5 | | 0.16 |
| 柑橘花蕾蛆 | 1 | 0.05 | 5 000 | 5 000 | 250 | 0.003 7 | | 0.08 |
| 虫害合计 | | | 147 200 | 228 200 | 66 850 | 1 | — | 20.95 |
| 柑橘溃疡病 | 3 | 0.50 | 4 400 | 13 200 | 6 600 | 0.404 3 | | 10.98 |
| 柑橘炭疽病 | 3 | 0.50 | 10 000 | 10 000 | 5 000 | 0.306 3 | | 8.32 |
| 柑橘煤烟病 | 2 | 0.20 | 10 000 | 20 000 | 4 000 | 0.245 0 | | 6.65 |
| 柑橘疮痂病 | 2 | 0.20 | 1 000 | 1 000 | 200 | 0.012 3 | 27.16 | 0.33 |
| 柑橘黑星病 | 2 | 0.20 | 1 000 | 2 000 | 400 | 0.024 5 | | 0.67 |
| 柑橘树脂病 | 1 | 0.05 | 2 000 | 2 000 | 100 | 0.006 1 | | 0.17 |
| 柑橘绿藻病 | 1 | 0.05 | 1 000 | 500 | 25 | 0.001 5 | | 0.04 |
| 病害合计 | | | 29 400 | 48 700 | 16 325 | 1 | — | 27.16 |

按照这种方法测算，柑橘大实蝇损失率为49.41%，柑橘潜叶蛾损失率为6.27%，

叶螨损失率为 9.40%，溃疡病损失率为 10.98%，炭疽病损失率为 8.32%，煤烟病损失率为 6.65%等，柑橘主要病虫害危害损失情况与生产实际情况基本吻合，该数据可以作为柑橘病虫害危害自然损失率的参考依据。

## 3 讨论

（1）根据 3 年试验结果，结合秀山县 2011—2013 年开展的柑橘病虫害试验及大面积柑橘病虫害发生实况，综合分析柑橘病虫害危害损失程度，探讨柑橘病虫害危害损失评估方法，对指导柑橘病虫害危害损失专业统计，以及制定柑橘病虫害综合防控策略，指导柑橘病虫害综合防控具有积极的现实意义。

（2）秀山县位于武陵山区腹地，柑橘病虫害发生情况在武陵山区具有较强的代表性，与长江沿线柑橘主产区有一定差异。建议今后在重庆市长江柑橘带增设试验点，增加试验数据代表性、可用性。

（3）柑橘病虫害种类多，发生规律复杂，在有条件的地方，还是应该开展单一病虫害危害损失评估试验，通过 3~5 年试验，分别摸清柑橘主要病虫害危害损失情况。

**原文发表** 农业科学，2018（11）：35-37

# 秀山县福寿螺调查及防治示范成效

肖晓华[1]，刘　怀[2]，杨昌洪[1]，黄秀平[1]
（1. 重庆市秀山县植保植检站，秀山　409900；
2. 西南大学植物保护学院，重庆　400715）

**摘　要：**本文介绍福寿螺的生物学特点，目前在秀山县的分布，以及开展防治示范情况及成效。结果表明，水稻生长前期，70%杀螺胺乙醇铵盐对稻田内幼螺与成螺的防效为 91.89%，卵块防效为 78.33%；沟渠内幼螺与成螺的防效为 95.59%，卵块防效为 86.80%。水稻生长旺期，70%杀螺胺乙醇铵盐对稻田内幼螺与成螺的防效为 89.17%，卵块防效为 73.68%；沟渠内幼螺与成螺的防效为 86.71%，卵块防效为 86.14%。

**关键词：**福寿螺；危害特点；分布情况；防治效果；秀山县

福寿螺（*Pomacea canaliculata*），属于瓶螺科瓶螺属软体动物，外观与田螺极其相似，个体大、食性广、适应性强、生长繁殖快。福寿螺原产于南美洲亚马孙河流域，1981 年作为食用螺引入中国，因其适应性强，繁殖迅速，成为危害巨大的外来入侵物种。目前已被列入中国首批外来入侵物种。

## 1　形态特征

福寿螺个体较大，每只 100~150 g。整个身体由头部、足部、内脏囊、外套膜和贝壳 5 个部分构成。头部腹面为肉块状的足，足面宽而厚实，能在池壁和植物茎叶上爬行。贝壳短而圆，大且薄，壳右旋，有 4~5 个螺层，多呈黄褐色或深褐色。有一个薄膜状的肺囊，能直接呼吸空气中的氧，具有辅助呼吸的功能。肺囊充气后能使螺体浮在水面上，遇到干扰就会排出气体迅速下沉。福寿螺具一螺旋状的螺壳，颜色随环境及螺龄不同而异，有光泽和若干条细纵纹，爬行时头部和腹足伸出。头部具触角 2 对，前触角短，后触角长，后触角的基部外侧各有一只眼睛。螺体左边具 1 条粗大的肺吸管。成贝壳厚，壳高约 7 cm，幼贝壳薄，贝壳的缝合线处下陷呈浅沟，壳脐深而宽。卵圆形，直径约 2 mm，初产卵粉红色至鲜红色，卵的表面有一层不明显的白色粉状物，在 5—6 月的气温条件下，5 d 后变为灰白色至褐色，这时卵内已孵化成幼螺。卵块椭圆形，大小不一，卵粒排列整齐，卵层不易脱落，鲜红色，小卵块仅数十粒，大的可达千粒以上。卵于夜间产在水面以上干燥物体或植株的表面，初孵化幼螺落入水中，吞食浮游生物等。幼螺发育 3~4 个月后性成熟，除产卵或遇有不良环境条件时迁移外，一生均栖于淡水中，遇干旱则紧闭壳盖，静止不动，长达 3~4 个月或更长。福寿螺最容易辨认的典型特征是雌螺可以在水线以上的固体物表面产下粉红色的卵块。

## 2 生活习性与生殖习性

福寿螺喜欢生活在水质清新的淡水中，多集群栖息于浅水区，或吸附在水生植物茎叶上，或浮于水面，能离开水体短暂生活。最适宜生长水温为25~32 ℃，超过35 ℃生长速度明显下降，生存最高临界水温为45 ℃，最低临界水温为5 ℃。福寿螺食性广，食物有水中的动物腐肉、浮萍、漂在水面的微小物质。它虽然是水生种类，但可以在干旱季节埋藏在湿润的泥中度过6~8个月。一旦暴发洪水或被灌溉时，它们又能再次活跃起来。成年螺的呼吸器可伸长到5~10 cm或更长。

福寿螺为雌雄异体、体内受精、体外发育的卵生动物。每年3—11月为福寿螺的繁殖季节，其中5—8月是繁殖盛期，适宜水温为18~30 ℃。多为水中白天交配，时间长达3~5 h，一次受精可多次产卵，交配后3~5 d开始产卵于离水面15~40 cm的沟渠壁、木桩、水生植物的茎叶上产卵。卵圆形，粉红色，卵径2 mm左右。卵粒相互粘连成块状，每次产卵一块，200~1 000粒，产卵历时20~80 min。产卵结束后，雌螺腹足收回，掉入水中，间隔3~5 d，进行第二次产卵，一年可产卵20~40次，产卵量3万~5万粒，受精卵在空气中孵化需10~15 d，发育成仔螺后破膜而出，掉入水中。

据报道，在我国南方，福寿螺一年发生3代，一代螺历期100 d左右；二代螺历期70 d左右；三代螺历期190 d左右，各代螺重叠发生。一代每只雌螺平均繁殖幼螺3 000只左右，孵化率为70%左右，二代每只雌螺平均繁殖幼螺1 000只左右，孵化率60%左右，繁殖力极强。

## 3 引入与扩散

福寿螺最初是作为高蛋白质食物最先被引入我国台湾，1981年引入广东，1984年前后，已在广东省作为特种经济作物广为养殖，后又被引入到其他省份养殖。但由于养殖过度，口味不佳，市场并不好，而被大量遗弃或逃逸，并很快从农田扩散到天然湿地。

## 4 危害特点

福寿螺是新的外来有害生物，卵孵化成幼螺后稍长即开始啮食水稻等水生植物，尤喜幼嫩部分。水稻插秧后至晒田前是主要受害期。它咬剪水稻主蘖及有效分蘖，致有效穗减少而造成减产，是名副其实的水稻杀手。另外福寿螺的螺壳锋利，容易划伤农民的手脚，大量粪便能污染水体。因每只雌螺可年产卵万粒左右，繁殖量惊人，可造成其他水生物种灭绝，极易破坏当地的湿地生态系统和农业生态系统。

## 5 福寿螺在秀山县的分布

福寿螺最初是作为水产养殖的饲料引入秀山县。2017年，秀山县植保部门在农作物病虫害调查中，开始发现福寿螺。主要在沟渠、田间路边零星发生。2020—2021年调查，秀山县共有5个乡镇（街道）发现福寿螺，即清溪场镇、平凯街道、中和街道、官庄街道和孝溪乡。

（1）清溪场镇。分布于三合村、永进居委会、东林居委会、沙南村、长岗村、溪西村等地，发生面积约2 000亩。这几个村居属于传统的“稻—油”轮作区，连片种植，福寿螺主要随水流扩散，零星侵入稻田。目前主要在沟渠、田坎边较多。成螺密度0~5个/$m^2$，卵块密度0~10块/$m^2$。2020年以前，该区域没有开展专门的防治，2021年开始，部分农民零星用药防治。2020年开始，秀山县植保植检站在示范区主要沟渠、路边等地组织1~2次防治示范。

（2）平凯街道。目前，仅在武营村零星发现，面积50亩左右。主要在水稻前茬为冬闲田中较多。一般没有专门用药防治。

（3）中和街道。属于县城城区，主要在梅江河沿岸发现，河边杂草及小灌木上较多。没有专门用药防治。

（4）官庄街道。仅在新庄村稻田零星发现，面积50亩左右。主要在水稻前茬为冬闲田中较多。没有专门用药防治。

（5）孝溪乡。在檬子村莲藕基地发现，成螺密度0~6个/$m^2$，卵块密度0~20块/$m^2$，面积200亩左右，每年用70%杀螺胺可湿性粉剂防治1~2次。

## 6　越冬调查

秀山县位于重庆市东南部，属于典型的亚热带气候区。为摸清福寿螺在秀山县的越冬情况，1月29日至2月2日，县植保植检站在清溪场镇、孝溪乡、平凯街道、官庄街道、石耶镇、龙池镇等地，开展福寿螺越冬调查。调查冬水田、干板田、沟渠、池塘、藕田等福寿螺越冬场所，目标区域内，每个乡镇（街道）选择3个调查样本，每个样本调查10个点，每个点调查1 $m^2$，按照活体成螺、鲜活卵块数量，分别统计福寿螺越冬数量。

调查结果表明，福寿螺在秀山县能够越冬，成螺与卵块均有活体存在。越冬场所为冬水田、有水的沟渠与淤泥、藕田等场所。“水—旱”轮作田块、无水的干板田，不能越冬。

越冬密度，活体成螺密度平均为0.14个/$m^2$，最高为4个/$m^2$。卵块密度平均为0.16块/$m^2$，最高为20块/$m^2$。越冬成螺以清溪场镇茫洞村“稻—油”轮作区沟渠与孝溪乡藕田内密度最高。卵块以孝溪乡藕田内荷叶茎秆密度最高。

秀山县常年最低温度出现在1月，2021年1月平均温度6.0 ℃，比上年同期（5.7 ℃）高0.3 ℃，1月最低温度为-2.7 ℃，比上年同期最低温度（-0.5 ℃）低2.2 ℃，1月最高温度为19.7 ℃，比上年最高温度（15.1 ℃）高4.6 ℃。1月平均气温低于5.0 ℃的天数共6 d，比上年多1 d。1月出现零下低温的天数共7 d，比上年多5 d。调查表明，短期内的零下低温，对福寿螺越冬影响不大。

## 7　防控示范及效果

福寿螺属于外来有害生物，农民对该种生物认识不足，开展福寿螺防治示范，指导农民（业主）开展防治，控制福寿螺危害，具有现实指导意义。

2021年，秀山县与西南大学植物保护学院合作，在清溪场镇沙南村、东林居委会、永进居委会开展福寿螺药剂防控示范，由于是目前福寿螺属于零星侵入稻田，未对水稻造成大的危害，示范区域主要为沟渠、稻田田坎及机耕道附近，示范面积500亩左右。

### 7.1 示范药剂与浓度

70%杀螺胺乙醇铵盐可湿性粉剂，由浙江天丰生物科学有限公司生产，药剂浓度为70%杀螺胺乙醇铵盐500倍液。

### 7.2 施药器械与方法

施药器械为3WF-18背负式喷雾喷粉机，由山东华盛中天机械集团股份有限公司生产，秀山县茫洞水稻股份合作社提供并操作。施药方法为机动喷雾。

### 7.3 施药日期

6月1—3日、7月15—18日2次施药，施药期间天气晴好。药后3 d调查对幼螺与成螺的防效，药后10 d调查对卵块的防效。

### 7.4 调查方法

选择福寿螺发生较重的田块及沟渠，按照重、中、轻分别选定稻田及沟渠各9个样地，每个样地调查10个点，每个点调查1 $m^2$。分别统计福寿螺（含幼螺与成螺）、卵块数量。以各样地平均值计算防效。

防治效果（%）=［防治前福寿螺数量（卵块数量）-防治后福寿螺数量（卵块数量）］/防治前福寿螺数量（卵块数量）×100。

### 7.5 防治效果

第一次施药后3 d，即6月4日调查对幼螺与成螺的防效，药后10 d，即6月11日调查对卵块的防效。结果表明，稻田内幼螺与成螺的防效为91.89%，卵块防效为78.33%；沟渠内幼螺与成螺的防效为95.59%，卵块防效为86.80%（表1）。观察表明，不论稻田还是沟渠，静水状态防效均好于流水状态。

**表1 70%杀螺胺乙醇铵盐可湿性粉剂防治福寿螺效果**

| 生境 | 福寿螺数量/（个/$m^2$） | | 卵块数量/（个/$m^2$） | | 幼螺与成螺防效/% | 卵块防效/% |
|---|---|---|---|---|---|---|
| | 药前 | 药后 | 药前 | 药后 | | |
| 稻田 | 0.37 | 0.03 | 0.6 | 0.13 | 91.89 | 78.33 |
| 沟渠 | 2.27 | 0.10 | 3.03 | 0.40 | 95.59 | 86.80 |

注：水稻移栽返青期，6月1日施药。

第二次施药后3 d，即7月18日调查对幼螺与成螺的防效，药后10 d，即7月26日调查对卵块的防效。结果表明，稻田内幼螺与成螺的防效为89.17%，卵块防效为73.68%；沟渠内幼螺与成螺的防效为86.71%，卵块防效为86.14%（表2）。

表 2　70%杀螺胺乙醇铵盐可湿性粉剂防治福寿螺效果

| 生境 | 福寿螺数量/（个/m²） | | 卵块数量/（个/m²） | | 幼螺与成螺防效/% | 卵块防效/% |
|---|---|---|---|---|---|---|
| | 药前 | 药后 | 药前 | 药后 | | |
| 稻田 | 1.20 | 0.13 | 0.76 | 0.20 | 89.17 | 73.68 |
| 沟渠 | 1.73 | 0.23 | 2.67 | 0.37 | 86.71 | 86.14 |

注：水稻拔节孕穗期，7 月 15 日施药。

总体上，70%杀螺胺乙醇铵盐可湿性粉剂速效性好，施药后 3 min 可观察到幼螺与成螺药剂中毒现象。5~10 min 死亡。药后 3 d 调查，防治效果平均 85%以上，在沟渠有水，水不流动静水状态，防治效果最高可达 100%。在水流较快的沟渠，防治效果较差。在水源上游施药，1 000 m外的下游，药剂仍有效果。

对卵块的防效。药后 4 d，可见明显褪色白化，剥查外围卵块死亡，内部卵块疑是存活。药后 6 d，卵块萎缩褪色，死亡率 80%左右。由于缺乏卵块调查死亡与存活的标准（规范），药剂对卵块的防治效果无法准确定量。沟渠环境，卵块暴晒，受药面大，防效高于稻田。

药剂对蚂蟥、泥鳅与小鱼的影响较大。施药后 3 min 开始死亡，10 min 后大量死亡。

2021 年示范结果表明，70%杀螺胺乙醇铵盐可湿性粉剂可以用于福寿螺大面积防治。稻田推荐用量 40~50 g/亩，沟渠浓度 500 倍液。

## 8　福寿螺未大面积暴发成灾的原因分析

（1）秀山县水稻施药次数较多，常年施药 3 次左右，二化螟与“两迁”害虫防治药剂对福寿螺有一定的兼治作用。

（2）秀山县油菜种植面积大，常年 20 万亩以上，“稻—油”轮作，福寿螺不能越冬。

（3）秀山县稻田养鸭（养鹅）面积大，常年 10 万亩以上。鸭子与鹅要取食福寿螺。

（4）福寿螺防治药剂逐年推广使用，对福寿螺的防治效果十分显著。

## 9　存在的问题与建议

（1）福寿螺可随水流扩散，特别是下暴雨时，可以远距离流动扩散，造成防治困难。建议在发生区域，开展规模化统防统治，才能达到明显效果。

（2）福寿螺卵块较大，药剂渗透较难，药剂防治时内部卵块成活率较高。建议在施药时，添加植物精油类的农药助剂，加强药剂雾滴的黏附性，提高防治效果。

（3）福寿螺防治药剂对鱼虾等水生生物毒性高，施药时必须远离水生养殖场所。

（4）福寿螺发生区域，多在沟渠、路边，属于公共地带，农民（业主）不重视，防治上需要当地乡镇（街道）农业部门、村（居）统一指导实施。

**原文发表**　农业科技通讯，2021（12）：246-249

# 秀山县2019年种植业农药使用量及包装物数量分析

肖晓华

（重庆市秀山县植保植检站，秀山　409900）

**摘　要**：结合2019年重庆市秀山县植保技术服务部在重庆市农药监管平台上的数据，分析秀山县2019年农药使用量及农药包装物数量情况。结果表明，2019年秀山县种植业农药使用量商品量为157.22 t，折百量44.71 t；种植业用药包装物总数量为153.58万个，包装物重量为20.83 t。

**关键词**：农药；使用量；包装物；种植业；2019年；重庆市秀山县

随着社会的发展，人们的绿色、环保、安全意识逐步增强。农药减量控害成为生态环保的重要内容。目前，重庆市已经把农药减量使用行动纳入每年政府的目标管理绩效、生态文明建设、水污染防治、河长制、粮食安全目标等考核。全面推进农药减量控害，已经成为我国推进生态文明建设的重大举措，已经上升为国家环保重要战略。动态监测农药使用数量，开展农药使用方面的基础性调查研究，对制定农药减量相关措施，制定农药包装物回收管理制度等具有重要的现实指导意义。为此，本文结合重庆市秀山县植保技术服务部在重庆市农药监管平台的数据，分析了秀山县农药使用量、各类农药比例情况及农药包装物数量情况。

## 1　调查方法

2018年，新版农药管理条例实施后，要求农药经销商建立农药进货与销售台账，并通过“重庆市农药监管平台·企业端”录入数据。秀山县植保技术服务部是秀山县一家中等规模的农药经销商，从事农药批发兼零售业务，在平台录入数据完整，资料齐全。从重庆市农药监管平台导出秀山县植保技术服务部2019年农药销售数量。少数农药品种，由于“重庆市农药监管平台·企业端”没有及时更新，导致农药登记信息缺乏，销售时无法录入平台，因此按照销售实际数量进行统计。另外，由于农药品种繁多，含量各不相同，无法准确计量毫升与克的转换，本次调查，按照1 mL等于1 g计算。

## 2　调查内容

（1）调查农药销售数量，其中塑料瓶、塑料袋、玻璃瓶等各类包装的农药数量分别统计，计算各自比例情况；统计农药包装物数量，并参照2018年农药调查包装物称重数据，计算各类农药包装物重量。

（2）销售的农药按照全国农药械信息管理系统的分类方法，分别统计杀虫剂、杀螨剂、杀菌剂、除草剂、植物生长调节剂、杀鼠剂的数量及比例情况；同时分别统计生物农药、限制使用农药、低用量（≤50 g/亩）农药的品种及销售数量。

（3）以秀山县植保技术服务部的销售数量，推算秀山县农药销售数量；再加上政府采购部分，计算秀山县农药使用量；扣除林业、园艺、卫生、仓储等用药，推算秀山县种植业农药使用量。

## 3 调查结果

通过“重庆市农药监管平台·企业端”，导出秀山县植保技术服务部2019年农药销售数据，涉及33家供应商，76家农药生产企业，175个农药品种（1个农药登记证计为1个农药品种，包含PD、WP登记证。1个农药登记证如有不同包装，为便于统计包装物，1种包装也计为1个农药品种），共计销售农药3 148批次，其中批发3 049批次、零售99批次，总计7 421条记录。

### 3.1 销售量

调查结果表明，2019年秀山县植保技术服务部农药销售总数量476 708个，农药销售商品量51 977.65 kg，折百量14 834.46 kg。

（1）从销售农药类别数量分析，除草剂占55.69%、杀虫剂占32.04%、杀菌剂占7.15%、杀鼠剂占3.35%、杀螨剂占1.34%、生长调剂占0.43%。

（2）从销售重量分析，除草剂占57.81%，比2018年增加9.26个百分点；杀虫剂占38.40%，比2018年减少5.6个百分点；杀菌剂占2.69%，比2018年减少3.02个百分点；杀鼠剂占0.43%，比2018年减少0.59个百分点；杀螨剂占0.59%，比2018年增加0.1个百分点；生长调剂占0.09%，比2018年增加0.06个百分点（表1）。

**表1 2019年秀山县植保技术服务部农药销售统计**

| 农药类别 | 品种个数/个 | 销售数量/个 | 销售数量所占比例/% | 商品量/kg | 销售重量所占比例/% | 折百量/kg |
|---|---|---|---|---|---|---|
| 除草剂 | 51 | 265 478 | 55.69 | 30 049.77 | 57.81 | 11 089.10 |
| 杀虫剂 | 70 | 152 724 | 32.04 | 19 957.41 | 38.40 | 3 163.84 |
| 杀螨剂 | 8 | 6 377 | 1.34 | 306.05 | 0.59 | 30.71 |
| 杀菌剂 | 36 | 34 103 | 7.15 | 1 395.62 | 2.69 | 548.17 |
| 杀鼠剂 | 7 | 15 973 | 3.35 | 223.88 | 0.43 | 0.64 |
| 生长调节剂 | 3 | 2 053 | 0.43 | 44.92 | 0.09 | 2.00 |
| 合计 | 175 | 476 708 | 100 | 51 977.65 | 100 | 14 834.46 |

总体看，除草剂所占比例进一步提高，与近年来市场变化趋势吻合。杀虫剂占比偏

高主要是单位面积使用量较大的杀虫颗粒剂导致的，如果按照折百量分析，杀菌剂比例上升，杀虫剂比例下降。近年来，杀菌剂品种换代较快，低用量品种大量占领市场，常规产品淘汰加快。

## 3.2 农药包装类型

从农药包装类型分析塑料袋包装占 67.61%，塑料瓶占 27.82%，针剂占 3.16%，玻璃瓶占 1.38%，其他占 0.03%（表 2）。

**表 2 2019 年秀山县植保技术服务部农药销售统计**

| 农药包装类别 | 品种/个 | 销售数量/个 | 所占比例/% | 单个包装平均重量/g | 包装物总量/kg |
| --- | --- | --- | --- | --- | --- |
| 塑料袋 | 98 | 322 310 | 67.61 | 4.84 | 1 559.98 |
| 塑料瓶 | 60 | 132 633 | 27.82 | 26.81 | 3 555.89 |
| 玻璃瓶 | 5 | 6 561 | 1.38 | 160.67 | 1 054.16 |
| 针剂 | 11 | 15 084 | 3.16 | 18.87 | 284.64 |
| 其他 | 1 | 120 | 0.03 | 112.93 | 13.55 |
| 合计 | 175 | 476 708 | 100 | — | 6 468.21 |

农药包装物与农药商品量占比为 12.44%，即销售 100 kg 农药，带来 12.44 kg 农药包装物，比 2018 年减少 1.36 个百分点。数据表明，农药包装逐步优化，大包装与低剂量品种增加。

## 3.3 农药品种使用剂量特性

从农药品种使用剂量特性分析（表 3），常规品种占 58.62%，高效低用量品种占 34.52%，生物农药占 2.66%，限制使用农药占 4.20%。

**表 3 2019 年秀山县植保技术服务部农药销售统计**

| 施药剂量特性 | 品种/个 | 销售数量/个 | 所占比例/% |
| --- | --- | --- | --- |
| 常规品种 | 71 | 279 452 | 58.62 |
| 低用量品种 | 87 | 164 567 | 34.52 |
| 生物农药 | 9 | 12 682 | 2.66 |
| 限制使用品种 | 8 | 20 007 | 4.20 |
| 合计 | 175 | 476 708 | 100.00 |

## 3.4 农药品种毒性

从农药品种毒性分析，微毒类农药占 5.59%，低毒类农药占 87.79%，中等毒类农药品种仅占 6.62%（表 4）。

表 4　2019 年秀山县植保技术服务部农药销售统计

| 农药毒性 | 品种/个 | 销售数量/个 | 所占比例/% |
|---|---|---|---|
| 微毒 | 7 | 26 653 | 5. 59 |
| 低毒 | 145 | 418 509 | 87. 79 |
| 中等毒 | 23 | 31 546 | 6. 62 |
| 合计 | 175 | 476 708 | 100. 00 |

### 3. 5　秀山县种植业农药使用量及包装物数量分析

2019 年，秀山县植保技术服务部农药销售金额，占秀山县农药销售总额的 20%左右。按照近年来统计方法，农药销售县外的比例占 30%，其他行业（含林业、园艺、卫生、仓储等）占 10%，秀山县种植业用药占 60%。以此推算，秀山县种植业农药使用量及包装物数量见表 5。由于国家有明文规定，禁止网购农药，少量业主网购的农药，以及边区乡镇农民（业主）互通的农药数量，本次调查忽略不计。

表 5　2019 年秀山县种植业农药使用量及包装物数量统计

| 农药来源 | 销售或采购数量/个 | 农药使用商品量/t | 农药使用折百量/t | 农药包装物数量/个 | 农药包装物重量/t |
|---|---|---|---|---|---|
| 调查单位的数量 | 476 708 | 155. 94 | 44. 50 | 1 430 124 | 19. 40 |
| 政府采购数量 | 105 700 | 1. 28 | 0. 21 | 105 700 | 1. 43 |
| 合计 | 582 408 | 157. 22 | 44. 71 | 1 535 824 | 20. 83 |

2019 年，秀山县种植业农药使用量商品量为 157. 22 t，是 2018 年的 1. 01 倍；折百量 44. 71 t，是 2018 年的 0. 95 倍。种植业农药包装物总数量为 153. 58 万个，是 2018 年的 0. 96 倍；包装物重量为 20. 83 t，是 2018 年的 0. 99 倍。2019 年 10 月，秀山县在“全国农药械信息管理系统”中报送的数据：秀山县种植业农药使用量 154. 20 t，折百量 43. 09 t，这与本次调查结果的吻合度分别为 98. 8%、96. 4%。

## 4　小结与讨论

（1）“重庆市农药监管平台 · 企业端”软件目前处于使用初期，存在一些弊端和不足，主要表现为不能扫码入库、系统内缺乏查找某个品种的简便方法、数据不能自动计算与汇总等，导致部分农药经销商不愿使用，农药监管大数据资料不全。本次调查仅限于一家销售商，代表性较差。县级农药管理和执法部门，对辖区内的农药经销商要强化指导和检查，督促各项数据录入，如能从秀山县的角度进行统计，数据准确性则更高。

（2）农药市场调查，特别是数据处理，是一项烦琐与枯燥的工作，必须安排专人负责。同时，需要熟悉农药行业、具备相关专业知识的执法人员或技术人员参与该项工作。

（3）随着农业结构的调整、农作物病虫害发生与防治情况的变化，农药使用情况也会动态变化。建议每隔 2~3 年开展 1 次专项调查与统计，以便掌握农药品种升级换代、品种结构与用法用量等使用方面的变化趋势，为政府部门与农业主管部门制定相关决策与政策提供基础性数据。

## 参考文献

肖晓华，肖璐，2019. 重庆市秀山县农药及农药包装物调查分析［J］. 中国农技推广，35（4）：17-22.

**原文发表** 南方农业，2020，14（10）：1-4

# 重庆市秀山县农药及农药包装物调查分析

肖晓华[1]，肖　璐[2]
（1. 重庆市秀山县植保植检站，秀山　409900；
2. 重庆工程学院电子信息学院，巴南　401320）

**摘　要：**根据抽样调查数据，统计农药及包装物数量及占比，为未来农药的科学使用及其包装废弃物的处理提供基础。结果表明，包装物与农药重量占比为13.38%。数量方面，袋装类占68.33%，塑料瓶装类占24.15%，玻璃瓶类占3.55%，安瓿类占3.92%。按照商品量计算，杀虫剂占42.38%；杀菌剂占5.41%；除草剂占46.05%；鼠药占0.97%；叶面肥占5.00%。按照农药折百量计算，杀虫剂占30.60%、杀菌剂占8.99%、除草剂占60.37%、鼠药占0.01%、生长调节剂0.03%。2018年，秀山县农业种植业农药类用药量158.2 t（折百量47.78 t），折农药类包装物数量184.02万个，重量22.68 t，其中，纯农药包装物169.39万个，重量21.95 t。

**关键词：**农药包装物；包装物比例；数量统计；类型占比；秀山

随着社会的进步，经济的发展，人们的安全、环保、生态意识逐步增强。农药是重要的农业投入品，从农作物病虫害防控角度考虑，不用药、少用药、用好药及会用药，就成为农作物病虫害防控的现实需求。开展农药及农药包装物调查分析，对推进农药使用量零增长行动、制定农药及农药包装物分类管理制度，特别是农村面源污染管理制度具有现实指导意义。

## 1　概况

农药包装废弃物（简称农药包装物）是指农药使用后被废弃的与农药直接接触或含有农药残余物的包装物，包含农药、农药助剂、叶面肥、非农药驱鸟剂等物品的包装物。本次调查，以包装完好的农药，称重后扣除农药净重，来计算包装物重量。

安瓿是一种可熔封的硬质玻璃容器，常用于存放注射用的药物以及疫苗、血清等。农药包装上，一般用于单位用药量较小的菊酯类农药的分装，以2 mL、4 mL、5 mL较为常见。

## 2　调查方法

### 2.1　调查时间

2017年11月至2018年10月。

### 2.2 抽样调查单位

秀山县植保技术服务部。

### 2.3 调查方法

调查秀山县植保技术服务部2018年销售的所有农药品种，包含农药、农药助剂、叶面肥、非农药驱鸟剂等。净重50 g以下的品种，用电子秤称取5份样品，取平均值统计农药及农药包装物重量；50 g以上的品种，用电子秤称取3份样品，取平均值统计农药及农药包装物重量。按照袋装、瓶装、盒装类型，分别列表统计出每一个农药品种的销售数量，扣除农药净重，得到农药包装物数量及重量。由于农药纸质外包装可以回收销售，塑料桶也可以作为施药、农药储藏工具或其他用途，外包装不计入包装物范围。瓶装农药的瓶盖、瓶子上的标签以及部分瓶装农药瓶盖外面另外配备的量药杯盖，计入包装物重量。盒装农药称重，以盒为单位，从纸盒中抽取农药玻璃针剂（安瓿），连同固定安瓿的塑料盒一起称重，纸盒不计入包装范围。成分相同厂家不同的品种，分别称重。称重时，数据保留2位小数，1 mL按照1 g折算统计。生物农药的折百量，按照中国农药信息网登记或厂家提供的浓度为准。

### 2.4 计算公式

销售农药净重量（kg）= 农药销售数量（袋、瓶、盒）×
每袋（瓶、盒）农药净重（g）/1 000

包装物总重量（kg）= 农药销售数量（袋、瓶、盒）×
单个包装（袋、瓶、盒）重量（g）/1 000

包装物与农药重量占比（%）= 包装物总重量（kg）/销售农药净重量（kg）×100

农药折百量=农药净重×农药浓度（含量）

### 2.5 计量工具

SF-400A电子秤，武义正大科技有限公司生产。参数为2×1.5V电池；采用高精度称量传感器；ABS塑料件；LCD显示器带背光；具有自动归零，自动关机功能；具有电压不足及超重提示（g/oz/lb/kg）；产品尺寸为25 cm×16 cm×4.5 cm。

## 3 调查结果

### 3.1 袋装农药类

袋装农药是农药中的第一大类，占农药种类的65%以上。2018年抽样调查，袋装农药数量为391 446包，净重为32 919.50 kg，包装物重量为1 896.19 kg，包装物与农药重量的占比总体为5.76%。其中，抽样调查袋装农药销量前20名总销量195 092包，净重21 216.8 kg，包装物重量为1 031.03 kg，包装物与农药重量的占比总体为4.86%（表1）。

表1　2018年秀山县农药抽样调查袋装农药销量前20名及包装物统计

| 农药名称 | 包装规格 | 农药销售数量/包 | 销售农药净重量/kg | 销售农药折百量/kg | 单个包装重量/g | 包装物总重量/kg | 包装物与农药重量占比/% |
|---|---|---|---|---|---|---|---|
| 3.6%杀虫双 GG | 800 g×25包 | 5 841 | 4 672.80 | 168.22 | 1.20 | 7.01 | 0.15 |
| 30%草甘膦 WP | 200 g×50包 | 17 369 | 3 473.80 | 1 042.14 | 8.63 | 149.89 | 4.32 |
| 33%草甘膦 SP | 200 g×50包 | 39 892 | 7 978.40 | 2 632.87 | 5.17 | 206.24 | 2.59 |
| 46%二甲·草甘膦 SP | 75 g×120包 | 13 982 | 1 048.65 | 482.38 | 4.56 | 63.76 | 6.08 |
| 93%二甲·草甘膦 SP+70%草甘·三氯吡 SP | 60 g×100包 | 16 914 | 1 014.84 | 811.87 | 5.10 | 86.26 | 8.50 |
| 90%杀虫单 SP | 50 g×200包 | 6 399 | 319.95 | 287.96 | 1.50 | 9.60 | 3.00 |
| 95%草甘膦原药 | 45 g×100包 | 8 631 | 388.40 | 368.98 | 22.60 | 195.06 | 50.22 |
| 25 g扑虱灵 WP | 35 g×200包 | 18 854 | 659.89 | 164.97 | 3.37 | 63.54 | 9.63 |
| 4.5%高效氯氰菊酯 SC | 30 mL×200包 | 6 476 | 194.28 | 8.74 | 4.25 | 27.52 | 14.17 |
| 25%苄·乙 WP | 30 g×200包 | 5 345 | 160.35 | 40.09 | 2.80 | 14.97 | 9.33 |
| 50%多菌灵 WP | 25 g×400包 | 7 194 | 179.85 | 89.93 | 1.70 | 12.23 | 6.80 |
| 20%井冈霉素 SP | 25 g×400包 | 11 155 | 278.88 | 55.78 | 2.10 | 23.43 | 8.40 |
| 25 g扑虱灵 WP | 25 g×200包 | 5 337 | 133.43 | 33.36 | 2.60 | 13.88 | 10.40 |
| 22%卞·乙 WP | 20 g×400包 | 5 640 | 112.80 | 24.82 | 2.55 | 14.38 | 12.75 |
| 75%三环唑 WP | 15 g×400包 | 17 032 | 255.48 | 191.61 | 2.70 | 45.99 | 18.00 |
| 56%二甲四氯钠 SP | 10 g×500包 | 11 230 | 112.30 | 62.89 | 2.42 | 27.18 | 24.20 |
| 25%噻虫嗪 WG | 10 g×500包 | 5 000 | 50.00 | 12.50 | 2.67 | 13.35 | 26.70 |
| 30%吡蚜·噻虫胺 SC | 10 g×600包 | 15 507 | 155.07 | 46.52 | 2.30 | 35.67 | 23.00 |
| 70%吡虫啉 WP | 2 g×1 000包 | 10 321 | 20.64 | 14.45 | 1.23 | 12.69 | 61.50 |
| 2,4-DAF | 1 g×1 000包 | 6 865 | 6.87 | 3.43 | 1.22 | 8.38 | 122.00 |
| 袋装农药计 | — | 195 092 | 21 216.8 | 6 543.51 | 80.67 | 1 031.03 | 4.86 |

## 3.2　瓶装农药类

2018年抽样调查，瓶装农药总量为158 959瓶，净重20 637.4 kg，包装物重量为4 980.1 kg，包装物与农药重量占比为24.13%。其中，抽样调查瓶装农药销量前7名总销售量为46 520瓶，净重11 831.42 kg，包装物重量为2 213.15 kg，包装物与农药重量占比为18.71%（表2）。

**表 2　2018 年秀山县农药抽样调查瓶装农药销量前 7 名及包装物统计**

| 农药名称 | 包装规格 | 包装物材质 | 农药销售数量/瓶 | 销售农药净重量/kg | 销售农药折百量/kg | 单个包装重量/g | 包装物总重量/kg | 包装物与农药占比/% |
|---|---|---|---|---|---|---|---|---|
| 30%草甘膦 AS | 5 kg×4 瓶 | 塑料瓶 | 573 | 2 865.00 | 859.50 | 201.00 | 115.17 | 4.02 |
| 18%杀虫双 AS | 650 mL×20 瓶 | 塑料瓶 | 3 000 | 1 950.00 | 351.00 | 35.60 | 106.80 | 5.48 |
| 25%杀虫双 AS | 400 g×20 瓶 | 塑料瓶 | 3 514 | 1 405.60 | 351.40 | 34.80 | 122.29 | 8.70 |
| 41%农达 AS | 200 mL×50 瓶 | 塑料瓶 | 11 162 | 2 232.40 | 915.28 | 56.80 | 634.00 | 28.40 |
| 44%滴酸草甘膦异丙胺盐 AS | 150 g×60 瓶 | 塑料瓶 | 9 248 | 1 387.20 | 610.37 | 21.96 | 203.09 | 14.64 |
| 50%乙草胺 EC | 60 g×50 瓶 | 塑料瓶 | 15 482 | 928.92 | 464.46 | 4.56 | 70.60 | 7.60 |
| 塑料瓶装合计 | — | — | 42 979 | 10 769.12 | 3 552.01 | 354.72 | 1251.95 | 11.63 |
| 77.5%敌敌畏 EC | 300 g×20 瓶 | 玻璃瓶 | 3 541 | 1 062.30 | 823.28 | 271.45 | 961.20 | 90.48 |
| 总计 | — | — | 46 520 | 11 831.42 | 4 375.29 | 626.17 | 2 213.15 | 18.71 |

## 3.3　盒装农药类

盒装农药也是农药常见品种。2018 年调查表明，盒装农药总数量为22 454盒，净重为 925.00 kg，包装物重量为 413.05 kg，包装物与农药占比为 44.65%（表 3）。

**表 3　2018 年秀山县农药抽样调查盒装农药及包装物统计**

| 农药名称 | 包装规格 | 包装物材质 | 农药销售数量/盒 | 销售农药净重量/kg | 销售农药折百量/kg | 单个包装重量/g | 包装物总重量/kg | 包装物与农药占比/% |
|---|---|---|---|---|---|---|---|---|
| 4.5% 高效氯氰菊酯 EC | 10 mL×5 支×60 盒 | 安瓿 | 1 528 | 76.40 | 3.44 | 15.90 | 24.30 | 31.80 |
| 1%阿维·高氯 EC | 10 mL×5 支×80 盒 | 安瓿 | 2 400 | 120.00 | 1.20 | 15.70 | 37.68 | 31.40 |
| 5%阿维·啶虫脒 ME | 10 mL×5 支×100 盒 | 安瓿 | 600 | 30.00 | 1.50 | 14.80 | 8.88 | 29.60 |
| 1%阿维·高氯 EC | 8 mL×8 支×80 盒 | 安瓿 | 3 191 | 204.22 | 2.04 | 16.50 | 52.65 | 25.78 |
| 4.0%高氯·甲维盐微 EC | 5 mL×10 支×100 盒 | 安瓿 | 1 000 | 50.00 | 2.00 | 15.85 | 15.85 | 31.70 |
| 1.8%阿维菌素 EC | 5 mL×10 支×100 盒 | 安瓿 | 856 | 42.80 | 0.77 | 16.60 | 14.21 | 33.20 |
| 1.8%阿维菌素 EC | 5 mL×10 支×100 盒 | 安瓿 | 500 | 25.00 | 0.45 | 17.90 | 8.95 | 35.80 |

（续表）

| 农药名称 | 包装规格 | 包装物材质 | 农药销售数量/盒 | 销售农药净重量/kg | 销售农药折百量/kg | 单个包装重量/g | 包装物总重量/kg | 包装物与农药占比/% |
|---|---|---|---|---|---|---|---|---|
| 20%甲氰菊酯 EC | 4 mL×10 支×100 盒 | 安瓿 | 1 995 | 79.80 | 15.96 | 24.50 | 48.88 | 61.25 |
| 20%甲氰菊酯 EC | 4 mL×10 支×60 盒 | 安瓿 | 300 | 12.00 | 2.40 | 31.10 | 9.33 | 77.75 |
| 1%阿维·高氯 EC | 4 mL×10 支×100 盒 | 安瓿 | 1 000 | 40.00 | 0.40 | 22.80 | 22.80 | 57.00 |
| 1%阿维·高氯 EC | 4 mL×10 支×100 盒 | 安瓿 | 3 155 | 126.20 | 1.26 | 21.70 | 68.46 | 54.25 |
| 20%甲氰菊酯 EC | 2 mL×10 支×100 盒 | 安瓿 | 5 179 | 103.58 | 20.72 | 17.40 | 90.11 | 87.00 |
| 25 g/L 溴氰菊 EC | 2 mL×10 支×150 盒 | 安瓿 | 750 | 15.00 | 3.75 | 14.60 | 10.95 | 73.00 |
| 合计 | — | — | 22 454 | 925.00 | 55.89 | 245.35 | 413.05 | 629.53 |

### 3.4 综合汇总

2018 年，抽样调查表明，农药类包装物总数量为572 859袋（瓶、盒），包装物总重量为7 289.30 kg，包装物与农药重量占比为13.38%，其中，袋装类占3.48%，塑料瓶装类占4.24%，玻璃瓶占4.84%，安瓿占0.76%。包装物与农药占比最高的品种是玻璃瓶装的甲氰菊酯、玻璃瓶装的鼠药，占比分别为179.22%、154.40%；占比最低的是简易包装的袋装农药，如杀虫双大粒剂包装物占农药重量占比为0.15%、6%四聚乙醛200 g袋装占比为1.25%。总的趋势是包装越大占比越小。

从数量方面分析，袋装类占68.33%，塑料瓶装类占24.15%，玻璃瓶类占3.55%，安瓿类占3.92%（表4）。

**表4　2018年秀山县农药及包装物抽样调查统计汇总**

| 包装类别 | 数量级别 | 销售数量/（袋、瓶、盒） | 销售农药净重/kg | 包装物净重/kg | 包装物与农药总重量的占比/% | 包装物占农药总数量的百分比/% |
|---|---|---|---|---|---|---|
| 袋装 | 500～1 000 g | 9 931 | 8 762.80 | 88.78 | 0.16 | 1.73 |
| | 200～499 g | 64 320 | 13 748.60 | 450.16 | 0.83 | 11.23 |
| | 50～199 g | 82 708 | 5 821.56 | 532.36 | 0.98 | 14.44 |
| | 10～49 g | 189 051 | 4 377.92 | 745.37 | 1.37 | 33.00 |
| | <10 g | 45 436 | 208.62 | 79.52 | 0.15 | 7.93 |
| | 合计 | 391 446 | 3 2919.50 | 1 896.19 | 3.48 | 68.33 |

（续表）

| 包装类别 | 数量级别 | 销售数量/（袋、瓶、盒） | 销售农药净重/kg | 包装物净重/kg | 包装物与农药总重量的占比/% | 包装物占农药总数量的百分比/% |
|---|---|---|---|---|---|---|
| 塑料瓶装 | 1 000~5 000 kg | 754 | 3 046.00 | 122.00 | 0.22 | 0.13 |
| | 300~999 g | 11 880 | 5 169.00 | 436.24 | 0.80 | 2.07 |
| | 100~200 g | 33 670 | 5 805.30 | 1 171.49 | 2.15 | 5.88 |
| | 50~99 g | 38 351 | 2 302.19 | 333.62 | 0.61 | 6.69 |
| | <49 g | 53 719 | 1 280.52 | 248.34 | 0.46 | 9.38 |
| | 合计 | 138 374 | 17 603.01 | 2 311.69 | 4.24 | 24.15 |
| 玻璃瓶装 | 300~500 g | 8 293 | 2 527.90 | 1 959.67 | 3.60 | 1.45 |
| | <299 g | 12 035 | 395.99 | 679.66 | 1.25 | 2.10 |
| | 合计 | 20 328 | 2 923.89 | 2 639.34 | 4.84 | 3.55 |
| 安瓿 | 2~5 mL | 14 735 | 494.38 | 289.55 | 0.53 | 2.57 |
| | 8~10 mL | 7 719 | 430.62 | 123.51 | 0.23 | 1.35 |
| | 合计 | 22 454 | 925.00 | 413.06 | 0.76 | 3.92 |
| 铁罐 | — | 257 | 110.51 | 29.02 | 0.05 | 0.04 |
| 总计 | — | 572 859 | 54 481.91 | 7 289.30 | 13.38 | 100.00 |

2018 年，抽样调查表明，农药类总量为 54 481.91 kg，其中，农药 51 670.54 kg，折百量 15 686.10 kg，按照商品量计算，杀虫剂占 42.38%；杀菌剂占 5.41%；除草剂占 46.05%；鼠药占 0.97%；叶面肥占 5.00%。如果仅从纯农药品种分析，按照商品量计算，杀虫剂占 44.69%、杀菌剂占 5.71%、除草剂占 48.55%、鼠药占 1.02%；按照折百量计算，杀虫剂占 30.60%、杀菌剂占 8.99%、除草剂占 60.37%、鼠药占 0.01%、生长调节剂 0.03%（表 5）。

**表 5　2018 年秀山县农药抽样调查类别统计**

| 类别 | 商品量/kg | 折百量/kg | 占总量的百分比/% | 按照商品量计算占农药总量的百分比/% | 按照折百量计算占农药总量的百分比/% |
|---|---|---|---|---|---|
| 1. 杀虫杀螨剂（含螺类） | 23 090.36 | 4 799.74 | 42.38 | 44.69 | 30.60 |
| 2. 杀菌剂 | 2 947.81 | 1 410.89 | 5.41 | 5.71 | 8.99 |
| 3. 除草剂 | 25 086.68 | 9 469.10 | 46.05 | 48.55 | 60.37 |
| 4. 鼠药 | 529.34 | 1.47 | 0.97 | 1.02 | 0.01 |
| 5. 植物生长调节剂 | 16.35 | 4.90 | 0.03 | 0.03 | 0.03 |

（续表）

| 类别 | 商品量/kg | 折百量/kg | 占总量的百分比/% | 按照商品量计算占农药总量的百分比/% | 按照折百量计算占农药总量的百分比/% |
|---|---|---|---|---|---|
| 6. 叶面肥 | 2 725.97 | — | 5.01 | — | — |
| 7. 农药助剂 | 32.86 | — | 0.06 | — | — |
| 8. 驱鸟剂等非农药类 | 52.54 | — | 0.10 | — | — |
| 1~5 项：生物农药 | 979.20 | 160.01 | 1.80 | 1.90 | 1.02 |
| 1~5 项：农药合计 | 51 560.02 | 15 686.10 | 94.83 | — | — |
| 合计 | 54 481.91 | | 100.00 | 100.00 | 100.00 |

2018 年，县农业部门通过政府采购农药及农药助剂 3.424 t，其中农药 3.184 t，农药助剂 0.24 t（表 6）。

**表 6　2018 年秀山县政府采购农药及包装物统计**

| 农药名称 | 包装规格 | 包装物材质 | 采购数量/（包、瓶） | 农药重量/kg | 农药折百量/kg | 单个包装重量/g | 包装物总重量/kg | 包装物与农药重量占比/% | 备注 |
|---|---|---|---|---|---|---|---|---|---|
| 20%除虫脲 SC | 1 000 g×10 瓶 | 塑料瓶 | 330 | 330 | 66.00 | 117.20 | 38.68 | 11.72 | |
| 30%唑磷·毒 EC | 75 mL×100 瓶 | 塑料瓶 | 20 000 | 1 500 | 450.00 | 23.30 | 466.00 | 31.07 | |
| 0.3%印楝素 EC | 100 mL×100 瓶 | 塑料瓶 | 800 | 80 | 2.40 | 22.28 | 17.82 | 22.28 | |
| 100 亿孢子/mL 短稳杆菌 SC | 100 g×50 瓶 | 塑料瓶 | 1 000 | 100 | 4.50 | 22.85 | 22.85 | 22.85 | 折浓度 4.5% |
| 80 亿孢子/mL 金龟子绿僵菌 OFK | 40 mL×100 瓶 | 塑料瓶 | 1 000 | 40 | 8.00 | 20.14 | 20.14 | 50.35 | 折浓度 20% |
| 30 亿 PIB/mL 甘蓝夜蛾核型多角体病毒 SC | 100 mL×50 瓶 | 塑料瓶 | 1 100 | 110 | 0.44 | 22.10 | 24.31 | 22.10 | 折浓度 0.4% |
| 3%甲维·虱螨脲 EC | 50 g×80 瓶 | 塑料瓶 | 3 200 | 160 | 4.80 | 14.50 | 46.40 | 29.00 | |
| 瓶装农药计 | — | — | 2 7430 | 2 320 | 536.14 | — | 636.20 | 27.42 | |
| 20%噻虫胺 SC | 20 mL×500 包 | 塑料袋 | 20 000 | 400 | 80.00 | 3.80 | 76.00 | 19.00 | |
| 3%井冈·蜡芽 SC | 20 g×400 包 | 塑料袋 | 2 400 | 48 | 1.44 | 4.90 | 11.76 | 24.50 | |

（续表）

| 农药名称 | 包装规格 | 包装物材质 | 采购数量/（包、瓶） | 农药重量/kg | 农药折百量/kg | 单个包装重量/g | 包装物总重量/kg | 包装物与农药重量占比/% | 备注 |
|---|---|---|---|---|---|---|---|---|---|
| 250 g/L 嘧菌酯 SC | 10 mL×500包 | 塑料袋 | 30 000 | 300 | 75.00 | 2.30 | 69.00 | 23.00 | |
| 20%呋虫胺 SC | 10 g×400包 | 塑料袋 | 3 600 | 36 | 7.20 | 2.42 | 8.712 | 24.20 | |
| 30%吡蚜·噻虫胺 SC | 10 g×600包 | 塑料袋 | 6 000 | 60 | 18.00 | 2.30 | 13.80 | 23.00 | |
| 1 000 亿孢子/g 枯草芽孢杆菌 WP | 100 g×100包 | 塑料袋 | 200 | 20 | 2.00 | 7.40 | 1.48 | 7.40 | 折浓度10% |
| 袋装农药计 | — | — | 62 200 | 864 | 183.64 | — | 180.75 | 20.92 | |
| 激健（农药助剂） | 7.5 g×1 200包 | 塑料袋 | 32 000 | 240 | — | 1.50 | 48.00 | 20.00 | |
| 总计 | — | — | 121 630 | 3 424 | 719.78 | | 864.95 | 25.26 | |

## 4　秀山县农药及农药包装物数量评估

（1）秀山县植保技术服务部是秀山县一家中等偏上规模的农药销售商，按照秀山县植保植检站统计，近年来，该销售商农药销售额 125 万～155 万元，占秀山县农药销售总额的 20%左右。本次调查，涉及秀山县植保技术服务部的 93 家供货商共计 214 个农药品种，具有较强代表性。本次调查按照秀山县植保技术服务部销售量的 5 倍，另加农业部门组织的政府采购数量，来估算秀山县销售总量。农民及业主当年库存数量忽略不计。按此法统计，2018 年，秀山县农药类用药总量为 272.41 t，其中，农药 258.35 t（折百量 78.43 t），农药助剂 0.16 t，叶面肥 13.63 t，非农药驱鸟剂 0.27 t。农药类包装物数量 286.43 万个，数量 36.45 t，其中，纯农药包装物数量 267.39 万个，重量 35.23 t（表 7）。

**表 7　2018 年秀山县农药及包装物销售统计**

| 统计项目 | 抽样调查 | | | | | | |
|---|---|---|---|---|---|---|---|
| | 农药类总量/kg | 纯农药总量/kg | 农药折百量/kg | 农药类包装物总量/（个、瓶、盒） | 包装物重量/kg | 纯农药包装物总数量/（个、瓶、盒） | 纯农药包装物重量/kg |
| 秀山县销售 | 54 481.91 | 51 670.54 | 15 686.10 | 572 859.0 | 7 289.34 | 534 771.0 | 7 045.40 |
| 县域外销 | 16 344.57 | 15 501.16 | 4 705.83 | 171 857.7 | 2 186.80 | 160 431.3 | 2 113.62 |

（续表）

| 统计项目 | 抽样调查 | | | | | | |
|---|---|---|---|---|---|---|---|
| | 农药类总量/kg | 纯农药总量/kg | 农药折百量/kg | 农药类包装物总量/（个、瓶、盒） | 包装物重量/kg | 纯农药包装物总数量/（个、瓶、盒） | 纯农药包装物重量/kg |
| 非种植业 | 5 448.19 | 5 167.05 | 1 568.61 | 57 285.9 | 728.93 | 53 477.1 | 704.54 |
| 种植业 | 32 689.15 | 31 002.32 | 9 411.66 | 343 715.4 | 4 373.60 | 320 862.6 | 4 227.24 |

| 统计项目 | 折算秀山县 | | | | | | |
|---|---|---|---|---|---|---|---|
| | 农药类总量/kg | 农药总量/kg | 农药折百量/kg | 秀山县农药类包装物总数量/（个、瓶、盒） | 农药类包装物总重量/kg | 纯农药包装物数量/（个、瓶、盒） | 纯农药包装物重量/kg |
| 秀山县销售 | 272 409.60 | 258 352.70 | 78 430.50 | 2 864 295.0 | 36 446.70 | 2 673 855.0 | 35 227.0 |
| 县域外销 | 81 722.87 | 77 505.81 | 23 529.15 | 859 288.5 | 10 934.01 | 802 156.5 | 10 568.1 |
| 非种植业 | 27 240.96 | 25 835.27 | 7 843.05 | 286 429.5 | 3 644.67 | 267 385.5 | 3 522.7 |
| 种植业 | 163 445.73 | 155 011.62 | 47 058.30 | 1 718 577.0 | 21 868.02 | 1 604 313.0 | 21 136.2 |

注：不计政府采购类。

（2）县域外销量。秀山县位于重庆、贵州、湖南3省市交界地段，其农药销售辐射周边的重庆市酉阳县、贵州省松桃县、贵州省沿河县、湖南省花垣县，销售到县域外的农药类占30%左右。据此，2018年，销售到县域外的农药类数量81.72 t，折包装物数量85.93万个，重量10.94 t。其中，纯农药重量为77.51 t（折百量23.53 t）。

（3）县域内非农用药量。近年来，随着城市建设发展，城市公园、河滨公共绿化、城镇居民小区绿化及公路绿化面积增长较快，非农业的园艺（含卫生）用药也越来越多。如2018年，秀山县川河盖景区星空酒店，用于酒店周边绿化地带的农药用量就达800 kg，仅卫生用药——敌敌畏一个品种，一次性购买数量就有100件（600 kg）之多；清溪场镇一个300亩左右的玫瑰园，全年农药用量在200 kg以上。秀山县卫生、园林用药按照秀山县农药类销售总量的10%估算较为合适。2018年，秀山县卫生、园林农药类用量为27.24 t，折包装物数量28.64万个，重量3.65 t。其中，纯农药重量为25.83 t（折百量7.84 t）。

（4）县域种植业用药。秀山县种植业农药类总用药量，等于秀山县农药类销售总量272.41 t，减去销售到县域外的数量81.72 t，再扣除卫生、园林用药27.24 t，加上2018年政府采购农药类（表6）。2018年，秀山县农业种植业农药类用药量166.87 t，折农药类包装物数量为184.02万个，重量为22.69 t。

（5）如果仅从纯农药分析，农药销售总量258.35 t（折百量78.43 t），减去销售到县域外的数量77.51 t（折百量23.53 t），再扣除卫生、园林用药25.83 t（折百量

7.84 t)，加2018年政府采购农药。2018年，秀山县农业种植业农药类用药量158.2 t(折百量47.78 t)，折农药类包装物数量184.02万个，重量22.68 t，其中，纯农药包装物169.39万个，重量21.95 t。

## 5 讨论

(1) 农药是农业生产重要的农业投入品，随着社会的发展，农药品种及类型更新换代加快，在不同区域，用药水平也有差异，农药及农药包装物调查应该是常态化的工作，农业执法部门应抽调专门的人员，在植保部门配合下，结合农药日常管理，特别是农药进销台账管理，进一步扩大调查范围，准确掌握秀山县农药使用情况，为制定相应的管理制度，特别是农药包装物处置制度，提供依据。

(2) 农田大量的农药类包装物，如果不进行安全处理，对生态环境及人畜安全危害极大，除了影响农田景观（田园风貌），农药包装物使用后残留的农药，还会污染水质及土壤。农药包装物种类繁多，危害方式及程度也不同。塑料袋在自然环境下难以降解，在农田中会形成塑料污染。玻璃瓶破碎后则对人、畜在田间活动带来安全隐患。农药包装物回收及处置，要农药经销商、农药使用者、当地村居相应的管理人员、环卫人员、农业部门共同行动，人人重视、户户参与、部门联动，才能形成合力，摸索出适宜当地的管理办法。

(3) 农药生产企业，要适应社会发展需要，根据农业生产上的现实要求，不断改进农药包装，在剂型上、包装材质上、包装数量上做好文章。农药行业管理部门，则应在农药包装上进行规范、统一，推广低用量、高含量、大包装农药品种，尽可能减少包装物总量。

(4) 农药是农业生产不可缺少的生产资料，在不可避免的前提下，农业部门的宣传培训就显得格外重要。科学用药，包装统一回收及分类处置，宣传工作要常态化、规范化，不论是农药生产方，还是使用方与管理方，安全环保意识的提高，责任感使命感的增强，是搞好农药及农药包装物管理的前提及基础。

**原文发表**　中国农技推广，2019，35（4）：17-22

# 秀山县农户农药使用量调查分析

肖晓华[1]，牛小慧[2]，刘建兴[2]，陈旭东[3]，杨昌洪[1]
（1. 重庆市秀山县植保植检站，秀山　409900；2. 重庆市种子站，重庆　401121；
3. 重庆渝调统计师事务所有限公司，重庆　400010）

**摘　要**：本文分析 2017—2022 年，秀山县主要农作物农药使用量调查统计数据，为指导农业生产和制定农药减量增效政策和技术推广提供参考依据。结果表明，水稻施药次数为 3.35 次，农药使用商品量为 243.13 g；蔬菜施药次数为 2.70 次，农药使用商品量为 123.88 g；油菜施药次数为 1.22 次，农药使用商品量为 92.56 g；茶园施药次数为 3.25 次，农药使用商品量为 392.66 g；玉米施药次数为 1.3 次，农药使用商品量为 445.86 g。总体上，农户农药使用量呈逐年减少趋势。

**关键词**：农药使用量；入户调查；用药统计；比例分析；秀山县

提高科学用药水平，促进农业绿色发展是农作物病虫害防控的发展趋势，是农业生产持续健康发展的现实需求。为了准确掌握秀山县主要农作物生产过程中农户农药使用情况，为政府部门指导农业生产、农药减量增效政策和技术推广提供参考依据，按照重庆市植物保护站工作要求，秀山县 2017—2022 年，连续组织开展秀山县主要农作物农药使用量调查统计工作，取得阶段性成果。

## 1　材料与方法

### 1.1　调查作物对象

调查作物为水稻、蔬菜、茶叶、油菜、玉米共 5 种（类）作物，均为当地种植面积较大的主要农作物种类。

### 1.2　调查时间

调查时间为每年 1—11 月，11 月以后的用药，计入下年度用药量。即调查时间段为上年 12 月至当年 11 月。

### 1.3　调查地点

调查镇（街道）为官庄街道、平凯街道、乌杨街道、清溪场街道（龙凤坝镇）和梅江镇共 5 个镇（街道）。2021 年，乡镇（街道）区划调整，龙凤坝镇从原清溪场镇中分离出来，清溪场镇改为清溪场街道。按照农户农药使用量调查工作要求，为保持调查地点和调查农户的稳定性，2022 年把龙凤坝镇辖区内的调查对象与清溪场街道视为一个镇（街道）合并调查，保持原定的调查监测户不变。

### 1.4 调查内容及方法

调查内容主要是监测户的农作物种植情况、农药购买与使用情况等。

调查方法，每年每种作物选择具有代表性的调查户 50 户，其中包含普通农户、种植大户（农业合作社、家庭农场、农业生产企业），其中部分农户填报多种作物数据。为保持调查数据的可比性和准确性，原则上调查农户保持不变。调查采取按月份、按作物生成时期多次数不定时入户，并结合多次实地查看的方式，调查农户基本情况、农药购买情况和使用情况，现场询问调查对象，填写相关调查工作表，并对调查工作全过程进行拍照取证。

按照专业的工作由专业的机构来实施的原则，根据 2017 年以来本地调查工作反映出来的一些问题，从 2021 年开始，秀山县引进第三方专业调查机构—重庆渝调统计师事务所有限公司，把 2021—2023 年（暂定）秀山县农户农药使用量调查和统计工作委托该公司全程组织实施。

## 2 结果与分析

### 2.1 病虫害种类

从病虫害发生情况看，水稻病虫害主要以稻纹枯病、稻瘟病、稻曲病、稻纵卷叶螟、稻飞虱、螟虫、稻蟥象、稻蝗等病虫害为主；露地蔬菜病虫害主要以菜青虫、小菜蛾、蚜虫、地老虎、蓟马、疫病、灰霉病、霜霉病等病虫害为主；油菜病虫害主要以菜青虫、小菜蛾、蚜虫、菌核病、霜霉病、病毒病、根腐病等病虫害为主；茶园病虫害主要以茶小绿叶蝉、白粉虱、茶毛虫、尺蠖、茶黄螨、炭疽病、茶圆赤星病、煤烟病等病虫害为主；玉米病虫害主要以玉米螟、玉米纹枯病、玉米大小斑病、锈病、地老虎、斜纹夜蛾等病虫害为主。

### 2.2 农药使用量

#### 2.2.1 水稻

水稻是秀山县主要粮食作物，常年种植面积 28 万亩左右。水稻生产上，每季（水稻生长周期）农药施药次数平均为 3.35 次，最多的年份 5.48 次，最少的 1.64 次。农药使用商品量平均为 243.13 g，最多的年份为 440.76 g，最少的年份为 162.27 g。农药使用折百量平均为 70.38 g，最多的年份为 132.66 g，最少的年份为 33.82 g（表 1）。

**表 1 秀山县农户农药使用量调查统计**

| 作物 | 用药次数 | 农药使用商品用量/(g/亩) | 农药使用折百量/(g/亩) | 农药费用/(元/亩) | 化学农药比例/% | 生物农药比例/% |
|---|---|---|---|---|---|---|
| 水稻 | 3.35 | 243.13 | 70.38 | 27.69 | 92.86 | 7.14 |
| 蔬菜 | 2.70 | 123.88 | 48.28 | 14.52 | 93.81 | 6.19 |
| 油菜 | 1.22 | 92.56 | 35.27 | 8.52 | 93.28 | 6.72 |

（续表）

| 作物 | 用药次数 | 农药使用商品用量/（g/亩） | 农药使用折百量/（g/亩） | 农药费用/（元/亩） | 化学农药比例/% | 生物农药比例/% |
|---|---|---|---|---|---|---|
| 茶园 | 3.25 | 392.66 | 51.01 | 16.31 | 92.29 | 7.71 |
| 玉米 | 1.30 | 445.86 | 70.56 | 10.91 | 99.03 | 0.97 |

调查结果表明，在秀山县水稻生产上，农药使用量不论商品量还是折百量，总体呈下降趋势（图1）。

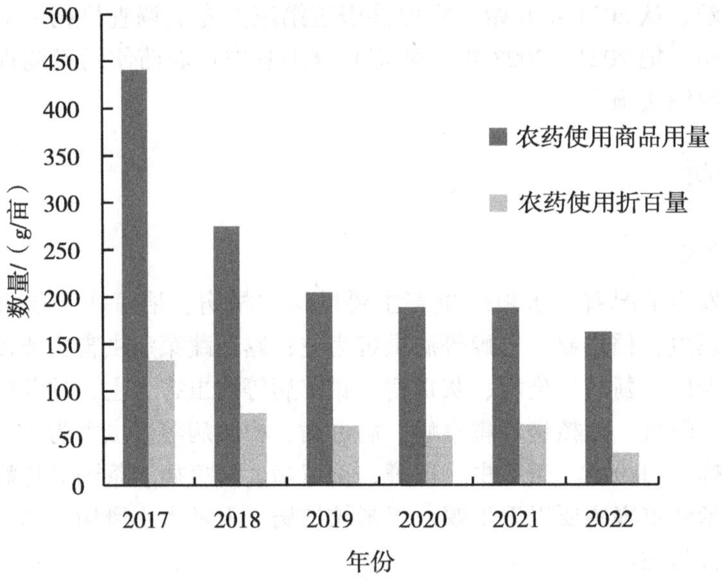


**图1　秀山县水稻生产农药使用量变化趋势**

2.2.2　蔬菜

秀山县蔬菜常年种植面积26万亩左右，蔬菜用药调查从2019年开始。蔬菜每季农药施药次数平均为2.70次，最多的年份3.5次，最少的1.1次。农药使用商品量平均为123.88 g，最多的年份为153.15 g，最少的年份为49.21 g。农药使用折百量平均为48.28 g，最多的年份为78.28 g，最少的年份为18.00 g（表1）。

由于蔬菜种类多，周年生产，病虫害种类不一致，农户农药使用差别又大，导致蔬菜年度间农药使用量差别大。近3年来，选定茄果类蔬菜作为调查作物，固定了蔬菜种类，农药使用量总体呈现稳中略减的趋势（图2）。

2.2.3　油菜

油菜是秀山县主要油料作物，常年种植面积23万亩。油菜病虫害种类相对较少，油菜是本地农药施药次数少的典型作物之一。每季农药施药次数平均为1.22次，最多的年份2.0次，最少的0.71次。农药使用商品量平均为92.56 g，最多的年份为125.80 g，最少的年份为77.29 g。农药使用折百量平均为35.27 g，最多的年份为

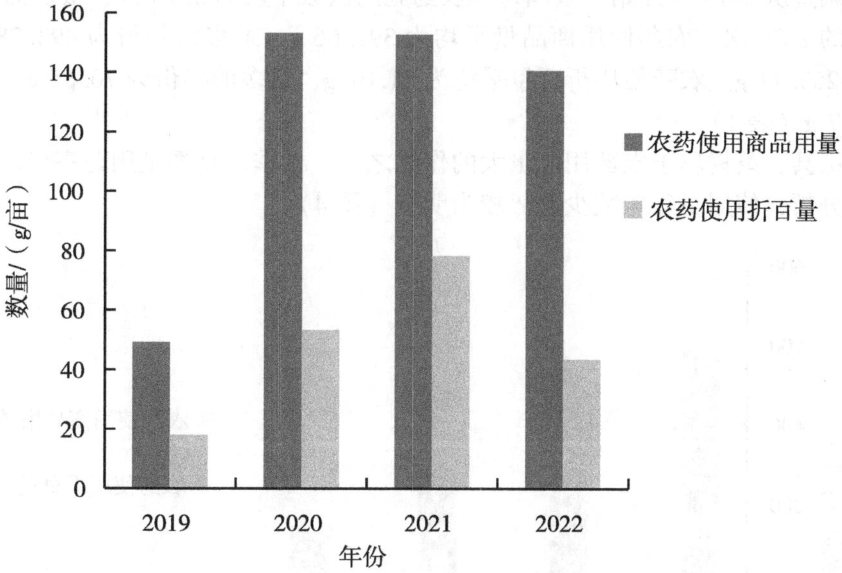


**图 2　秀山县蔬菜生产农药使用量变化趋势**

54. 50 g，最少的年份为 22. 19 g（表 1）。

从 2018 年开始，秀山县油菜生产上农药使用量逐年下降，近 3 年来。油菜农药使用商品量保持在 77. 29~88. 28 g，处于低用量水平（图 3）。

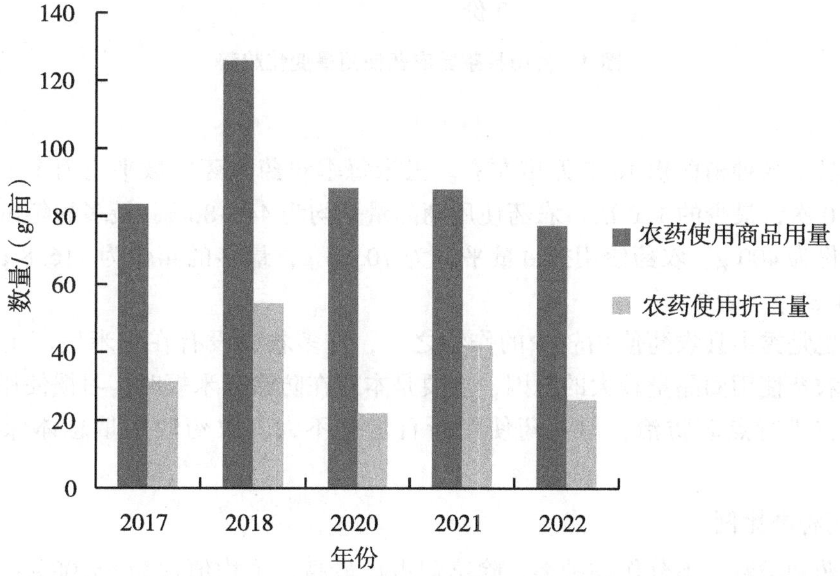


**图 3　秀山县油菜生产农药使用量变化趋势**

2. 2. 4　茶叶

秀山县茶叶产业发展较快，种植面积逐年增加，2022 年茶园面积达到 16. 5 万亩。

茶园用药调查从2019年开始。茶园每季农药施药次数平均为3.25次，最多的年份5.23次，最少的2.79次。农药使用商品量平均为392.66 g，最多的年份为493.78 g，最少的年份为263.71 g。农药使用折百量平均为51.01 g，最多的年份为70.65 g，最少的年份为20.57 g（表1）。

在秀山县，茶树属于农药用药量大的作物之一。春季、夏季是用药高峰。从农药使用商品量分析，使用量逐年减少趋势较为明显（图4）。

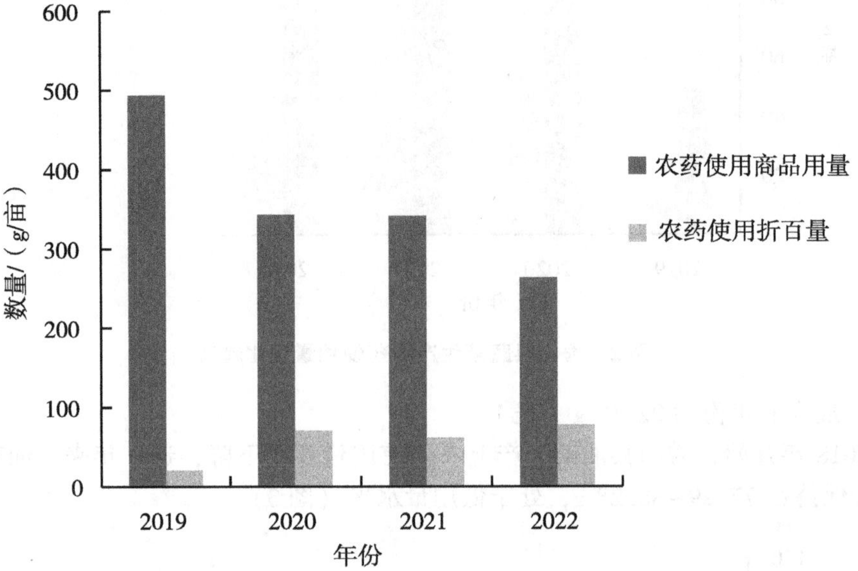


**图4　秀山县茶园农药使用量变化趋势**

2.2.5　玉米

秀山县玉米种植面积18.5万亩左右。玉米每季农药施药次数平均为1.3次，最多的年份2.0次，最少的1.0次。农药使用商品量平均为445.86 g，最多的年份为600 g，最少的年份为400 g。农药使用折百量平均为70.56 g，最多的年份为116.8 g，最少的年份为24.32 g（表1）。

玉米也是秀山县农药使用较少的作物之一，许多农民没有在玉米生产上施药的习惯。玉米农药使用商品量较大的原因，主要是本地在防治玉米螟时，习惯使用杀虫双大粒剂等颗粒进行点芯防治，但农药使用折百量均不大，农药使用量总体保持低用量水平。

### 2.3　农药种类比例

从农药种类看，不分作物种类，除草剂占比最高，平均值占为45.08%；杀虫剂次之，占比为41.79%；杀菌剂、生长调节剂占比分别为13.0%、0.13%（表2）。这一比例状况，与近年来本地农药销售市场调查情况基本一致。

从作物种类看，水稻和玉米杀虫剂使用量占比最高，蔬菜、油菜和茶叶等旱地作物，除草剂使用量占比最高。

表 2　秀山县农药使用调查农药种类比例统计　　单位：%

| 作物 | 杀虫剂占比 | 杀菌剂占比 | 除草剂占比 | 植物生长调节剂占比 |
|---|---|---|---|---|
| 水稻 | 59.56 | 16.09 | 24.18 | 0.17 |
| 蔬菜 | 33.84 | 10.32 | 55.64 | 0.20 |
| 油菜 | 22.24 | 12.34 | 65.41 | 0.01 |
| 茶园 | 28.32 | 16.15 | 55.27 | 0.25 |
| 玉米 | 65.00 | 10.10 | 24.90 | 0 |
| 平均 | 41.79 | 13.00 | 45.08 | 0.13 |

### 2.4　化学农药与生物农药比例

从生产实际看，农药使用还是以化学农药为主，生物农药比例较低。主要原因是生物农药成本较高、防治效果较差，单纯的生物农药，在农业生产实践中，不能有效控制农作物重大病虫害发生及为害。在绿色防控示范中，也是提倡生物农药配合环境友好型化学农药交替使用。

从作物种类看，茶园用药中，化学农药与生物农药比例为 92.29：7.71，生物农药占比最高；水稻、蔬菜生物农药比例次之，玉米生物农药比例最低。

### 2.5　农药成本

从农药成本看，水稻用药成本最高，每亩平均为 27.69 元，茶园次之，平均为 16.31 元/亩。蔬菜平均为 14.52 元/亩，玉米平均/亩 10.91 元，油菜用药成本最低，每亩平均为 8.52 元。调查中发现，如果使用生物农药，一般每亩成本在 30 元/次以上，成本较高，是生物农药推广使用的瓶颈。

## 3　讨论

（1）农户农药使用量调查，涉及监测户较多，时间跨度大，对监测户的宣传培训，是提高调查数据准确率的关键。在实际操作中，可以对监测户进行适当奖励，通过发放专门的农药包装物收集袋（箱），随时可用的调查记录表（册），调查人员多上门多联系，帮助监测户养成拍照的习惯等措施，可以进一步提高调查数据的准确性。

（2）农作物种类不同，农药使用差别较大，在有条件的地方，建议增加调查作物种类，如柑橘、山银花、西瓜等种植面积较大的作物，以增强调查数据的可代表性。

（3）农户农药数量调查是一项持续性的工作，随着农药品种升级换代、农作物种植制度的改变、农业产业结构调整，建议以 5 年为一个周期，分析主要农作物实际用药水平。

# 20%四唑虫酰胺SC防治水稻二化螟示范效果分析

肖晓华[1]，杨昌洪[1]，黄秀平[1]，邢革新[2]

（1. 重庆市秀山县植物保护检疫站，秀山 409900；
2. 拜耳作物科学（中国）有限公司，北京 100020）

**摘 要：**四唑虫酰胺是拜耳作物科学（中国）有限公司研发的最新双酰胺类杀虫剂，为了明确20%四唑虫酰胺SC对水稻二化螟的田间防治效果及其对水稻生长的安全性，2020年，秀山县开展20%四唑虫酰胺SC防治水稻二化螟示范，结果表明，20%四唑虫酰胺SC防治水稻二化螟，药后7 d、14 d和21 d，保苗效果分别为85.98%、84.12%、86.97%，杀虫效果达86.36%，高于对照药剂2.72个百分点。20%四唑虫酰胺SC防治水稻二化螟，用药量少，防治效果好，可以在水稻二化螟防治上大面积推广使用。

**关键词：**四唑虫酰胺；水稻二化螟；保苗效果；防治效果；秀山县

水稻是重庆市秀山县主要粮食作物，常年种植面积为1.87万$hm^2$左右。二化螟是秀山县水稻生产上的主要害虫之一。近年来，防治二化螟的常用药剂均不同程度产生抗药性，降低了防治效果，或因政策变化被限制使用，限制了防治对象及使用范围。水稻二化螟防治新药剂的研发与应用，成为农药研究的热点之一。20%四唑虫酰胺SC是拜耳作物科学（中国）有限公司研发的最新双酰胺类杀虫剂，在低剂量下，对鳞翅目、鞘翅目和双翅目等多种害虫有很好的防治效果。为了明确20%四唑虫酰胺SC对水稻二化螟的田间防治效果及其对水稻生长的安全性，为加快推进该药在水稻生产上的大面积应用，2020年，在重庆市植物保护站统一安排下，秀山县农业综合服务中心与拜耳作物科学（中国）有限公司合作，在秀山县清溪场镇沙南村，即秀山县盛耀农机服务有限公司集中流转的稻田开展20%四唑虫酰胺SC防治水稻二化螟示范，示范面积3.33 $hm^2$，效果十分显著，为大面积推广应用提供了科学依据。

## 1 材料与方法

### 1.1 示范对象、作物和品种的选择

二化螟 *Chilo suppressalis*（Walker）。

水稻品种：晶两优534。

### 1.2 环境条件

示范地点选择在秀山县清溪场镇沙南村（秀山县盛耀农机服务有限公司承包地内，安排专人进行田间管理，田间肥力水平与管理水平基本一致），示范区海拔382 m左

右，示范区地势平坦，灌溉方便，土壤为水稻土，肥力中等，肥力均匀一致，水稻品种为晶两优534，属于中熟水稻组合，种植方式为直播，示范区水稻连片种植。当地直播水稻4月中旬直播，8月下旬成熟。

### 1.3 试验药剂及用量

20%四唑虫酰胺SC，拜耳作物科学（中国）有限公司生产、提供。施药剂量（制剂量）为225 g/hm$^2$（有效成分量45 g/hm$^2$）。

### 1.4 对照药剂及用量

9%甲维·茚虫威SC，菏泽龙歌植保技术有限公司生产，秀山县植保植检站提供。施药剂量（制剂量）为750 g/hm$^2$（有效成分量67.5 g/hm$^2$）。

### 1.5 示范区设置与安排

2020年，在秀山县清溪场镇沙南村观音阁组，县级水稻农药减量增效示范区开展20%四唑虫酰胺SC防治二化螟连片示范。示范区水稻连片种植，地势平坦，面积为3.33 hm$^2$。示范设立示范区3.33 hm$^2$、常规防治区3 335 m$^2$、对照区667 m$^2$，共计3个处理，大区示范，不设重复。其中，常规防治区、对照区与示范区处于相邻区域，以机耕道及稻田田坎自然隔离。

### 1.6 施药时间、次数与方法

示范区于6月1日，采用2次稀释法配制药液对目标作物进行喷雾，二次稀释后的药液采用多旋翼无人机动喷雾，用水量为30 L/hm$^2$。施药1次。

常规防治区化学采用相同的方法施药。为减少误差，示范区与对照区均由同一机防手操控完成施药。

6月1日，天气为晴天，平均温度23.0 ℃，最高29.4 ℃，最低温度18.1 ℃；平均湿度86.2%，最大风速1.3 m/s，天气状况对施药无不利影响。

### 1.7 施药器械

大疆MG-1P农业植保机，深圳市大疆创新科技有限公司生产，秀山县盛耀农机服务有限公司提供。

### 1.8 调查方法、时间和次数

#### 1.8.1 调查时间和次数

6月7日、14日调查保苗效果，6月21日，二化螟危害定型后，调查保苗效果及杀虫效果（防治效果）。

#### 1.8.2 调查方法

于药后7 d、14 d、21 d，调查保苗效果及杀虫效果。每次调查相同的药剂防治的5块稻田和1块空白对照田，每块稻田5点取样，每点调查20丛水稻上的二化螟枯心数，并于施药后21 d剥查枯心内的活虫数，计算保苗效果及杀虫效果。

#### 1.8.3 计算方法

$$枯心率（\%）=枯心株数/调查总株数\times100$$

$$保苗效果（\%）=（空白对照区枯心率-药剂处理区枯心率）/空白对照区枯心率\times100$$

杀虫效果=（空白对照区活虫数-药剂处理区活虫数）/空白对照区活虫数×100

## 2 结果与分析

20%四唑虫酰胺 SC 防治水稻二化螟，药后 7 d、14 d 和 21 d，保苗效果分别为85.98%、84.12%、86.97%，均高于或略高于对照药剂。杀虫效果达 86.36%，高于对照药剂 2.72 个百分点（表 1）。

2020 年示范结果表明，20%四唑虫酰胺 SC 防治水稻二化螟，用药量少，防治效果好，每亩减少化学农药 35 g 以上，可以在水稻二化螟防治上大面积推广使用。

**表 1 20%四唑虫酰胺 SC 对水稻二化螟的田间防效调查**

| 处理 | 用量/（mL/亩） | 药后 7 d | | 药后 14 d | | 药后 21 d | | | |
|---|---|---|---|---|---|---|---|---|---|
| | | 枯心率/% | 保苗效果/% | 枯心率/% | 保苗效果/% | 枯心率/% | 保苗效果/% | 活虫量/头 | 杀虫效果/% |
| 20%四唑虫酰胺 SC | 15 | 0.82 | 85.98 | 1.55 | 84.12 | 2.23 | 86.97 | 1.5 | 86.36 |
| 9%甲维·茚虫威 SC | 50 | 0.88 | 84.96 | 1.60 | 83.61 | 2.49 | 85.46 | 1.8 | 83.64 |
| 对照区（空白） | 0 | 5.85 | | 9.76 | | 17.12 | | 11.0 | |

20%四唑虫酰胺 SC 对水稻上的稻纵卷叶螟、黏虫、夜蛾类等也有效果。20%四唑虫酰胺 SC 属于低毒农药，符合水稻农药减量使用要求。对天敌较为安全。施药后对水稻无不良影响。

## 3 讨论

（1）20%四唑虫酰胺 SC 是拜耳作物科学（中国）有限公司研发的最新双酰胺类杀虫剂，属于邻甲酰氨基苯甲酰胺类杀虫剂，为鱼尼丁受体作用剂，据试验示范表明，在低剂量下，对鳞翅目、鞘翅目和双翅目等多种害虫有很好的防治效果。符合当前农药减量控害对化学农药的需求。

（2）重庆市秀山县地处武陵山区腹地，是水稻“两迁害虫”南边迁飞的重要通道，稻纵卷叶螟常年发生早、发生普遍、危害较重，建议在稻纵卷叶螟发生较重的年份，开展 20%四唑虫酰胺 SC 防治稻纵卷叶螟试验示范，为该品种在水稻害虫防治上大面积推广使用，提供数据支撑。同时，建议进一步加大试验示范力度，在不同生态区域，不同作物、不同生育期，开展害虫多因素试验示范。

（3）四唑虫酰胺是拜耳作物科学（中国）有限公司即将上市的专利产品，建议在包装、规格与剂型上，既要考虑大面积统防统治需要，也要照顾丘陵山区稻田用药要求，既要考虑害虫防控效果，也要权衡防治成本的高低。

# 杂　草

草　案

# 重庆市秀山县农田杂草种类调查*

肖晓华[1]，刘　春[1]，吴洪华[1]，杨昌洪[1]，
刘祥贵[2]，周天云[2]，刘　怀[3]
（1. 重庆市秀山县植保植检站，秀山　409900；2. 重庆市种子管理站，
重庆　401121；3. 西南大学植物保护学院，重庆　400715）

**摘　要**：2010—2012年，秀山县植保植检站开展农田杂草种类系统调查及普查。2013—2014年进行查漏补缺，通过以水稻、柑橘、油菜为代表作物的农田调查及撂荒地、田边地角、沟渠等地普查，查明秀山县农田杂草种类共计74个科340种，杂草调查工作取得阶段性重要成果，为制定农田杂草综合防控技术措施提供了理论依据。

**关键词**：农田杂草；杂草种类；调查；发生情况；秀山县

# Weed Species in the Farmlands of Xiushan County, Chongqing City

XIAO Xiao-hua[1], Liu Chun[1], WU Hong-hua[1], YANG Chang-hong[1],
LIU Xiang-gui[2], ZHOU Tian-yun[2], LIU Huai[3]
(1. Xiushan County Station of Plant Protection, Xiushan 409900, China; 2. Chongqing Seed Management Station, Chongqing 401121, China; 3. College of Plant Protection, Southwest University, Chongqing 400715, China)

**Abstract**: The Xiushan plant protection station conducted a systematic survey and census of weed species present in farmlands during 2010 to 2012. To further refine the work, we conducted a second survey regarding the rice, citrus, and rape crops, field margins, abandoned land and ditches during 2013 to 2014. Weed in Xiushan county amounted to 340 species of 74 families, according to which, integrated weed management strategies could be formulated.

**Key words**: farmland weeds; weed types; survey; occurrence; Xiushan County

---

* 基金项目：公益性行业（农业）科研专项（200903004-17）。

秀山县位于重庆市东南部武陵山区腹地。多样化的生态条件、复杂的立体气候及不均衡的管理水平，导致杂草种类多、生长为害期长。结合公益性行业（农业）科研专项“重庆市主要农作物有害生物种类与发生危害特点研究”子课题实施，秀山县植保植检站于2010—2012年开展农田杂草种类系统调查及普查。2013—2014年，按照杂草生育期进行验证及查漏补缺，现已查明，秀山县农田杂草种类共计74个科340种，杂草调查工作取得阶段性重要成果，为制定农田杂草综合防控技术措施提供了理论依据。

## 1 调查方法

依据项目技术方案有关调查基点选择的要求，按照秀山县实际情况进行综合分析，水稻、油菜调查项目落实于有代表性的乡镇（街道）。2010—2012年系统调查及普查基点乡镇为平坝地区代表为清溪场镇（海拔360 m左右），3个村分别为东林村、沙南村、三合村；丘陵地区代表为梅江镇（海拔450 m左右），3个村分别为兴隆坳村、吏目村、财塘村；山沟两岔稻瘟病常发区代表为平凯街道（海拔380 m左右），3个村分别为武营村、官桥村、五星村。共确定3个乡镇（街道）9个村27块田，调查田块面积不少于1 334 $hm^2$。柑橘园杂草调查选择平凯街道凤栖居委、护国居委和五营村，乌杨街道流秀桥村、新春巷、郭园村，石堤镇石堤居委会、水坝村、高桥村作为基点村。每个村选择面积在0.33 $hm^2$以上的3处代表性果园或苗圃进行系统调查、普查。5月下旬、7月下旬、8月下旬水稻秧田期、分蘖期、穗期进行稻田杂草调查。10月上旬及翌年3月下旬、5月上中旬，在油菜生长苗期、花期和成熟期，分3次开展杂草调查工作。结合油菜日常调查、普查，随时进行杂草种类鉴定工作。柑橘越冬期、春梢期（花期）、夏梢期、秋梢期和成熟期各调查1次橘园杂草。系统调查由每个试验点选取不同类型田5~10块，采取双对角线5点取样法，每个样点的取样面积为0.25 $m^2$，即50 cm×50 cm。取样时，将样方框内的所有杂草连根拔出，现场拍照、鉴定、分类、记载，有疑问的种类则装入塑料袋，加装标签，带回鉴定、分类、记载。杂草调查选样时，人为选择少数农作物管理水平低、杂草丛生的田块及少数撂荒地，以增加杂草种类。按照发生密度分为重、中、轻3类发生程度。

油菜、水稻、柑橘园田间杂草，既有稻田，也有旱地、撂荒地，时间上包含一年四季，能代表本地农田杂草种类及长势长相。杂草种类较多，发生情况较为复杂，信息量大，任务十分艰巨。同时，技术含量较高，涉及种类识别、标本制作、种类鉴定、损失测定等多个复杂程序和环节，识别和鉴定难度较大。2013—2014年，秀山县植保植检站对2010—2012年调查结果进行进一步验证及查漏补缺。

## 2 调查结果

2010—2012年农田草害共有74个科328种。其中，水生杂草共有17种，水旱两栖杂草44种，旱地杂草267种。稻田草害61种，田坎、水沟、路旁杂草311种。2013—2014年，新增农田草害13种，秀山县农田草害累计达74个科340种。按照农田类型分类，油菜田杂草308种（含田边地角）、稻田草害63种，田坎、水沟、路旁杂草共计

277种。按照生长环境不同，水生杂草19种、水旱两栖杂草63种、旱地杂草种258种。按照发生程度，轻发生杂草278种、中等程度发生48种、重发杂草14种（表1）。

**表1 2010—2014年秀山县农田草害种类及发生程度**

| 序号 | | 杂草名称 | 发生程度 轻 | 中 | 重 | 备注 |
|---|---|---|---|---|---|---|
| 1 | 禾木科 | 稗草［*Echinochloa crusgalli*（L.）Beauv.］ | | | √ | 水、旱 |
| 2 | | 无芒稗［*Echinochloa crusgali*（Linn.）Beauv. var. mitis（Pursh）Peterm. Fl.］ | √ | | | 水、旱 |
| 3 | | 千金子［*Leptochloa chinensis*（L.）Nees］ | | √ | | 水、旱 |
| 4 | | 荩草［*Arthraxon hispidus*（Thunb.）Makino］ | √ | | | 旱 |
| 5 | | 狗牙根［*Cynodon dactylon*（L.）Pers.］ | | √ | | 旱 |
| 6 | | 芒稷［*Echinochloa colona*（L.）Link.］ | √ | | | 旱 |
| 7 | | 马唐［*Digitaria sanguinalis*（L.）Scop.］ | | √ | | 旱 |
| 8 | | 毛马唐［*Digitaria ciliaris*（Retz.）Koel.］ | √ | | | 旱 |
| 9 | | 狗尾草［*S. viridis*（L.）Beauv.］ | √ | | | 旱 |
| 10 | | 狼尾草［*Pennisetum alopecuroides*（L.）Spreng.］ | √ | | | 旱 |
| 11 | | 金狗尾草［*Setaria glauca*（L.）Beauv.］ | √ | | | 旱 |
| 12 | | 早熟禾［*Poa pratensis* L.］ | √ | | | 旱 |
| 13 | | 李氏禾［*Leersia hexandra* Swartz］ | √ | | | 旱 |
| 14 | | 白茅［*Imperata cylindrica*（Linn.）Beauv.］ | √ | | | 旱 |
| 15 | | 双穗雀稗［*Paspalum distichum* L.］ | | | √ | 水、旱 |
| 16 | | 荻［*Triarrherca sacchariflora*（Maxin.）Nakai］ | √ | | | 旱 |
| 17 | | 柔枝秀竹［*Microstegium vimineum*（Trin.）A. Camus］ | √ | | | 旱 |
| 18 | | 牛筋草［*Eleusine indica*（L.）Gaertn.］ | √ | | | 旱 |
| 19 | | 看麦娘［*Alopecurus aequalis* Sobol.］ | √ | | | 旱 |
| 20 | | 野燕麦［*Avena fatua* L.］ | √ | | | 旱 |
| 21 | | 画眉草［*Eragrostis pilosa*（L.）Beauv.］ | √ | | | 旱 |
| 22 | | 虮子草［*Leptochloa panicea*（Retz.）Ohwi］ | √ | | | 旱 |
| 23 | | 鼠尾粟［*Sporobolus indicus*（L.）R. Br. var. *purpurea-suffusus*（Ohwi）T. Koyama］ | √ | | | 旱 |

（续表）

| 序号 | | 杂草名称 | 发生程度 | | | 备注 |
|---|---|---|---|---|---|---|
| | | | 轻 | 中 | 重 | |
| 24 | 禾本科 | 双蕊鼠尾粟［*Sporobolus diander*（Retz.）Beauv］ | √ | | | 水、旱 |
| 25 | | 两耳草［*Paspalum conjugatum* Bergius］ | √ | | | 旱 |
| 26 | | 菵草［*Beckmannia syzigachne*（Steud.）Fern.］ | √ | | | 旱 |
| 27 | | 鹅观草［*Roegneria kamoji* Ohwi］ | √ | | | 旱 |
| 28 | | 硬草［*Sclerochloa kengiana* Tzvel.］ | √ | | | 旱 |
| 29 | | 薏苡［*Coix Lacryma-jobi* L.］ | √ | | | 旱 |
| 30 | | 黄背草［*Themeda triandra* Forsk. var. *Japonica*（Willd.）makino］ | √ | | | 旱 |
| 31 | | 铺地黍［*Panicum repens* L.］ | √ | | | 旱 |
| 32 | | 皱叶狗尾草［*Setaria plicata*（Lamk.）T. Cooke］ | √ | | | 旱 |
| 33 | | 棒头草［*Polypogon fugax* N.］ | | √ | | 旱 |
| 34 | | 长芒棒头草［*Polypogon monspeliensis*（Linn.）Desf.］ | √ | | | 旱 |
| 35 | | 柳叶箬［*Isachne globosa*（Thunb.）Kuntze］ | √ | | | 水、旱 |
| 36 | | 虉草［*Phalarisarundinacea* L.］ | √ | | | 旱 |
| 37 | | 细柄草［*Capillipedium parviflorum*（R. Br）Stapf］ | √ | | | 旱 |
| 38 | | 大黍［*Panicum maximum* Jacq.］ | √ | | | 旱 |
| 39 | | 乱草［*Eragrostis tenella*（L.）Beauv. ex Schult.］ | √ | | | 水、旱 |
| 40 | 菊科 | 鳢肠［*Eclipta prostrata* L.］ | | | √ | 水、旱 |
| 41 | | 马兰［*Kalimeris indica*（L.）Sch. -Bip.］ | | √ | | 旱 |
| 42 | | 全叶马兰［*Kalimerisintegrtifolia* Turcz. ex DC.］ | √ | | | 旱 |
| 43 | | 艾蒿［*Artemisia princeps* Pamp］ | | √ | | 旱 |
| 44 | | 野艾蒿［*Artemisia lavandulaefolia* DC.］ | √ | | | 旱 |
| 45 | | 苍耳［*Xanthium sibiricum* Patr］ | | √ | | 旱 |
| 46 | | 小飞蓬［*Comnyza canadensis*（L.）Cronq.］ | | √ | | 旱 |
| 47 | | 山苦荬［*Ixeris chinensis*（Thunb.）Nakai］ | √ | | | 旱 |
| 48 | | 羽叶鬼针草［*Bidens maximoviczlana* Oett.］ | √ | | | 旱 |
| 49 | | 鬼针草（三叶鬼针草）［*Bidens pilosa* L.］ | √ | | | 旱 |

（续表）

| 序号 | | 杂草名称 | 发生程度 | | | 备注 |
|---|---|---|---|---|---|---|
| | | | 轻 | 中 | 重 | |
| 50 | | 小蓟［*Cirsium setosum*（Willd.）］ | | √ | | 旱 |
| 51 | | 大蓟［*Cirsium japonicum* DC.］ | √ | | | 旱 |
| 52 | | 蒲公英［*Taraxacum officnala*］ | √ | | | 旱 |
| 53 | | 华蒲公英［*Taraxacumborealisinense* Kitam.］ | √ | | | 旱 |
| 54 | | 鼠曲草［*Gnaphalium affine* D. Don］ | | √ | | 旱 |
| 55 | | 匙叶鼠曲草［*Gnaphalium pensylvanicum*］ | √ | | | 旱 |
| 56 | | 多茎鼠曲草［*Gnaphalium polycaulon* Pers.］ | | | | 旱 |
| 57 | | 秋鼠曲草［*Gnaphalium hypoleucum* DC.］ | √ | | | 旱 |
| 58 | | 黄花蒿［*Artemisia annua* L.］ | √ | | | 旱 |
| 59 | | 猪毛蒿［*Artemisia scoparia Waldst.* et Kit.］ | √ | | | 旱 |
| 60 | | 山莴苣［*Lactuca indica* L.］ | √ | | | 旱 |
| 61 | | 野茼蒿［*Crassocephalum crepidioides*］ | | √ | | 旱 |
| 62 | | 黄鹌菜［*Youngia japonica*（L.）DC.］ | | √ | | 旱 |
| 63 | | 异叶黄鹌菜［*Youngia heterophylla*（Hemsl.）Babc. et Stebbins］ | √ | | | 旱 |
| 64 | 菊科 | 天名精［*Carpesium abroanoides* L.］ | √ | | | 旱 |
| 65 | | 千里光［*Senecio scandentis* Buch. – Ham. ex D. Don］ | | √ | | 旱 |
| 66 | | 豨莶［*Siegesbeckia orientalis* L.］ | √ | | | 旱 |
| 67 | | 抱茎苦荬菜［*Ixeris sonchifolia* Hance.］ | √ | | | 旱 |
| 68 | | 藿香蓟［*Ageratum conyzoides* L.］ | | √ | | 旱 |
| 69 | | 苣荬菜［*Sonchus brachyotus* D C.］ | √ | | | 旱 |
| 70 | | 一年蓬［*Erigeron annuus*（L.）Pers.（Aster an-nuus L.）］ | | √ | | 旱 |
| 71 | | 旋覆花［*Inula japonica* Thunb.］ | √ | | | 旱 |
| 72 | | 石胡荽［*Centipeda minima*（L.）A. Br. et Aschers.］ | √ | | | 旱 |
| 73 | | 鱼眼草［*Dichrocephala auriculata*（Thunb.）Druce］ | √ | | | 旱 |
| 74 | | 小鱼眼草［*Dichrocephala benthamii* C.B. Clarke］ | √ | | | 旱 |
| 75 | | 稻槎菜［*Lapsana apogonoides Maxim.*］ | √ | | | 旱 |

（续表）

| 序号 | | 杂草名称 | 发生程度 | | | 备注 |
|---|---|---|---|---|---|---|
| | | | 轻 | 中 | 重 | |
| 76 | 菊科 | 泥胡菜［*Hemistepta lyrata*（Bunge）Bunge］ | √ | | | 旱 |
| 77 | | 苦苣菜［*S. oleraceus* L.］ | √ | | | 旱 |
| 78 | | 禾叶苦菜［*Ixeris graminea*（Fisch.）Nakai］ | √ | | | 旱 |
| 79 | | 蒲儿根［*Sinosenecio oldhamianus*（Maxim.）B. Nord.］ | √ | | | 旱 |
| 80 | | 大狼把草［*Bidens tripartita* L.］ | √ | | | 旱 |
| 81 | | 齿缘苦荬菜［*Ixerisdentate*（Thunb.）Nakai］ | √ | | | 旱 |
| 82 | | 苣荬菜［*Sonchus brachyotus* D C.］ | √ | | | 旱 |
| 83 | | 辣子草［*Galinsoga parviflora* Car.］ | √ | | | 旱 |
| 84 | | 女菀［*Aster fastigiatus* Fisch］ | √ | | | 旱 |
| 85 | | 鸭脚艾［*Artemisia lactiflora* Wall. ex DC.］ | √ | | | 旱 |
| 86 | | 飞机草［*Eupatorium odoratum* L.］ | √ | | | 旱 |
| 87 | | 风毛菊［*Saussurea japonica*（Thunb.）DC.］ | √ | | | 旱 |
| 88 | | 青蒿［*Sweet Wormwood* Buch. – Ham. ex Roxb.］ | √ | | | 旱 |
| 89 | | 烟管头草［*Carpesium cernuum* L.］ | √ | | | 旱 |
| 90 | | 甘野菊［*Chrysanthemum seticuspe*］ | √ | | | 旱 |
| 91 | | 野塘蒿［*Erigeron bonariensis* L.］ | | √ | | 旱 |
| 92 | | 钻形紫菀［*Aster subulatus* Michx］ | √ | | | 旱 |
| 93 | 莎草科 | 异型莎草［*Cyperus difformis* L.］ | | | √ | 水、旱 |
| 94 | | 褐穗莎草［*Cyperus fuscus* L］ | √ | | | 水、旱 |
| 95 | | 野荸荠［*Ainsliaea grossedentata* Franch.］ | | √ | | 水 |
| 96 | | 日照飘拂草［*Fimbristylis miliacea*（L.）Vahl］ | | | √ | 水、旱 |
| 97 | | 碎米莎草［*Cyperus iria* L.］ | | | √ | 水、旱 |
| 98 | | 水蜈蚣［*Begonia palmata* D. Don. B. laciniata Roxb.］ | √ | | | 水、旱 |
| 99 | | 香附子［（*Nutgrass galingale* Rhizome）］ | √ | | | 水、旱 |
| 100 | | 牛毛毡［*Eleocharis yokoscensis*（Franch. et Sav.）Tang et Wang］ | | | √ | 水 |
| 101 | | 球穗扁莎［*Pycreus globosus*（All.）Reichb.］ | √ | | | 水、旱 |

（续表）

| 序号 | | 杂草名称 | 发生程度 | | | 备注 |
|---|---|---|---|---|---|---|
| | | | 轻 | 中 | 重 | |
| 102 | 莎草科 | 细叶薹草［*Carex rigescens*（Franch. et Sav.）Tang et Wang］ | √ | | | 旱 |
| 103 | | 异穗薹草［*Carex heterostachya* Bge.］ | √ | | | 旱 |
| 104 | | 垂穗薹草［*Carex brachyathera* Ohwi］ | √ | | | 旱 |
| 105 | | 聚穗莎草［*Cyperus glomeratus* Relz.］ | √ | | | 水、旱 |
| 106 | | 水莎草［*Cyperus glomeratus* L.］ | √ | | | 水、旱 |
| 107 | | 阿穆尔莎草［*Cyperus amuricus* Maxim.］ | √ | | | 水、旱 |
| 108 | | 萤蔺［*Scirpus juncoides* Roxb］ | √ | | | 水、旱 |
| 109 | | 具芒碎米莎草［*Cyperus microiria* Steud.］ | √ | | | 水、旱 |
| 110 | 鸭跖草科 | 水竹叶［*Mllrdanniatriguetra*（Wall.）Brijckn.］ | √ | | | 水 |
| 111 | | 火柴头［*Commelina bengalensis* L.］ | √ | | | 水、旱 |
| 112 | | 鸭跖草［*Commelina communis* L.］ | | | √ | 水、旱 |
| 113 | 灯芯草科 | 灯芯草［*Juncus effusus* L.］ | √ | | | 旱 |
| 114 | | 星花灯芯草［*Juncus diastrophanthus* Buchen.］ | √ | | | 水、旱 |
| 115 | 柳叶菜科 | 丁香蓼［*Ludwigia prostrata* Roxb.］ | | √ | | 水、旱 |
| 116 | | 草龙［*Jussiaea linifolia* Vahl］ | | √ | | 水、旱 |
| 117 | | 黄花月见草［*Oenothera glazioviana* Mich.］ | √ | | | 旱 |
| 118 | 浮萍科 | 青萍［*Lemna minor* L.］ | √ | | | 水 |
| 119 | 蘋科 | 四叶萍［*Marsilea quadrifolia* L.］ | | √ | | 水、旱 |
| 120 | 藜科 | 藜［*Chenopodium album* L.］ | √ | | | 旱 |
| 121 | | 小藜［*Chenopodium serotinum* L.］ | √ | | | 旱 |
| 122 | | 土荆芥［*Chenopodium ambrosioides* L.］ | | √ | | 旱 |
| 123 | | 杖藜［*Chenopodium giganteum* D. Don］ | √ | | | 旱 |
| 124 | | 地肤［*Kochia scoparia*（L.）Schrad.］ | √ | | | 旱 |
| 125 | 双星藻科 | 水绵［*Spirogyra communis*（Hass.）Kutz.］ | √ | | | 水 |
| 126 | 眼子菜科 | 竹叶眼子菜［*Potamogeton malaianus* Miq.］ | √ | | | 水 |
| 127 | | 尖叶眼子菜［*Potamogeton oxyphyllus* Miq.］ | √ | | | 水 |
| 128 | | 眼子菜［*Potamogeton distinctus* A. Benn］ | | | √ | 水 |
| 129 | | 菹草［*Potamogeton crispus* L.］ | √ | | | 水 |

（续表）

| 序号 | | 杂草名称 | 发生程度 | | | 备注 |
|---|---|---|---|---|---|---|
| | | | 轻 | 中 | 重 | |
| 130 | 雨久花科 | 凤眼莲（水葫芦）［*Eichhornia crassipes*（Mart.）Solms］ | √ | | | 水 |
| 131 | | 鸭舌草［*Monochoriapauciflora*（Bl.）Kunth.］ | | | √ | 水 |
| 132 | 蔷薇科 | 匍枝委陵菜［*Potentilla flagellaris* willd. ex schlecht.］ | √ | | | 旱 |
| 133 | | 蛇莓［*Duchesnea indica*（Andrews）Focke］ | √ | | | 旱 |
| 134 | | 茅莓［*Rubus parvifolius* L.］ | √ | | | 旱 |
| 135 | | 委陵菜［*Potentilla aiscolor* Bung］ | √ | | | 旱 |
| 136 | | 蛇含委陵菜［*Potentilla kleiniana* Wight et Arn.］ | √ | | | 旱 |
| 137 | | 草本水杨梅［*Geum aleppicum* Jacq］ | | √ | | 旱 |
| 138 | | 龙芽草［*Agrimonia pilosa* Ledeb］ | | √ | | 旱 |
| 139 | 唇形科 | 野薄荷［*Mentha arvensis* L.］ | √ | | | 旱 |
| 140 | | 香薷［*Elsholtzia ciliata*（Thunb.）Hyland］ | | √ | | 旱 |
| 141 | | 密花香薷［*Elsholtzia densa* Benth.］ | √ | | | 旱 |
| 142 | | 风轮菜［*Clinopodium chinensis* O. Kze.］ | √ | | | 旱 |
| 143 | | 光风轮菜［*Clinopodium confine*（Hance）O. Kuntze.］ | √ | | | 旱 |
| 144 | | 瘦风轮菜［*Calamintha gracilis* Benth］ | √ | | | 旱 |
| 145 | | 石荠苎［*Mosla scabra*（Thunb.）C. Y. Wuet H. W. Li］ | | √ | | 旱 |
| 146 | | 夏枯草［*Prunella vulgaris* L.］ | √ | | | 旱 |
| 147 | | 活血丹［*Centella asiatica*（L.）Urban］ | √ | | | 旱 |
| 148 | | 荔枝草［*Saluia plebeia* R. Br.］ | | √ | | 旱 |
| 149 | | 鼬瓣花［*Galeopsis bifida* Boenn.］ | √ | | | 旱 |
| 150 | | 益母草［*Leonurus heterophyllus* Sweet.］ | √ | | | 旱 |
| 151 | | 水苏［*Stachys japonica* Miq.］ | √ | | | 旱 |
| 152 | | 紫苏［*Perilla frutescens*（L.）Britt.］ | | √ | | 旱 |
| 153 | | 佛座［*Lamium amp1exicaule* L.］ | √ | | | 旱 |
| 154 | | 香茶菜属［*Rabdosia*（Bl.）Hassk.］ | √ | | | 旱 |

（续表）

| 序号 | | 杂草名称 | 发生程度 | | | 备注 |
|---|---|---|---|---|---|---|
| | | | 轻 | 中 | 重 | |
| 155 | 玄参科 | 陌上菜［*Lindernia procumbens*（Krock.）Borbas］ | √ | | | 旱 |
| 156 | 玄参科 | 母草［*Lindernia crustacea*（L.）F. Muell］ | √ | | | 旱 |
| 157 | 玄参科 | 长蒴母草［*Lindernia anagallis*（Burm. F.）Pennell］ | √ | | | 旱 |
| 158 | 玄参科 | 窄叶母草［*Lindernia angustifolia*（Benth.）Wettst.］ | √ | | | 旱 |
| 159 | 玄参科 | 婆婆纳［*Veronica didyma Tenore*］ | √ | | | 旱 |
| 160 | 玄参科 | 阿拉伯婆婆纳［*Veronica persica* Poir.］ | | √ | | 旱 |
| 161 | 玄参科 | 直立婆婆纳［*Veronica arvensis* L.］ | √ | | | 旱 |
| 162 | 玄参科 | 通泉草［*Mazus japonicus*（Thunb.）O. Kuntze］ | √ | | | 水、旱 |
| 163 | 玄参科 | 沟酸浆［*Mimulus nepalensis* var. japonicus］ | √ | | | 水、旱 |
| 164 | 玄参科 | 水苦荬［*Veronica anagallis*-aquatica L.］ | √ | | | 水、旱 |
| 165 | 玄参科 | 石龙尾［*Limnophila sessiliflora*（Vahl）Blume.］ | √ | | | 旱 |
| 166 | 玄参科 | 匍茎通泉草［*Mazus miquelii* Makino］ | √ | | | 旱 |
| 167 | 伞形科 | 积雪草［*Centella asiatica*（L.）Urban］ | √ | | | 旱 |
| 168 | 伞形科 | 水芹［*Oenanthe javanica*（Blume）DC.］ | | √ | | 水、旱 |
| 169 | 伞形科 | 野胡萝卜［*Daucus carota* L.］ | √ | | | 旱 |
| 170 | 伞形科 | 窃衣［*Torilis scabra*（Thunb.）DC.］ | | √ | | 旱 |
| 171 | 伞形科 | 破铜钱［*Hydvocotyle sibthorpioides* Lam. var. *Batvachium*（Hand. -Mazz.）et shan.］ | √ | | | 旱 |
| 172 | 伞形科 | 天胡荽［*Hydrocotyle sibthorpioides* Lam.］ | √ | | | 旱 |
| 173 | 伞形科 | 小茴香［*Foeniculum vulgare* Mill.］ | √ | | | 旱 |
| 174 | 天南星科 | 菖蒲［*Acorus calamus* L.］ | √ | | | 水、旱 |
| 175 | 天南星科 | 半夏［*Pinellia ternata*（Thunb.）Breit.］ | √ | | | 旱 |
| 176 | 海金沙科 | 海金沙［*Lygodium japonicum*（Thunb.）Sw.］ | √ | | | 旱 |
| 177 | 马齿苋科 | 马齿苋［*Portulaca oleracea* L.］ | √ | | | 水、旱 |

（续表）

| 序号 | | 杂草名称 | 发生程度 | | | 备注 |
|---|---|---|---|---|---|---|
| | | | 轻 | 中 | 重 | |
| 178 | 百合科 | 薤白［*Allium macrostemon* Bunge］ | √ | | | 旱 |
| 179 | | 野韭菜［*Alliu mjaponicurn* Regel］ | √ | | | 旱 |
| 180 | | 沿阶草［*Ophiopogon japonicus*（L. f.）Ker－Gawl］ | √ | | | 旱 |
| 181 | | 天冬［*Asparaguscochinchinensis*（Lour.）Merr.］ | √ | | | 旱 |
| 182 | 十字花科 | 荠菜［*Capsella bursa－pastoris*（L.）Medic.］ | | √ | | 旱 |
| 183 | | 播娘蒿［*Descurainia sophia*（L.）Webb. ex Prantl］ | √ | | | 旱 |
| 184 | | 弯曲碎米荠［*Cardamine flexuosa* With］ | √ | | | 旱 |
| 185 | | 独行菜［*Lepidium apetalum* Willd.］ | √ | | | 旱 |
| 186 | | 宽叶独行菜［*Lepidium latifolium* L.］ | √ | | | 旱 |
| 187 | | 印度蔊菜［*Rorippa indica*（L.）Hiern］ | √ | | | 旱 |
| 188 | | 碎米荠［*Cardamine hirsuta* L.］ | √ | | | 旱 |
| 189 | 茜草科 | 猪殃殃［*Galium aparine* L. var. *tenerum*（Gren. et Godr Rchb.）］ | | √ | | 旱 |
| 190 | | 茜草［*Radix Rudix* L.］ | √ | | | 旱 |
| 191 | | 四叶葎［*Galium bungei* Steud.］ | √ | | | 旱 |
| 192 | 大戟科 | 地锦［*Hedera nepalensis* var. *sinensis*］ | √ | | | 旱 |
| 193 | | 斑地锦［*Euphorbia maculata* L.］ | √ | | | 旱 |
| 194 | | 叶下珠［*Phyllanthus urinaria* L.］ | √ | | | 旱 |
| 195 | | 黄珠子草［*Phyllanthus virgatus* Forst. F.］ | √ | | | 旱 |
| 196 | | 铁苋［*Acalypha australis* L.］ | √ | | | 旱 |
| 197 | | 通奶草［*Euphorbia hypericifolia* L.］ | √ | | | 旱 |
| 198 | 泽泻科 | 野慈姑［*Sagittaria sagittifolia* L.］ | | | √ | 水 |
| 199 | | 长瓣慈姑［*Sagittaria trifolia* L. f. *longlioba*（Turcz.）Mak.］ | √ | | | 水 |
| 200 | | 矮慈姑［*Sagittaria pygmaea* Miq.］ | | √ | | 水 |
| 201 | 豆科 | 野豌豆［*Vicia sepium* L.］ | √ | | | 旱 |
| 202 | | 大巢菜［*Vicia sativa* L.］ | √ | | | 旱 |
| 203 | | 小巢菜［*Viciahir suta*（L.）S. F. Gray］ | √ | | | 旱 |
| 204 | | 三齿萼野豌豆［*Vicia amoena* Fisch.］ | √ | | | 旱 |
| 205 | | 紫云英［*Astragalus sinicus* L.］ | √ | | | 旱 |

（续表）

| 序号 | | 杂草名称 | 发生程度 | | | 备注 |
|---|---|---|---|---|---|---|
| | | | 轻 | 中 | 重 | |
| 206 | 豆科 | 天蓝苜蓿［*Medicago lupulina* L.］ | √ | | | 旱 |
| 207 | | 葛［*Pueraria lobata*（willd.）Ohwi］ | √ | | | 旱 |
| 208 | | 野大豆［*Glycine soja* Sieb. et Zucc］ | √ | | | 旱 |
| 209 | | 长叶铁扫帚［*Lespedeza caraganae* Bge.］ | √ | | | 旱 |
| 210 | | 截叶铁扫帚［*Lespedeza cuneata*（Dum. Cour.）G. Don］ | √ | | | 旱 |
| 211 | | 田皂角［*Aeschynomene indica* L.］ | | √ | | 旱 |
| 212 | | 鹿霍［*Rhynchosia* Lour.］ | √ | | | 旱 |
| 213 | | 山豆花［*Lespedeza tomentosa*（Thunb.）Sieb］ | √ | | | 旱 |
| 214 | | 鸡眼草［*Acalypha brachystachya* Hornem］ | √ | | | 旱 |
| 215 | | 大叶山蚂蟥［*Desmodium gangeticum* DC.］ | √ | | | 旱 |
| 216 | | 草木樨［*Melilotus suaveolens* Ledeb.］ | √ | | | 旱 |
| 217 | 满江红科 | 满江红（红浮萍）［*Azolla imbricata*（Roxb）. Nakai］ | | √ | | 水 |
| 218 | 苋科 | 水花生［*Alternanthera philoxeroides*（Mart.）Griseb.］ | | | √ | 水、旱 |
| 219 | | 莲子草［*Alternanthera sessilis*（L.）DC.］ | √ | | | 水、旱 |
| 220 | | 苋菜［*Amaranthus mangostanus* L.］ | √ | | | 旱 |
| 221 | | 腋花苋［*Amaranthus roxburghianus* Kung］ | √ | | | 旱 |
| 222 | | 反枝苋［*Amaranthus retroflexus* L.］ | √ | | | 旱 |
| 223 | | 刺苋［*Amaranthus spinosus* L.］ | √ | | | 旱 |
| 224 | | 川牛膝［*Cyathula off icinalis* Kuan］ | √ | | | 旱 |
| 225 | | 牛膝［*Achyranthes bidentata* Blume］ | √ | | | 旱 |
| 226 | | 野鸡冠花［*Celosia argentea* L.］ | √ | | | 旱 |
| 227 | 茨藻科 | 草茨藻［*Najas Graminea* Del.］ | √ | | | 水 |
| 228 | 茄科 | 龙葵［*Solanumnigrum* L.］ | √ | | | 旱 |
| 229 | | 苦职（灯笼草）［*Physalis minima* L.］ | √ | | | 旱 |
| 230 | | 假酸浆［*Nicandra physaloides*］ | √ | | | 旱 |
| 231 | | 毛苦职［*Physalisangulata* L. Var. *villosa Bonati*］ | √ | | | 旱 |
| 232 | | 曼陀罗［*Datura stramonium* L.］ | √ | | | 旱 |
| 233 | | 白英［*Solanum lyratum* Thunb.］ | √ | | | 旱 |
| 234 | | 牛茄子［*Solanum capsicoides* All.］ | | √ | | 旱 |

（续表）

| 序号 | | 杂草名称 | 发生程度 | | | 备注 |
|---|---|---|---|---|---|---|
| | | | 轻 | 中 | 重 | |
| 235 | 里白科 | 芒萁［*Dicranopteris dichotoma*（Thunb.）bernh］ | √ | | | 旱 |
| 236 | 蹄盖蕨科 | 麦秆蹄盖蕨［*Athyrium fallaciosum* Milde］ | √ | | | 旱 |
| 237 | 水鳖科 | 黑藻［*Hydrilla varticillata*（L. f.）Royle］ | √ | | | 水 |
| 238 | 旋花科 | 圆叶牵牛［*Pharbitis purpurea*（L.）Voigt］ | √ | | | 旱 |
| 239 | | 裂叶牵牛［*Pharbitis hederacea*（L.）Jacq.］ | √ | | | 旱 |
| 240 | | 马蹄金［*Dichondra repens* Forst.］ | √ | | | 旱 |
| 241 | | 菟丝子［*Cuscuta chinensis* Lam.］ | √ | | | 旱 |
| 242 | | 打碗花［*Calystegia hederacea* Wall. ex Roxb.］ | √ | | | 旱 |
| 243 | 蓼科 | 桃叶蓼［*Polygonum persicaria* L.］ | | √ | | 水、旱 |
| 244 | | 杠板归［*Polygonum perfoliatum* L.］ | | | √ | 旱 |
| 245 | | 皱叶酸模［*Rumex crispus* L.］ | | √ | | 旱 |
| 246 | | 长刺酸模［*Rumex maritimus* L.］ | √ | | | 旱 |
| 247 | | 尼泊尔蓼［*PoJygonum nepalense* Meisn.］ | √ | | | 旱 |
| 248 | | 火炭母［*Polygonum Chinense* L.］ | √ | | | 旱 |
| 249 | | 何首乌［*Fallopia multiflora*（Thunb.）Harald.］ | √ | | | 旱 |
| 250 | | 羊蹄［*Rumex japonicus* Houtt.］ | √ | | | 旱 |
| 251 | | 酸模［*Rumexacetosa* L.］ | √ | | | 旱 |
| 252 | | 齿果酸模［*Rumex dentatus* L.］ | √ | | | 旱 |
| 253 | | 扁蓄［*Polygonum aviculare* L.］ | √ | | | 旱 |
| 254 | | 戟叶蓼［*Polygonum thunbergii* Sieb. et Zucc.］ | √ | | | 旱 |
| 255 | | 酸模叶蓼［*Polygonum lapathifolium* L.］ | | √ | | 水、旱 |
| 256 | | 金荞麦［*Fagopyrum dibotrys*（D. Don）Hara］ | √ | | | 旱 |
| 257 | | 红蓼［*Polygonum orientale* L.］ | √ | | | 旱 |
| 258 | | 蓼子草［*P. criopolilanum* Hance］ | √ | | | 水、旱 |
| 259 | 车前科 | 车前［*Plantago asiatica* L.］ | √ | | | 旱 |
| 260 | | 平车前［*Plantago depressa* Willd.］ | √ | | | 旱 |
| 261 | | 大车前［*Plantago major* L.］ | √ | | | 旱 |
| 262 | | 长叶车前［*Plantago lanceolata* L.］ | √ | | | 旱 |

（续表）

| 序号 | | 杂草名称 | 发生程度 | | | 备注 |
|---|---|---|---|---|---|---|
| | | | 轻 | 中 | 重 | |
| 263 | 三白草科 | 鱼腥草［*Houttuynia cordata* Thunb.］ | | √ | | 旱 |
| 264 | 木贼科 | 节节草［*Equisetum ramosissimum* Desf.］ | √ | | | 旱 |
| 265 | | 散生木贼［*Equisetum diffusum* Don］ | √ | | | 旱 |
| 266 | | 笔管草［*Equisetum ramosissimum* Desf.］ | √ | | | 旱 |
| 267 | 酢浆草科 | 酢浆草［*Oxalis corniculata* L.］ | √ | | | 旱 |
| 268 | | 红花酢浆草［*Oxalis corymbosa* DC.］ | √ | | | 旱 |
| 269 | 毛茛科 | 天葵［*Semiaguilegia adoxoides*（DC.）Makino］ | √ | | | 旱 |
| 270 | | 野棉花［*Anemone vitifolia* Buch. -Ham. ex. DC.］ | √ | | | 旱 |
| 271 | | 石龙芮［*Ranunculus sceleratus* L.］ | | √ | | 水、旱 |
| 272 | | 扬子毛茛［*Ranunculus sieboldii* Miq.］ | | √ | | 水、旱 |
| 273 | | 猫爪草［*Ranunculus ternatus* Thunb.］ | √ | | | 旱 |
| 274 | | 唐松草［*Thalictrum* L.］ | √ | | | 旱 |
| 275 | | 毛茛［*Ranunculus japonicus* Thunb.］ | √ | | | 旱 |
| 276 | 石竹科 | 繁缕［*Stellariamedia*（L.）Cry］ | √ | | | 旱 |
| 277 | | 牛繁缕［*Malachium aquaticum*（L.）Fries］ | | | √ | 旱 |
| 278 | | 球序卷耳［*Cerastium glomeratum* Thuill.］ | √ | | | 旱 |
| 279 | | 簇生卷耳［*Cerastium caespitosum* Gilib］ | √ | | | 旱 |
| 280 | | 漆姑草［*Sagina japonica*］ | √ | | | 旱 |
| 281 | | 雀舌草［*Stellaria alsine* Grimm.］ | √ | | | 旱 |
| 282 | 爵床科 | 爵床［*Rostellularia procumbens*（L.）Ness］ | √ | | | 旱 |
| 283 | 番杏科 | 粟米草［*Mollugo pentaphylla* L.］ | √ | | | 旱 |
| 284 | 桑科 | 葎草［*Humulus scandens*（Lour.）Merr］ | √ | | | 旱 |
| 285 | | 野地瓜［*Ficus tikoua* Bur.］ | √ | | | 旱 |
| 286 | 马鞭草科 | 臭牡丹［*Clerodendrum* bungei］ | √ | | | 旱 |
| 287 | | 马鞭草［*Herba Verbenae* officinalis L.］ | √ | | | 旱 |
| 288 | 鸢尾科 | 鸢尾花［*Iris tectorum* Maxim.］ | √ | | | 旱 |

（续表）

| 序号 | | 杂草名称 | 发生程度 | | | 备注 |
|---|---|---|---|---|---|---|
| | | | 轻 | 中 | 重 | |
| 289 | 千屈菜科 | 水苋菜［*Ammannia baccifera* L.］ | √ | | | 水、旱 |
| 290 | | 节节菜［*Rotala* indica］ | | √ | | 水、旱 |
| 291 | | 圆叶节节菜［*Rotalaro tundifolia*（Buch. - Ham. ex Roxb.）Koehne］ | | √ | | 水、旱 |
| 292 | 桔梗科 | 半边莲［*Lobelia chinensis* Lour.］ | √ | | | 旱 |
| 293 | 堇菜科 | 戟叶堇菜［*Viola betonicifolia* J. E. Smith］ | √ | | | 旱 |
| 294 | | 早开堇菜［*Viola prionantha* Bunge］ | √ | | | 旱 |
| 295 | | 蔓茎堇菜［*Viola diffusa* Ging］ | √ | | | 旱 |
| 296 | | 紫花地丁［*Viola philippica* Car］ | √ | | | 旱 |
| 297 | | 犁头草［*Viola japonica* Langsd.］ | √ | | | 旱 |
| 298 | 锦葵科 | 肖梵天花［*Urena lobata* L.］ | √ | | | 旱 |
| 299 | | 苘麻［*Abutilon theophrasti* Medic］ | √ | | | 旱 |
| 300 | 商陆科 | 商陆［*Phytolacca acinosa* Roxb.］ | | √ | | 旱 |
| 301 | 景天科 | 珠芽景天［*Sedum aizoon* L.］ | | √ | | |
| 302 | | 佛甲草［*Sedum lineare* Thunb.］ | √ | | | |
| 303 | | 垂盆草［*Sedum sarmentosum* Bunge］ | √ | | | |
| 304 | | 凹叶景天［*Sedum emarginatum*］ | √ | | | |
| 305 | 紫草科 | 附地菜［*Trigonotis peduncularis*（Trev.）Benth.］ | | √ | | |
| 306 | | 倒提壶［*Cynoglossum amabile*］ | √ | | | |
| 307 | | 多苞斑种草［*Bothriospermum secundum* Maxim.］ | √ | | | |
| 308 | | 细茎斑种草［*Bothriospermum chinense* Bunge］ | √ | | | |
| 309 | | 长叶微孔草［*Microula trichocarpa*（Maxim.）Johnst.］ | √ | | | |
| 310 | 荨麻科 | 蝎子草［*Girardinia suborbiculata*］ | √ | | | |
| 311 | | 宽叶荨麻［*Urtica laetevirens* Maxim.］ | √ | | | |
| 312 | | 野苎麻［*Boehmeria nivea*（L.）Gaudich. var. nivea］ | √ | | | |
| 313 | | 悬铃木叶苎麻［*Boehmeria tricuspis*（Hance）Makino.］ | √ | | | |
| 314 | 虎耳草科 | 虎耳草［*Saxifraga stolonifera* Curt.］ | √ | | | 旱 |

（续表）

| 序号 | | 杂草名称 | 发生程度 | | | 备注 |
|---|---|---|---|---|---|---|
| | | | 轻 | 中 | 重 | |
| 315 | 罂粟科 | 紫堇［*Corydalis edulis* Maxim.］ | √ | | | |
| 316 | | 黄堇［*Corydalis pallida*（Thunb.）Pers.］ | √ | | | |
| 317 | 牻牛儿苗科 | 野老鹳草［*Geranium caroliniamum* L.］ | √ | | | |
| 318 | | 鼠掌老鹳草［*Geranium sibiricum* L.］ | √ | | | |
| 319 | 报春花科 | 聚花过路黄［*Lysimachia congestiflora* Hemsl.］ | | √ | | |
| 320 | | 点地梅［*Androsace umbellate*（Lour.）Merr | √ | | | |
| 321 | 葡萄科 | 乌蔹莓［*Cayratica Jeponicae*］ | √ | | | |
| 322 | | 爬山虎［*Parthenocissus tricu-spidata*］ | √ | | | |
| 323 | 五加科 | 常春藤［*Hederan epalensis* K. Koch var. *sinensis*（Tobl.）Rehd］ | √ | | | 旱 |
| 324 | 香蒲科 | 宽叶香蒲［*Typha latifolia* L.］ | √ | | | 水、旱 |
| 325 | 葫芦科 | 南赤瓟［*Thladiantha nudiflora* Hemsl. ex Forbes et Hemsl.］ | √ | | | 旱 |
| 326 | 水马齿科 | 水马齿［*Callitriche stagnalis* Scop.］ | √ | | | 水、旱 |
| 327 | 鳞始蕨科 | 乌蕨［*Stenoloma chusanum* Ching］ | √ | | | 旱 |
| 328 | 败酱科 | 黄花败酱［*Patrinia scabiosaefolia* Fisch.］ | √ | | | |
| 329 | | 白花败酱［*Patrinia villosa* Juss.］ | √ | | | |
| 330 | | 异叶败酱［*Patrinia villosa* Juss.］ | √ | | | |
| 331 | 梧桐科 | 马松子［*Melochia corchorifolia* L.］ | √ | | | 旱 |
| 332 | 卷柏科 | 二形卷柏［*Selaginella biformis* A. Braun ex Ku-hn］ | √ | | | 旱 |
| 333 | 谷精草科 | 谷精草［*Eriocaulon buergerianum* Koern.］ | √ | | | 水 |
| 334 | 川续断科 | 川续断［*Dipsacus asperoides* C. Y. Cheng et T. M. Ai］ | √ | | | 旱 |
| 335 | 椴树科 | 毛果田麻［*Corchoropsis tomentosa*（Thrnb.）Mak.］ | √ | | | 旱 |
| 336 | 凤尾蕨科 | 井口边草［*Pteris Cretica* L. var. nervosa（Thunb.）］ | √ | | | 旱 |
| 337 | 轮藻科 | 丽藻属（*Nitella* Agardh） | √ | | | 水 |
| 338 | 钱苔科 | 钱苔［*Riccia* glauca L.］ | √ | | | 旱 |
| 339 | 白花菜科 | 白花菜［*Cleome gynandra* L.］ | √ | | | 旱 |

（续表）

| 序号 | | 杂草名称 | 发生程度 | | | 备注 |
|---|---|---|---|---|---|---|
| | | | 轻 | 中 | 重 | |
| 340 | 金丝桃科 | 地耳草（田基黄）[*Hypericum japonicum* Thunb.] | √ | | | 旱 |

注：合计 74 个科 340 种（其中，丽藻、香茶菜、唐松草、菟丝子只鉴定到属）。

## 3 讨论

杂草调查工作量特别大，2010—2012 年秀山县尝试系统调查与踏查相结合的办法，即方案要求调查的田块，调查杂草密度，主要统计优势种；踏查则为了增加杂草种类，日常调查中，在调查区域外及田边、地角、路旁、沟渠等地发现的杂草，均列为农田杂草。这种调查方法得到重庆市植保植检站的肯定及推广。

随着农业结构调整，农村经营管理体制变化，农村劳动力普遍缺乏，农田管理较为粗放，部分农田甚至撂荒，直接导致农田杂草猖獗发生、危害。同时，随着交通、信息条件的改善，人流、物流大流通，农田杂草种类必将进一步增多，防治难度进一步加大。

本调查区域地形地貌复杂，平坝、丘陵、山区均有耕地，调查工作受系统调查田块数量及普查次数所限，所调查的杂草种类不能完全代表秀山县所有农田杂草情况，不同海拔、不同管理、不同作物、不同生育期，草相变化较大。杂草调查是一项长期、细致、细心、繁杂的工作，需要植保技术人员长期坚持。

## 参考文献

肖晓华，刘春，2013. 秀山县农田杂草发生特点及综合防控措施 [J]. 中国植保导刊，33（5）：38-40.

**原文发表** 杂草科学，2014（4）：32-39

# 重庆市秀山县稻田杂草种类及危害情况调查

肖晓华[1]，杨昌洪[1]，牛小慧[2]，王 涛[2]
（1. 重庆市秀山县植保植检站，重庆秀山 409900；
2. 重庆市种子管理站，重庆 401121）

**摘 要：** 2019 年，秀山县开展了稻田杂草种类及危害程度调查。结果表明，秀山县稻田杂草种类有 25 科 57 种，其中莎草科杂草 15 种，禾本科杂草 6 种，眼子菜科 4 种，鸭跖草科 3 种，千屈菜科 3 种，其他种类均为 1～2 种。密度较大的杂草有青萍、水绵、满江红、牛毛毡、黑藻、金鱼藻、轮藻等；频度较大的杂草有青萍、空心莲子草、稗草、双穗雀稗、鸭舌草、野慈姑、野荸荠、水绵、眼子菜、千金子等；多度较大的杂草有青萍、水绵、轮藻、满江红、牛毛毡、金鱼藻、黑藻等。按照“三层三级目测调查法”调查杂草的危害等级，发现秀山县稻田杂草优势种为稗草、青萍、满江红、金鱼藻、矮慈姑、牛毛毡、水绵等。

**关键词：** 稻田杂草；种类；危害程度；优势杂草；重庆市秀山县

随着社会的发展，农村劳动力大量转移，农业生产粗放式管理，导致稻田杂草危害呈逐年加重的趋势。为及时掌握农田杂草种群发生动态，科学指导杂草防控，2019 年秀山县按照重庆市植物保护植物检疫站《关于开展农田杂草发生危害趋势监测及农田杂草科学防除工作的通知》文件要求，开展了秀山县稻田杂草情况调查，以明确本地稻田杂草的种类及危害程度，为制订秀山县稻田杂草科学防控策略提供参考。

## 1 调查方法

### 1.1 水稻种植概况

秀山县位于武陵山区腹地，重庆市东南部，为一季中稻种植区。水稻是本地主要粮食作物，常年种植面积为 1.85 万 $hm^2$，多在平坝丘陵、低山区域种植。海拔 400 m 左右的地区，一般在 4 月上旬播种，5 月上中旬移栽，7 月下旬至 8 月上旬抽穗，8 月下旬至 9 月上旬成熟。

### 1.2 调查时间、地点

8 月上旬，秀山县水稻生长进入抽穗扬花期，杂草生长多数进入花果期，是调查稻田杂草的最佳时期。本次调查时间为 8 月 5—8 日。按照方案要求，结合秀山县实际情况，调查地点选择清溪场镇的东林居委会、茫洞村和沙南村，平凯街道的武营村、官桥村和小教村，官庄街道的新庄村、雅都村和官联居委会的稻田，共计 3 个镇（街道），均为本地水稻主产区域，代表性较强。

## 1.3 调查内容

### 1.3.1 杂草种类调查

调查3个镇（街道），每个镇（街道）调查3个村，每个村调查5块水稻田。按照《重庆市2019年农田杂草监测方案》，采取倒置“W”9点取样法（图1），记载样框内全部杂草的种类及数量（禾本科以杂草茎秆数为单位，其他科以杂草株数为单位，计算田间杂草数量），计算平均密度、频度和多度。部分密度特别大的杂草种类，如青萍、牛毛毡、水绵、金鱼藻等，由于无法准确计数，则进行估计。

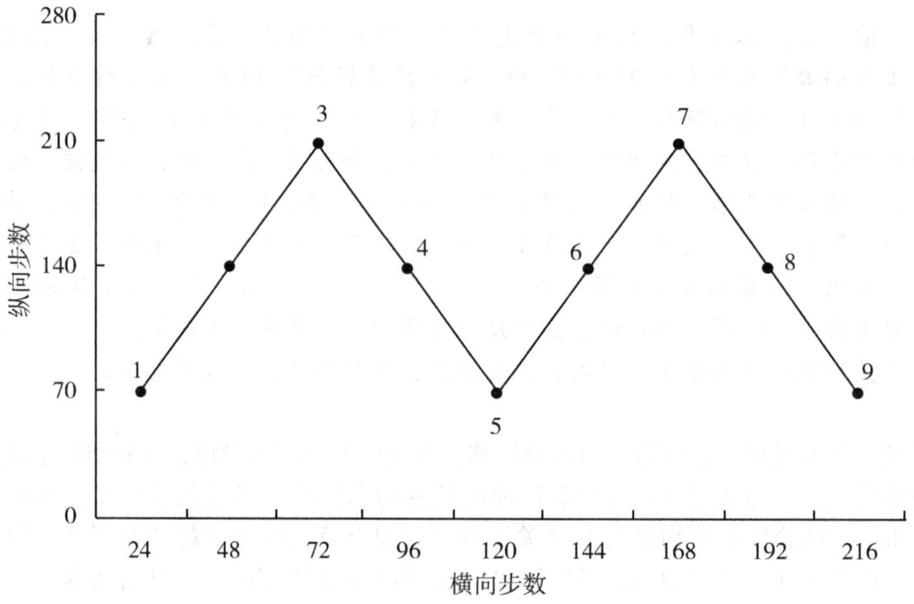


**图1 倒置“W”9点取样法**

调查的样方框统一为0.25 $m^2$，即边长为0.5 m的正方形框。对不确定或不认识的杂草要用数码相机拍摄其主要特征（花序、花瓣、果实、叶片、叶舌、叶耳等）和整株照片，带回办公室辨认，部分杂草借助手机花伴侣识别软件辨识。

### 1.3.2 杂草危害情况调查

杂草危害情况调查，即对已经过人工除草或药剂防治的农田杂草的实际危害情况进行调查，采用“三层三级目测调查法”调查主要杂草种类的危害等级（表1）。

**表1 “三层三级”草害调查法** 单位:%

| 类别 | Ⅰ级（轻） | Ⅱ级（中） | Ⅲ级（重） |
|---|---|---|---|
| 杂草与作物高度相当或高于作物时的盖度 | <10 | 10~20 | >20 |
| 杂草高度占作物高度的1/2以上时盖度 | <15 | 15~30 | >30 |
| 杂草高度不及作物高度的1/2时盖度 | <20 | 20~40 | >40 |

盖度是指杂草地上部分的垂直投影面积占样方面积的百分数。

### 1.4 计算公式

密度：单位面积内某一种杂草的株数。

$$D = \frac{N}{S} \tag{1}$$

式中，$D$ 为密度（株/$m^2$）；$N$ 为杂草株数；$S$ 为调查面积（$m^2$）。

$$F(\%) = \frac{\sum_{i=1}^{n} Y_i}{n} \times 100 \tag{2}$$

式中，$F$ 为频度，即某一种杂草出现的田块数占总调查田块数的百分比（%）；$n$ 为调查田块数；$Y_i$ 为某一种杂草在调查田块 $i$ 中出现与否，出现记为1，未出现则记为0。

多度（%）= 某种杂草总株数/调查的杂草总株数×100

## 2 调查结果

### 2.1 稻田杂草种类及分布

调查结果表明，秀山县稻田杂草种类有25科57种，其中，莎草科杂草15种，禾本科杂草6种，眼子菜科4种，鸭跖草科3种，千屈菜科3种，其他种类均为1~2种。密度较大的有青萍（浮萍）、水绵、满江红、牛毛毡、黑藻、金鱼藻、轮藻等杂草；频度较大的有青萍、空心莲子草、稗草、双穗雀稗、鸭舌草、野慈姑、野荸荠、水绵、眼子菜、千金子等杂草；多度较大的有青萍、水绵、轮藻、满江红、牛毛毡、金鱼藻、黑藻等杂草（表2）。

**表2 秀山县稻田杂草种类调查结果**

| 序号 | 杂草名称 | 密度/（株/$m^2$） | 频度/% | 多度/% | 备注 |
|---|---|---|---|---|---|
| 1 | 稗草 *Echinochloa crusgalli*（L.）Beauv. | 3.73 | 57.78 | 0.29 | 禾本科 |
| 2 | 千金子 *Leptochloa chinensis*（L.）Nees | 2.17 | 24.44 | 0.17 | |
| 3 | 双穗雀稗 *Paspalum distichum* L. | 4.50 | 51.11 | 0.35 | |
| 4 | 无芒稗 *Echinochloa crusgali*（Linn.）*Beauv*. var. *mitis*（Pursh）Peterm. Fl. | 0.19 | 11.11 | 0.01 | |
| 5 | 柳叶箬 *Isachne globosa*（Thunb.）Kuntze | 0.18 | 13.33 | 0.01 | |
| 6 | 乱草 *Eragrostis tenella*（L.）Beauv. ex Schult. | 0.16 | 8.89 | 0.01 | |
| 7 | 鬼针草 *Bidens pilosa* L. | 0.23 | 11.11 | 0.02 | 菊科 |
| 8 | 鳢肠 *Eclipta prostrata* L. | 0.33 | 17.78 | 0.03 | |

（续表）

| 序号 | 杂草名称 | 密度/（株/$m^2$） | 频度/% | 多度/% | 备注 |
|---|---|---|---|---|---|
| 9 | 异型莎草 *Cyperus difformis* L. | 0.55 | 6.67 | 0.04 | 莎草科 |
| 10 | 褐穗莎草 *Cyperus fuscus* L. | 0.09 | 6.67 | 0.01 | |
| 11 | 野荸荠 *Ainsliaea grossedentata* Franch. | 1.44 | 22.22 | 0.11 | |
| 12 | 日照飘拂草 *Fimbristylis miliacea*（L.）Vahl | 0.19 | 6.67 | 0.01 | |
| 13 | 碎米莎草 *Cyperus iria* L. | 0.16 | 11.11 | 0.01 | |
| 14 | 水蜈蚣 *Begonia palmata* D. Don. B. laciniata Roxb. | 0.68 | 20.00 | 0.05 | |
| 15 | 香附子 *Rhizoma Cyperi*（Nutgrass Galingale Rhizome） | 0.41 | 8.89 | 0.03 | |
| 16 | 牛毛毡 *Eleocharis yokoscensis*（Franch. et Sav.）Tang et Wang | 21.97 | 15.56 | 1.72 | |
| 17 | 球穗扁莎 *Pycreus globosus*（All.）Reichb. | 0.04 | 2.22 | 0.00 | |
| 18 | 聚穗莎草 *Cyperus glomeratus* | 0.04 | 2.22 | 0.00 | |
| 19 | 水莎草 *Cyperus glomeratus* L. | 0.16 | 4.44 | 0.01 | |
| 20 | 阿穆尔莎草 *Cyperus amuricus* Maxim. | 0.04 | 2.22 | 0.00 | |
| 21 | 萤蔺 *Scirpus juncoides* Roxb | 0.04 | 2.22 | 0.00 | |
| 22 | 砖子苗 *Mariscus sumatrensis*（Retz）T. Koyama | 0.05 | 4.44 | 0.00 | |
| 23 | 具芒碎米莎草 *Cyperus microiria* Steud. | 0.14 | 4.44 | 0.01 | |
| 24 | 水竹叶 *Mllrdanniatriguetra*（Wall.）Brijckn. | 0.41 | 11.11 | 0.03 | 鸭跖草科 |
| 25 | 饭包草 *Commelina bengalensis* L. | 0.05 | 4.44 | 0.00 | |
| 26 | 鸭跖草 *Commelina communis* L. | 0.16 | 8.89 | 0.01 | |
| 27 | 星花灯芯草 *Juncus diastrophanthus* Buchen. | 0.07 | 6.67 | 0.01 | 灯芯草科 |
| 28 | 丁香蓼 *Ludwigia prostrata* | 0.52 | 31.11 | 0.04 | 柳叶菜科 |
| 29 | 草龙 *Jussiaea linifolia* Vahl | 0.21 | 11.11 | 0.02 | |
| 30 | 青萍 *Lemna minor* L. | 1 006.67 | 91.11 | 78.98 | 浮萍科 |
| 31 | 四叶萍 *Marsilea quadrifolia* L. | 9.78 | 13.33 | 0.77 | 蘋科 |
| 32 | 水绵 *Zygnemataceae* | 69.16 | 33.33 | 5.43 | 双星藻科 |
| 33 | 竹叶眼子菜 *Potamogeton malaianus* Miq. | 0.27 | 4.44 | 0.02 | 眼子菜科 |
| 34 | 尖叶眼子菜 *Potamogeton oxyphyllus* Miq. | 0.16 | 2.22 | 0.01 | |
| 35 | 眼子菜 *Potamogeton distinctus* A. Benn | 2.29 | 22.22 | 0.18 | |
| 36 | 菹草 *Potamogeton crispus* | 0.10 | 4.44 | 0.01 | |

（续表）

| 序号 | 杂草名称 | 密度/（株/$m^2$） | 频度/% | 多度/% | 备注 |
|---|---|---|---|---|---|
| 37 | 鸭舌草 *vaginalis*（Burm. f.）Preslex Kunth | 8.66 | 53.33 | 0.68 | 雨久花科 |
| 38 | 水芹 *Oenanthe javanica*（Blume）DC. | 0.07 | 6.67 | 0.01 | 伞形科 |
| 39 | 野慈姑 *Sagittaria sagittifolia* L. | 3.22 | 37.78 | 0.25 | 泽泻科 |
| 40 | 长瓣慈姑 *Sagittaria trifolia* L. f. longlioba（Turcz.）Mak. | 0.14 | 6.67 | 0.01 | |
| 41 | 矮慈姑 *Sagittaria pygmaea* Miq. | 1.89 | 15.56 | 0.15 | |
| 42 | 满江红（红浮萍）*Azolla imbricata* | 26.13 | 22.22 | 2.05 | 满江红科 |
| 43 | 空心莲子草 *Alternanthera philoxeroides* | 4.84 | 64.44 | 0.38 | 苋科 |
| 44 | 桃叶蓼 *Polygonum persicaria* L. | 0.14 | 11.11 | 0.01 | 蓼科 |
| 45 | 石龙芮 *Ranunculussceleratus* L. | 0.07 | 4.44 | 0.01 | 毛茛科 |
| 46 | 扬子毛茛 *Ranunculus sieboldii* | 0.08 | 2.22 | 0.01 | |
| 47 | 水苋菜 *Ammannia baccifera* Linn. | 0.11 | 6.67 | 0.01 | 千屈菜科 |
| 48 | 节节菜 *Rotala* | 0.14 | 6.67 | 0.01 | |
| 49 | 圆叶节节菜 *Rotalaro tundifolia*（Buch. -Ham. ex Roxb.）Koehne | 2.26 | 8.89 | 0.18 | |
| 50 | 水马齿 *Callitriche* L. | 0.14 | 11.11 | 0.01 | 水马齿科 |
| 51 | 谷精草 *Eriocaulon buergerianum* | 0.20 | 4.44 | 0.02 | 谷精草科 |
| 52 | 黑藻 *Hydrilla verticillata* | 15.15 | 24.44 | 1.19 | 水鳖科 |
| 53 | 金鱼藻 *Ceratophyllum demersum* L. | 25.96 | 6.67 | 2.04 | 金鱼藻科 |
| 54 | 笔管草 *Equisetum ramosissimum* Desf. subsp. debile（Roxb. ex Vauch.）Hauke | 0.07 | 4.44 | 0.01 | 木贼科 |
| 55 | 宽叶母草 *Lindernia nummularifolia*（D. Don）Wettst. | 0.60 | 4.44 | 0.05 | 玄参科 |
| 56 | 陌上菜 *Lindernia procumbens*（Krock.）Philcox | 0.66 | 4.44 | 0.05 | |
| 57 | 轮藻属 *Chara* | 56.75 | 24.44 | 4.45 | 轮藻科 |

## 2.2 稻田杂草危害程度调查

按照“三层三级目测调查法”，调查杂草的危害等级。结果表明，秀山县稻田杂草优势种有稗草、青萍、满江红、金鱼藻、矮慈姑、牛毛毡、水绵等（表3）。

表 3　秀山县稻田杂草危害程度调查

| 杂草名称 | 调查田块总数 | 该种杂草出现的田块数 | 不同危害等级的田块占比/% | | | 备注 |
|---|---|---|---|---|---|---|
| | | | 轻（Ⅰ级） | 中（Ⅱ级） | 重（Ⅲ级） | |
| 稗草 *Echinochloa crusgalli*（L.）Beauv. | 45 | 26 | 96.15 | 0 | 3.85 | 禾本科 |
| 千金子 *Leptochloa chinensis*（L.）Nees | 45 | 11 | 90.91 | 9.09 | 0 | |
| 双穗雀稗 *Paspalum distichum* L. | 45 | 23 | 100 | 0 | 0 | |
| 无芒稗 *Echinochloa crusgali*（Linn.）*Beauv*. var. *mitis*（Pursh）Peterm. Fl. | 45 | 5 | 100 | 0 | 0 | |
| 柳叶箬 *Isachne globosa*（Thunb.）Kuntze | 45 | 6 | 100 | 0 | 0 | |
| 乱草 *Eragrostis tenella*（L.）Beauv. ex Schult. | 45 | 4 | 100 | 0 | 0 | |
| 鬼针草 *Bidens pilosa* L. | 45 | 5 | 100 | 0 | 0 | 菊科 |
| 鳢肠 *Eclipta prostrata* L. | 45 | 8 | 100 | 0 | 0 | |
| 异型莎草 *Cyperus difformis* L. | 45 | 3 | 100 | 0 | 0 | 莎草科 |
| 褐穗莎草 *Cyperus fuscus* L. | 45 | 3 | 100 | 0 | 0 | |
| 野荸荠 *Ainsliaea grossedentata* Franch. | 45 | 10 | 100 | 0 | 0 | |
| 日照飘拂草 *Fimbristylis miliacea*（L.）Vahl | 45 | 3 | 100 | 0 | 0 | |
| 碎米莎草 *Cyperus iria* L. | 45 | 5 | 100 | 0 | 0 | |
| 水蜈蚣 *Begonia palmata* D. Don. B. laciniata Roxb. | 45 | 9 | 100 | 0 | 0 | |
| 香附子 *Rhizoma Cyperi*（Nutgrass Galingale Rhizome） | 45 | 4 | 100 | 0 | 0 | |
| 牛毛毡 *Eleocharis yokoscensis*（Franch. et Sav.）Tang et Wang | 45 | 7 | 85.71 | 0 | 14.29 | |
| 球穗扁莎 *Pycreus globosus*（All.）Reichb. | 45 | 1 | 100 | 0 | 0 | |
| 聚穗莎草 *Cyperus glomeratus* | 45 | 1 | 100 | 0 | 0 | |
| 水莎草 *Cyperus glomeratus* L. | 45 | 2 | 100 | 0 | 0 | |
| 阿穆尔莎草 *Cyperus amuricus* Maxim. | 45 | 1 | 100 | 0 | 0 | |
| 萤蔺 *Scirpus juncoides* Roxb | 45 | 1 | 100 | 0 | 0 | |
| 砖子苗 *Mariscus sumatrensis*（Retz）T. Koyama | 45 | 2 | 100 | 0 | 0 | |
| 具芒碎米莎草 *Cyperus microiria* Steud. | 45 | 2 | 100 | 0 | 0 | |
| 水竹叶 *Mllrdanniatriguetra*（Wall.）Brijckn. | 45 | 5 | 100 | 0 | 0 | 鸭跖草科 |
| 饭包草 *Commelina bengalensis* L. | 45 | 2 | 100 | 0 | 0 | |
| 鸭跖草 *Commelina communis* L. | 45 | 4 | 100 | 0 | 0 | |
| 星花灯心草 *Juncus diastrophanthus* Buchen. | 45 | 3 | 100 | 0 | 0 | 灯心草科 |

（续表）

| 杂草名称 | 调查田块总数 | 该种杂草出现的田块数 | 不同危害等级的田块占比/% | | | 备注 |
|---|---|---|---|---|---|---|
| | | | 轻（Ⅰ级） | 中（Ⅱ级） | 重（Ⅲ级） | |
| 丁香蓼 *Ludwigia prostrata* | 45 | 14 | 100 | 0 | 0 | 柳叶菜科 |
| 草龙 *Jussiaea linifolia* Vahl | 45 | 5 | 100 | 0 | 0 | |
| 青萍 *Lemna minor* L. | 45 | 41 | 41.46 | 17.07 | 41.46 | 浮萍科 |
| 四叶萍 *Marsilea quadrifolia* L. | 45 | 6 | 83.33 | 16.67 | 0 | 蘋科 |
| 水绵 *Zygnemataceae* | 45 | 15 | 93.33 | 0 | 6.67 | 双星藻科 |
| 竹叶眼子菜 *Potamogeton malaianus* Miq. | 45 | 2 | 100 | 0 | 0 | 眼子菜科 |
| 尖叶眼子菜 *Potamogeton oxyphyllus* Miq. | 45 | 1 | 100 | 0 | 0 | |
| 眼子菜 *Potamogeton distinctus* A. Benn | 45 | 10 | 100 | 0 | 0 | |
| 菹草 *Potamogeton crispus* | 45 | 2 | 100 | 0 | 0 | |
| 鸭舌草 *vaginalis*（Burm. f.）Preslex Kunth | 45 | 24 | 91.66 | 4.17 | 4.17 | 雨久花科 |
| 水芹 *Oenanthe javanica*（Blume）DC. | 45 | 3 | 100 | 0 | 0 | 伞形科 |
| 野慈姑 *Sagittaria sagittifolia* L. | 45 | 17 | 88.24 | 11.76 | 0 | 泽泻科 |
| 长瓣慈姑 *Sagittaria trifolia* L. f. longlioba（Turcz.）Mak. | 45 | 3 | 100 | 0 | 0 | |
| 矮慈姑 *Sagittaria pygmaea* Miq. | 45 | 7 | 85.71 | 0 | 14.29 | |
| 满江红（红浮萍）*Azolla imbricata* | 45 | 10 | 80.00 | 10.00 | 10.00 | 满江红科 |
| 空心莲子草 *Alternanthera philoxeroides* | 45 | 29 | 100 | 0 | 0 | 苋科 |
| 桃叶蓼 *Polygonum persicaria* L. | 45 | 5 | 100 | 0 | 0 | 蓼科 |
| 石龙芮 *Ranunculussceleratus* L. | 45 | 2 | 100 | 0 | 0 | 毛茛科 |
| 扬子毛茛 *Ranunculus sieboldii* | 45 | 1 | 100 | 0 | 0 | |
| 水苋菜 *Ammannia baccifera* Linn. | 45 | 3 | 100 | 0 | 0 | 千屈菜科 |
| 节节菜 *Rotala* | 45 | 3 | 100 | 0 | 0 | |
| 圆叶节节菜 *Rotalaro tundifolia*（Buch. -Ham. exRoxb.）Koehne | 45 | 4 | 100 | 0 | 0 | |
| 水马齿 *Callitriche* L. | 45 | 5 | 100 | 0 | 0 | 水马齿科 |
| 谷精草 *Eriocaulon buergerianum* | 45 | 2 | 100 | 0 | 0 | 谷精草科 |
| 黑藻 *Hydrilla verticillata* | 45 | 11 | 100 | 0 | 0 | 水鳖科 |
| 金鱼藻 *Ceratophyllum demersum* L. | 45 | 3 | 0 | 66.67 | 33.33 | 金鱼藻科 |
| 笔管草 *Equisetum ramosissimum* Desf. subsp. debile（Roxb. ex Vauch.）Hauke | 45 | 2 | 100 | 0 | 0 | 木贼科 |

（续表）

| 杂草名称 | 调查田块总数 | 该种杂草出现的田块数 | 不同危害等级的田块占比/% | | | 备注 |
|---|---|---|---|---|---|---|
| | | | 轻（Ⅰ级） | 中（Ⅱ级） | 重（Ⅲ级） | |
| 宽叶母草 *Lindernia nummularifolia* (D. Don) Wettst. | 45 | 2 | 100 | 0 | 0 | 玄参科 |
| 陌上菜 *Lindernia procumbens* (Krock.) Philcox | 45 | 2 | 100 | 0 | 0 | |
| 轮藻属 *Chara* | 45 | 11 | 90.91 | 9.09 | 0 | 轮藻科 |

## 3 问题及建议

（1）本次调查仅限于水稻田内部杂草种类，稻田周边田坎（或土坎）、沟渠及周边荒地生长的常见杂草种类，如多数莎草类、日照飘拂草、乱草、双穗雀稗、稗草类等常见杂草，然而稻田水层深浅不一，灌水排水时间不一致，侵入稻田数量不同，故常见杂草不一定是稻田杂草优势种类。本次调查按照方案要求，多数田块调查的是防治后的杂草种类，且只调查了1次，若是调查管理较差的稻田或水稻不同生育期的稻田，杂草种类可能还会增加。

（2）稻田杂草调查，工作量特别大，限制了取样的多点性，减少了部分偶发性杂草出现的概率，影响了调查的准确性和可靠性，建议在不同年份，选择不同区域、不同水稻生育期、不同栽培管理水平的稻田，开展多次杂草情况调查，综合分析本地杂草的发生特点及危害程度，为科学防除稻田杂草提供可靠的依据。

（3）本次调查发现稻田杂草优势种有稗草、青萍、满江红、金鱼藻、矮慈姑、牛毛毡、水绵等，与前几年开展的杂草情况调查结果吻合。不同的区域，由于土质、海拔、管理方式等方面的差异，特别是水层深浅、排水与否、排水晒田早迟情况的不同，其稻田杂草种类及杂草优势种明显不同。

（4）虽然稻田杂草种类较多，但只要管理得当，结合人工除草与化学除草，完全能控制稻田杂草的大量发生，减少危害。生产中，一般结合施肥，在5月上中旬开展化学除草一次，6月上中下旬人工除草一次，基本能控制杂草危害。化学除草能减少劳动力投入、提高除草效率，农业生产中应用日益广泛，近年来推广使用的稻田除草剂有野老（卞乙）、吡嘧磺隆、双草醚、氰氟·氯氟吡等，效果良好，对稻田草害防除有重要作用。

## 参考文献

肖晓华，刘春，吴洪华，等，2014. 重庆市秀山县农田杂草种类调查［J］. 杂草科学，32（4）：32-39.

**原文发表** 南方农业，2019，13（34）：48-52

# 重庆市秀山县玉米地杂草种类及危害调查

肖晓华
（重庆市秀山县植保植检站，秀山　409900）

**摘　要**：2019 年，秀山县开展玉米地杂草种类及危害程度调查。调查表明，秀山县玉米地杂草种类一共有 36 科 72 种，其中，蓼科杂草 5 种，禾本科 7 种，菊科 17 种，唇形科 3 种，其他科 1~2 种。密度较大的有尼泊尔蓼、马唐、狗尾草、空心莲子草、雾水葛、辣子草、稗草等。频度较大的有狗尾草、马唐、稗草、辣子草、香附子、空心莲子草、反枝苋、雾水葛、酢浆草等。多度较大的有尼泊尔蓼、马唐、辣子草、稗草、粟米草等。按照“三层三级目测调查法”调查杂草的危害等级，调查表明，秀山县玉米地优势种有马唐、狗尾草、辣子草、空心莲子草、稗草等，区域性优势种有尼泊尔蓼、雾水葛等。

**关键词**：玉米地杂草；杂草调查；杂草种类；危害程度；秀山县

随着社会的发展，农村劳动力大量转移，农业粗放式管理，导致玉米地杂草危害呈逐年加重的趋势。为及时掌握农田杂草种群发生动态，指导杂草科学防控，按照重庆市植物保护植物检疫站《关于开展农田杂草发生危害趋势监测及农田杂草科学防除工作的通知》文件要求，2019 年，秀山县开展玉米田杂草调查。

## 1　材料与方法

### 1.1　玉米种植概况

玉米是秀山县主要粮食作物之一，常年播种面积为 1.235 万 $hm^2$。400 m 左右海拔地区，一般 3 月下旬播种，4 月下旬移栽，7 月下旬成熟。种植方式多为净作，很少有间（套）作种植。

### 1.2　调查时间及地点

6 月下旬，秀山县玉米生长进入抽穗授粉期，杂草生长多数进入花果期，是调查玉米杂草的最佳时期。本次调查时间为 6 月 24—26 日。

调查地点为清溪场镇三合村、茫洞村、巨丰村，平凯街道莲花村、武营村、官桥村，溶溪镇回星村、晨光居委会、红光居委会，均为本地玉米主产区域，代表性强。

### 1.3　调查方法

#### 1.3.1　杂草种类与分布调查

调查 3 个乡镇（街道），每个乡镇（街道）调查 3 个村，每个村调查 10 块玉米地，按照《重庆市2019年农田杂草监测方案》，倒置“W”9点取样法（图1），记载样框内全部杂草的种类及数量（禾本科以杂草茎秆数为单位，其他科以杂草株数为单位计算田间杂草数量），计算平均密度、频度和多度。

调查的样方框统一为0.25 $m^2$，即边长为0.5 $m^2$ 的正方形框。对不确定或不认识的杂草要用数码相机拍摄其主要特征（花序、花瓣、果实、叶片、叶舌、叶耳等）和整株照片，带回办公室辨认，部分杂草借助手机花伴侣识别软件辨识。

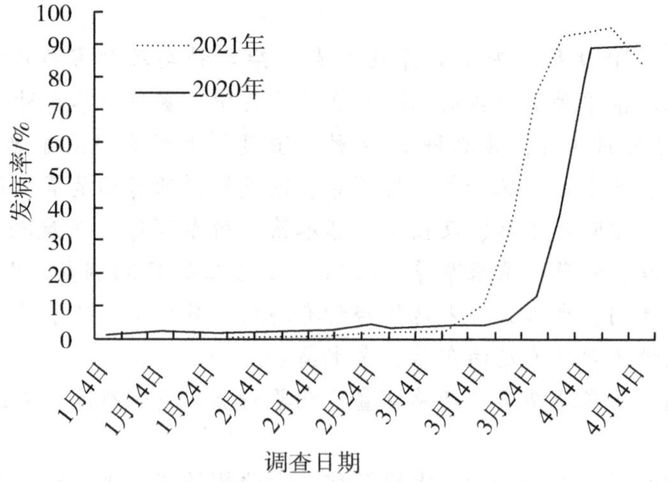


**图1　倒置“W”9点取样法**

1.3.2　杂草危害情况调查

杂草危害情况调查，即对已经过防治的农田杂草的实际危害情况进行调查，采用“三层三级目测调查法”调查主要种类杂草的危害等级（表1）。

**表1　“三层三级”草害盖度调查法**　　单位：%

| 层次 | 危害程度 | | |
|---|---|---|---|
| | Ⅰ级（轻） | Ⅱ级（中） | Ⅲ级（重） |
| 杂草与作物高度相当或高于作物 | <10 | 10~20 | >20 |
| 杂草高度占作物高度的1/2以上 | <15 | 15~30 | >30 |
| 杂草高度不及作物高度的1/2 | <20 | 20~40 | >40 |

注：盖度是杂草地上部分在地上的垂直投影面积占样方面积的百分数。

## 1.4　计算公式

密度：单位面积内某一种杂草的株数。

$$D=\frac{N}{S}$$

式中，$D$ 为密度（株/$m^2$），$N$ 为杂草株数，$S$ 为调查面积（$m^2$）。

频度：某一种杂草出现的田块数占总调查田块数的百分比。

$$F(\%)=\frac{\sum^{n} Y_i}{n}\times 100$$

式中，$F$ 为频度（%）；$n$ 为调查田块数；$Y_i$ 为某一种杂草在调查田块 $i$ 中出现与否，出现记为1，未出现则记为0。

多度：某一种杂草总株数占调查各种杂草总株数的百分比。

$$多度（\%）=\frac{某种杂草总株数}{各种杂草总株数}\times 100$$

## 2 结果与分析

### 2.1 玉米地杂草种类及分布

调查表明，秀山县玉米地杂草种类为36科72种，其中，蓼科杂草5种，禾本科7种，菊科17种，唇形科3种，其他科1~2种。密度较大的有尼泊尔蓼、马唐、狗尾草、空心莲子草、雾水葛、辣子草、稗草等。频度较大的有狗尾草、马唐、稗草、辣子草、香附子、空心莲子草、反枝苋、雾水葛、酢浆草等。多度较大的有尼泊尔蓼、马唐、辣子草、稗草、粟米草等（表2）。

**表2 秀山县玉米地杂草不同种类调查统计**

| 序号 | 杂草名称 | 密度/（株/$m^2$） | 频度/% | 多度/% | 备注 |
|---|---|---|---|---|---|
| 1 | 尼泊尔蓼 *P. nepalense* Meisn. | 14.9 | 11.1 | 12.6 | 蓼科 |
| 2 | 酸模叶蓼 *Polygonum lapathifolium* L. | 0.2 | 7.8 | 0.2 | 蓼科 |
| 3 | 萹蓄 *Polygonum aviculare* L. | 0.1 | 6.7 | 0.1 | 蓼科 |
| 4 | 杠板归 *Polygonum perfoliatum* L. | 0.2 | 6.7 | 0.2 | 蓼科 |
| 5 | 桃叶蓼 *Polygonum persicaria* L. | 1.7 | 17.8 | 1.4 | 蓼科 |
| 6 | 狗牙根 *Cynodon dactylon*（L.）Pers. | 0.1 | 3.3 | 0.1 | 禾本科 |
| 7 | 狗尾草 *Setaria viridis*（L.）Beauv. | 4.5 | 52.1 | 3.8 | 禾本科 |
| 8 | 马唐 *Digitaria sanguinalis*（L.）Scop. | 12.6 | 75.6 | 10.7 | 禾本科 |
| 9 | 早熟禾 *Poa annua* L. | 0.8 | 21.1 | 0.7 | 禾本科 |
| 10 | 荩草 *Arthraxon hispidus*（Thunb.）Makino | 4.3 | 30.0 | 3.6 | 禾本科 |
| 11 | 稗草 *Echinochloa crusgalli*（L.）Beauv | 5.5 | 50.0 | 4.7 | 禾本科 |
| 12 | 牛筋草 *Eleusine indica*（L.）Gaertn. | 0.3 | 15.6 | 0.3 | 禾本科 |
| 13 | 苦苣菜 *Sonchus oleraceus* L. | 0.1 | 3.3 | 0.1 | 菊科 |
| 14 | 苦荬菜 *Ixeris polycephala* Cass. | 0.3 | 3.3 | 0.3 | 菊科 |

（续表）

| 序号 | 杂草名称 | 密度/（株/$m^2$） | 频度/% | 多度/% | 备注 |
|---|---|---|---|---|---|
| 15 | 野茼蒿 *Crassocephalum crepidioides* (Benth.) S. Moore | 0.6 | 16.7 | 0.5 | 菊科 |
| 16 | 石胡荽 *Centipeda minima*（L.）A. Br. et Aschers. | 0.6 | 10.0 | 0.5 | 菊科 |
| 17 | 艾蒿 *Artemisia argyi* H. Lév. Vaniot | 1.2 | 15.6 | 1.0 | 菊科 |
| 18 | 辣子草 *Galinsoga parviflora* Cav. | 6.9 | 41.1 | 5.8 | 菊科 |
| 19 | 马兰 *Wedelia chinensis*（Osb.）Merr. | 0.8 | 36.7 | 0.7 | 菊科 |
| 20 | 青蒿 *Artemisia carvifolia* Buch. – Ham. ex Roxb. Hort. Beng. | 0.3 | 17.8 | 0.3 | 菊科 |
| 21 | 一年蓬 *Erigeron annuus*（L.）Pers. | 0.2 | 16.7 | 0.2 | 菊科 |
| 22 | 小飞蓬 *Conyza canadensis*（L.）Cronq. | 1.5 | 33.3 | 1.3 | 菊科 |
| 23 | 鬼针草 *Bidens pilosa* L. | 0.2 | 12.2 | 0.2 | 菊科 |
| 24 | 鳢肠 *Eclipta prostrata* | 0.1 | 3.3 | 0.1 | 菊科 |
| 25 | 千里光 *Senecio scandens* Buch. –Ham. ex D. Don | 0.1 | 3.3 | 0.1 | 菊科 |
| 26 | 鼠曲草 *Gnaphalium affine* D. Don | 0.1 | 3.3 | 0.1 | 菊科 |
| 27 | 小蓟 *Cirsium setosum* (Willd.) MB. | 0.1 | 10.0 | 0.1 | 菊科 |
| 28 | 黄鹌菜 *Youngia japonica* | 0.1 | 3.3 | 0.1 | 菊科 |
| 29 | 天名精 *Carpesium abrotanoides* L. | 0.1 | 3.3 | 0.1 | 菊科 |
| 30 | 半边莲 *Lobelia chinensis* Lour. | 2.5 | 10.0 | 2.1 | 桔梗科 |
| 31 | 香附子 *Cyperus rotundus* L. | 3.6 | 43.3 | 3.0 | 莎草科 |
| 32 | 碎米莎草 *Cyperus iria* L. | 2.5 | 10.0 | 2.1 | 莎草科 |
| 33 | 天胡荽 *Hydrocotyle sibthorpioides* | 0.5 | 10.0 | 0.4 | 伞形科 |
| 34 | 打碗花 *Calystegia hederacea* Wall. ex. Roxb. | 1.8 | 31.1 | 1.5 | 旋花科 |
| 35 | 马蹄金 *Dichondra repens* Forst. | 0.1 | 3.3 | 0.1 | 旋花科 |
| 36 | 藜 *Chenopodium album* L. | 0.5 | 13.3 | 0.4 | 藜科 |
| 37 | 爵床 *Rostellularia procumbens*（L.）Nees | 0.9 | 20.0 | 0.8 | 爵床科 |
| 38 | 夏枯草 *Prunella vulgaris* L. | 0.1 | 3.3 | 0.1 | 唇形科 |
| 39 | 风轮草 *Clinopodium chinensis* O. Kze | 0.8 | 30.0 | 0.7 | 唇形科 |
| 40 | 紫苏 *Perilla frutescens*（L.）Britt. | 0.8 | 16.7 | 0.7 | 唇形科 |
| 41 | 竹节菜 *Commelina diffusa* Burm. F. | 0.2 | 6.7 | 0.2 | 鸭跖草科 |

（续表）

| 序号 | 杂草名称 | 密度/（株/m²） | 频度/% | 多度/% | 备注 |
|---|---|---|---|---|---|
| 42 | 饭包草 *Commelina bengalensis* L. | 0.6 | 6.7 | 0.5 | 鸭跖草科 |
| 43 | 珠芽景天 *Sedum bulbiferum Makino* | 1.7 | 22.2 | 1.4 | 景天科 |
| 44 | 马齿苋 *Portulaca oleracea* L. | 0.3 | 2.2 | 0.3 | 马齿苋科 |
| 45 | 空心莲子草 *Alternanthera philoxeroides* (Mart.) Griseb. | 4.6 | 55.6 | 3.9 | 苋科 |
| 46 | 牛膝 *Achyranthes bidentata* Blume. | 2.8 | 21.1 | 2.4 | 苋科 |
| 47 | 反苋菜 *Amaranthus retroflexus* L. | 2.5 | 45.6 | 2.1 | 苋科 |
| 48 | 铁苋菜 Acalypha australis L. | 1.8 | 45.0 | 1.5 | 大戟科 |
| 49 | 雾水葛 *Pouzolzia zeylanica* (L.) Benn. | 8.4 | 45.6 | 7.1 | 荨麻科 |
| 50 | 酢浆草 *Oxalis corniculata* L. | 3.6 | 45.6 | 3.0 | 酢浆草科 |
| 51 | 荠菜 *Capsella bursa-pastoris* (Linn.) Medic. | 0.3 | 11.1 | 0.3 | 十字花科 |
| 52 | 牛繁缕 *Malachium aquaticum* (L.) *Fries* (*Stellaria aquatica* (L.) Scop.) | 3.7 | 35.6 | 3.1 | 石竹科 |
| 53 | 漆姑草 *Sagina japonica* (Sw.) Ohwi | 0.1 | 6.7 | 0.1 | 石竹科 |
| 54 | 婆婆纳 *Veronica didyma Tenore* | 2.0 | 15.6 | 1.7 | 玄参科 |
| 55 | 通泉草 *Mazus japonicus* (Thunb.) O. Kuntze | 1.6 | 30.0 | 1.4 | 玄参科 |
| 56 | 龙葵 *Solanum nigrum* L. | 0.8 | 26.7 | 0.7 | 茄科 |
| 57 | 牛茄子 *Solanum surattense* Burm F. | 0.9 | 16.7 | 0.8 | 茄科 |
| 58 | 粟米草 *Mollugo stricta* L. | 5.5 | 37.8 | 4.7 | 番杏科 |
| 59 | 犁头草 *Viola japonica* var. stenopetala Franch. ex H. Boissieu. | 0.4 | 7.8 | 0.3 | 堇菜科 |
| 60 | 斑种草 *Bothriospermum chinense* Bunge | 0.1 | 6.7 | 0.1 | 紫草科 |
| 61 | 聚花过路黄 *Lysimachia congestiflora* Hemsl. | 0.2 | 10.0 | 0.2 | 报春花科 |
| 62 | 野苎麻 *Boehmeria siamensis* Craib | 0.1 | 3.3 | 0.1 | 荨麻科 |
| 63 | 车前草 *Plantago depressa* Willd. | 0.2 | 13.3 | 0.2 | 车前科 |
| 64 | 地耳草 *Hypericum japonicum* Thunb. | 0.3 | 3.3 | 0.3 | 藤黄科 |
| 65 | 扬子毛茛 *Ranunculus sieboldii* Miq. | 0.1 | 3.3 | 0.1 | 毛茛科 |
| 66 | 鱼腥草 *Houttuynia cordata* Thunb. | 0.4 | 10.0 | 0.3 | 三白草科 |
| 67 | 半夏 *Pinellia ternata* | 1.6 | 16.7 | 1.4 | 天南星科 |
| 68 | 叶下珠 *Phyllanthus urinaria* L. | 0.2 | 10.0 | 0.2 | 大戟科 |
| 69 | 商陆 *Phytolacca acinosa* Roxb | 0.3 | 16.7 | 0.3 | 商陆科 |

（续表）

| 序号 | 杂草名称 | 密度/（株/$m^2$） | 频度/% | 多度/% | 备注 |
|---|---|---|---|---|---|
| 70 | 小巢菜 *Viciahirsuta*（L.）S. F. Gray | 0.1 | 3.3 | 0.1 | 豆科 |
| 71 | 节节草 *Equisetum ramosissimum* Desf | 0.1 | 3.3 | 0.1 | 木贼科 |
| 72 | 乌敛莓 *Cayratia japonica*（Thunb.）Gagnep. | 0.1 | 3.3 | 0.1 | 葡萄科 |

## 2.2 玉米地杂草危害程度

按照“三层三级目测调查法”，调查杂草的危害等级。调查表明，秀山县玉米地优势种有马唐、狗尾草、辣子草、空心莲子草、稗草等，区域性优势种有尼泊尔蓼、雾水葛等（表3）。

**表3 秀山县玉米田杂草不同种类危害严重度调查汇总**

| 杂草名称 | 调查田块总数 | 该种杂草出现的田块数 | 不同危害等级田块比例/% | | | 备注 |
|---|---|---|---|---|---|---|
| | | | 轻（Ⅰ级） | 中（Ⅱ级） | 重（Ⅲ级） | |
| 狗尾草 *Setaria viridis*（L.）Beauv. | 90 | 47 | 95.7 | 4.3 | | 优势种 |
| 马唐 *Digitaria sanguinalis*（L.）Scop. | 90 | 68 | 94.2 | 2.9 | 2.9 | 优势种 |
| 辣子草 *Galinsoga parviflora* Cav. | 90 | 37 | 86.5 | 8.1 | 5.4 | 优势种 |
| 空心莲子草 *Alternanthera philoxeroides*（Mart.）Griseb. | 90 | 50 | 86.0 | 8.0 | 6.0 | 优势种 |
| 稗草 *Echinochloa crusgalli*（L.）Beauv | 90 | 45 | 97.8 | 2.2 | | 优势种 |
| 尼泊尔蓼 *P. nepalense* Meisn. | 90 | 10 | | | 100 | 区域优势种 |
| 雾水葛 *Pouzolzia zeylanica*（L.）Benn. | 90 | 41 | 87.8 | 12.2 | | 区域优势种 |
| 苦苣菜 *Sonchus oleraceus* L. | 90 | 3 | 100 | | | |
| 苦荬菜 *Ixeris polycephala* Cass. | 90 | 3 | 100 | | | |
| 半边莲 *Lobelia chinensis* Lour. | 90 | 9 | 88.9 | 11.1 | | |
| 石胡荽 *Centipeda minima*（L.）A. Br. et Aschers. | 90 | 9 | 100 | | | |
| 早熟禾 *Poa annua* L. | 90 | 19 | 100 | | | |
| 香附子 *Cyperus rotundus* L. | 90 | 39 | 100 | | | |
| 桃叶蓼 *Polygonum persicaria* L. | 90 | 16 | 100 | | | |

（续表）

| 杂草名称 | 调查田块总数 | 该种杂草出现的田块数 | 不同危害等级田块比例/% | | | 备注 |
|---|---|---|---|---|---|---|
| | | | 轻（Ⅰ级） | 中（Ⅱ级） | 重（Ⅲ级） | |
| 野茼蒿 *Crassocephalum crepidioides* (Benth.) S. Moore | 90 | 15 | 100 | | | |
| 天胡荽 *Hydrocotyle sibthorpioides* | 90 | 9 | 100 | | | |
| 艾蒿 *Artemisia argyi* H. Lév. Vaniot | 90 | 14 | 100 | | | |
| 打碗花 *Calystegia hederacea* Wall. ex. Roxb. | 90 | 28 | 100 | | | |
| 藜 *Chenopodium album* L. | 90 | 12 | 100 | | | |
| 爵床 *Rostellularia procumbens*（L.）Nees | 90 | 18 | 100 | | | |
| 马兰 *Wedelia chinensis*（Osb.）Merr. | 90 | 33 | 100 | | | |
| 荩草 *Arthraxon hispidus*（Thunb.）Makino | 90 | 27 | 100 | | | |
| 青蒿 *Artemisia carvifolia Buch.* –Ham. ex Roxb. Hort. Beng. | 90 | 17 | 100 | | | |
| 紫苏 *Perilla frutescens*（L.）Britt. | 90 | 15 | 100 | | | |
| 竹节菜 *Commelina diffusa* Burm. F. | 90 | 6 | 100 | | | |
| 珠芽景天 *Sedum bulbiferum* Makino | 90 | 20 | 100 | | | |
| 马齿苋 *Portulaca oleracea* L. | 90 | 4 | 100 | | | |
| 一年蓬 *Erigeron annuus*（L.）Pers. | 90 | 15 | 100 | | | |
| 小飞蓬 *Conyza canadensis*（L.）Cronq. | 90 | 30 | 100 | | | |
| 酸模叶蓼 *Polygonum lapathifolium* L. | 90 | 7 | 100 | | | |
| 反苋菜 *Amaranthus retroflexus* L. | 90 | 41 | 100 | | | |
| 铁苋菜 *Acalypha australis* L. | 90 | 27 | 100 | | | |
| 牛膝 *Achyranthes bidentata* Blume. | 90 | 24 | 100 | | | |
| 酢浆草 *Oxalis corniculata* L. | 90 | 46 | 100 | | | |
| 荠菜 *Capsella bursa-pastoris*（Linn.） | 90 | 10 | 100 | | | |
| 牛繁缕 *Malachium aquaticum*（L.）Fries [*Stellaria aquatica*（L.）Scop.] | 90 | 32 | 100 | | | |
| 鬼针草 *Bidens pilosa* L. | 90 | 11 | 100 | | | |

（续表）

| 杂草名称 | 调查田块总数 | 该种杂草出现的田块数 | 不同危害等级田块比例/% | | | 备注 |
|---|---|---|---|---|---|---|
| | | | 轻（Ⅰ级） | 中（Ⅱ级） | 重（Ⅲ级） | |
| 婆婆纳 *Veronica didyma* Tenore | 90 | 14 | 100 | | | |
| 牛筋草 *Eleusine indica*（L.）Gaertn. | 90 | 14 | 100 | | | |
| 龙葵 *Solanum nigrum* L. | 90 | 24 | 100 | | | |
| 牛茄子 *Solanum surattense* Burm F. | 90 | 15 | 100 | | | |
| 粟米草 *Mollugo stricta* L. | 90 | 34 | 100 | | | |
| 犁头草 *Viola japonica* var. *stenopetala Franch*. ex H. Boissieu. | 90 | 7 | 100 | | | |
| 通泉草 *Mazus japonicus*（Thunb.）O. Kuntze | 90 | 27 | 100 | | | |
| 鳢肠 *Eclipta prostrata* | 90 | 3 | 100 | | | |
| 马蹄金 *Dichondra repens* Forst. | 90 | 3 | 100 | | | |
| 千里光 *Senecio scandens* Buch. -Ham. ex D. Don | 90 | 3 | 100 | | | |
| 斑种草 *Bothriospermum chinense* Bunge | 90 | 5 | 100 | | | |
| 聚花过路黄 *Lysimachia congestiflora* Hemsl. | 90 | 9 | 100 | | | |
| 野苎麻 *Boehmeria siamensis* Craib | 90 | 3 | 100 | | | |
| 车前草 *Plantago depressa* Willd. | 90 | 12 | 100 | | | |
| 地耳草 *Hypericum japonicum* Thunb. | 90 | 3 | 100 | | | |
| 杠板归 *Polygonum perfoliatum* L. | 90 | 6 | 100 | | | |
| 碎米莎草 *Cyperus iria* L. | 90 | 9 | 100 | | | |
| 萹蓄 *Polygonum aviculare* L. | 90 | 6 | 100 | | | |
| 风轮草 *Clinopodium chinensis* O. Kze | 90 | 27 | 100 | | | |
| 小蓟 *Cirsium setosum*（Willd.）MB. | 90 | 9 | 100 | | | |
| 扬子毛茛 *Ranunculus sieboldii* Miq. | 90 | 3 | 100 | | | |
| 饭包草 *Commelina bengalensis* L. | 90 | 6 | 100 | | | |
| 鱼腥草 *Houttuynia cordata* Thunb. | 90 | 9 | 100 | | | |

（续表）

| 杂草名称 | 调查田块总数 | 该种杂草出现的田块数 | 不同危害等级田块比例/% | | | 备注 |
|---|---|---|---|---|---|---|
| | | | 轻（Ⅰ级） | 中（Ⅱ级） | 重（Ⅲ级） | |
| 半夏 *Pinellia ternata* | 90 | 15 | 100 | | | |
| 叶下珠 *Phyllanthus urinaria* L. | 90 | 9 | 100 | | | |
| 商陆 *Phytolacca acinosa* Roxb | 90 | 15 | 100 | | | |
| 小巢菜 *Viciahirsuta*（L.）S. F. Gray | 90 | 3 | 100 | | | |
| 鼠曲草 *Gnaphalium affine* D. Don | 90 | 3 | 100 | | | |
| 狗牙根 *Cynodon dactylon*（L.）Pers. | 90 | 1 | 100 | | | |
| 黄鹌菜 *Youngia japonica*. | 90 | 1 | 100 | | | |
| 天名精 *Carpesium abrotanoides* L. | 90 | 3 | 100 | | | |
| 漆姑草 *Sagina japonica*（Sw.） | 90 | 6 | 100 | | | |
| 节节草 *Equisetum ramosissimum* Desf | 90 | 3 | 100 | | | |
| 乌敛莓 *Cayratia japonica*（Thunb.）Gagnep. | 90 | 3 | 100 | | | |
| 夏枯草 *Prunella vulgaris* L. | 90 | 3 | 100 | | | |

## 3 讨论

（1）玉米地杂草优势种有马唐、狗尾草、辣子草、空心莲子草、稗草等，区域性优势种有尼泊尔蓼、雾水葛等，与前几年开展的杂草种类调查情况吻合。不同的区域，由于土质、海拔、管理等方面的差异，优势种不同。如溶溪镇回星村，尼泊尔蓼随处可见，是当地的优势种，多数玉米地达到重发程度，但在本次调查的其他区域，却没有发生该种杂草出现。空心莲子草是普发性、恶性杂草，但在少数区域，调查中同样没有出现。

（2）玉米地杂草调查，仅限于玉米地常见杂草种类，田坎（土坎）及周边荒地生长的杂草，如白茅、狄、何首乌、茅莓、海金沙等常见杂草，由于调查未发现侵入玉米地，未计入本次调查种类目录。本次调查，按照方案要求，多数地块调查的是防治后的杂草种类，且仅调查 1 次，如果调查管理较差的玉米地，或玉米不同生育期，杂草种类还会增加。

（3）玉米地杂草种类较多，只要管理得当，人工除草，辅助化学除草，完全能控制玉米地杂草大量发生及危害。生产中，一般结合施肥，4 月中下旬人工除草一次，5 月中下旬化学除草一次，基本能控制杂草危害。玉米地化学除草，减少劳动力投入，提高了除草功效，推广面积逐年增加。近年来推广使用的烟嘧磺隆·莠去津、烟嘧·莠·氯吡、氯吡·硝·烟嘧等玉米除草剂，效果良好，对防除玉米地草害发挥重要作用。

（4）玉米地杂草调查，工作量特别大，限制了取样的多点性，减少了部分偶发性杂草调查出现的概率，影响调查的准确性和可靠性，建议在不同年份，在不同区域，玉米不同生育期，开展多次杂草调查，综合分析本地杂草的发生及危害，为杂草科学防除，提供依据。

## 参考文献

肖晓华，杨昌洪，2019. 秀山县水稻田杂草种类及危害调查［J］. 南方农业，13（34）：48-52.

肖晓华，刘春，2014. 重庆市秀山县农田杂草种类调查［J］. 杂草科学，32（4）：32-39.

# 其　　他

# 秀山县玫瑰病虫害的种类及防治方法

肖晓华[1]，肖 璐[2]
（1. 重庆市秀山县植保植检站，秀山 409900；
2. 重庆工程学院电子信息学院，巴南 401320）

**摘 要：**本文作者介绍了秀山玫瑰生产上的主要病虫害种类、病虫害的识别特征及为害症状，并结合实际提出了综合防治方法。

**关键词：**玫瑰；病虫害种类；识别特征；为害症状；防治方法

玫瑰（*Rosa rugosa* Thunb.），原产地中国，属于蔷薇科、蔷薇目、蔷薇属落叶灌木。在欧洲，玫瑰、蔷薇、月季都叫玫瑰。玫瑰花是英国的国花，也是中国吉林、沈阳等市的市花。通俗意义中的“玫瑰”已成为多种蔷薇属植物的通称。玫瑰作为重要的观花植物，其花大艳丽、花色多样、色艳味浓、寓意美好，历来深受人们喜爱。另外，它还有很多实用的药用和食用价值，其花、果可用于多种食品及提炼香精玫瑰油。玫瑰初开的花朵及根可入药，有理气、活血、收敛等作用。所以玫瑰有“金玫瑰”的美誉。

近年来，重庆市秀山县清溪场镇、溪口镇、平凯街道等地，以玫瑰园、农业公司、农家乐等形式，规模化种植玫瑰面积达 100 $hm^2$ 以上，且呈逐年增长的态势。由于玫瑰既有观赏价值，也有经济价值，其发展势头良好。秀山县位于武陵山区腹地，属于亚热带湿润气候区，高温多雨，日照偏少，田间湿度很大，有利于玫瑰多种病虫害的发生、流行及蔓延。据秀山县植保植检站近年来调查，秀山县玫瑰病害主要有黑斑病、白粉病、枯枝病等十余种，虫害主要有蚜虫、红蜘蛛、天牛等。总体上，秀山县玫瑰生产上病害重于虫害，病虫害对玫瑰生产造成较大危害。

## 1 玫瑰病害

### 1.1 玫瑰黑斑病

#### 1.1.1 玫瑰黑斑病识别

玫瑰黑斑病是一种世界性病害，发生非常普遍，是对玫瑰危害最严重的病害之一。玫瑰黑斑病病原菌属于半知菌亚门、黑盘孢目、放线孢属。植株叶面、花朵、新梢均有发生。初发时叶片上出现大小不等的黑斑，病斑角质层下有辐射状的褐色菌丝线和小黑点（分生孢子盘）。后扩大并呈黄褐色或暗紫色，最后变为灰褐色，严重时新梢枯死，整株下部叶片全部脱落。

#### 1.1.2 玫瑰黑斑病防治方法

主要防治方法如下。

（1）冬季清园。清除落叶枯枝，并喷施29%石硫合剂水剂保护。

（2）加强栽培管理。一是保持田间通风透光，控制田间湿度；二是多施磷钾肥，少施氮肥，提高植株抗病能力；三是在发病期尽量少喷水，或只在天气晴朗的早上喷水，避免长时间浇湿叶面。

（3）发现病叶病枝要彻底剪除并集中烧毁，以减少侵染源。发病初期可喷施50%多菌灵可湿性粉剂或70%代森锰锌可湿性粉剂或80%甲基硫菌灵可湿性粉剂600~800倍液，根据病情发展情况，间隔7~10 d，连喷2~3次，注意药剂的轮换使用。

## 1.2 玫瑰白粉病

### 1.2.1 玫瑰白粉病识别

玫瑰白粉病是秀山县常发性病害，其病原菌属于子束菌亚门、白粉菌目、单束叉丝壳属。该病主要危害玫瑰嫩梢幼叶和花。染病部位出现白色粉状物，是这一病害明显症状。初期叶片上产生褪绿色黄斑，以后叶背面出现白斑，并逐渐扩大成不规则状。严重时白斑互相连接成片。植株嫩梢卷曲、皱缩。花蕾表面布满白粉，花朵畸形。叶柄及皮刺上白粉层较厚，很难剥离，引起植株落叶，花蕾枯僵不能正常开放。发病时期为每年的5—9月，症状较为明显，因此也较易辨别及防治。

### 1.2.2 玫瑰白粉病防治方法

主要防治方法如下。

（1）秋冬季清除病枝、病叶，早春剪除病芽、病枝、病叶，集中深埋或烧毁。改善栽培条件，增加通风透光，少施氮肥，多施磷钾肥。

（2）发病初期，可选用12%萎锈灵可湿性粉剂或60%菌唑·锰锌可湿性粉剂或56%醚菌·嘧啶悬浮剂或25%三唑酮可湿性粉剂800~1 000倍液喷雾防治，根据病情发展情况，间隔7~10 d，连喷2~3次。

## 1.3 玫瑰枯枝病

### 1.3.1 玫瑰枯枝病识别

玫瑰枯枝病主要危害植株枝干，其病原菌属于半知菌亚门、球壳孢目，盾壳霉属。初期为红色小斑点，后扩大变深，病斑周围褐色和紫色的边缘与茎的绿色对比明显，病菌的分生孢子器在病斑中心变褐色时出现，随着分生孢子器的增大，茎表皮出现纵向裂缝，后期病斑凹陷，纵向开裂，病部可心出现黑点，潮湿时涌现出黑色孢子堆。发病严重时，病部以上部分枝叶萎缩枯死。

### 1.3.2 玫瑰枯枝病防治方法

主要防治方法如下。

（1）秋冬季做好清园，彻底剪除病枯枝集中烧毁。休眠期喷施29%石硫合剂水剂保护。

（2）加强栽培管理，施足基肥，增强植株长势。

（3）选择在晴天进行修剪。剪口先用10%硫酸铜消毒，再涂抹愈伤防腐膜，保护伤口愈合组织生长，防腐烂病菌侵染。修剪、嫁接后管理要跟上，促使伤口早日愈合。

（4）发病初期喷施50%多菌灵可湿性粉剂或70%百菌清可湿性粉剂或80%甲基硫

菌灵可湿性粉剂600~800倍液。

## 1.4 玫瑰根瘤病

### 1.4.1 玫瑰根瘤病识别

玫瑰根瘤病由线虫引起，病原为胞束线虫。症状表现为根部结有白色瘤状物，残留期长，危害较大。幼虫和雄虫为线形，雌虫呈梨形，膨大后顶破根部皮层而外露，即根部所见的白色瘤状物。幼瘤白色有弹性，以后变硬。肿瘤表面粗糙。褐色或黑褐色，严重时根瘤能长出地面。长根瘤的玫瑰生长不良，叶面发黄，根系的数量减少，根瘤成倍增长。

### 1.4.2 玫瑰根瘤病防治方法

主要防治方法如下。

（1）栽植前用72%农用链霉素可溶性粉剂500~600倍液浸泡植株根部10~15 min。

（2）嫁接时将接刀用高温消毒或酒精消毒，避免线虫从伤口浸入。

（3）用甲醇、冰醋酸、碘片（50：25：10）混合液涂患处；或用二硝基钾粉钠与木醇（20：80）混合液涂抹患处，能使病瘤消失。

## 1.5 玫瑰锈病

### 1.5.1 玫瑰锈病识别

锈病危害玫瑰的芽、叶片、嫩枝、叶柄、花托、花梗等部位。主要发生在芽和叶片上。玫瑰锈病病原菌属于担子菌亚门、锈病目，多胞锈菌属。锈孢子器在叶背堆聚成橘红色粉状物，周围有侧丝，裸生。锈孢子串生，夏孢子堆生，周围有棒状侧丝，冬孢子黑色，散生裸露。春季萌芽期，病芽基部肿大，在1~3层鳞片内长出大量橘红色粉状物；有的弯曲呈畸形，15~20 d枯死。嫩叶受害后，先在叶正面上，丛生黄色小点状孢子器，后在叶背面生成橘红色孢子堆。秋季腋芽被病菌侵染后，经越冬多枯死。

### 1.5.2 玫瑰锈病防治方法

主要防治方法如下。

（1）及时摘除病芽，在3月下旬至4月检查，发现病芽要立即摘除销毁。一般病芽率不到0.5%，摘除后即可防止孢子扩散。

（2）4月上旬或8月下旬两次发病盛期前，喷药1~2次，可控制病害发展。药剂与上述白粉病相同。

## 1.6 玫瑰灰霉病

### 1.6.1 玫瑰灰霉病识别

玫瑰灰霉病是秀山主要病害之一，该病由真菌引起，病原菌为灰葡萄孢（*Botrytis cinerea*），有性态为富克尔核盘菌（*Sclerotinia fuckliana*）。病原菌在病残体上越冬，第2年春天条件适宜时借气流传播，从伤口或衰弱器官侵入。秀山县一般6—7月梅雨季节及开花期易发病。玫瑰灰霉是玫瑰危害性最大的病害之一，潮湿的环境更易发生。该病在叶缘和叶尖发生时，起初表现为水渍状淡褐色斑点，光滑稍有下陷，后扩大腐烂。花蕾发病，病斑灰黑色，病蕾变褐色枯死。花瓣受侵害时，部分花瓣变褐色皱缩、腐败。

灰霉病菌也侵染折花之后的枝端，在温暖潮湿的环境下，灰色霉层可以完全长满受侵染部位，灰色霉层是识别该病的明显特征。

#### 1.6.2 玫瑰灰霉病防治方法

主要防治方法如下。

（1）及时清除病部，减少侵染来源，对于凋谢的玫瑰花也应及时剪除。

（2）大棚栽培时，温室要适当通气，不致昼夜温差过大，湿度过高。盆栽时，各个玫瑰盆之间应有适当空隙。浇水时从盆沿浇入，不要使叶、花滞留水分。

（3）化学防治。发病初期选用45%嘧·木霉菌悬浮剂或50%异菌脲·福可湿性粉剂或20%嘧霉胺可湿性粉剂 800～1 000倍液或 80%腐霉利水分散粒剂或 687.5 g/L氟菌·霜霉威悬浮剂1 000倍液，7～10 d 喷雾一次，连续喷 2～3 次，注意轮换用药及混合用药，以防产生抗药性。

### 1.7 玫瑰炭疽病

#### 1.7.1 玫瑰炭疽病识别

玫瑰炭疽病由真菌引起，病原菌为半知菌亚门、柱隔孢属、胶孢炭疽病菌。在高温、潮湿的条件下发病，危害严重。叶片受害，症状一般表现在叶缘，呈半圆形病斑，深褐色边缘，中间呈褐色至浅褐色；发生后期，病斑中间变为灰色，常常脱落。病斑呈均匀的黑色，边缘为不规则的放射状。在潮湿的环境下，病斑上生有黑色小粒点，即病原菌分生孢子盘。

#### 1.7.2 玫瑰炭疽病防治方法

主要防治方法如下。

（1）冬季结合修剪摘除病枝病叶，清除落叶，集中销毁。

（2）加强肥水管理，提高植株抵抗力，雨后及时排水，保持适当温湿度，减少病菌侵染。

（3）发病初期用 50%苯醚·酰胺可湿性粉剂1 000倍液或 80%甲基硫菌灵可湿性粉剂 800 倍液喷雾防治，根据病情施药 1～2 次。

### 1.8 玫瑰黄萎病

#### 1.8.1 玫瑰黄萎病识别

玫瑰黄萎病是一种常见的病害，危害较为严重，特别是大棚玫瑰容易发病。其病原属于半知菌类真菌，染病植株症状表现在茎部，顶端叶片叶脉间有褪绿现象，后逐渐变褐枯萎。下部叶片黄化。有时病茎基部木质部出现褐色至黑色斑。发生严重时可造成全株死亡。

#### 1.8.2 玫瑰黄萎病防治方法

主要防治方法如下。

（1）加强栽培管理，合理施肥灌水，提高植株抵抗力。合理密植，调节通风透光，雨后及时排水，保持适当温湿度，清理病残物，减少病源。

（2）选用抗病砧木嫁接。

（3）种植时不要与番茄、马铃薯、菊花、向日葵等作物连作。避免病菌的传染。

(4) 发现中心病株后立即清除病株深埋，病窝撒施石灰消毒。发生严重时可浇灌70%甲硫·福美双可湿性粉剂或50%多菌灵可湿性粉剂500~600倍液、90%甲基立枯灵原粉可湿性粉剂800~1 000倍液，每株灌0.5 kg左右。

## 1.9 玫瑰病毒病

### 1.9.1 玫瑰病毒病识别

玫瑰病毒病主要危害叶片，是玫瑰花危害严重的病害之一。病原有蔷薇花叶病毒、南芥花叶病毒、草莓潜隐环斑病毒、烟草条斑病毒、李属坏死环斑病毒等。病毒病主要表现为沿叶脉褪绿，叶片上产生不规则的浅黄色至橘黄色斑块，有的呈环状或栎叶状花纹，有的涌现小角斑、线形叶、局部畸形或黄脉或黄色花叶等。叶片黄化、皱缩、畸形是该病的典型特征。

### 1.9.2 玫瑰病毒病防治方法

主要防治方法如下。

(1) 因地制宜选育和种植抗病品种。

(2) 茎株处理。提倡使用脱毒苗，注意采用无病接穗和砧木作繁殖材料。

(3) 药剂防治。发病初期用5.9%辛菌·吗啉胍水剂或68%宁南·嘧肽水剂800~1 000倍液均匀喷雾防治，根据病情施药1~2次。

## 1.10 玫瑰褐斑病

### 1.10.1 玫瑰褐斑病识别

玫瑰褐斑病是危害玫瑰的常见病害之一，玫瑰叶片、嫩枝和花梗均可受害。病原菌属子囊菌亚门真菌。叶上病斑初为紫褐色至褐色小点，后扩展成较大的圆斑，黑色或深褐色，边缘纤毛状，但个别品种上边缘也可整齐光滑。病斑周围常有黄色晕圈包围。幼嫩枝条和花梗受害，产生紫色到黑色条状斑点，微下陷。病害严重发生时，整个植株下部及中部片全部脱落，仅留顶部几张新叶。

### 1.10.2 玫瑰褐斑病防治方法

主要防治方法如下。

(1) 冬季彻底清除枯枝落叶减少病源。

(2) 化学防治。发病初期选择50%多菌灵可湿性粉剂、80%甲基硫菌灵可湿性粉剂或70%代森锰锌可湿性粉剂600~800倍液喷雾防治，每7~10 d喷1次药，连喷2~3次。注意药剂的交替使用。代森锰锌在某些玫瑰品种上有药害，使用浓度降低至1 000~1 200倍。

## 1.11 玫瑰煤污病

### 1.11.1 玫瑰煤污病识别

玫瑰煤污病是受其他病虫害危害影响，多种病原菌侵染所致。煤污病影响植株光合作用，使植株生长不良，导致玫瑰植株长势弱小，开花少，严重影响玫瑰品质及观赏性。发病初期，叶片上出现褐色小煤粉斑，斑点逐渐扩大，连成大片，覆盖在叶面及嫩梢上。有的霉层厚，呈黑色片状翘起，易剥离。

#### 1.11.2 玫瑰煤污病防治方法

主要防治方法如下。

（1）在花木生长季节，尤其是春季，可喷洒杀虫剂防治蚜虫、介壳虫等，常用药剂有吡虫啉、噻虫嗪、噻嗪酮等。

（2）适当降低种植密度，以利通风透光；及时对植株进行适度修剪。

（3）发病初期选用70%代森锰锌可湿性粉剂，或80%甲基硫菌灵可湿性粉剂，或80%代森锌可湿性粉剂等药剂600~800倍喷雾防治。

### 1.12 玫瑰霜霉病

#### 1.12.1 玫瑰霜霉病识别

玫瑰霜霉病是危害玫瑰生长的主要病害之一，玫瑰的叶、新梢和花均可发病。病原菌属蔷薇双壳菌（Diplocarpon rosac）。发病初期叶上出现不规则形的淡绿色斑块，后扩大呈黄褐色和暗紫色，最后为灰褐色。边缘色较深，渐次扩大蔓延到健康的组织，无明显界限。在潮湿天气下，病叶背面可见到稀疏的灰白色霜霉层。有的病斑为紫红色，中心为灰白色，如同被化肥、农药烧灼状。新梢和花瓣感染时，病斑与病叶上的相似，但梢上病斑略显凹陷。严重时叶萎缩脱落，新梢腐烂枯死。

#### 1.12.2 玫瑰霜霉病防治方法

主要防治方法如下。

（1）清除感病叶片、病茎和病花，减少侵染来源。

（2）适当降低种植密度，增强田间通风透光性，可减轻发病。

（3）发病初期选用68.6%丙森·缬霉威悬浮剂，或72%霜脲·锰锌可湿性粉剂，或70%百菌清可湿性粉剂，或70%代森锰锌可湿性粉剂600~800倍液，或80%烯酰吗啉水分散粒剂1 000倍液喷雾防治，5~7 d再喷一次，连续2~3次。注意各种药剂交替使用，喷雾时应均匀周到。

## 2 玫瑰虫害

据调查，秀山县玫瑰虫害主要有蚜虫、红蜘蛛、天牛等。

### 2.1 蚜虫

#### 2.1.1 危害症状

玫瑰上的蚜虫一年发生数代，在5—9月发生较为严重，以成虫、若虫为害玫瑰的新梢、幼叶、花梗、花蕾，刺吸寄主汁液，使心叶皱缩不能展开，被为害的花蕾影响花朵正常开放，并导致花瓣留下点刻斑痕，严重影响植株生长。在露地栽培条件下，蚜虫多在早春和初夏发生。在设施栽培时，防治及时一般不会严重发生。蚜虫分泌的“蜜露”易诱发煤污病、病毒病等。

#### 2.1.2 防治方法

蚜虫的防治相对简单，选用30%吡蚜·噻虫胺悬浮剂或50%吡蚜酮可湿性粉剂或80%烯啶·吡蚜酮水分散粒剂，或70%吡虫啉可湿性粉剂800~1 000倍液，均匀喷雾防治，防效一般均在90%以上。

## 2.2 红蜘蛛

### 2.2.1 危害症状

红蜘蛛多发生春秋两季，红蜘蛛吸取叶片中的叶绿素，减少玫瑰光合作用的效率，且繁殖迅速，很快可使叶片受害，植株发育停止。

### 2.2.2 防治方法

防治红蜘蛛，可选用20%乙螨唑悬浮剂1 500倍液，或20%哒螨灵可湿性粉剂1 500倍液，或73%炔螨特乳油2 000倍液，或20%卵螨净可湿性粉剂2 500倍液喷雾防治。

## 2.3 天牛

### 2.3.1 危害症状

天牛种类很多，其中数量最多、最常见的除星天牛和桑天牛外，还有光肩星天牛、桃红颈天牛、白筋天牛、红缘天牛等。天牛属于钻蛀性害虫，在茎秆上造成钻孔，是其典型特征。天牛为害严重时可造成整株死亡。

### 2.3.2 防治方法

防治时间应抓住5月中旬到6月上旬成虫羽化后、幼虫孵化前的有利时机，防止幼虫进入主干内蛀食，其他时期应及时防治，减小虫害的危害。一是人工防治。天牛成虫飞翔力较弱，可在羽化盛期人工捕杀。自主干基部围绕树干用石灰水刷白可防止成虫产卵。在主干基部，发现有黄色泡沫状流胶的产卵刻槽后，可用木槌砸击卵槽，砸死其中的卵和初孵幼虫。桑天牛成虫有假死性，羽化盛期容易人工捕杀。幼虫危害期，用金属丝从新鲜排粪孔插入，刺杀蛀道内的幼虫。二是化学防治。可用敌敌畏、氧乐果、毒死蜱等药剂向蛀孔内注射，并用泥或棉球封孔，可将幼虫毒死在蛀道内。三是灯光诱杀。利用天牛的趋光性，田间安装杀虫灯或太阳能杀虫灯进行诱杀，一般每盏灯可控面积为2.67~3.33 $hm^2$。

**原文发表** 农业科技通讯，2018（3）：264-267

# 秀山县植保植检宣传工作的成效经验及问题思考

肖晓华[1]，胡文召[2]，牛小慧[2]，王　涛[2]
（1. 重庆市秀山县植保植检站，秀山　409900；
2. 重庆市种子管理站，重庆　401121）

**摘　要：**简述植保植检宣传工作的特性，即政策法规性强、专业性强、技术含量高、宣传内容丰富多样、宣传内容更新较快。从电视与报纸宣传、网络信息宣传、宣传车及宣传单、工作（现场）会议、学术论文及专题调研、宣传画（册）、宣传标语、“互联网+”几个方面总结秀山县植保植检宣传工作的做法及经验；分析存在的问题；针对宣传工作的专业化、适用化、社会化、常态化及宣传形式的多样化，对植保植检宣传工作进行了思考。

**关键词：**植保植检宣传工作；特性；成效；经验；问题思考；重庆市秀山县

植保植检工作，简单地说，就是植物病虫害监测预警、植保技术研究、推广及植物检疫工作。植保植检事关农业生产安全、农产品质量安全、农业生态安全和农业贸易安全，是农业行业最直接、最要紧、最迫切的民生问题。植保植检工作的重要性，决定了植保植检宣传工作的重要性和紧迫性，宣传工作是植保植检政策落实到基层、落实到农业生产业主的重要途径，是植保植检技术落实到田间地头的重要抓手，是解决植保植检技术进村入户“最后一公里”的关键措施。

## 1　植保植检宣传工作特性

### 1.1　政策法规性强

植保植检宣传工作与其他农业技术宣传的最大区别就是政策法规性强。开展植物检疫宣传，必须熟悉《植物检疫条例》《植物检疫实施细则》，熟悉市场检疫、产地检疫、调运检疫的程序及方法，熟悉检疫性有害生物的基本特性及危害特点、疫情处置的流程及方式方法。农药安全使用宣传，必须熟悉农业农村部发布的有关农药管理的相关公告，熟悉限制使用农药目录及限制使用作物范围等。开展农药零增长（农药减量使用）行动宣传，必须熟悉生物农药及各种绿色防控产品的特点，熟悉高效低毒低残留农药使用技术，掌握农药品种特性及品种的更新换代，了解政策性补贴的农药品种及补贴方式方法。开展专业化统防统治宣传，必须熟悉高效植保机械及使用技术，了解植保机械政策性补贴额度及范围等。

### 1.2　专业性强，技术含量高

植保植检工作在整个农业行业中专业性极强。植保植检宣传，必须熟悉农作物病虫害监测预警的方式方法，在掌握重大病虫害防治预报的基础上进行宣传，才能做到防治时期、防治药剂、防治方法等宣传上的有的放矢。植保新技术、施药新器械、农药新品种，必须在试验示范的基础上才能大面积推广使用。植物检疫工作，必须在检疫性有害生物的正确识别鉴定基础上才能开展，了解检疫性有害生物发生（流行）规律，疫情防控的方法，如果不具备相关的专业技术知识，不懂得植物医生“开方+配药”相关的技物结合，植保植检工作根本无法开展，宣传工作也必将不得要领，抓不住重点。

### 1.3 宣传内容丰富多样

植保植检工作的复杂多样性，决定了宣传工作的多样化。从实践中看，植保植检宣传工作主要分为三大类别。

（1）政策法规宣传。主要有植物检疫条例及地方配套的法规宣传、农药及药械补贴政策宣传、病虫害防治补贴政策宣传等。

（2）植保技术宣传。根据当地农作物布局，结合农业结构调整，有针对性地开展农作物病虫害监测预警，掌握准确的防治时期，推荐适宜的防治药剂，选择高效的施药器械，“农作物病虫害—时间—农药—器械—方法”相互配套，才能取得最佳防治效果。

（3）植物检疫宣传。植物检疫具有专业性、法规性、规范性的特点，其宣传内容、范围、方法、形式上均有所不同。例如在植物疫情方面，根据检疫工作服务农业产业发展的需要，既要宣传疫情阻击的重要性，宣传市场检疫、产地检疫及调运检疫的政策性、规范性，又要宣传植物宣传疫情种类及分布、疫情发生动态、疫情处置动态等，正面引导，避免媒体片面宣传报道引发不必要的社会恐慌。范围上，要根据当地疫情分布或可能的传播途径及区域，既要大面积普及性宣传，又要重点区域重点照顾，既要走乡串户，又要对相关企业（业主）进行上门服务，宣传与产地检疫结合开展。

### 1.4 宣传内容更新较快

随着现代技术发展，植保新技术、新产品层出不穷，农药品种及施药药械更新换代的时间加快，农作物病虫害自身的发生危害也不断出现新的变化和特点。同时，随着物流业快速发展，植物疫情传播途径进一步复杂化和多样化，新增的植物检疫对象不断出现，植保植检工作的快节奏，决定了植保植检宣传内容必须不断及时更新，才能适应形势发展的需要，适应农业产业发展的要求。

## 2 秀山县植保植检宣传工作的成效及经验

### 2.1 电视与报纸宣传

电视与报纸，作为传统媒介，在宣传工作中发挥着重要作用。根据植保植检工作进展情况，特别是典型性工作推进，及时与电视台、报社记者联系，开展典型性宣传，是植保植检宣传的重要方式。2018 年，秀山县植保植检站根据水稻病虫害专业化统防统治与绿色防控融合基地建设、李子病虫害全程绿色防控试点、茶叶病虫害绿色防控示范、柑橘病虫害绿色防控示范、水稻农药减量增效示范、油菜农药减量增效示范等工作推进，在秀山县电视台宣传 12 次，《秀山报》宣传 2 次，反响良好。

## 2.2 网络信息宣传

现代社会已进入信息时代，网络发展迅猛，网络平台逐渐成为宣传主阵地。2018年，秀山县报送重庆市种子植保信息网、重庆市农业农村信息网、重庆植保微信公众号等市级以上网络平台植保植检宣传信息105条，其中，中国农业信息网转发22条，网络信息宣传继续保持全市领先水平。

## 2.3 宣传车及宣传单

2018年，针对农作物病虫害偏重发生的态势，在农作物病虫害防治的关键时期，秀山县植保植检站及部分乡镇（街道）农业部门出动宣传车，走乡串户开展宣传。9月，是全国植物检疫宣传月，根据上级要求，秀山县出动植物检疫宣传车，在主要苗木繁育基地、水果主产基地，结合产地检疫，开展大范围专题宣传，宣传持续20余天，服务业主10余户，市场检查5次。据统计，秀山县2018年出动植保植检宣传车200台次，印发宣传资料5万余份。宣传车及宣传单，在2018年秀山农作物重大病虫害防治中发挥了重要的指导作用。

## 2.4 工作（现场）会议

2018年，秀山县组织召开5次相关会议。

（1）2月27日，组织召开秀山县2018年农药零增长行动推进暨植物检疫培训会。这是县农委2018年第一个大会，各乡镇（街道）农业分管领导、农业（社区）服务中心负责人、全体农技人员、（100×667）$m^2$以上柑橘、茶叶、猕猴桃基地（业主、种植大户）负责人、（50×667）$m^2$以上种粮大户、开展农作物病虫害统防统治工作的农民专业合作社负责人，共计170余人参加会议，反响良好。

（2）3月22日，在峨溶镇茶叶基地组织召开农药科学安全使用技术培训会。县农业技术服务中心领导及植保植检站负责人、县农委科教信息科负责人、峨溶镇农业分管领导及农业服务中心技术人员、秀山县皇茗苑农业综合开发有限公司领导及技术人员、重庆村头科技有限公司（电商平台）技术人员、当地茶农等共40余人参加了会议。

（3）5月23—30日，配合县农业综合执法大队在办理农药经营许可证前开展上岗培训，培训人员150余人。

（4）6月28日，组织召开秀山县2018年农药减量控害行动推进暨水稻病虫害绿色防控现场会。各街道、乡镇农业（社区）服务中心负责人或负责病虫害防治工作的技术人员、开展水稻病虫害统防统治的农民合作社负责人、（50×667）$m^2$以上水稻种植业主或大户100余人参加了会议。

（5）9月14日，组织召开秀山县2018年柑橘病虫害绿色防控现场会。各街道、乡镇农业（社区）服务中心负责人，柑橘种植大户共60余人参加会议。上述会议的召开，明确了目标任务、主推技术及工作措施，出台了相关政策，落实了责任，对推进秀山植保植检工作提供了政策及技术保障。

## 2.5 学术论文及专题调研

根据植保植检重点工作推进，结合试验示范项目（课题）开展，积极开展专题调研，撰写并发表学术论文是秀山植保植检工作的传统及优势。2018年，秀山县组织开展了专业化统防统治现状及发展、农药及包装物调查、仓储害虫调查等专题调研，在《农业科技通讯》《农业科学》《南方农业》等刊物，发表学术论文《对重庆市秀山县农作物病虫害监测预警工作的思考》《水稻二化螟绿色防控技术探讨》《推广农作物病虫害绿色防控技术，助推农产品质量安全》《秀山县玫瑰病害种类及防治方法》《几种生物农药对稻纵卷叶螟的防治效果分析》《秀山县农药使用量零增长行动新进展探析》《秀山县农作物病虫害专业化统防统治新进展》《秀山县2018年茶树病虫害绿色防控示范成效与经验总结》《茄子疫病农药减量控害增效试验效果分析》共9篇。2018年，秀山县的调研文章与发表论文数量及质量均处于全市同行业领先水平。

### 2.6 宣传画（册）

宣传画与宣传册，简单易懂，形象生动，历来是宣传常常采用的方式。2018年，秀山县印发《水稻病虫害绿色防控技术》彩色宣传画1万份，翻印检疫性病虫害识别防控技术手册500余册。

### 2.7 宣传标语

为扎实推进农药减量使用行动，2018年，秀山县农业委员会经请示县委宣传部同意，与县城市管理局、县交委路政大队合作，首次在公路上设置大型公益广告，内容就是农药科学安全使用与植物检疫。全年共设置大型公益广告16幅。这种在公路上设置的大型公益广告，使用时间长、直观大气、醒目、覆盖面广，领导、业主、农民均反响良好。

### 2.8 “互联网+”

2018年，根据农作物重大病虫害监测预警需要，秀山县农业技术服务中心发文，重新征集各乡镇（街道）农业技术人员、农业分管领导、种植大户、农药经销商、村居负责人等人员手机号码，补充到“秀山县突发事件预警信息发布平台农业分中心”，专门用于发送手机植保短信预报。2018年，秀山县共收集手机号码2 250人，全年发布手机预报2万余条，手机预报结合农事，预报及时，直达基层，内容简单适用，各地普遍反响良好。

2018年，秀山县茶叶病虫害绿色防控宣传工作的亮点，就是手机直播宣传。重庆村头科技有限公司是一家电商平台，在县农业技术服务中心组织召开培训会议时，该公司技术人员进行现场直播，节目现录现播，“互联网+”的宣传模式，提高了示范区茶叶的知名度，促进了基地茶叶销售。示范区秀山县皇茗苑农业综合开发有限公司的“皇茗苑牌·边城秀芽”品牌，2018年5月12日，在重庆市首届斗茶大赛中，被重庆市农业委员会评为“重庆市十佳茶叶产品”。2018年9月，“边城秀芽”绿茶在2018年澳大利亚国际茶博会上获铜奖。绿色防控与“互联网+”的宣传模式，有力助推了品牌创建。

## 3 当前植保植检宣传工作中存在的问题

### 3.1 人员及管理

秀山县植保植检站没有独立的编制，隶属秀山县农业技术服务中心。秀山县从事植保植检工作专职人员仅有3人，平均年龄达51岁。人员严重不足、年龄老化，而承担的农作物病虫害监测预警及其他植保植检工作任务不变，而县农业技术服务中心其他站室（校）的人员都不愿到植保植检站工作。

在现行的国家项目管理上，目前存在的最大问题表现为基层单位不愿争项目，不愿做项目，因为承担项目越多，出错的概率越大，面临的监察、审计与问责越多。承担项目的多少和实施的项目质量，与专业技术人员的收入和福利不挂钩，反而是项目越少甚至没有项目的单位越安全。

目前，植保植检工作管理上的最大问题是没有奖励激励机制，县农业技术服务中心管理上“一刀切”。植保部门内部有分工、有目标管理制度，但县农业技术服务中心9个站室（校）之间，没有竞争，没有奖励激励机制，存在“干与不干一个样”“干多干少一个样”的弊病。如职工下乡补助，实行定额包干，已严重影响职工下乡办事的积极性。

### 3.2 适用性

随着植保植检技术的快速发展，各级从事植保植检的工作人员，均暴露出知识更新不力的问题。特别是基层，明显感到力不从心，宣传内容陈旧、方式方法单一落后，缺乏新意。

### 3.3 部门协调配合

植保植检宣传工作，从来就不是植保部门单打独斗的工作，需要上下联动、多部门协调配合。植保部门与电视台、报社、宣传部、城市管理、公路管理、气象等相关部门的协调配合，是抓好宣传工作前提及基础。现实中，由于各部门自身利益不同，往往存在部门配合不力的问题，有时必须请示县委县政府，通过联席会、座谈会等形式来解决，大大加重了工作开展的难度。

### 3.4 经费

当前，植保植检宣传工作，一般是植保部门或乡镇（街道）农业部门，结合重点工作推进，根据上级要求开展的，植保植检宣传工作没有纳入财政预算，没有专门的经费保障。如果没有项目支撑，没有财政补助，宣传工作难以持久广泛深入。

## 4 对植保植检宣传工作的思考

### 4.1 宣传工作的专业化

作为植物医生，植物病虫害的准确识别与鉴定是前提，病虫害调查与预报是基础，试验与示范是依据。只有专业的技术人员从事专业的田间调查，才能对植物病虫害准确把脉，正确开方。宣传工作必须紧扣专业调查及预报，才能抓住关键时期，在此基础上，再根据具体病虫害防治需要、环保要求，推荐实用对路药剂，选择高效施药器械，掌握正确施药方法，防治工作才能及时高效。

### 4.2 宣传工作的适用化

植保植检宣传，根本目的是服务当地农业产业发展需要，服务植物病虫害防控需要，把深奥难懂、复杂多样的植保植检理论与技术，进行简单化、大众化改进或加工，因此基层植保部门的试验示范及宣传工作就显得尤为重要。例如绿色防控技术是植物病虫害防控的发展方向，而绿色防控方式方法复杂多样，如何根据当地农业结构调整及作物布局现状，结合实际，引进、试验及示范适用于当地的绿色防控模式，探索适用化的集成技术体系，是大面积推广的前提和基础。

### 4.3 宣传工作的社会化

植保植检宣传工作，要避免“假、大、空”，必须要跳出现有模式，鼓励社会各方参与。随着土地流转加快，规模经营发展迅速，农业经营业主成为宣传的重要环节及节点，植保部门必须要熟悉、重视辖区内的农民合作组织、农业公司、家庭农场、种植大户、农药经营户，上下联动，加强指导，鼓励社会化服务组织从事宣传工作。同时，在有条件的地方，积极探索政府购买服务，委托专业植保公司开展病虫害防控及宣传工作。

### 4.4 宣传工作的常态化

植物种植的常年化与多样化，导致植物病虫害的周年化发生（流行），植物病虫害防控工作也呈现常态化特点。宣传工作服务于植物病虫害防控工作需要，也必须紧扣病虫害防控实际而常态化开展。基层植保部门与农业部门，要建立健全植保植检宣传工作常态化制度，落实人员、落实经费，不断总结经验，促进宣传工作良性循环开展。

### 4.5 宣传形式的多样化

在充分利用现有的会议、座谈、宣传车、宣传资料、报刊、网络、广播、电视、手机、标语等方法与途径基础上，积极探索新的宣传模式，力争达到让农民（业主）喜闻乐见，是新时代植保人的使命。例如“互联网+”模式、远程化与智能化宣传，就是今后宣传工作发展方向。

**原文发表** 南方农业，2019，13（7）：1-4

# 新时代植保植检工作新探索

肖晓华
（重庆市秀山县植保植检站，秀山 409900）

**摘 要**：植保植检如何适应社会发展的需要，不断更新工作思路，不断提高植保植检工作水平与效率，是现代植保人必须面对与解决的现实而迫切的课题。本文以重庆秀山县为例，分析了植保植检技术人员年龄老化、队伍能力整体弱化以及经费保障问题、体制问题、管理问题等植保植检工作面临的困局和问题；提出了植保植检法制化、队伍稳定化、职能专业化、技术研究前沿化、技术应用推广适用化与集成化、农作物病虫害防治协作化、装备现代化、投入多元化、宣传培训常态化等植保植检工作新思路。

**关键词**：植保植检；新变化；工作思路；秀山县

随着社会的发展，社会大众对植物安全，特别是农产品质量安全的需求不断提高。在全球气候变化、种植制度改革和植保植检技术不断进步的形势下，农作物病虫害传播、发生与危害出现新的变化与特点，“绿色、环保、生态”理念已经成为社会大众的共识。在新时代新要求的大背景下，植保植检如何适应社会发展的需要，不断更新工作思路，不断提高植保植检工作水平与效率，就成为现代植保人必须面对与解决的现实而迫切的课题。

## 1 当前植保植检工作的困局与问题

### 1.1 植保植检技术人员年龄老化，队伍能力整体弱化

当前，我国县级以下无专职植保植检专业技术人员，植保植检技术应用与推广存在断层。在近年来机构改革与调整中，植保部门进一步弱化，人员大量分流。例如重庆市秀山县植保植检站，作为国家级农作物病虫害测报标准化区域站之一，要承担繁重的病虫害监测、农作物病虫害专业化统防统治、绿色防控技术应用推广、新技术试验示范及植物检疫等工作，人员却严重不足，由以前 8 人减少为目前的 4 人，年龄最小 46，最大 53 岁，10 年来未引进或调入专业人才，人员严重不足。更由于基层植保植检工作任务太重、条件艰苦，本级农业系统内部其他单位的人员也不愿到植保植检部门工作，队伍整体弱化，导致植保植检功能拓展极为困难。

### 1.2 经费保障问题

随着国家经济发展，各级财政收入水平逐年提高，机关事业单位人头预算的办公经费能够足额落实。总体上，秀山县植保方面的经费是逐年增加。近年来，植保植检经费

方面最大的问题不是总量不足，而是使用问题。项目经费一般以农业生产救灾资金、绿色防控补贴资金、统防统治补助资金等名义下拨，项目资金有一整套严格管理制度，监察与审计要求十分严格，使用方向有明确规定。从事基础性农作物病虫害监测预警工作的经费不能列入，且大量的植保新技术新器械的试验示范与推广经费严重缺乏。导致植保植检新技术新器械试验示范与应用推广十分困难，技术创新不足。

### 1.3 体制上的问题

在新一轮机构改革中，植保植检体系受到的冲击较大。植保植检职能职责较为混乱。特别是基层植保植检系统，目前，很少有单独的植保植检机构存在，按照“行政、执法、技术支撑”分离的原则，植保植检的部分职能边沿化、模糊化，分工不明，职责不清，容易导致工作中的推诿扯皮现象。

### 1.4 管理上的问题

在现行的国家项目管理上，目前存在的最大问题表现为基层单位不愿争项目，不愿做或不敢做项目。承担项目越多，出错的概率越大，面临的监察、审计与问责越多。承担项目的多少与实施的项目质量，与专业技术人员的收入与福利不挂钩，反而是项目越少甚至没有项目的单位越安全。在植保植检工作的管理上缺乏竞争、激励与奖励机制，存在“干与不干一个样、干多干少一个样”的弊病。

## 2 植保植检工作新思路

### 2.1 植保植检观念法制化

随着形势的发展，国家对农业的重视程度不断强化，《中华人民共和国生物安全法》《农作物病虫害防治条例》《植物检疫条例》《农药管理条例》《农药包装废弃物回收处理管理办法》等法律法规（规章）陆续颁布实施。《中华人民共和国生物安全法》将植物疫情防控与卫生防疫、动物疫病防控并列为三大防疫体系，上升到国家安全的高度。植保植检人员，不但要钻研技术，还必须适应形势发展变化需要，进一步学法懂法。一方面，要依法办事，注重植保植检工作程序化、标准化与规范化。另一方面，也要学会利用法律法规来保护自身权益，不断提高法治意识和依法办事的本领。

### 2.2 植保植检队伍稳定化

目前，植保系统人员不足、队伍不稳现象较为严重。《中共中央关于制定国民经济和社会发展第十四个五年规划和二〇三五年远景目标的建议》明确提出“健全动物防疫和农作物病虫害防治体系”，这为植保事业的发展和植保体系建设提出了新要求。同时，这也是充实发展植保队伍的新机遇。《农作物病虫害防治条例》明确了病虫害防治主体责任，并在健全工作制度、突出队伍建设和强化科技支撑等方面作出了具体规定。要借鉴国内外卫生防疫、动物防疫的做法，根据《中华人民共和国生物安全法》要“建立动植物疫情监测网络，组织监测站点布局、建设，并纳入国家生物安全风险监测预警体系”的要求，依法推进公益性植保机构体系建设。另外，要出台并落实植保技术人员政策性福利措施与奖励办法，如落实车补、毒补等政策，稳定植保技术队伍。

## 2.3 植保植检职能专业化

在农业系统中，植保植检工作专业性最强，业务要求最高。即使普通的相关专业大学毕业生，进入植保植检机构，均要有2年以上工作经历，才能真正融入该行业。从调查情况看，县级及以下植保植检机构，有大量的非专业人员。特别是乡镇（街道）一级，很多从事该项具体工作的人员是复员退伍人员、工勤人员等，植保植检专业技能的缺乏，常常出现技术上的盲区和工作上的被动局面。

要把植保工作特别是农药减量使用与农药零增长行动、农村面源污染治理、水污染治理、农村人居环境治理、生态环保督察等项工作结合起来，避免大量的督察（检查）、整改以及扶贫帮扶与驻村等非专业性工作占用（耗费）基层植保植检人员深入田间地头从事专业性工作的时间和工作精力，在基层植保植检机构人员严重不足的情况下，建议农业行政主管部门，按照"行政统管，技术部门配合"的原则，由行政科站牵头负责各项督察（检查）及整改工作，给植保植检专业技术人员，留足充足的时间与精力，抓好植保植检技术攻关及技术试验示范与应用推广工作。

## 2.4 植保植检技术研究前沿化

随着环境和种植制度的变化，不仅出现许多新的病虫害，即便是原有病虫害，其发生与危害也表现出现新的特点。植物病虫害研究，既要根据现实需要，抓好病虫害综合防控，更要具有前瞻性，加强新出现病虫害相关的基础研究，如近年来出现的草地贪夜蛾、黄脊竹蝗、沙漠蝗及一些新出现的检疫性疫情等病虫害，必须加强技术攻关，做好技术储备显得十分迫切和必要。

## 2.5 植保植检技术应用推广适用化与集成化

各地农业生产实际情况千差万别，植保植检技术，特别是绿色防控技术引进、试验、示范与应用推广，必须因地制宜，做到技术应用适用化和简便化。如生物农药应用与推广，根据秀山县植保植检站做的大量试验示范及农业业主反馈情况，单纯的生物制剂农药由于混配使用受限、保管期短等因素，植物源与矿物源农药更受欢迎。高效植保施药器械方面，丘陵山地偏重于小型机械。平丘地区偏爱无人机及担架式、机动喷雾器等施药器械。

植保植检技术性强，技术手段多样，探索集成化或模式化应用，总结适宜当地的技术集成模式，是植保植检技术推广的发展方向。如秀山县近年来总结的推广"生物农药+化学农药+农药助剂，全程专业化统防统治"水稻农药减量模式，"灯诱+食物诱剂+生物农药+化学农药，全程专业化统防统治，配合使用厚型塑料袋处理未熟先黄的蛆果及落地果技术模式"柑橘农药减量模式；"灯诱+诱虫板+毒·蜂杀虫卡+生物农药+化学农药，全程专业化统防统治"茶叶农药减量技术模式；"诱虫板+太阳能杀虫灯+生物农药（配合少量高效低毒低用量化学农药），全程统防统治防治病虫害"的李子农药减量使用技术模式，均取得良好的经济效益、社会效益和生态效益。

## 2.6 农作物病虫害防治协作化

农作物病虫害防治，要树立区域协作、联防联治的观念，如水稻"两迁害虫"、草地贪夜蛾、红火蚁、稻水象甲等害虫防控，大区协作，联防联治才是根本出路。

## 2.7 植保植检装备现代化

随着技术的进步与发展，植保植检装备水平得到较快发展。农作物病虫害监测装备，如新型远程智能化监测系统、物联网智能化管理系统等，逐步应用到日常性植保植检监测预警工作中。农作物病虫害防治施药器械装备，要根据形式发展需要，逐步引进新型施药器械，如动力伞、小型直升机等新型施药设备，逐步提升专业装备及服务水平。进一步加大投入，促进植保植检装备现代化，是新时代植保植检工作的现实需要。

## 2.8 植保植检投入多元化

随着经济的发展，国家投入增多，农业补贴范围扩大，农民合作组织及农业公司自身造血功能增强，植保植检投入将大幅度增加，特别是农民合作组织、农业公司、家庭农场（大户）等，为自身效益考虑也会增加投入。根据实际情况，在国家财政投入、农业业主投入的基础上，鼓励社会资本投入是植保植检投入多元化现实需要。

## 2.9 植保植检宣传培训常态化

植保植检技术性强，技术更新较快。宣传培训是搞好植保植检工作的重要技术支撑。宣传培训要采取农民、农业业主喜闻乐见的方式方法，进一步提高宣传培训效果，如重庆市秀山县利用秀山县各地的 LED 显示屏滚动宣传、无人机宣传等形式，均取得良好的效果。宣传培训必须常态化和多样化，以解决植保植检技术进村入户“最后一公里”问题。

**原文发表** 植物医生，2021，34（1）：28-31